"十三五"普通高等教育本科系列教材

U0204624

（第三版）

建筑施工组织

主　编　张华明　　纪繁荣　　杨正凯
编　写　张　岩　　晋宗魁　　李祥军　　程立安　　杨辰驹
　　　　郭念峰　　张玉敏　　韩　飞　　熊光红　　王雪华
主　审　孙济生　　赵锦锴

中国电力出版社
CHINA ELECTRIC POWER PRESS

内 容 提 要

本书是"十三五"普通高等教育本科系列教材。全书共九章,详细讲述了流水施工的原理和组织方法,网络计划的原理、编制方法、网络计划的检查与调整,单位工程施工组织设计和施工组织总设计编制的内容和方法,施工准备工作内容和施工进度计划的实施、检查及调整的方法,并充分考虑了知识的系统性、连贯性和先进性。教材内容注重理论和实践相结合,有利于学生对理论的学习和实践技能的培养。通过理论、实践、课程设计和实习等各教学环节相互结合,构成了培养学生建筑工程施工组织和计划管理能力的科学体系。

本书为普通高等学校土木工程专业和建筑工程管理专业的教材,也可作为从事建筑工程施工和管理人员学习用书。

图书在版编目(CIP)数据

建筑施工组织/张华明,纪繁荣,杨正凯主编 . —3 版 . —北京: 中国电力出版社,2018.8
(2024.1 重印)
"十三五"普通高等教育本科规划教材
ISBN 978-7-5198-2141-8

Ⅰ.①建… Ⅱ.①张… ②纪… ③杨… Ⅲ.①建筑工程-施工组织-高等学校-教材 Ⅳ.①TU721

中国版本图书馆 CIP 数据核字(2018)第 135205 号

出版发行: 中国电力出版社
地　　址: 北京市东城区北京站西街 19 号(邮政编码 100005)
网　　址: http://www.cepp.sgcc.com.cn
责任编辑: 孙　静
责任校对: 常燕昆
装帧设计: 赵姗姗
责任印制: 吴　迪

印　　刷: 北京雁林吉兆印刷有限公司
版　　次: 2006 年 8 月第一版　2018 年 9 月第三版
印　　次: 2024 年 1 月北京第十四次印刷
开　　本: 787 毫米×1092 毫米　16 开本
印　　张: 24
字　　数: 589 千字
定　　价: **66.00 元**

前　言

　　近年来 BIM 技术发展迅速,尤其在建设工程领域的应用越来越广泛,从建筑设计、工程造价到工程施工管理,不仅提高了建设工程的管理水平,也创造了良好的经济效益和社会效益。为不断提高建设工程施工的管理水平,保证建设工程施工管理的合理性和科学性,本次建筑施工组织的修订增加了 BIM 技术在施工进度计划的编制与控制、施工现场布置与管理中的应用和基本建设主观调控性程序的内容。与上一版相比,本次修订有以下特点:

　　(1) 改正和修订了原书中不妥和错误的地方,使得本书更加准确无误。

　　(2) 基本建设程序分为客观规律性程序和主观调控性程序,此次修订增加了基本建设主观调控性程序的内容。

　　(3) 在单位工程施工组织设计中增加了 BIM 技术的内容,主要介绍了利用 BIM 技术进行施工进度计划的编制和控制、施工现场的规划和管理,使本书的实用性更强。

　　本书是建筑工程管理和土木工程等专业的专业技术课教材之一,也可作为建筑业技术管理人员的培训教材及自学用书。本书是我们根据多年来的教学实践,并针对建筑施工实际应用的要求而编写,在编写上力求理论联系实际,图文结合,配合案例,便于自学。

　　本书由山东建筑大学张华明、纪繁荣、杨正凯主编,张岩、晋宗魁、李祥军、程立安、杨辰驹、郭念峰、张玉敏、韩飞、熊光红、中油国际管道有限公司王雪华等参加了教材的编写工作。山东建筑大学教授孙济生、赵锦锴对本书进行了审阅。此次教材的修订内容主要由纪繁荣老师编写。在编写过程中,参考和引用了有关标准、资料和教材。在此,对审阅、参编者和提供帮助的人员致以衷心感谢。

　　限于编者水平,书中难免有不妥和错误之处,恳请广大师生和读者批评指正。

编　者

2018 年 8 月

第一版前言

　　《建筑施工组织》教材是根据教育部关于加强教材建设，确保高质量的教材进课堂的要求而组织编写的。其目的是为建筑工程管理专业提供一部专业主干课程教材，培养学生掌握建筑工程施工组织的理论和方法，具有从事建筑工程施工组织和计划管理的知识，具有进行建筑工程施工组织管理的初步能力。

　　本教材的内容大致可分四部分，共八章，第一部分讲述了建筑工程施工的流水作业和网络计划技术及其优化的新方法；第二部分详细讲述了编制单位工程施工组织设计和施工组织总设计的原则、依据和具体方法，以及施工平面图和施工总平面图的设计步骤，并附有单位工程施工组织设计和施工组织总设计的实例；第三部分讲述了施工现场施工设施的规划内容、规划要求和步骤及有关资料；第四部分讲述了建筑工程施工质量验收的标准构成、内容、组织和程序，以及工程的回访和保修。

　　本课程的核心是建筑工程的施工组织与计划管理，关键方法是施工组织设计，而施工组织设计的科学原理是流水施工和网络计划原理。因此，本教材在编写过程中，详细讲述了流水施工的原理和组织方法，网络计划的原理、编制方法、网络计划的检查与调整，并充分考虑了知识的系统性、连贯性和先进性。

　　教材内容注重理论和实践相结合，有利于学生对理论的学习和实践技能的培养。通过理论、实践、课程设计和实习等各教学环节相互结合，构成了培养学生建筑工程施工组织和计划管理能力的科学体系。本教材适合普通高等学校土木工程专业和建筑工程管理专业的学生教学用书，也可作为从事建筑工程施工和管理人员学习用书。

　　本教材由张华明、杨正凯主编，张岩、李祥军、郭念峰、张玉敏、韩飞、熊光红等参与了本教材的编写工作。山东建筑大学教授孙济生、赵锦锴对本书进行了审阅。在编写过程中，参考和引用了有关标准、资料和教材，在此，对审阅、参编者和提供帮助的人员致以衷心的感谢。

　　由于编者的水平有限，书中难免有不妥和错误之处，恳请读者批评指正。

编　者

第二版前言

本书第一版于2006年8月出版以来，备受广大师生和读者的喜爱并多次印刷。在本书使用和教学实践过程中，许多读者给我们提出了意见反馈，我们也发现第一版书中存在一些有待提高和欠妥的问题，因此，我们在原书的基础上，结合2009年10月1日开始实施的GB/T 50502—2009《建筑施工组织设计规范》，进行了必要的修订和补充。修订后相对于第一版本书有如下特点：

（1）改正和修订了第一版中不妥和错误的地方，使得本书更加准确无误。

（2）根据GB/T 50502—2009《建筑施工组织设计规范》的内容要求，将第一版书中相关内容进行了调整和补充，保证修订后的内容与GB/T 50502—2009《建筑施工组织设计规范》的一致性，使本书更具实用性和指导性。

（3）此次修订，增加了一章内容，即"施工进度控制"，这样使得本书的系统性、完整性和实用性更强，更加方便广大读者的学习使用。

本书是建筑工程管理和土木工程等专业的专业技术课教材之一，也可作为建筑业技术管理人员的培训教材。本书是我们根据多年来的教学实践，并针对建筑施工实际应用的要求而编写，在编写上力求理论联系实际，图文结合，配合案例，便于自学。

本书由山东建筑大学张华明、杨正凯主编，张岩、晋宗魁、李祥军、程立安、杨辰驹、郭念峰、张玉敏、韩飞、熊光红等人参加了本书的编写工作。山东建筑大学教授孙济生、赵锦锴对本书进行了审阅。在编写过程中，参考和引用了有关标准、资料和教材，在此，对审阅者、参编者和提供帮助的人员致以衷心感谢！

编　者

2013年6月10日

目　　录

第一章 概　述

第一节　建筑施工组织的研究对象和任务

随着社会的进步与发展，基本建设项目的规模与投资日益扩大，其中各种类型的建筑物和构筑物是基本建设的投资主体，它体现了一个国家和社会的经济发展水平，是国家综合实力的代表。基本建设项目的实施包括计划、规划、设计及施工等多个环节，而建设项目的建筑施工过程是建设项目能否达到预期目标的关键所在。建筑施工过程是一项多部门、多专业、多工种相互配合，历时较长的复杂的系统工程，为保证建筑施工过程能够按计划目标顺利实施，必须进行科学的施工管理。施工组织是施工管理的重要组成部分，它对统筹协调建筑施工整个过程、推动施工技术的改革和发展、优化建筑施工企业管理等起到不可替代的核心作用。

对于一个建设项目（如一幢建筑物或一个建筑群）的施工，可以采取不同的施工顺序和施工流向；每个施工过程可以采用不同的施工方法；众多施工人员由不同的专业工种组成；大量的各种类型的建筑机械、施工机具投入使用；许多不同种类的建筑材料、建筑制品和构配件被应用和消耗；为保障施工的顺利进行要设置临时供水、供电、供热，以及设置安排生产和生活所需的各种临时设施等。以上这些施工因素不论在技术方面或施工组织方面，通常都有许多可行的方案供施工组织人员选择。但是不同的方案，其经济效果是不同的。怎样结合建设项目的性质、规模和工期，施工人员的数量和素质，机械装备程度，材料供应情况，构配件生产方式，运输条件等各种技术经济条件，从经济和技术统一的全局出发，从许多可能的方案中选择最合理的施工方案，这是施工管理人员在开始施工之前必须解决的问题。

建筑施工组织就是针对工程施工的复杂性和多样性，对施工中遇到的各项问题进行统筹安排与系统管理，对施工过程中的各项活动进行全面的部署，编制出具有规划和指导施工作用的技术经济文件，即施工组织设计。具体地说，施工组织的任务是根据建筑产品生产的技术经济特点，以及国家基本建设方针和各项具体的技术政策，从施工的全局出发，根据各种具体条件，拟定施工方案，安排施工进度，进行现场布置；把设计和施工，技术和经济，施工企业的全局活动和项目的施工组织，以及与项目施工相关的各单位、各部门、各阶段和各项目之间的关系更好地协调起来。使建筑施工建立在科学合理的基础上，从而做到高速度、高质量、高效益地完成项目建设的施工任务，尽快地发挥建设项目的投资效益。

本课程的研究对象与任务是编制一个建筑物或一个建筑群的施工组织设计。通过本课程的学习，要求学生了解建筑施工组织的基本知识和一般规律，掌握建筑工程流水施工和网络计划的基本方法，具有编制单位工程施工组织的能力，为以后从事施工组织工作打下基础。

本课程是土木工程专业和建筑工程管理专业的专业技术课，学习本课程必须具备相关的专业基础，如建筑施工技术、建筑施工定额与预算、建筑技术与建筑经济等专业知识。作为建筑施工管理人员，要组织好一项工程的施工，必须掌握和了解各种建筑材料、施工机械与设备的特性，懂得建筑物和构筑物的受力特点及建筑结构和构造的做法，并掌握各种施工方法，否则就无法进行科学的施工管理，也不可能选择出最有效、最经济的施工组织方案来组织施工。为此，施工管理人员还应熟练掌握工程制图、建筑力学、建筑结构、房屋建筑学、建筑机械、建筑材料等专业知识。

本课程内容广泛、实践性强，因此，在学习中应注重理论联系实际，在掌握专业理论的基础上，必须进行实际经验的积累，利用已成熟的工程实际经验为基础，编制出更加接近实际工程施工要求，既能保证工程质量和工期要求，又能降低施工费用的施工组织计划，为施工企业创造更大的经济效益。

第二节　基本建设与基本建设程序

一、基本建设内容的构成

基本建设是利用各种形式资金进行投资的，以扩大生产能力和新增社会效益为主要目的的固定资产建设。其内容主要包括固定资产的建筑与安装、固定资产的购置及其他与基本建设有关的工作（如征用土地、勘察设计、科研开发等）。基本建设的范围包括新建、扩建、改建、恢复和迁建各种固定资产的建设工作。

固定资产是指在社会生产和再生产过程中，能够在较长时期内使用而不改变其实物形态的物质资料，例如各种建筑物、构筑物、机电设备、运输工具，以及在规定金额以上的工器具等。固定资产的标准：按国家规定，凡使用年限在一年以上且单体价值在500元以上的为固定资产。

1. 固定资产的建筑与安装（也称为固定资产的建造）

固定资产的建筑与安装包括建筑物和构筑物的建造和机械设备的安装两部分工作。是创造物质财富的生产性活动，是基本建设的重要组成部分。

建筑工程主要包括各种建筑物（如宿舍、办公楼、教学楼、医院、厂房、仓库等）和构筑物（如烟囱、水塔、水池等）的建造工程。

安装工程主要包括生产设备、电气、管道、通风空调、自动化仪表等的安装及工业窑炉砌筑等。

2. 固定资产的购置

固定资产的购置包括各种机械、设备、工具和器具的购置。这类固定资产，有的需要安装，如发电机组、空压机、锅炉等；有的不需要安装，如车辆、船舶、飞机等。

3. 其他基本建设工作

其他基本建设工作主要是指勘察设计、土地征购、拆迁补偿、建设单位管理、科研实验等工作及其所需要的费用等。这些工作和投资是进行基本建设所必不可少的，没有它们，基本建设就难以进行，或者工程建成后也无法投产和交付使用。

二、基本建设项目的构成

凡是按一个总体设计组织施工，建成后具有完整的运行系统，可以独立地形成生产能力或使用价值的建设工程，称为一个基本建设项目，简称建设项目。在工业建设中，一般以一个企业为一个建设项目，如一个纺织厂、一个钢铁厂等。在民用建设中，一般以一个事业或企业单位为一个建设项目，如一个学校、一所医院等。大型分期建设的工程，可以分为几个总体设计，可有几个建设项目。

一个建设项目，按其复杂程度，通常分成下列几项工程内容：

1. 单项工程（也称工程项目）

凡是具有独立的设计文件，竣工后可以独立发挥生产能力或效益的工程，称为一个单项工程。一个建设项目，可由几个单项工程组成，也可由若干个单项工程组成。例如工业建设项目中，各个独立的生产车间、实验楼、各种仓库等；民用建设项目中，学校的教学楼、实验室、图书馆、学生宿舍等。这些都可以称为一个单项工程，其内容包括建筑工程、设备安装工程，以及设备、工具、仪器的购置等。

2. 单位工程

凡是具有单独设计，可以独立施工，但完工后不能独立发挥生产能力或效益的工程，称为一个单位工程。一个单项工程一般都由若干个单位工程所组成。例如：一个复杂的生产车间，一般由土建工程、管道安装工程、设备安装工程、电气安装工程等单位工程组成。

3. 分部工程

分部工程的划分应按专业性质、建筑部位确定。一个单位工程可以由若干个分部工程组成。例如一幢房屋的土建单位工程，按结构或构造部位划分，可以分为地基与基础工程、主体结构工程、建筑屋面工程、建筑装饰装修工程等分部工程；按工种工程划分，可以分为土（石）方工程、桩基工程、混凝土工程、砌筑工程、防水工程、抹灰工程等分部工程。

4. 分项工程

分项工程应按主要工种、材料、施工工艺、设备类别等进行划分。一个分部工程可以划分为若干个分项工程，为方便组建施工班组或工作队，分项工程通常按施工内容或施工方法来划分。例如房屋的地基与基础分部工程，可以划分为基槽（坑）挖土、混凝土垫层、基础砌筑、回填土等分项工程。

三、建设程序

工程项目投资建设程序简称"建设程序"，是指有关行政部门或主管单位按投资建设客观规律、项目周期各阶段的内在联系和特点，对工程项目投资建设的步骤、时序和工作深度等提出的管理要求。按建设程序办事，目的在于确保工程建设循序渐进、有条不紊地进行，收到预期效果。

工程项目投资建设程序，由客观规律性程序和主观调控性程序构成。客观规律性程序是指由工程项目投资建设内在联系所决定的先后顺序。例如，先勘察、后设计，先设计、后施工，先竣工验收、后投产运营等。对于某些先后程序衔接较好的工程项目，可视具体情况允许上下道程序合理交叉，以节省建设时间。主观调控性程序是指有关行政管理部门按其调控意愿和职能分工制订的管理程序。例如，政府投资项目先评估、后决策，先审批、后建设等。这些程序具有行政强制约束作用，项目单位不得绕过或逃避管理程序，违规建设。

政府投资主管部门依据相关法律、法规和规定对不同投资主体建设的工程项目实行分类管理，将工程项目划分为审批制项目、核准制项目和备案制项目。项目类型不同，其相应的建设管理程序有所不同。

1. 审批制项目行政管理程序

《国务院关于投资体制改革的决定》（国发〔2004〕20号）要求，对使用政府性资金投资建设的项目，实行审批制管理。各级政府投资主管部门，如发展改革部门，牵头负责政府投资项目的审批工作。政府其他管理部门，如城乡规划、国土资源、环境保护等部门，会同投资主管部门建立项目管理联动机制，分别在各自职能范围内对项目实行管理。

审批制项目的具体行政管理程序，在《国务院办公厅关于加强和规范新开工项目管理的通知》(国办发〔2007〕64号)中有明确规定：实行审批制的政府投资项目，第一步，项目单位应向发展改革等项目审批部门报送项目建议书；第二步，项目单位依据项目建议书批复文件分别向城乡规划、国土资源和环境保护等政府部门申请办理规划选址预审、用地预审和环境影响评价审批手续；第三步，项目单位向发展改革等项目审批部门申报可行性研究报告，并附规划选址预审、用地预审和环境影响评价审批文件；第四步，项目单位依据可行性研究报告批复文件，向城乡规划部门申请办理规划许可手续，向国土资源部门申请办理正式用地手续；最后，项目单位依据相关批复文件，向建设主管部门申请办理项目开工手续。项目单位提供的相关项目文件、报告等，必须满足国家发展改革委和其他行政管理部门颁布的一系列相关标准、规程和格式要求。

2. 核准制项目行政管理程序

实行核准制的项目，由国家发展和改革委员会同有关部门研究提出，报国务院批准后定期颁布《政府核准的投资项目目录》。《国务院办公厅关于加强和规范新开工项目管理的通知》明确规定了核准制项目的行政管理程序：实行核准制的企业投资项目，第一步，项目单位分别向城乡规划、国土资源和环境保护部门申请办理规划选址预审、用地预审和环境影响评价审批手续；第二步，履行相关手续后，项目单位向发展改革等项目核准部门申报核准项目申请报告，并附规划选址预审、用地预审和环境影响评价审批文件；第三步，项目单位依据项目核准文件，向城乡规划部门申请办理规划许可手续，向国土资源部门申请办理正式用地手续；第四步，项目单位依据相关批复文件，向建设主管部门申请办理项目开工手续。核准制项目在办理各项行政管理手续过程中，应按政府主管部门的相关标准、规范和格式准备各类项目文件和报告。

3. 备案制项目行政管理程序

备案制项目由企业自主决策，但需向政府备案管理部门提交备案申请，履行备案手续后方可办理其他手续。《国务院办公厅关于加强和规范新开工项目管理的通知》明确规定了备案制项目的行政管理程序：实行备案制的企业投资项目，项目单位必须首先向发展改革等备案管理部门办理备案手续；备案后分别向城乡规划、国土资源和环境保护部门申请办理规划选址、用地和环境影响评价审批手续；最后，项目单位依据相关批复文件，向建设主管部门申请办理项目开工手续。

在企业投资项目备案过程中，政府备案管理部门应按国家有关规定，在投资者提交项目相关文件和报告等资料后，在确定的期限内完成备案手续。备案项目文件的具体内容和格式等，由各级发展改革部门根据本地实际情况确定。是否允许备案，以国家产业政策、技术政策等为判断标准，国家法律、法规和国务院专门规定禁止投资的项目不予备案。

4. 外商投资项目行政管理程序

外商投资项目，包括中外合资、中外合作、外商独资、外商购并境内企业、外商投资企业增资等各类外商投资项目。外商投资项目，依据国家发展和改革委员会颁布的《外商投资项目核准暂行管理办法》进行核准。

外商投资项目行政管理主体为各级发展改革部门。按《外商投资产业指导目录》分类，总投资额（包括增资额，下同）3亿美元及以上的鼓励类、允许类项目和总投资5000万美元以上的限制类项目，由国家发展和改革委员会核准项目申请报告；总投资5亿美元以上的鼓励类、允许类项目和总投资1亿美元及以上的限制类项目，由国家发展和改革委员会对项目申请报告审核后报国务院核准；总投资3亿美元以下的鼓励类、允许类项目和总投资5000万美元以下的限制类项目由地方发展改革部门核准，其中限制类项目由省级发展改革部门核准，此类项目的核准权不得下放。地方政府按照有关法规对上述外商投资项目核准另有规定的，从其规定。

外商投资项目申请核准时，应提交项目申请报告以及核准要求的相关文件、资料。按核准权限属于国家发展和改革委员会及国务院核准的项目，由项目单位向项目所在地省级发展改革部门提出项目申请报告，经省级发展改革部门审核后报国家发展和改革委员会。计划单列企业集团和中央管理企业可直接向国家发展和改革委员会提交项目申请报告。

5. 境外投资项目行政管理程序

对于国内各类法人（投资主体）直接在境外（包括中国香港、澳门特区及台湾地区）及其通过在境外控股的企业或机构在境外进行的投资（包括新建、购并、参股、增资、再投资）项目，国家发展和改革委员会专门制定了《境外投资项目核准暂行管理办法》，对境外投资项目进行相应管理。

境外投资项目是指投资主体经核准，通过投入货币、有价证券、实物、知识产权或技术、股权、债权等，资产和权益或提供担保，获得境外所有权、经营管理权及其他相关权益的项目。对于境外投资资源开发类和大额用汇项目实行核准制，其他项目实行备案制。

资源开发类项目是指在境外投资勘探开发原油、矿山等资源的项目。此类项目，中方投资额3亿美元及以上的，由国家发展改革委核准。

大额用汇类项目，除石油、矿山等资源开发领域外，中方投资用汇额1亿美元及以上的境外投资项目，由国家发展改革委核准。

中方投资额3亿美元以下的资源开发类项目和中方投资用汇额1亿美元以下的其他项目，由各省、自治区、直辖市及计划单列市和新疆生产建设兵团等省级发展改革部门核准，项目核准权不得下放。

前往未建交、受国际制裁国家，或前往发生战争、动乱等国家和地区的投资项目，以及涉及基础电信运营、跨界水资源开发利用、大规模土地开发、干线电网、新闻传媒等特殊敏感行业的境外投资项目，不分限额，由省级发展改革部门或中央管理企业初审后报国家发展改革委核准，或由国家发展改革委审核后报国务院核准。

地方政府按照有关法规对上述境外投资项目核准另有规定的，从其规定。

境外投资项目申请核准时，应提交项目申请报告及核准要求的相关文件、资料。按核准权限属于国家发展改革委或国务院核准的项目，由投资主体向注册所在地的省级发展改革部门提出项目申请报告，经省级发展改革部门审核后报国家发展改革委。计划单列企业集团和中央管理企业可直接向国家发展改革委提交项目申请报告。

6. 利用国际金融组织和外国政府贷款项目行政管理程序

为加强国际金融组织和外国政府贷款（以下简称国外贷款）投资项目管理，提高国外贷款使用效益，国家发展改革委制定的《国际金融组织和外国政府贷款投资项目管理暂行办法》明确规定，国外贷款属于国家主权外债，按政府投资资金进行管理。

国外贷款投资项目，包括借用世界银行、亚洲开发银行、国际农业发展基金会等国际金融组织贷款和外国政府贷款及与贷款混合使用的赠款、联合融资等投资项目，在列入国外贷款备选项目规划后，方可进行相应的报批程序。国外贷款备选项目规划是项目对外开展工作的依据。国家发展改革委根据国民经济和社会发展规划、产业政策、外债管理及国外贷款使用原则和要求，编制国外贷款备选项目规划（备选项目库），并据此制订和下达年度项目签约计划。国务院行业主管部门、有关发展改革部门、计划单列企业集团和中央管理企业应按规定程序，向国家发展改革委申报纳入国外贷款规划的备选项目。

纳入国外贷款备选项目规划的项目，应区别不同情况履行审批、核准或备案手续。由中央统借统还的项目，按照中央政府直接投资项目进行管理；由省级政府负责偿还或提供还款担保的项目，按照省级政府直接投资项目进行管理，其项目审批权限，按国务院及国家发展改革委的有关规定执行，审批权限不得下放；由项目用款单位自行偿还且不需政府担保的项目，视同企业投资项目，若属于《政府核准的投资项目目录》的项目，按照核准制的规定办理；若属于《政府核准的投资项目目录》之外的项目，报项目所在地省级发展改革部门备案。

7. 中央预算内投资补助和贴息项目行政管理程序

为引导和扶持企业及地方政府投资用于市场不能有效配置资源、需要政府支持的经济和社会领域，中央政府安排预算内资金（包括长期建设国债）对特定领域的项目给予投资补助或贷款利息补贴，由国家发展改革委按照宏观调控要求和国务院确定的工作重点进行安排，按照《中央预算内投资补助和贴息项目管理暂行办法》等要求进行管理。

投资补助是指对符合条件的企业投资项目和地方政府投资项目给予投资资金补助。贴息是指对符合条件、使用中长期银行贷款的投资项目给予贷款补贴。投资补助和贴息资金均为无偿投入。

投资补助和贴息资金重点用于：公益性和公共基础设施项目，保护和改善生态环境项目，促进欠发达地区经济和社会发展的项目，推进科技进步和高新技术产业化的项目，以及符合国家有关规定的其他项目。

申请中央预算内投资补助和贴息项目，由省级发展改革委统一组织筛选，完成项目期管理工作后，向国家发展改革委上报资金申请报告，由国家发展改革委审批。

国家发展改革委安排给单个投资项目的投资补助或贴息资金的最高限额原则上不超过2亿元，超过2亿元的按直接投资或资本金注入方式管理，由国家发展改革委审批可行性研究报告；安排给单个投资项目的中央预算内补助资金超过3000万元且占项目总投资的比例达到50%以上的，也按直接投资或资本金注入方式管理，由国家发展改革委审批可行性研究报告；安排给单个地方政府投资项目的中央预算内投资资金在3000万元及以下的，一律按投资补助或贴息方式管理，国家发展改革委只审批资金申请报告。

四、建筑施工程序

建筑施工程序是指工程建设项目在整个施工过程中各项工作必须遵循的先后顺序。它是多年来施工实践经验的总结，也反映了施工过程中必须遵循的客观施工规律。

大、中型建设项目的建筑施工程序如图1-1所示，小型建设项目的施工程序则可以简单些，非生产性的建设项目一般没有试生产的过程。

建筑施工程序，从承接施工任务开始到竣工验收为止，通常按下述五个步骤进行：

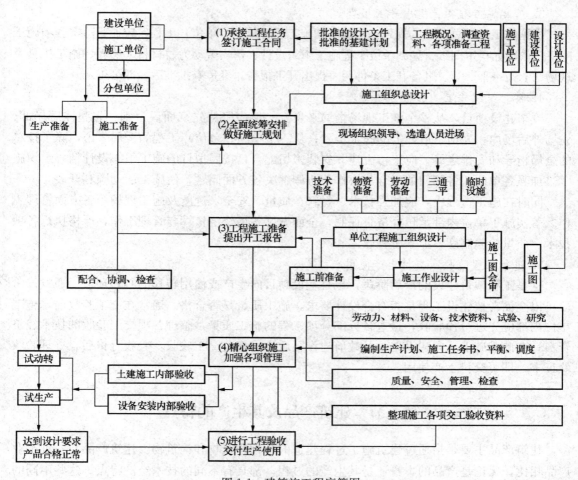

图 1-1　建筑施工程序简图

1. 承接施工任务、签订施工合同

施工单位承接施工任务的方式一般有三种：国家或上级主管部门正式下达的工程施工任务；接受建设单位邀请而承接的工程施工任务；通过投标，施工单位在中标以后而承接的工程施工任务后，建设单位与施工单位应根据《经济合同法》和《建筑安装工程承包合同条例》的有关规定及要求签订施工合同，它具有法律效力，须共同遵守。施工合同应规定承包范围、内容、要求、工期、质量、造价、技术资料、材料等供应以及合同双方应承担的义务和职责，及各方应提供施工准备工作的要求（如土地征购、申请施工用地、施工执照、拆除现场障碍物、接通场外水源、电源、道路等），这是编制建设工程施工组织设计必须遵循的依据之一。

2. 全面统筹安排、做好施工规划

签订施工合同后，施工单位应全面了解工程性质、规模、特点、工期等，并进行各种技术、经济、社会调查，收集有关资料，编制施工组织总设计（或施工规划大纲）。

当施工组织总设计经批准后，施工单位应组织先遣人员进入施工现场，与建设单位密切配合，共同做好开工前的准备工作，为工程建设顺利开工创造条件。

3. 落实施工准备、提出开工报告

根据施工组织总设计的规划，对第一期施工的各单项（单位）工程，应抓紧落实各项施工准备工作，如会审图纸、编制单位工程施工组织设计、落实劳动力、材料、构件、施工机具及现场"七通一平"等。具备开工条件后，提出开工报告，经审查批准后，即可正式开工。

4. 精心组织施工、加强各项管理

一个建设项目，从整个施工现场全局来说，一般应坚持先全面后个别、先整体后局部、先场外后场内、先地下后地上的施工步骤；从一个单项（单位）工程的全局来说，除了按总的全局指导和安排之外，应坚持土建、安装密切配合，按照拟订的施工组织设计精心组织施工。加强各单位、各部门的配合与协作，协调解决各方面问题，使施工活动顺利开展。

同时在施工过程中，应加强技术、材料、质量、安全、进度及施工现场等各方面管理工作。落实施工单位内部承包经济责任制，全面做好各项经济核算与管理工作，严格执行各项技术、质量检验制度，抓紧工程收尾和竣工。

5. 进行工程验收、交付生产使用

这是工程项目建设的最后阶段，也是建设项目向生产或使用转移的必要环节。通过该阶段可以全面考核建设工程是否符合设计要求，施工质量是否合格。通常在交工验收前，施工单位内部应先进行预验收，检查各分部分项工程的施工质量，整理各项交工验收的技术经济资料；在此基础上，向建设单位及政府建设行政主管部门交工验收，验收合格后，办理验收签证书，即可交付生产使用。

第三节　建筑产品及其生产的特点

建筑产品主要是指通过建筑施工过程建造的各种建筑物和构筑物。建筑产品与各种工业产品相比，无论是产品的本身还是其生产的过程，都具有不同的技术经济特点。这些不同的特点决定了建筑产品的生产方式（即施工方法）和生产管理方式（即施工组织），与一般的工业产品的生产过程截然不同。

一、建筑产品的特点

任何建筑产品都是为了人们的生产和生活的需要而建造的，由于建筑产品的使用性质以及设计要求的不同，使建筑产品在性质、功能、用途、类型、设计等各方面都有较大的差异。与其他工业产品相比，建筑产品的独有特点主要表现在如下四个方面：

1. 建筑产品的庞体性

为满足人们特定的使用功能需要，建筑产品必然要形成较大的空间，使建筑产品占地面积大、空间高度大。建筑产品在生产的过程中要消耗大量的资源，使建筑产品的自重大大增加。因此，建筑产品与一般工业产品相比，其体形远比工业产品庞大，自重也大。

2. 建筑产品的固定性

由于建筑产品的庞体性，决定了建筑产品必须在建设单位预先选定的地点上建造和使用。为承担建筑产品巨大的自重，建筑产品必须建造在特定的地基和基础上。因此，建筑产品只能在建造地点固定地使用，而无法转移。这种固定性是建筑产品与一般工业产品最大的区别，也决定了建筑产品的生产过程的流动性。

3. 建筑产品的多样性

建筑产品的使用功能各不相同，使建筑产品在建设标准、建设规模、建筑设计、构造方法、结构选型、外形处理、装饰装修等各方面均有所不同。即使是同一类型的建筑物，也因所在地点的社会环境、自然条件、施工方法、施工组织方式的不同而彼此各异。所有这些决定了建筑产品的多样性。因此，建筑产品不能像一般工业产品那样批量生产，每一个建设项目都应根据其各自的特点，制定出与其相适应的施工方法和施工组织措施。

4. 建筑产品的综合性

建筑产品是一个完整的固定资产实物体系，是由多种材料、构配件和设备组成，它不仅综合了建筑艺术风格、建筑功能、结构构造、装饰做法等多方面的建筑因素，而且综合了工艺设备、采暖通风、供水供电、卫生设备等各类设备和设施，使建筑产品成为一个错综复杂的综合体。为此，在建筑产品的生产过程中，必须由多专业、多工种的专业施工队伍来完成，同时需要社会多个相关部门和单位相互协调和配合。

二、建筑施工的特点

上述建筑产品的特点，决定了建筑产品的生产过程（即建筑施工）的特点。

1. 建筑施工的长期性（工期长）

建筑产品的庞体性决定了建筑施工的工期长。建筑产品在建造过程中要投入大量劳动力、材料、机械设备等，因而与一般工业产品相比，其生产周期较长，少则几个月，多则几年。这就要求事先有一个合理的施工组织设计，尽可能缩短工期。

2. 建筑施工的流动性

建筑产品的固定性决定了建筑施工的流动性。一般工业产品，生产者和生产设备是固定的，产品在生产线上流动。而建筑产品则相反，产品是固定的，生产者和生产设备不仅要随着建筑物建造地点的变更而流动，而且还要随着建筑物的施工部位的改变而在不同的空间流动。这就要求事先有一个周密的施工组织设计，使流动的人员、机具设备、物资材料等互相协调配合，做到连续、均衡施工。

3. 建筑施工的单件性

建筑产品的多样性和固定性决定了建筑施工的单件性。具体的一个建筑产品应在国家或地区的统一规划内，根据其使用功能，在选定的地点上单独设计和单独施工。即使是选用标准设计、通用构件或配件，由于建筑产品所在地区的自然、技术、经济条件不同，也使建筑产品的结构或构造、建筑材料、施工组织和施工方法等也要因地制宜加以修改，从而使各建筑产品的施工具有单件性。

4. 建筑施工的地区性

由于建筑产品的固定性决定了同一使用功能的建筑产品因其建造地点的不同必然受到建设地区的自然、技术、经济、文化、宗教、风俗习惯和社会条件的约束，使其结构、构造、艺术形式、室内设施、材料、施工方案等方面均各异，因此建筑产品的施工具有地区性。

5. 建筑施工露天作业多

建筑产品地点的固定性和体形庞大的特点，决定了建筑产品施工露天作业多。因为形体庞大的建筑产品不可能在工厂、车间内直接进行施工，即使建筑产品生产达到了高度的工业化生产水平的时候，也只能在工厂内生产其各部分的构件或配件，仍然需要在施工现场内进行总装配后才能形成最终的建筑产品。因此建筑产品的施工具有露天作业多的特点。

6. 建筑施工高空作业多

由于建筑产品体形庞大，决定了建筑产品的施工具有高空作业多的特点。特别是随着城市现代化的发展，高层建筑物的施工任务日益增多，使得建筑产品的施工高空作业的特点日益明显。

7. 建筑施工组织协作的综合复杂性

建筑产品的施工涉及面广，从而使建筑产品的施工具有复杂性。建筑产品在建筑施工过程中，既要处理好企业内部的关系，又要协调好外部的社会环境。在施工企业的内部，它涉及工程力学、建筑结构、建筑构造、地基基础、水暖电、机械设备、建筑材料和施工技术等学科的专业知识，要在不同时期、不同地点和不同产品上组织多专业、多工种的综合作业。在施工企业的外部，它涉及建设、监理、勘察设计、各专业施工企业、城市规划、土地管理、消防公安、环境保护、公用事业、质量监督、交通运输、科研试验、机具设备、物资材料、卫生防疫、劳动保护、供电、供水、供热、通信、劳务管理等社会各部门和各领域复杂的协作和配合的多重关系。从而使建筑产品施工的组织协作关系综合复杂。

由此可见，建筑施工是一项复杂的系统工程，必须采用系统的、科学的分析方法和组织管理措施，才能保证建筑工程顺利地进行施工。

第四节 施工组织设计的概念

施工组织设计是根据基本建设计划和实际要求编制的，用于规划和指导拟建工程项目从施工准备到竣工验收整个建筑施工全过程的技术经济文件。它根据建筑产品及其生产的特点，按照建筑施工的基本规律，运用先进合理的施工技术和流水施工组织原理与方法，使建筑工程的施工得以实现有组织、有计划地连续均衡生产，从而达到安全生产、保质保量、缩短工期、降低成本的目的。

一、施工组织设计的作用

施工组织设计是建筑工程项目施工生产活动的依据，是实行建筑施工全过程科学管理的重要手段。施工组织设计的作用主要表现在以下几个方面：

（1）施工组织设计是实现基本建设计划，沟通工程设计和施工之间的桥梁。它既要体现拟建工程的设计和使用要求，又要符合建筑施工的客观规律，对施工的全过程起战略部署或战术安排的作用。

（2）科学地进行组织施工，建立正常的施工程序，有计划地开展各项施工过程。

（3）保证各阶段施工准备工作及时地进行，它是指导各项施工准备工作的依据。

（4）保证劳动力、机具设备、物资材料等各项资源的供应和使用。

（5）协调各协作单位、各施工单位、各工种、各种资源，以及资金、时间和空间等各方面在施工程序、施工现场布置和使用上的相互关系。

（6）明确施工重点和影响工程进度的关键施工过程，并提出相应的技术、质量和安全施工措施，从而保证施工顺利进行，按期保质保量完成施工任务。

总之，一个科学的施工组织设计，如能够在工程施工中得到贯彻实施，必然能够统筹安排施工的各个环节，协调好各方面的关系，使复杂的建筑施工过程有序合理地按科学程序顺利进行，从而保证建设项目的各项指标得以实现。

二、施工组织设计的分类

施工组织设计是一个总的概念，根据基本建设各个不同阶段、建设工程的规模、工程特点及工程的技术复杂程度等因素，可相应地编制各种类型与不同深度的施工组织设计。施工组织设计的类型，通常按施工组织设计编制的时间和编制的对象来划分。

（一）按施工组织设计编制时间分类

在我国建筑市场运营机制下，承接建筑工程施工的主要渠道是建筑工程的招投标，为此，在编制施工组织设计时，通常依据招投标的时间，分别编制不同内容和要求的施工组织设计。

1. 标前施工组织设计

标前施工组织设计也称投标施工组织设计，是在建筑工程投标之前编制的施工项目管理规划和实现各项目标的组织与技术措施的保证。标前施工组织设计主要依据招标文件进行编制，是对招标文件的响应与承诺。作为投标文件的主要组成内容之一，对标书进行统一的规划和决策。标前施工组织设计体现施工企业对投标工程的技术、施工管理等各方面的综合实力，是决定施工企业能否中标的关键因素，又是承包单位进行合同谈判、提出要约和承诺的根据和理由，也是拟定合同文本中相关条款的基础资料。标前施工组织设计的主要追求目标是中标和企业经济效益。

2. 标后施工组织设计

标后施工组织设计是在工程项目中标以后，以保证标前施工组织设计和已签订的施工合同中的要约和承诺为前提，以建设项目、施工企业及施工方案等各项因素为依据编制的，是规划和指导拟建工程项目施工全过程的详细的实施性施工组织设计。标后施工组织设计的追求目标是施工效率和企业经济效益。

（二）按施工组织设计编制对象分类

基本建设项目依据建设规模和复杂程度，一般划分成单项工程、单位工程和分部分项工程等不同的工程内容，按上述划分的对象，施工组织设计一般可分为施工组织总设计、单位工程施工组织设计和施工方案三类。

1. 施工组织总设计

施工组织总设计是以一个建设项目或一个建筑群体为编制对象，规划其施工全过程的全局性、控制性施工组织文件。施工组织总设计是根据初步设计文件编制的，它是编制单位工程施工组织设计的依据。对建设一个大型工业企业或一个居住建筑群而言，其施工组织总设计以往一般由设计院来编制，尤其是大的工业建筑设计院，设有施工组织设计室专门负责此项工作。由于设计院不直接承建施工，由设计院编制的施工组织总设计，在施工方案、进度计划、施工业务设施等方面，往往与实际情况结合不够密切。为此，对大型工业建筑或大型居住建筑群的建设，一般是成立工程指挥部，领导施工组织总设计的编制工作。当前对新建的大型工业企业的建筑和大型居住类建筑群，通常采用以下三种方式进行施工组织总设计的编制：一种是成立工程项目管理机构，在工程项目经理领导下，对整个工程的规划、可行性研究、设计、施工、验收、试运转、交工等负全面责任，并由该项目管理机构来组织编制施工组织总设计；第二种是由工程总承包单位（或称总包单位）会同并组织建设单位、设计单位及工程分包单位共同编制，由总包单位负责；第三种是当总包单位并非是一个建筑总公司，没有力量来编制施工组织总设计时，由建设单位委托的监理公司来编制施工组织总设计。

施工组织总设计的主要内容包括编制依据、工程概况、总体施工部署、施工总进度计划、总体施工准备与主要资源配置计划、主要施工方法、施工总平面布置、主要施工管理计划等。

2. 单位工程施工组织设计

单位工程施工组织设计是以一个单位工程（一个建筑物或构筑物，一个交工系统）为编制对象，用以规划和指导其施工全过程的各项施工活动的综合性技术经济文件。单位工程施工组织设计是根据施工图设计文件编制的，它是编制分部（分项）工程施工方案的依据。单位工程施工组织设计一般由工程承包单位根据施工图及实际施工条件负责编制，当该单位工程是属于施工组织总设计中的一个项目时，则在编制该单位工程的施工组织设计中，还应考虑施工组织总设计中对该单位工程的约束条件，如工期、施工平面布置、运输、水电管网等。

单位工程施工组织设计的主要内容包括：编制依据、工程概况、施工部署、施工进度计划、施工准备与资源配置计划、主要施工方案、施工现场平面布置、主要施工管理计划等基本内容。

3. 施工方案

施工方案，是以单位工程中的某分部分项工程为编制对象，用以具体指导和实施该分部分项工程施工全过程的各项施工活动的技术、经济和组织的综合性文件。通常情况下施工方案是针对某些重要的、技术复杂的、施工难度大的，或采用新工艺、新技术施工的分部分项工程编制的，是对单位工程施工组织设计的补充和细化。例如某钢筋混凝土框架的滑模施工，不可能在单位工程施工组织设计中将有关详细要求都包括进去，而必须在单项滑模施工作业设计中详述滑模的各种构造和设备图、施工工艺、操作方法与规则、垂直运输方法、施工进程、保证质量的措施及安全施工措施等。

施工方案的主要内容包括：编制依据、工程概况、施工安排、施工进度计划、施工准备与资源配置计划、施工方法及工艺要求等。

施工方案是根据单位工程施工组织设计中对该分部分项工程的约束条件，并考虑其前后相邻分部分项工程对该分部分项工程的要求编制的，尽可能为其后的工程创造条件。

施工方案，往往是针对某项工程中的主体分部分项工程而言。如大型体育馆施工中的网架拼装和整体吊装工程，又如工业厂房中某些复杂的设备基础等的施工，都需要编制施工方案。而对一般性建筑的分部分项工程不必专门编制施工方案，只需包括在单位工程施工组织设计中即可。尤其是对常规的施工方法，施工单位已十分熟悉的，只需加以说明即可。总之，一切从实际需要和效果出发。施工组织设计的深度与广度应随不同施工项目的不同要求而异。

三、施工组织设计的基本规定

施工组织设计按编制对象，可分为施工组织总设计、单位工程施工组织设计和施工方案。

（1）施工组织设计的编制必须遵循工程建设程序，并应符合下列原则：

1）符合施工合同或招标文件中有关工程进度、质量、安全、环境保护、造价等方面的要求；

2）积极开发、使用新技术和新工艺，推广应用新材料和新设备；

3）坚持科学的施工程序和合理的施工顺序，采用流水施工和网络计划等方法，科学配置资源，合理布置现场，采取季节性施工措施，实现均衡施工，达到合理的经济技术指标；

4）采取技术和管理措施，推广建筑节能和绿色施工；

5）与质量、环境和职业健康安全三个管理体系有效结合。

（2）施工组织设计应以下列内容作为编制依据：

1）与工程建设有关的法律、法规和文件；

2）国家现行有关标准和技术经济指标；

3）工程所在地区行政主管部门的批准文件，建设单位对施工的要求；

4）工程施工合同或招标投标文件；

5）工程设计文件；

6）工程施工范围内的现场条件，工程地质及水文地质、气象等自然条件；

7）与工程有关的资源供应情况；

8）施工企业的生产能力、机具设备状况、技术水平等。

（3）施工组织设计应包括编制依据、工程概况、施工部署、施工进度计划、施工准备与资源配置计划、主要施工方法、施工现场平面布置及主要施工管理计划等基本内容。

（4）施工组织设计的编制和审批应符合下列规定：

1）施工组织设计应由项目负责人主持编制，可根据需要分阶段编制和审批。

2）施工组织总设计应由总承包单位技术负责人审批；单位工程施工组织设计应由施工单位技术负责人或技术负责人授权的技术人员审批；施工方案应由项目技术负责人审批；重点、难点分部（分项）工程和专项工程施工方案应由施工单位技术部门组织相关专家评审，施工单位技术负责人批准。

3）由专业承包单位施工的分部（分项）工程或专项工程的施工方案，应由专业承包单位技术负责人或技术负责人授权的技术人员审批；有总承包单位时，应由总承包单位项目技术负责人核准备案。

4）规模较大的分部（分项）工程和专项工程的施工方案应按单位工程施工组织设计进行编制和审批。

（5）施工组织设计应实行动态管理，并符合下列规定：

1）项目施工过程中，发生以下情况之一时，施工组织设计应及时进行修改或补充。

①工程设计有重大修改；

②有关法律、法规、规范和标准实施、修订和废止；

③主要施工方法有重大调整；

④主要施工资源配置有重大调整；

⑤施工环境有重大改变。

2）经修改或补充的施工组织设计应重新审批后实施。

3）项目施工前，应进行施工组织设计逐级交底；项目施工过程中，应对施工组织设计的执行情况进行检查、分析并适时调整。

（6）施工组织设计应在工程竣工验收后归档。

第五节　组织工程项目施工的原则

施工组织设计是施工企业和施工项目部对施工项目进行全面施工管理的重要技术经济文件，是建设项目有计划、有目标顺利实施的重要保证。组织工程项目施工是施工组织设计在工程实际中的具体实施过程，为了更好地落实施工组织设计的各项计划和目标，保证建设项目高效益、高质量、高速度地圆满完成，根据多年以来工程项目施工的实践经验，结合建筑产品的生产特点，在组织工程项目施工过程中应遵守以下几项基本原则。

一、贯彻执行国家工程建设的各项法律、法规

基本建设是国民经济的支柱，是社会扩大再生产、提高人民物质文化生活水平、加强国防实力的重要手段。有计划、有秩序的进行基本建设，对于扩大和加强国民经济的物质技术基础，调整国民经济重大比例关系，促进各经济部门的协调发展，都具有十分重要的意义。为此，我国多年以来为规范和调控基本建设，促进建筑业正常、持续地发展，制定了各项方针和政策以及法律、法规和操作规程，如施工许可制度、从业资格管理制度、招标投标制度、总承包制度、发包承包合同制度、工程监理制度、建筑安全生产管理制度、工程质量责任制度、竣工验收制度等等。在组织项目施工时，必须认真学习，充分理解、执行、运用相关法律、法规和操作规程，保证项目施工过程高效、有序、保质保量地顺利实施。

二、认真执行工程建设程序，合理安排施工顺序

工程建设程序和施工顺序既不是人为任意安排的，也不是随着建设地点的改变而改变的，而是由基本建设的规律所决定的。从工程建设的客观规律、工程特点、协作关系、工作内容来看，在多层次、多交叉、多关系、多要求的时间和空间里组织好工程建设，必须使工程项目建设中各阶段和各环节的工作紧密衔接，相互促进，避免不必要的重复工作，加快施工进度，缩短工期。

工程建设程序和施工顺序是建筑产品生产过程中的固有规律。建筑产品生产活动是在同一场地的不同空间和时间上，进行不同工序和工种的作业活动，各工种和工序或同时或前后交错搭接地进行，前一阶段的工作不完成，后一阶段的工作就不能开始。所以在组织工程项目施工过程中必须科学地安排施工程序和施工顺序。根据工程的性质、施工条件和使用要求，在安排施工程序时，通常应当考虑以下几点：

（1）要及时完成有关的准备工作（如砍伐树木，拆除已有的建筑物，清理场地，设置围墙，铺设施工需要的临时性道路以及供水、供电管网，建造临时性工房、行政办公房屋以及确定加工企业等），为正式施工创造良好条件，否则，必然会造成现场的混乱。正式施工也不是要求所有一切准备工作都做好再开始，只要准备工作能够做到基本上满足开工需要即可。因此，准备工作视施工的需要，可以一次完成也可以分期完成。

（2）正式施工时，在具备条件时应先进行全场性工程施工，然后再进行各个工程项目的施工。所谓全场性工程是指平整场地、铺设管网、修筑道路等。在正式施工之初完成这些工程，有利于工地内部的运输，利用永久性管网供水和排水，便于现场平面的布置和管理。在安排管线、道路施工程序时，一般宜先场外、后场内，场外由远而近；先主干、后分支；地下工程要先深后浅，排水要先下游、再上游。

（3）对于单个房屋和构筑物的施工顺序，既要考虑空间顺序，还要考虑工种之间的顺序。空间顺序是解决施工流向的问题，它必须根据生产需要、缩短工期和保证工程质量的要求来决定。工种顺序是解决时间上的搭接问题，应做到保证工程质量，为各工种之间互相创造条件，充分利用工作面，争取时间。

（4）可供施工期间使用的永久性建筑物（如道路、各种管网、仓库、宿舍、堆场、办公房屋和饭厅等）一般应先建造，以便减少临时性设施工程，节省费用。

三、保证重点、统筹安排建设项目施工

建筑施工企业和施工项目经理部一切生产经营活动的最终目标就是尽快地完成拟建工程项目的建造，使其早日投产或交付使用。这样对于施工企业的计划决策人员来说，先进行哪部分的施工，后进行哪部分的施工，就成为必须解决的决策性问题。通常情况下，根据拟建工程项目是否为重点工程、是否为有工期要求的工程，或是否为续建工程等进行统筹安排和分类排队，把有限的资源优先用于国家或业主最急需的重点工程项目，使其尽快地建成投产。同时照顾一般工程项目，把一般的工程项目和重点的工程项目结合起来。实践经验证明，在时间上分期和在项目上分批，保证重点和统筹安排，是建筑施工企业和工程项目经理部在组织工程项目施工时必须执行的程序。尤其是对总工期较长的大型建设项目工程，应根据其生产工艺的需要，制定分期分批建设施工计划，以及配套投产计划，保证建设项目能够分期分批地投产使用，从而在工程建设上缩短工期，尽早地发挥建设投资的经济效益。

四、合理选择施工方案、采用先进的施工技术

先进的施工技术是提高劳动生产率、改善工程质量、加快施工速度、降低工程成本的重要源泉。因此，在组织工程项目施工时，必须注意结合具体的施工条件，广泛地吸收国内外先进的、成熟的施工方法和劳动组织等方面的经验，尽可能地采用先进的施工技术，提高工程项目施工的技术经济效益。

拟定施工方案通常包括确定施工方法，选择施工机具，安排施工顺序和组织流水施工等方面内容。每项工程的施工都可能存在多种可行的方案供选择，在选择时要注意从实际条件出发，在确保工程质量和生产安全的前提下，使方案在技术上是先进的，在经济上是合理的。

五、合理安排施工计划，组织有节奏、均衡、连续的施工

组织流水作业方法施工，是现代建筑施工组织的行之有效的施工组织方法。其特点主要表现在：生产专业化强，劳动效率高；易于达到熟练的操作程度，工程质量高；生产节奏性强，资源、劳动力及机械使用均衡；工人能够连续作业，工期短、成本低等。组织流水作业施工可以使工程施工连续地、均衡地、有节奏地进行，能够合理地使用人力、物力和财力，能多、快、好、省、安全地完成工程建设任务。

用网络计划技术编制施工进度计划，逻辑严密，主要矛盾突出，有利于计划的优化、控制与调整。网络计划还有利于应用电子计算机技术，可以方便地进行网络计划优化和及时调整，能对施工进度计划进行动态的管理。

六、提高建筑工业化程度

建筑施工是消耗巨大社会劳动的物质生产部门之一。以机械化代替手工劳动，特别是大

面积场地平整、大量土方的开挖、装卸、运输，以及大型混凝土构件的制作和安装、墙体砌筑等繁重劳动的施工过程，实行机械化和装配化施工，可以减轻劳动强度，提高劳动生产率，有利于加快施工速度，是降低工程成本、提高经济效益的有效手段。

目前，在我国为了提高建筑工业化水平，提出了"四化一改"的革新途径，即设计的标准化、构配件生产的工厂化、施工的机械化、现场管理的科学化，以及墙体改革。在组织工程项目施工时，应因地制宜，从企业的实际情况出发，充分利用企业的现有机械。同时应努力提高企业的机械化水平，扩大企业的机械化施工范围，为施工企业创造更大的经济和社会效益。

七、科学地安排冬期、雨季施工项目

由于建筑产品生产露天作业多的特点，因此拟建工程项目的施工必然受气候和季节的影响，冬季的严寒和夏季的多雨，都不利于建筑施工的正常进行。如果不采取相应的、可靠的施工技术组织措施，全年施工的均衡性、连续性就不能得到保证。

随着施工工艺及其技术的发展，已经完全可以在冬期、雨季进行正常施工，但是由于在冬雨季施工时，通常需要采取一些特殊的施工技术和组织措施，必然会增加一些费用。这些费用虽然可以通过工人窝工的减少，施工机具设备利用程度的提高，间接费用的节约等方式得到弥补，但仍然应当尽量减少这方面的费用。为避免工程成本过分提高，在安排施工进度计划时，应当注意季节性特点，恰当地安排冬雨季施工项目，通常情况下只把那些确有必要的，且不因冬雨季施工而使施工项目过分复杂化和过分提高造价的工程项目，列入冬雨季施工的范围，以增加全年的施工日，从而保证全年生产的均衡性和连续性。

八、坚持质量第一，保证施工安全

要贯彻"质量第一，预防为主"的方针，严格执行施工验收规范、操作规程和质量检验评定标准，从各方面制定保证质量的措施，预防和控制影响工程质量的各种因素，建造满足用户要求的优质工程。

要贯彻"安全为了生产、生产必须安全"的方针，建立健全各项安全管理制度，制定确保安全施工的措施，并在施工过程中经常地进行检查和督促。

九、合理布置施工现场平面图

合理进行施工现场的平面布置，是组织施工的重要一环，也是顺利执行施工组织设计各项措施的重要保证。在布置现场平面时，应尽量减少临时工程，减少施工用地，降低工程成本。尽量利用正式工程，原有或就近已有设施，做到暂设工程与既有设施相结合、与正式工程相结合。同时，要注意因地制宜，就地取材，减少消耗，降低生产成本。为此，可以采取下列措施：

（1）尽量利用原有的房屋和构筑物，满足施工的需要。

（2）在安排施工顺序时，应当注意把可为施工服务的正式工程（包括房屋、车间、道路、管网等）尽量提前施工。

（3）建筑构件应当尽量安排在地区内原有的加工企业生产，只在确有必要时，才在工地上自行建立加工厂。

（4）广泛采用可以移动装拆的房屋和设备。

（5）优化现场物资储存量，合理确定物资储存方式，尽量减少库存量和物资损耗。

习　题

1. 简述基本建设的构成和基本建设项目的划分。
2. 何谓基本建设程序？它由哪几个阶段构成？
3. 何谓建筑施工程序？分为哪几个环节？
4. 简述建筑产品和建筑施工的特点。
5. 何谓施工组织设计？它有哪些作用？
6. 简述施工组织设计的种类。
7. 组织工程项目施工应遵循哪些原则？

第二章　流水施工的基本原理

建筑工程的"流水施工"来源于工业生产的流水作业，它是组织施工的一种科学方法。组织流水施工，可以充分地利用时间和空间（工作面），连续、均衡、有节奏地进行施工，从而提高劳动生产率，缩短工期，节省施工费用，降低工程成本。

第一节　概　　述

任何一个建筑工程都是由许多施工过程组成的，而每一个施工过程都可以组织一个或多个施工班组来进行施工。如何组织各施工班组的先后顺序或平行搭接施工，是组织施工中的一个最基本的问题。

一、组织施工的方式

根据建筑产品的特点，建筑施工作业可以采用多种方式，通常所采用的组织施工方式有依次（顺序）施工、平行施工和流水施工三种。

下面举例对三种组织施工方式进行分析比较。

例如：有四幢相同的砖混结构房屋的基础工程，根据施工图设计、施工班组的构成情况及工程量等，其施工过程划分、施工班组人数及工种构成、各施工过程的工程量、完成每幢房屋一个施工过程所需时间等，见表 2-1。

表 2-1　　　　　　　　　每幢房屋基础工程的施工过程及其工程量等指标

施工过程	工程量		每工产量	劳动量（工日）		每班人数	每天工作班数	施工天数	班组工种
	数量	单位		需要	采用				
基槽挖土	130	m³	4.18	31	32	16	1	2	普工
混凝土垫层	38	m³	1.22	31	30	30	1	1	普工、混凝土工
砌砖基础	75	m³	1.28	59	60	20	1	3	普工、瓦工
基槽回填土	60	m³	5.26	11	10	10	1	1	普工

（一）依次施工

依次施工也称顺序施工，通常有以下两种进度安排：

1. 按幢（或施工段）依次施工

这种方式是一幢房屋基础工程的各施工过程全部完成后，再施工第二幢房屋，依次完成每幢房屋的施工任务。这种施工组织方式的施工进度安排，如图 2-1 所示。图 2-1（b）为劳动力动态变化曲线，其纵坐标为每天施工班组人数，横坐标为施工进度（天）。将每天各施工班组投入的人数之和连接起来，即可绘出劳动力动态变化曲线。

如果用 t_i（$i=1, 2, \cdots, n$）表示每个施工过程在一幢房屋中完成施工所需时间，则完成一幢房屋基础工程施工所需时间为 $\sum t_i$，完成 M 幢房屋基础工程所需总时间为：

$$T = M\sum t_i \qquad (2\text{-}1)$$

式中 　M——房屋幢数（或施工段数）；

　　　t_i——某施工过程完成一幢房屋所需工作时间；

　　　$\sum t_i$——各施工过程完成一幢房屋所需工作时间；

　　　T——完成 M 幢房屋所需的工作总时间。

2. 按施工过程依次施工

这种方式是依次完成每幢房屋的第一个施工过程后，再开始第二个施工过程的施工，直至完成最后一个施工过程的施工任务，其施工进度安排如图 2-2 所示。按施工过程依次施工所需总时间与按幢依次施工相同，但每天所需的劳动力不同。完成 M 幢房屋的基础工程所需总时间为

$$T = \sum M t_i \qquad (2\text{-}2)$$

式中 　Mt_i——一个施工过程完成 M 幢房屋的基础工程所需的时间；

其他符号的含义同式（2-1）。

从图 2-1 和图 2-2 中可以看出，依次施工的优点是每天投入施工的班组只有一个，现场的劳动力较少，机具、设备使用不很集中，材料供应单一，施工现场管理简单，便于组织和安排。当工程的规模较小，施工工作面又有限时，依次施工是较为适宜的。

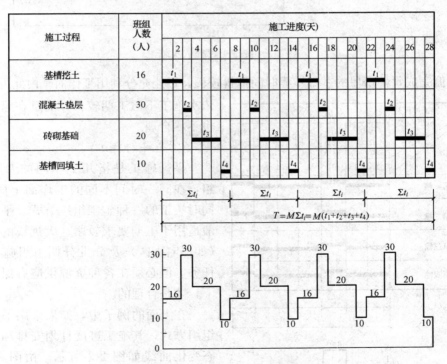

图 2-1 按幢（或施工段）依次施工

依次施工的缺点是，按幢（或施工段）依次施工虽然能较早地完成一幢房屋基础工程的施工任务，为上部主体结构开始施工创造工作面，但各施工班组的施工时间都是间断的，施工班组不能实现专业化施工，不利于提高工程质量和劳动生产率，各施工班组的施工及材料供应无法保持连续和均衡，工人有窝工的情况；按施工过程依次施工，各施工班组虽然能连

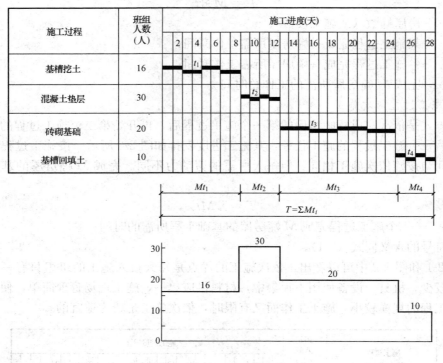

图 2-2　按施工过程依次施工

续施工，但完成每幢房屋的基础工程时间拖得较长，不能充分利用工作面。由此可知，采用依次施工不但工期较长，而且在组织安排上也不尽合理。

（二）平行施工

平行施工是指几个相同的专业施工班组，在同一时间不同的工作面上同时开工，同时竣工的一种施工组织方式。平行施工一般适用于工期要求较紧、大规模的建筑群体（如住宅小区）及分批分期组织施工的工程任务。但必须在各种资源供应有保障的情况下，才是合理的。

在上面的例子中，如果采用平行施工的组织方式，其施工进度计划安排和劳动力动态变化曲线如图 2-3 所示。由图 2-3 可知，完成四幢房屋的基础工程所需时间等于完成一幢房屋基础工程的时间，即：

$$T = \sum t_i \qquad (2\text{-}3)$$

式中符号的含义同式（2-2）。

从图 2-3 可以看出，平行施工的组织方

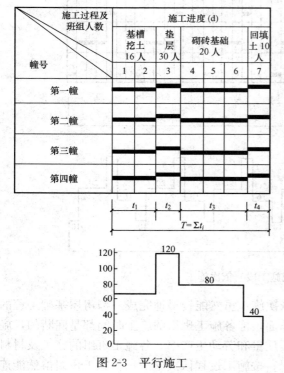

图 2-3　平行施工

式具有以下特点：

(1) 能够充分利用工作面，争取时间，可以缩短工期；

(2) 施工班组不能实现专业化生产，不利于改进工人的操作方法和施工机具，不利于提高工程质量和劳动生产率；

(3) 各专业施工班组及其工人不能连续作业，如果没有更多的工程任务，各施工班组在短期内完成工程任务后，就可能出现窝工现象；

(4) 单位时间内投入施工的资源量成倍增加，现场的临时设施也相应增加，从而造成组织安排和施工现场管理的困难，增加施工管理的费用。

(三) 流水施工

流水施工的组织方式是将拟建工程项目的施工分解为若干个施工过程，也就是划分成若干个工作性质相同的分部、分项工程或工序；同时将拟建工程项目在平面上划分成若干个劳动量大致相等的施工段；在竖向上划分成若干个施工层，按照施工过程分别建立相应的专业施工班组；各专业施工班组按照一定的施工顺序投入施工；完成第一个施工段上的施工任务后，在专业施工班组的人数、使用的机具和材料不变的情况下，依次地、连续地投入到第二、第三……直到最后一个施工段的施工，在规定的时间内，完成同样的施工任务；不同的专业施工班组在工作时间上最大限度地、合理地搭接起来；当第一个施工层各个施工段上的相应施工任务全部完成后，各专业施工班组依次地、连续地投入到第二、第三，……施工层，保证工程项目的施工全过程在时间上、空间上，有节奏、连续、均衡地进行下去，直到完成全部施工任务。

在上例中，如果采用流水施工组织方式，其施工进度计划的安排和劳动力动态变化曲线如图 2-4 所示。其施工的工期可按式（2-4）计算；

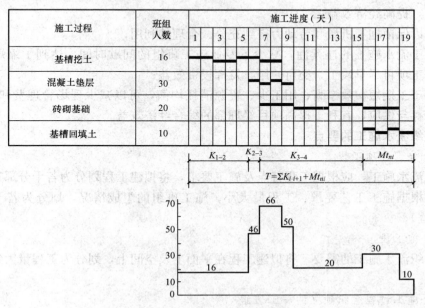

图 2-4　流水施工（施工过程全部连续）

$$T = \sum K_{i,i+1} + Mt_{n,i} \qquad (2\text{-}4)$$

式中　$K_{i,i+1}$ ——两个相邻的施工过程相继投入第一幢房屋施工的时间间隔；

M——房屋幢数（或施工段数）；

$t_{n.i}$——最后一个施工过程完成全部房屋（施工段）施工所需的时间；

T——完成工程施工任务所需的总时间。

二、流水施工的特点

流水施工是一种以分工为基础的协作过程，是成批生产建筑产品的一种优越的施工组织方式。它是在依次施工和平行施工的基础上产生的，它既克服了依次施工和平行施工组织方式的缺点，又具有它们两者的优点：

（1）科学合理地利用了工作面，争取了时间，有利于缩短施工工期，而且工期较为合理；

（2）能够保持各施工过程的连续性、均衡性，有利于提高施工管理水平和技术经济效益；

（3）由于实现了专业化施工，可使各施工班组在一定时期内保持相同的施工操作和连续、均衡的施工，更好的保证工程质量，提高劳动生产率；

（4）单位时间内投入施工的资源量较为均衡，有利于资源供应的组织工作；

（5）为文明施工和进行现场的科学管理创造了有利条件。

三、流水施工的技术经济效果

流水施工在工艺划分、时间安排和空间布置上统筹安排，必然会给相应的项目经理部带来显著的经济效果，具体可归纳为以下几点：

（1）便于改善劳动组织，改进操作方法和施工机具，有利于提高劳动生产率；

（2）专业化的生产可提高工人的技术水平，使工程质量相应提高；

（3）工人技术水平和劳动生产率的提高，可以减少用工量和施工临时设施的建造量，降低工程成本，提高经济效益；

（4）可以保证施工机械和劳动力得到充分、合理的利用；

（5）由于流水施工的连续性，减少了专业施工班组的间歇时间，达到了缩短工期的目的，可使施工项目尽早竣工，交付使用，发挥投资效益；

（6）由于工期短、效率高、用工少、资源消耗均衡，可以减少现场管理费和物资消耗，实现合理储存与供应，有利于提高项目经理部的综合经济效益。

四、组织流水施工的要点

1. 划分分部分项工程

要组织流水施工，应根据工程特点及施工要求，将拟建工程划分为若干分部工程；每个分部工程又根据施工工艺要求、工程量大小、施工班组的组成情况，划分为若干施工过程（即分项工程）。

2. 划分施工段

根据组织流水施工的需要，将拟建工程在平面上及空间上，划分为工程量大致相等的若干个施工段。

3. 每个施工过程组织独立的施工班组

每个施工过程尽可能组织独立的施工班组，施工班组的形式可以是专业班组，也可以是混合班组，并配备必要的施工机具，按施工工艺的先后顺序，依次地、连续地、均衡地从一个施工段转移到另一个施工段完成本施工过程相同的施工操作。

4. 主要施工过程必须连续、均衡地施工

对工程量较大、施工时间较长的施工过程，必须组织连续、均衡地施工；对其他次要施工过程，可考虑与相邻的施工过程合并；如不能合并，为缩短工期，可安排间断施工。

5. 不同的施工过程尽可能组织平行搭接施工

根据施工顺序，不同的施工过程，在具有工作面的情况下，除必要的技术间歇和组织间歇时间（如混凝土的养护）外，尽可能地组织平行搭接施工。

五、流水施工的表达方式

流水施工的表达方式有横道图、斜线图和网络图等。

1. 横道图

流水施工的横道图表达方式如图 2-4 所示，图表左边列出了各施工过程的名称，右边用水平线段在时间坐标下画出施工进度。

2. 斜线图

流水施工的进度计划用斜线图表示时，左边列出施工段，右边用斜线在时间坐标下画出施工进度，斜线图表达的施工进度计划如图 2-5 所示。

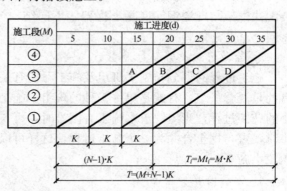

图 2-5　斜线图

3. 网络图

施工进度计划用网络图的表达方式详见第三章。

第二节　流水施工的主要参数

在组织工程项目流水施工时，用以表达流水施工在施工工艺、空间布置和时间安排方面开展状态的参数，统称为流水参数。流水施工的主要参数，按其性质的不同，一般可分为工艺参数、空间参数和时间参数三种。

一、工艺参数

在组织工程项目流水施工时，将拟建工程项目的整个建造过程分解为若干个施工部分称为施工过程，其数目一般用"N"表示。

组织流水施工时，首先要将某一专业工程（如土建工程、给排水工程、电气工程、暖通空调工程、设备安装工程、道路工程等）划分成若干个分部工程，如土建工程可划分成地基与基础工程、主体结构工程、建筑屋面工程、建筑装饰装修工程等。然后将各分部工程再分解成若干个施工过程（又称分项工程或工序），如分部工程中的现浇钢筋混凝土主体结构工程可分解成支设模板、绑扎钢筋、浇筑混凝土、养护、拆模等施工过程。

在分解工程项目时要根据实际情况决定，粗细程度要适中。划分太粗，则所编制的流水施工进度不能起到指导和控制作用；划分太细，则在组织流水作业时过于繁琐。施工过程划分的数目多少、粗细程度一般与下列因素有关。

1. 施工计划的性质和作用

对工程施工控制性计划，长期计划及建筑群体规模大、结构复杂、施工期长的工程的施工进度计划，其施工过程划分可粗些，综合程度可高些。对中小型单位工程及施工期不长的工程施工的实施性计划，其施工过程可划分得细些、具体些，一般可划分至分项工程。对月度作业性计划，有些施工过程还可分解为工序，如安装模板、绑扎钢筋等。

　　2. 施工方案及工程结构

　　厂房的柱基础与设备基础的土方工程，如同时施工，可合并为一个施工过程；如先后施工，可分为两个施工过程。承重墙与非承重墙的砌筑，也是如此。砌体结构、大墙板结构、装配式框架与现浇钢筋混凝土框架等不同结构体系，其施工过程划分及其施工内容也各不相同。

　　3. 劳动组织及劳动量大小

　　施工过程的划分与施工班组及施工习惯有关。如安装玻璃、油漆施工可分也可合，因为有的是混合班组，有的是单一工种的班组。施工过程的划分还与劳动量的大小有关。劳动量小的施工过程，当组织流水施工有困难时，可与其他相连施工过程合并。如垫层的劳动量较小时，可与挖土合并为一个施工过程，这样可以使各个施工过程的劳动量大致相等，便于组织流水施工。

　　4. 劳动内容和范围

　　施工过程的划分与其劳动内容和范围有关。如直接在施工现场与工程对象上进行的施工过程可以划入流水施工过程，而场外劳动内容（如预制加工、运输等）可以不划入流水施工过程。

　　二、空间参数

　　在组织工程项目流水施工时，用以表达流水施工在空间布置上所处状态的参数，称为空间参数。空间参数一般包括施工工作面、施工段和施工层。

　　（一）工作面

　　施工工作面亦称工作前线，是指提供工人进行操作的地点范围和工作活动空间。工作面的大小表明了施工对象上能安置多少工人操作或布置施工机械、设备的面积。工作面的大小是根据相应工种的产量定额、建筑安装工程操作规程和安全规程等要求确定的。工作面的单位是根据各施工过程的性质、施工方法和使用的工具、设备不同而确定的。

　　在流水施工中，有的施工过程在施工一开始，就在整个操作面上形成了施工工作面。例如人工开挖基槽就属此类工作面。但是，也有一些工作面的形成是随着前一个施工过程的结束而形成的。例如在现浇钢筋混凝土的流水作业中，支设模板、绑扎钢筋、浇筑混凝土等都是前一个施工过程的结束，为后一个施工过程提供了工作面。在确定一个施工过程的工作面时，不仅要考虑前一施工过程可能提供的工作面的大小，还要符合安全技术、施工技术规范的规定以及有利于提高劳动生产率等因素。总之，工作面的确定是否恰当，直接影响到安置施工人员的数量、施工方法和工期。

　　（二）施工段

　　在组织流水施工时，通常把施工对象在平面上划分为若干个劳动量大致相等的施工段落，这些施工段落称为施工段，一般以"M"表示。

　　划分施工段的目的，是为了组织流水施工，保证不同的施工班组能在不同的施工段上同时进行施工，并使各施工班组能按一定的时间间隔转移到另一个施工段进行连续施工，既消除等待、停歇现象，又互不干扰。

1. 施工段划分的原则

（1）施工段的数目要合理。施工段过多，会增加总的施工延续时间，而且工作面不能充分利用；施工段过少，则会引起劳动力、机械和材料供应的过分集中，有时还会造成"断流"的现象。

（2）各施工段的劳动量（或工程量）一般应大致相等（相差幅度宜在15％以内），以保证各施工班组能连续、均衡地施工。

（3）施工段的划分界限要以保证施工质量且不违反操作规程的要求为前提，一般应尽可能与结构自然界线相一致，如温度缝、抗震缝和沉降缝等处；如必须将分界线设在墙体中间时，应将其设在门窗洞口处，这样可以减少留槎，便于修复墙体。

（4）为充分发挥工人（或机械）的生产效率，不仅要满足专业工种对工作面的要求，而且要使施工段所能容纳的劳动力人数（或机械台数），满足劳动组合优化要求。

（5）对于多层建筑物，既要在平面上划分施工段，又要在竖向上划分施工层，保证专业班组在施工段和施工层之间，组织有节奏、均衡和连续地流水施工。

2. 施工段划分的部位

施工段划分的部位要有利于结构的整体性，应考虑到施工工程轮廓形状、平面组成及结构特点。在满足施工段划分原则的前提下，可按以下几种情况划分施工段的部位。

（1）设置温度缝、沉降缝、抗震缝的建筑工程可按此缝为界划分施工段；

（2）单元式的住宅工程可按单元为界分段，必要时以半个单元为界分段；

（3）道路、管线等线性长度延伸的建筑工程，可按一定长度作为一个施工段；

（4）多幢同类型建筑，可以一幢房屋作为一个施工段。

3. 施工段数目 M 与施工过程数目 N 的关系

在组织多层房屋的流水施工时，为使各施工班组能连续施工，上一层的施工必须在下一层对应部位完成后才能开始。即各施工班组做完第一段后，能立即转入第二段；做完第一层的最后一段后，能立即转入第二层的第一段。因此，每一层的施工段数 M 必须大于或等于其施工过程数 N，即

$$M \geqslant N \qquad\qquad (2\text{-}5)$$

例如：某二层现浇钢筋混凝土结构的建筑物，在组织流水施工时将主体工程划分为支模板、绑扎钢筋和现浇混凝土三个施工过程，即 $N=3$；设每个施工过程在各个施工段上施工持续时间均为 2d，现分析如下：

（1）$M=N$ 时，即每层划分为三个施工段组织流水施工时，其进度安排如图 2-6 所示。

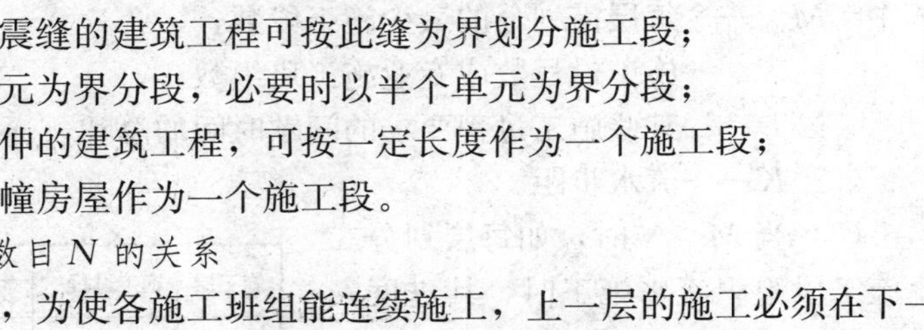

从图 2-6 可以看出：$M=N$ 时，各施工班组均能连续施工，施工段没有空闲，工作面能充分利用，无停歇现象，不会产生窝工。这是理想化的流水施工方案，此时要求项目管理者，要有较高的管理水平，只能进取，不能

施工层	施工过程	施工进度(d)							
		2	4	6	8	10	12	14	16
I	支模板	①	②	③					
	绑钢筋		①	②	③				
	浇混凝土			①	②	③			
II	支模板				①	②	③		
	绑钢筋					①	②	③	
	浇混凝土						①	②	③

图 2-6　$M=N$ 的进度安排

后退。

（2）$M>N$ 时，如每层划分四个施工段组织流水施工时，其进度安排如图 2-7 所示。

从图 2-7 可以看出，当 $M>N$ 时，各施工班组的施工仍是连续的，但施工段有空闲，如图 2-7 中各施工段在第一层混凝土浇筑完毕后，不能马上转入第二层进行施工，均需空闲 3 天，即工作面空闲 3 天。这时，工作面的空闲并不一定有害，有时还是必要的，可用于弥补由于技术间歇和组织管理间歇等要求所必需的时间，如养护、备料和弹线等工作。但当施工段数过多，必然使工作面减少，从而减少施工班组的人数，使工期延长。

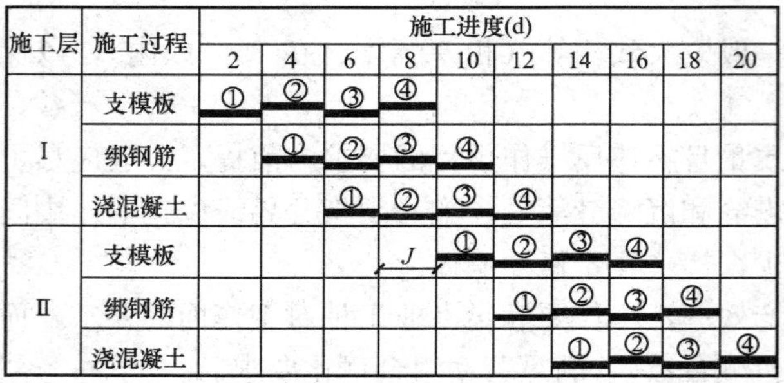

施工层	施工过程	施工进度(d)									
		2	4	6	8	10	12	14	16	18	20
I	支模板	①	②	③	④						
	绑钢筋		①	②	③	④					
	浇混凝土			①	②	③	④				
II	支模板						J ①	②	③	④	
	绑钢筋							②	③	④	
	浇混凝土							①	②	③	④

图 2-7　当 $M>N$ 时的进度安排表

在实际施工中，若某些施工过程需要考虑技术间歇等，则可用下列公式确定每层的最少施工段数：

$$M_{\min} = N + \frac{\sum J}{K} \tag{2-6}$$

式中　$M_{\min}$——每层需划分的最少施工段数；

N——施工过程数或专业施工班组数；

$\sum J$——某些施工过程要求的间歇时间的总和；

K——流水步距。

（3）当 $M<N$ 时，如每层划分二个施工段组织流水施工时，其进度安排如图 2-8 所示。

从图 2-8 可以看出，当 $M<N$ 时，各专业施工班组不能连续施工，施工段没有空闲。在图 2-8 中，支模板施工班组在完成第一层的施工任务后，要停工 2d 才能进行第二层第一段的施工，其他施工班组同样也要停工 2d，因此，工期要延长。这种情况

施工层	施工过程	施工进度(d)						
		2	4	6	8	10	12	14
I	支模板	①	②	J				
	绑钢筋		①	②				
	浇混凝土			①	②			
II	支模板				①	②		
	绑钢筋					①	②	
	浇混凝土						①	②

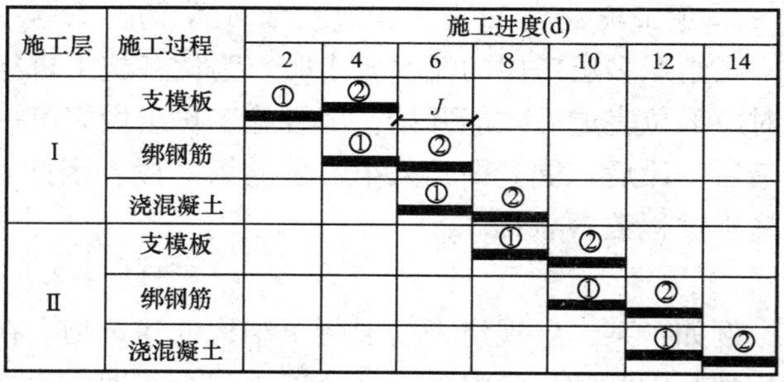

图 2-8　当 $M<N$ 时的进度安排表

对有数幢同类型的建筑物，可组织建筑物之间的大流水施工，来弥补上述停工现象，但对单一建筑物的流水施工是不适宜的，应加以杜绝。

（三）施工层

在组织工程项目流水施工时，为了满足专业施工班组对施工高度和施工工艺的要求，通常将拟建工程项目在竖向上划分为若干个操作层，这些操作层称为施工层。

施工层的划分，要按施工项目的具体情况，根据建筑物的高度和楼层来确定。如砌筑工程的施工高度一般为 1.2m；装饰工程等可按楼层划分施工层。

三、时间参数

在组织工程项目流水施工时，用于表达流水施工在时间排列上所处状态的参数，均称为

时间参数。它包括流水节拍、流水步距、技术间歇时间、组织间歇时间和平行搭接时间等五种。

（一）流水节拍

在组织流水施工时，每个专业施工班组在各个施工段上完成各自的施工任务所需要的工作持续时间，称为流水节拍。通常以 t_i 表示，它是流水施工的基本参数之一。

流水节拍的大小，可以反映出流水施工速度的快慢、节奏感的强弱和资源消耗量的多少。根据其数值特征，一般将流水施工又分为等节拍专业流水、异节拍专业流水和无节奏专业流水等施工组织方式。

1. 流水节拍的计算

影响流水节拍数值大小的因素主要有：工程项目施工时所采取的施工方案，各施工段投入的劳动力人数或施工机械台班数，工作班次，以及该施工段工程量的多少。为避免施工班组转移时浪费工时，流水节拍在数值上最好是半个工作班的整倍数。其数值的确定，可按以下各种方法进行：

（1）定额计算法。这是根据各施工段的工程量、能够投入的资源量（工人数、机械台班数和材料量等），按式（2-7）或式（2-8）进行计算：

$$t_i = \frac{Q_i}{S_i R_i N_i} = \frac{P_i}{R_i N_i} \tag{2-7}$$

或

$$t_i = \frac{Q_i H_i}{R_i N_i} = \frac{P_i}{R_i N_i} \tag{2-8}$$

$$P_i = \frac{Q_i}{S_i}（或 Q_i H_i）$$

式中　t_i——某专业施工班组在第 i 施工段的流水节拍；

Q_i——某专业施工班组在第 i 施工段上完成的工程量；

S_i——某专业施工班组的计划产量定额；

H_i——某专业施工班组的计划时间定额；

P_i——某专业施工班组在第 i 施工段需要的劳动量或机械台班数量；

R_i——某专业施工班组投入的工作人数或机械台数；

N_i——某专业施工班组的工作班次。

在式（2-7）和式（2-8）中，S_i 和 H_i 最好是本项目经理部的实际水平。

（2）经验估算法。它是根据以往的施工经验进行估算。一般为了提高其准确程度，往往先估算出该流水节拍的最长、最短和正常（即最可能）三种时间，然后据此求出期望时间作为某专业施工班组在某施工段上的流水节拍。因此，本法也称为三种时间估算法。一般按式（2-9）进行计算：

$$t_i = \frac{a + 4c + b}{6} \tag{2-9}$$

式中　t_i——某施工过程在某施工段上的流水节拍；

a——某施工过程在某施工段上的最短估算时间；

b——某施工过程在某施工段上的最长估算时间；

c——某施工过程在某施工段上的正常估算时间。

这种方法多适用于采用新工艺、新方法和新材料等没有定额可循的工程。

（3）工期计算法。对某些施工任务在规定日期内必须完成的工程项目，往往采用倒排进度法。具体步骤如下：

1）根据工期倒排进度，确定某施工过程的工作持续时间；

2）确定某施工过程在某施工段上的流水节拍。若同一施工过程的流水节拍不等，则用估算法；若流水节拍相等，则按式（2-10）进行计算：

$$t = \frac{T}{M} \tag{2-10}$$

式中　t——流水节拍；

　　　T——某施工过程的工作持续时间；

　　　M——某施工过程划分的施工段数。

当施工段数确定后，流水节拍大，则工期相应的就长。因此，从理论上讲，总是希望流水节拍越小越好。但实际上由于受工作面的限制，每一施工过程在各施工段上都有最小的流水节拍，其数值可按式（2-11）计算：

$$t_{min} = \frac{A_{min}u}{S} \tag{2-11}$$

式中　t_{min}——某施工过程在某施工段的最小流水节拍；

　　　A_{min}——每个工人所需最小工作面；

　　　u——单位工作面的工程量含量；

　　　S——产量定额。

式（2-10）计算出的数值，应取整数或半个工日的整倍数，根据工期计算的流水节拍，应大于最小流水节拍。

2. 确定流水节拍的要点

（1）施工班组人数应符合该施工过程最少劳动组合人数的要求。例如，现浇钢筋混凝土施工过程，包括上料、搅拌、运输、浇捣等施工操作环节，如果人数太少，是无法组织施工的。

（2）要考虑工作面的大小或某种条件的限制。施工班组人数也不能太多，每个工人的工作面要符合最小工作面的要求。否则，就不能发挥正常的施工效率或不利于安全生产。

（3）要考虑各种机械台班的效率（吊装次数）或机械台班产量的大小。

（4）要考虑各种材料、构件等施工现场堆放量、供应能力及其他有关条件的制约。

（5）要考虑施工及技术条件的要求。例如不能留施工缝必须连续浇筑的钢筋混凝土工程，有时要按三班制工作的条件决定流水节拍，以确保工程质量。

（6）确定一个分部工程施工过程的流水节拍时，首先应考虑主要的、工程量大的施工过程的节拍（它的节拍值最大，对工程起主导作用），其次确定其他施工过程的节拍值。

（7）流水节拍值一般取整数，必要时可保留 0.5d（台班）的小数值。

（二）流水步距

在组织工程项目流水施工时，相邻两个专业施工班组先后进入同一施工段开始施工时的合理时间间隔，称为流水步距。流水步距通常以 $K_{i,i+1}$ 表示，它是流水施工的重要参数之一。

1. 确定流水步距的原则

（1）流水步距要满足相邻两个专业施工班组，在施工顺序上的相互制约关系；

（2）流水步距要保证各专业施工班组都能连续作业；

（3）流水步距要保证相邻两个专业施工班组，在开工时间上最大限度地、合理地搭接，保证工程质量，满足安全生产。

2. 确定流水步距的方法

流水步距的确定方法很多，简捷而实用的方法主要有，图上分析法、分析计算法和"大差"法（也称潘特考夫斯基法）。下面主要介绍分析计算法和"大差"法。

（1）分析计算法，它是通过分析计算公式确定流水步距的方法。

在流水施工中，如果同一施工过程在各施工段上的流水节拍相等，则各相邻施工过程之间的流水步距可按下式计算：

$$K_{i,i+1} = t_i + (J_{i,i+1} - C_{i,i+1}) \quad (t_i \leqslant t_{i+1}) \tag{2-12}$$

$$K_{i,i+1} = t_i + (t_i - t_{i+1})(M-1) + (J_{i,i+1} - C_{i,i+1}) \quad (t_i > t_{i+1}) \tag{2-13}$$

或

$$K_{i,i+1} = Mt_i - (M-1)t_{i+1} + (J_{i,i+1} - C_{i,i+1}) \tag{2-14}$$

式中　t_i——第 i 个施工过程的流水节拍；

t_{i+1}——第 $i+1$ 个施工过程的流水节拍；

$J_{i,i+1}$——第 i 个施工过程与第 $i+1$ 个施工过程之间的间歇时间；

$C_{i,i+1}$——第 i 个施工过程与第 $i+1$ 个施工过程之间的平行搭接时间。

（2）"大差"法，它没有计算公式，其文字表达式为"累加数列错位相减取其最大差"。此法适用于同一施工过程在各施工段上的流水节拍不相等的情况下，即在组织无节奏专业流水施工时，其计算步骤如下：

1）根据各专业施工班组在各施工段上的流水节拍，求累加数列；

2）根据施工顺序，对所求相邻两个施工过程的两累加数列，错位相减；

3）根据错位相减的结果，确定相邻两个专业施工班组之间的流水步距，即取相减结果中数值最大者为相邻两个专业施工班组之间的流水步距。

（三）技术间歇时间

在组织工程项目流水施工时，除要考虑相邻专业施工班组之间的流水步距外，有时要根据建筑材料或现浇构件等的工艺性质，还要考虑合理的工艺等待间歇时间，这个等待时间称为技术间歇时间，如混凝土浇筑后的养护时间、砂浆抹面和油漆面的干燥时间等。技术间歇时间以 $Z_{i,i+1}$ 表示。

（四）组织间歇时间

在组织工程项目流水施工中，由于施工技术或施工组织的原因，造成的在流水步距以外增加的间歇时间，称为组织间歇时间，如墙体砌筑前的墙身位置弹线，施工人员、机械转移，回填土前地下管道的检查验收等。组织间歇时间以 $G_{i,i+1}$ 表示。

在组织工程项目流水施工时，技术间歇和组织间歇时间有时要统一考虑，有时要分别考虑，施工中可根据具体情况分别对待。但二者的概念、内容和作用是不同的，必须结合具体情况灵活处理。

（五）平行搭接时间

在组织工程项目流水施工时，相邻两个专业施工班组在同一施工段上的关系，一般是前后衔接关系，即前一施工班组完成全部任务后一施工班组才能开始。但有时为了缩短工期，在工作面允许的条件下，如果前一个专业施工班组完成部分施工任务后，能够提前为后一个专业施工班组提供工作面，使后者提前进入同一个施工段，两者在同一施工段上平行搭接施工，这个搭接的时间称为平行搭接时间，通常以 $C_{i,i+1}$ 表示。

（六）工期

工期是指完成一项工程任务或一个流水作业组施工所需的时间，一般可采用下式计算：

$$T = \sum K_{i,i+1} + T_N \tag{2-15}$$

式中　$\sum K_{i,i+1}$ ——流水施工中各施工过程的流水步距之和；

　　　　T_N ——流水施工中最后一个施工过程在各施工段上的延续时间。

第三节　流水施工组织的方法

组织一个工程项目或某分部工程的流水施工，就是要使参与流水施工的各施工过程的专业施工班组，有节奏地从施工对象的各施工段，逐个有节奏地连续施工。根据施工对象及施工过程的特点，流水施工按其流水节拍的特征不同可分为有节奏流水施工和无节奏流水施工等形式。

一、有节奏流水施工

有节奏流水施工是指参与流水施工的各专业施工班组，在各施工段上的工作持续时间（即流水节拍）相同。有节奏流水施工又可分为全等节拍流水施工和成倍节拍流水施工两种。

（一）全等节拍流水施工

全等节拍流水施工是指参与施工的所有施工过程在各施工段上的流水节拍全部相等的一种组织流水施工方式。

1. 基本特点

（1）所有的流水节拍都彼此相等，即 $t_1 = t_2 = \cdots = t_n = t$（常数）。

（2）所有的流水步距都彼此相等，而且等于流水节拍，即 $K_{1,2} = K_{2,3} = \cdots = K_{n-1,n} = K = t$。

（3）每个专业施工班组都能连续施工，施工段没有空闲。

（4）专业施工班组数等于施工过程数，即 $N_1 = N$。

2. 组织方法

（1）确定施工顺序，分解施工过程。

（2）确定工程项目的施工起点流向，划分施工段。施工段数目的确定方法如下：

1）无层间关系或无施工层时，$M = N$。

2）有层间关系或有施工层时，施工段的数目分两种情况确定：

①无技术间歇和组织间歇时，取 $M = N$。

②有技术间歇和组织间歇时，为了保证各专业施工班组能够连续施工，应取 $M > N$。此时，施工段的数目可按式（2-16）确定：

$$M = N + \frac{\sum Z_{i,i+1} + \sum G_{i,i+1}}{K} + \frac{Z_1 + G_1}{K} \tag{2-16}$$

式中　$\sum Z_{i,i+1} + \sum G_{i,i+1}$ ——一个楼层内各施工过程之间的技术间歇与组织间歇时间之和，如果每层的 $\sum Z_{i,i+1} + \sum G_{i,i+1}$ 不完全相等，应取各层中的最大值；

Z_1+G_1——楼层间技术间歇与组织间歇时间之和，如果每层的 Z_1+G_1 不完全相等，应取各层中的最大值。

（3）确定主要施工过程的施工班组人数并计算其流水节拍。

（4）确定流水步距，即 $K=t$。

（5）计算流水施工的工期，如式（2-17）所示：

$$T=(M+N-1)t+\sum Z_{i,i+1}+\sum G_{i,i+1}-\sum C_{i,i+1} \tag{2-17}$$

（6）绘制流水施工进度图表。

在组织全等节拍流水施工时，根据流水步距的不同有下述两种情况：

1）等节拍等步距流水施工，是指各施工过程的流水节拍以及各流水步距均相等，而且流水步距等于流水节拍。这种组织流水施工的方式是各施工过程之间没有技术与组织间歇时间，也不安排相邻施工过程在同一施工段上搭接施工。其流水施工的工期可按式（2-18）计算：

$$T=(N+M-1)K$$
$$=(N+M-1)t \tag{2-18}$$

施工过程
施工进度(d)
10 20 30 40 50 60
A
B
C
① ② ③ ④
$K_{1,2}$ $K_{2,3}$
$\sum K_{i,i+1}$
$T_N=M\cdot t_i$
$T=\sum K_{i,i+1}+\sum t_i=(N-1)\cdot K_{i,i+1}+M\cdot t_i=(M+N-1)\cdot t_i$

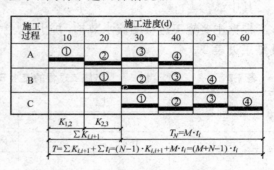

图 2-9　某工程全等节拍流水施工进度表

例如，某工程划分为 A、B、C 三个施工过程，每个施工过程划分四个施工段，流水节拍均为 10 天。则该工程流水施工进度安排如图 2-9 所示，其工期为

$$T=(N+M-1)t=(3+4-1)\times 10=60(\text{天})$$

2）等节拍不等步距流水施工，是指各施工过程的流水节拍全部相等，而各流水步距不相等（有的流水步距等于流水节拍，有的流水步距不等于流水节拍）的流水施工组织方式。这是由于各施工过程之间，有的需要技术与组织间歇时间，有的安排搭接施工造成的。其流水施工的工期可按式（2-17）计算。

施工过程
施工进度(d)
10 20 30 40 50 60 70
A
B
C
① ② ③ ④
$J_{B,C}$
$K_{A,B}$ $K_{B,C}$
$T_N=Mt_i$
$T=(M+N-1)\cdot t_i+\sum J_i$

图 2-10　全等节拍流水施工有技术与组织间歇时间的进度安排表

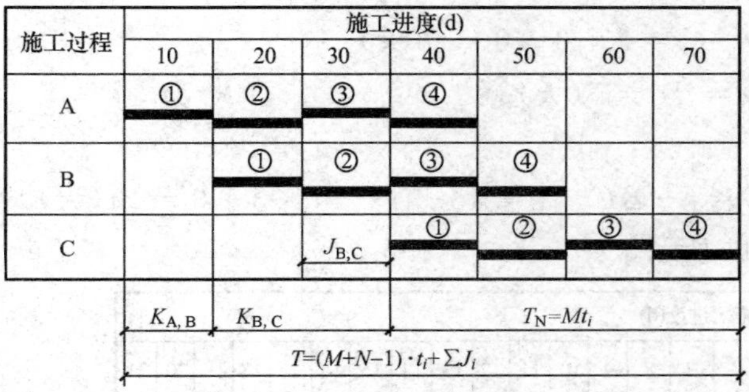

如上例中，如果施工过程 B、C 之间有 10 天的技术与组织间歇时间，则该工程流水施工进度安排如图 2-10 所示，其工期为

$$T=(M+N-1)t+\sum Z_{i,i+1}+\sum G_{i,i+1}-\sum C_{i,i+1}=(3+4-1)\times 10+10=70(\text{天})$$

【例 2-1】 某五层三单元砖砌体结构住宅的基础工程，每一单元的工程量分别为挖土 187m^3，垫层 11m^3，绑扎钢筋 2.53t，浇捣混凝土 50m^3，砌筑基础 90m^3，回填土 130m^3。以上施工过程的每工产量见表 2-2。在浇筑混凝土后，应养护 3d 才能进行基础墙砌筑。试组织全等节拍流水施工。

解　（1）划分施工过程。由于垫层工程量较小，将其与挖土合并为一个“挖土及垫层”

施工过程；绑扎钢筋和浇捣混凝土也合并为一个"钢筋混凝土基础"施工过程。

（2）确定施工段。根据建筑物的特征，可按房屋的单元分界，划分为三个施工段，采用一班制施工。

（3）确定主要施工过程的施工班组人数并计算其流水节拍。本例主要施工过程为挖土及垫层，配备施工班组人数为21人，则

$$t_i = \frac{Q_i}{S_i R_i N_i} = \frac{P_i}{R_i N_i} = \frac{\frac{187}{3.5} + \frac{11}{1.2}}{21} = 3(\text{d})$$

其中 $N_i = 1$；

根据主要施工过程的流水节拍，应用以上公式可计算出其他施工过程的施工班组人数，其结果见表2-2。

表 2-2   各施工过程的流水节拍及施工班组人数

施工过程	工程量		每工产量	劳动量（工日）	施工班组人数	流水节拍
	数量	单位				
挖土	187	m³	3.5	53	18	3
垫层	11	m³	1.2	9	3	
绑钢筋	2.53	t	0.45	6	2	3
浇筑混凝土基础	50	m³	1.5	33	11	
砌基础墙	90	m³	1.25	72	24	3
回填土	130	m³	4.0	33	11	3

流水步距为 $K_{1,2} = T_1 = 3(\text{天})$

$$K_{2,3} = T_2 + J - C = 3 + 3 - 0 = 6(\text{天})$$

$$K_{3,4} = T_3 = 3(\text{天})$$

（4）计算工期。由式（2-17）可得

$$T = (M+N-1)t + \sum Z_{i,i+1} + \sum G_{i,i+1} - \sum C_{i,i+1} = (3+4-1) \times 3 + 3 = 21(\text{天})$$

（5）绘制流水施工进度表，如图2-11所示。

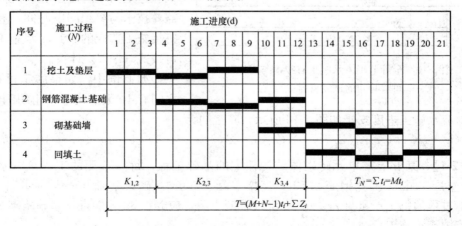

图 2-11 某工程的基础工程流水施工进度表

（二）成倍节拍流水施工

成倍节拍流水（也称异节拍流水）施工是指同一施工过程在各个施工段上的流水节拍都相等，而各施工过程彼此之间的流水节拍全部或部分不相等，但各施工过程的流水节拍均为其中最小流水节拍的整数倍的流水施工组织方式。

在组织等节拍专业流水施工时，有时由于各施工过程的性质、复杂程度不同，可能会出现某些施工过程所需要的人数或机械台数超出施工段上工作面所能容纳数量的情况。这时，只能按施工段所能容纳的人数或机械台数确定这些施工过程的流水节拍，这可能使某些施工过程的流水节拍为其他施工过程流水节拍的倍数，从而形成成倍节拍专业流水。

1. 基本特点

（1）同一施工过程在各个施工段上的流水节拍都彼此相等，不同施工过程在同一施工段上的流水节拍彼此不同。

（2）流水步距彼此相等，且等于各个流水节拍的最大公约数；该流水步距在数值上应小于最大的流水节拍，并要大于1；只有最大公约数等于1时，该流水步距才能等于1。

（3）每个专业施工班组都能够连续作业，施工段都没有空闲。

（4）专业施工班组数目大于施工过程数目，即 $N_1 > N$。

2. 组织方法

（1）确定施工顺序，分解施工过程。

（2）确定施工起点流向，划分施工段。

1）不分施工层时，可按施工段划分的原则确定施工段数。

2）分施工层时，每层施工段的数目可按式（2-19）确定：

$$M = N_1 + \frac{\sum Z_{i,i+1} + \sum G_{i,i+1}}{K_b} + \frac{Z_1 + G_1}{K_b} \tag{2-19}$$

式中　N_1——专业施工班组的总数；

K_b——成倍节拍流水施工的流水步距。

其他符号的含义同前。

（3）按成倍节拍流水施工的要求，确定各施工过程的流水节拍。

（4）确定成倍节拍流水施工的流水步距，可按式（2-20）计算：

$$K_b = 最大公约数\{t_1, t_2, \cdots, t_n\} \tag{2-20}$$

（5）确定专业施工班组的数目，按式（2-21）和式（2-22）计算：

$$b_i = \frac{t_i}{K_b} \tag{2-21}$$

$$N_1 = \sum b_i \tag{2-22}$$

式中　t_i——施工过程 i 在各施工段上的流水节拍；

b_i——施工过程 i 的专业施工班组数目。

（6）确定计划总工期，可按式（2-23）计算：

$$T = (M + N_1 - 1)K_b + \sum Z_{i,i+1} + \sum G_{i,i+1} - \sum C_{i,i+1} \tag{2-23}$$

（7）绘制流水施工进度计划表。

【例2-2】　拟建四幢同类型砖砌体结构住宅工程，施工过程分为地基与基础工程、主体结构工程、建筑装饰装修工程和建筑屋面工程，各施工过程流水节拍分别为10、20、20、

10 天。若要求缩短工期，在工作面、劳动力和资源供应有保障的条件下，试组织该工程的流水施工方案。

解 （1）确定流水步距，由式（2-20）得

K_b＝最大公约数 $\{10，20，20，10\}$ ＝10（天）

（2）确定专业施工班组数目，由式（2-21）得

$$b_1 = \frac{10}{10} = 1(个)$$

$$b_2 = b_3 = \frac{20}{10} = 2(个)$$

$$b_4 = \frac{10}{10} = 1(个)$$

则施工班组总数，由式（2-22）得

$$N_1 = \sum b_i = 1+2+2+1 = 6(个)$$

（3）确定该工程的计划工期，由式（2-23）得：

$$T = (M+N_1-1)K_b + \sum Z_{i,i+1} + \sum G_{i,i+1} - \sum C_{i,i+1}$$
$$= (4+6-1) \times 10 = 90(天)$$

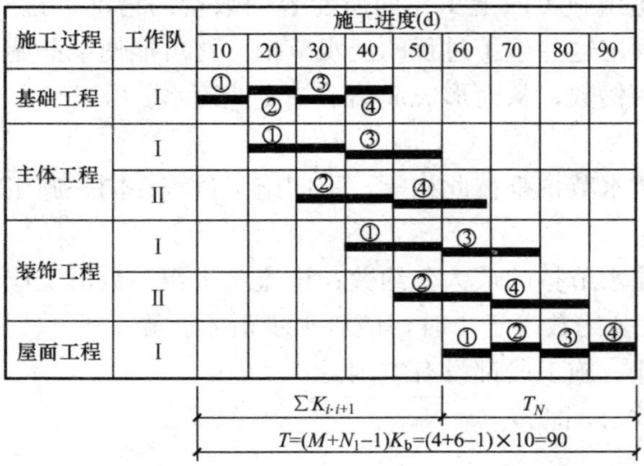

图 2-12 成倍节拍流水施工进度表

（4）绘制流水施工进度表，如图 2-12 所示。

二、无节奏流水施工（分别流水施工）

在工程项目的实际施工中，通常每个施工过程在各个施工段上的工程量彼此不相等，各施工班组的生产效率相差较大，导致大多数的流水节拍也彼此不相等，这时不可能组织全等节拍专业流水或成倍节拍专业流水。在这种情况下，可按照流水施工的基本概念，在保证施工工艺、满足施工顺序要求的前提下，按照一定的计算方法，确定相邻专业施工班组之间的流水步距，使相邻两个专业施工班组在开工时间上最大限度地、合理地搭接起来，形成每个专业施工班组都能连续作业的无节奏流水施工，这种流水施工的组织方式，称为无节奏流水施工，也叫分别流水施工。它是流水施工的普通形式。

（一）基本特点

（1）每个施工过程在各个施工段上的流水节拍，通常多数不相等；

（2）流水步距与流水节拍之间，存在某种函数关系，流水步距也多数不相等；

（3）每个专业施工班组都能够连续作业，个别施工段可能有空闲；

（4）专业施工班组数目等于施工过程数目，即 $N_1=N$。

（二）组织方法

（1）确定施工起点流向，划分施工段；

（2）确定施工顺序，分解施工过程；

（3）计算每个施工过程在各个施工段上的流水节拍；

（4）用"大差法"计算相邻两个专业施工班组之间的流水步距；

（5）确定流水施工的计划总工期，见式（2-24）：

$$T = \sum K_{i,i+1} + T_N \tag{2-24}$$

（6）绘制流水施工进度计划表。

【例 2-3】 某工程组织流水时由三个施工过程组成，在平面上划分为四个施工段，每个施工过程的流水节拍见表 2-3，试编制流水施工方案。

解　根据题设条件，本例只能组织分别流水施工。

1. 确定流水步距

（1）将每个施工过程的流水节拍逐段累加，求得累加数列：

$$A：2 \quad 6 \quad 9 \quad 11$$
$$B：3 \quad 6 \quad 8 \quad 10$$
$$C：4 \quad 6 \quad 9 \quad 11$$

（2）相邻两个施工过程的流水节拍的累加数列错位相减：

A、B
```
   2   6   9   11
 —     3   6   8   10
 ————————————————————
   2   3   3   3   —10
```

表 2-3　某工程施工时的流水节拍

施工过程名称	流水节拍（天）			
	I	II	III	IV
A	2	4	3	2
B	3	3	2	2
C	4	2	3	2

B、C
```
   3   6   8   10
 —     4   6   9   11
 ————————————————————
   3   2   2   1   —11
```

（3）取差值最大者作为流水步距，则：

$$K_{A,B}=\max \{2,3,3,3,-10\}=3（天）$$
$$K_{B,C}=\max \{3,2,2,1,-11\}=3（天）$$

2. 计算该工程的计划工期

由式（2-24）得

$$T=\sum K_{i,i+1}+T_N=(3+3)+(4+2+3+2)=17（天）$$

3. 绘制流水施工进度计划表，如图 2-13 所示。

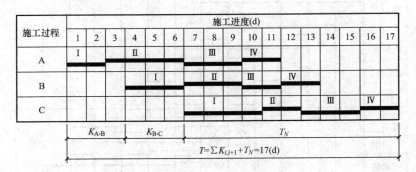

图 2-13　分别流水施工进度计划表

第四节　多层房屋流水施工组织

在组织多层房屋的流水施工时，要求同一施工段的上一层开始施工前，该施工段的下一层在工艺上必须完成全部施工任务，并考虑层间技术和组织上的间歇时间、施工过程数与施工段数之间的关系以及各施工过程的流水节拍不相同的情况下，如何组织流水施工，同时还应考虑组织多层房屋流水施工的实际问题。

一、组织楼层成倍节拍流水施工

【例 2-4】 某二层楼现浇钢筋混凝土框架结构，各施工过程及施工流水节拍为

安装模板　　　　$t_1 = 4$ 天；　　　绑扎钢筋　　　　$t_2 = 2$ 天；

浇筑混凝土　　　$t_3 = 2$ 天；　　　养　　护　　　　$t_4 = 2$ 天(养护属技术间歇)。

试根据上述条件组织该工程的流水施工。

解 由题意知，该工程各施工过程的流水节拍互为倍数关系，可组织成倍节拍流水施工。

(1) 计算流水步距。

取各流水节拍 t_i 中的最大公约数，$K = 2$ 天。

(2) 计算各施工过程的专业队数。

模板专业队　　　　　　　　$b_1 = \dfrac{t_1}{K} = \dfrac{4}{2} = 2$ 队

钢筋专业队　　　　　　　　$b_2 = \dfrac{t_2}{K} = \dfrac{2}{2} = 1$ 队

混凝土专业队　　　　　　　$b_3 = \dfrac{t_3}{K} = \dfrac{2}{2} = 1$ 队

(3) 确定施工段数 M

$$M_{\min} = \Sigma b_i + \frac{\Sigma Z_{i,i+1}}{K} = 2 + 1 + 1 + \frac{2}{2} = 5 \text{ 段}$$

根据以上数据编制的流水作业水平进度计划如图 2-14 所示。

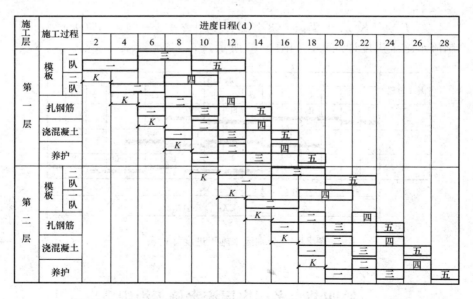

图 2-14　某二层楼现浇钢筋混凝土框架结构流水施工进度计划

二、组织多层砖砌体结构房屋主体结构的流水施工

多层砖砌体结构房屋施工，其主体结构施工可划分为砌筑砖墙和安装钢筋混凝土楼板两个施工过程。因此在组织流水施工时，施工段数应该是等于 2 或大于 2 而不允许小于 2。通

常可将房屋平面划分成 2 个或 3 个施工段。每个楼层的砌墙又可划分为 2 个或 3 个砌筑层（即每天砌筑高度）。砌筑层的高度一般为 1.2m 或 1.8m。

（一）将房屋划分为 2 个施工段，每个楼层的砌墙分 3 个砌筑层

例如：每砌筑层砌墙为 1 个工作日，以此来组织主体结构的流水施工，如图 2-15～图 2-17 所示。当瓦工砌完第一层的第一施工段的砖墙转入第二施工段砌墙时，安装工在第一层的第一施工段上吊装楼板；当瓦工砌完第一层的第二施工段的砖墙而安装工也完成了第一层第一施工段上楼板的吊装，这时，瓦工可转入第二层的第一施工段砌墙，安装工转入第一层的第二施工段上吊装楼板，如此交替进行直至全部完成施工任务。

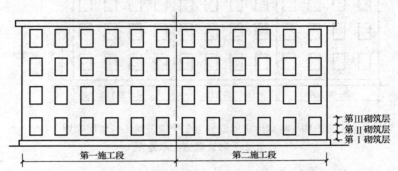

图 2-15 将砌体房屋划分为 2 个施工段，每楼层砌墙
分 3 个砌筑层施工示意图

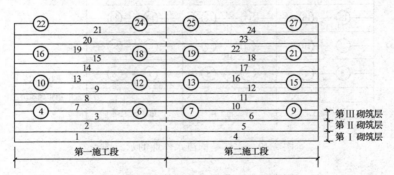

图 2-16 主体结构流水作业的示意图

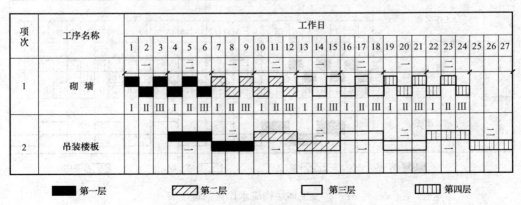

图 2-17 主体结构流水作业的进度表

（二）将房屋划分为 3 个施工段，每楼层砌墙分 2 个砌筑层

例如：每砌筑层砌墙为 1 个工作日，以此来组织主体结构的流水施工，从图 2-18～图 2-20中可以看出，每一施工段当楼板吊装完后有 2 天的闲置时间，而 2 天的闲置时间对工程施工是有利的，可以利用 2 天的闲置时间来进行楼板灌缝、沿墙嵌砖、弹线等工作。另外，如果由于某种原因影响了某一工序进度时，也可用来进行调整。

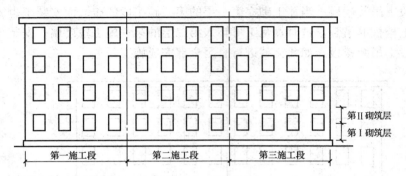

图 2-18　将砌体房屋划分为 3 个施工段，每楼层砌墙
分 2 个砌筑层施工示意图

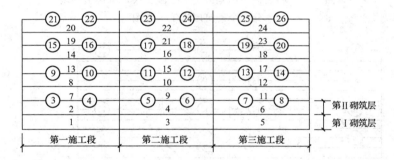

图 2-19　主体结构流水作业的示意图

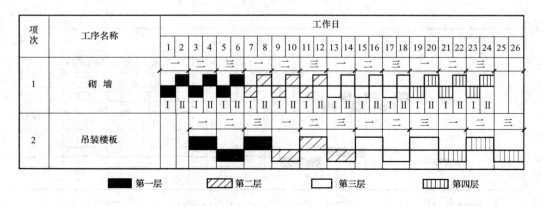

图 2-20　主体结构流水作业的进度表

习　题

1. 组织施工有哪几种方式？试述各自的特点。
2. 简述流水施工组织方法的要点。
3. 流水施工的主要参数有哪些？简述它们的含义。
4. 施工段划分的基本要求是什么？如何正确划分？
5. 何谓流水节拍？确定流水节拍时要考虑哪些因素？
6. 何谓流水步距？确定流水步距的原则是什么？如何计算？
7. 何谓技术间歇和组织间歇时间？施工中为何要考虑这种间歇时间？
8. 流水施工按节拍特征不同可分为哪几种方式？各有什么特点？
9. 如何组织全等节拍流水？如何组织成倍节拍流水？
10. 何谓分别流水法？有何特点？如何组织？
11. 已知某工程施工过程数为 3，各施工过程的流水节拍分别为：$t_1 = 3(d)$，$t_2 = 1(d)$，$t_3 = 2(d)$。试分别按成倍节拍流水作业和分别流水作业组织施工，计算流水步距、总工期，并绘出施工进度表。
12. 某工程有 A、B、C 三个施工过程，每个施工过程划分四个施工段。设流水节拍均为 3d，试确定流水步距，计算工期，并绘制流水施工进度表。
13. 根据表 2-4 所列各工序在各施工段上的流水节拍，计算流水步距和工期，并绘制流水进度表。

表 2-4　　　　　　　　　　某 工 程 的 流 水 节 拍

施工过程	流水节拍（d）			
	①	②	③	④
A	4	3	2	2
B	2	4	3	2
C	3	3	2	2

第三章 网络计划技术

第一节 概 述

网络计划技术既是一种科学的计划方法，又是一种有效的生产管理方法。网络计划技术是随着现代科学技术和工业生产的发展而产生的，20 世纪 50 年代后期出现于美国，目前在工业发达国家已广泛应用，成为一种比较盛行的现代生产管理的科学方法，可以运用计算机进行网络计划绘图、计算优化、分析和控制。许多国家将网络技术用于投标、签订合同及拨款业务；在资源和成本优化等方面应用也较多。美国、日本、德国和俄罗斯等国建筑业公认为是当前最先进的计划管理方法。由于这种方法主要用于进行规划、计划和实施控制，因此，在缩短建设周期、提高工效、降低造价以及提高生产管理水平方面取得了显著的效果。

网络计划技术，几乎每两三年就出现一些新的模式，当前建筑业应用最广泛和有代表性的是关键线路法（CPM）和计划评审法（PERT）。关键线路法是 1956 年由美国杜邦公司提出，并在 1957 年首先应用于一个价值一千多万美元的化工厂建设工程，取得了良好的效果。关键线路法在解决杜邦化学公司的扩建和修理问题时，使杜邦公司维修停产的时间由过去的 125h 降到 74h，一年就节约了 100 多万美元。计划评审法是 1958 年由美国海军部武器局的特别计划室提出，首先应用于制定美国海军北极星导弹研制计划，它使制造北极星导弹的时间缩短了 3 年，节约了大量资金。由于效果极为显著，故而引起了世界性的轰动，各国广泛采用。

1962 年美国国防部规定，凡承包有关工程的单位都要采用网络计划方法安排计划。1965 年，美国 400 家最大的建筑企业中使用 CPM 的达 47%，1970 年达到 80%。原苏联 1964 年颁布了一系列应用网络计划方法的法令性文件，规定所有大的建筑工地均必须采用网络计划方法进行管理。并把网络计划作为一项必须推广的新技术列入国民经济发展计划。美国采用网络计划方法较为普遍，除建筑业外，工业方面也应用，他们要求各级管理人员都能懂得或运用这种管理方法。世界银行规定，使用世行贷款的工程均应使用网络计划。

我国从 20 世纪 60 年代中期，在已故著名数学家华罗庚教授的倡导下，开始在国民经济各部门试点应用网络计划方法。当时为结合我国国情，并根据"统筹兼顾、全面安排"的指导思想，将这种方法命名为"统筹方法"。此后，在工农业生产实践中卓有成效地推广起来。为了推行网络计划技术，全国各省市大量举办网络计划技术学习班，培训在职工程技术及管理人员达几万人，全国近 50 所高等院校的土木和管理专业都开设了网络计划技术课。从事网络计划研究的企业、学校、研究机构和研究生很多。我国推行工程项目管理和工程建设监理的企业和人员均进行网络计划技术学习和应用。网络计划技术是工程进度控制的最有效方法。成功的应用实例已经有千百项工程。许多工程的招标文件要求必须在投标书中编制网络计划。目前，已较好地实现了工程网络计划技术应用全过程的计算机化，即用计算机绘图、计算、优化、检查、调整与统计。还大力研究将网络计划与设计、报价、统计、成本核算及结算等形成系统，做到资源共享。网络计划技术与工程管理已经密不可分。网络计划技术的应用价值已远远超过了它诞生时对其价值的认识，而网络计划技术价值的提高，则必须依赖计算机在其全过程中的应用。

一、网络计划的基本原理

网络计划是以网络模型的形式来表达工程的进度计划，在网络模型中可确切地表明各项工作的相互联系和制约关系。

（1）首先将一项工程的全部建造过程分解成若干个施工过程，按照各项工作开展顺序和相互制约、相互依赖的关系，将其绘制成网络图形。也就是说，各施工过程之间的逻辑关系，在网络图中能按生产工艺严密地表达出来。

（2）通过网络计划时间参数的计算，找出关键工作和关键线路。即可以根据绘制的网络图计算出工程中各项工作的最早或最迟开始时间，从而可以找出工程的关键工作和关键线路。所谓关键工作就是网络计划中机动时间最少的工作。而关键线路是指在该工程施工中，自始至终全部由关键工作组成的线路。在肯定型网络计划中是指线路上工作总持续时间最长的线路；在非肯定型网络计划中是指按估计工期完成可能性最小的线路。

（3）利用最优化原理，不断改进网络计划初始方案，并寻求其最优方案。例如工期最短；各种资源最均衡；在某种有限制的资源条件下，编出最优的网络计划；在各种不同工期下，选择工程成本最低的网络计划等。所有这些均称网络计划的优化。

（4）在网络计划执行过程中，对其进行有效地监督和控制，合理地安排各项资源，以最少的资源消耗，获得最大的经济效益。也就是在工程实施中，根据工程实际情况和客观条件不断的变化，可随时调整网络计划，使得计划永远处于最切合实际的最佳状态。总之，就是要保证该项工程以最小的消耗，取得最大的经济效益。

二、网络计划的特点

网络计划技术作为一种计划的编制和表达方法与我们一般常用的横道计划法具有同样的功能。对一项工程的施工安排，用这两种计划方法中的任何一种都可以把它表达出来，成为一定形式的书面计划。但是由于表达形式不同，它们所发挥的作用也就各具特点。

工作	进度计划(d)										
	1	2	3	4	5	6	7	8	9	10	11
支横板	一段		二段			三段					
绑钢筋				一段		二段			三段		
浇注混凝土									一段	二段	三段

图 3-1 横道计划

横道计划以横向线条结合时间坐标来表示工程中各工作的施工起讫时间和先后顺序，整个计划由一系列的横道组成。而网络计划则是以加注作业持续时间的箭线（双代号表示法）和节点组成的网状图形来表示工程施工的进度。例如，有一项分三段施工的钢筋混凝土工程，用两种不同的计划方法表达出来，内容虽完全一样，但形式却各不相同（见图 3-1 及图 3-2）。

（一）横道计划的优缺点

由图 3-1 所示以及第二章所述横道计划的内容可知：

（1）横道计划具有编制比

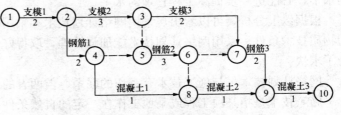

图 3-2 双代号网络计划

较容易，绘图比较简单，排列整齐有序，表达形象直观；

（2）便于统计劳动力、材料及机具的需要量；

（3）因为有时间坐标，各项工作的施工起讫时间、作业持续时间、工作进度、总工期以及流水作业的情况等都能表示得清楚明确，一目了然；

（4）不能全面地反映各施工过程之间的相互制约、相互联系、相互依赖的逻辑关系；

（5）不能明确表明突出工作的重点，即不能明确表明某个施工过程的推迟或提前完成对整个工程任务完成的影响程度；

（6）不能计算每个施工过程的各项时间指标，即不能指出在总工期不变的情况下某些施工过程存在的机动时间，也不能指出计划安排的潜力有多大；

（7）不能应用电子计算机进行计算，更不能对计划进行科学地调整与优化，因此，对改进和加强施工管理工作是不利的。

（二）网络计划的优缺点

网络计划与横道计划相比，具有以下一些优点：

（1）网络计划能全面而明确地反映各个施工过程之间的相互制约和相互依赖的逻辑关系，使各个施工过程构成一个有机的整体；

（2）由于各施工过程之间的逻辑关系明确，便于进行各种时间参数的计算，有助于进行定量分析，能在工作繁多、错综复杂的计划中找出影响工程进度的关键施工过程，便于管理人员集中精力抓施工中的主要矛盾，确保按期竣工，避免盲目抢工；

（3）通过利用网络计划中反映出来的各施工过程的机动时间，可以更好地运用和调配人力和设备，达到降低成本的目的；

（4）在计划的执行过程中，当某一施工过程因故提前或拖后时，能从计划中预见到它对其他施工过程及总工期的影响程度，便于及时采取措施以充分利用有利的条件或有效地消除不利的因素；

（5）可以利用电子计算机对复杂的计划进行绘图、计算、检查、调整与优化，实现计划管理的科学化；

（6）网络计划虽然具有以上的优点，但还存在一些缺点，如表达计划不直现，不易看懂，从图上很难清晰地看出流水施工的情况，也难以根据一般网络图算出人力及资源需要量的变化情况等。

网络计划技术的最大特点就在于它能够提供施工管理所需的多种信息，有利于加强工程管理。所以，网络计划技术已不仅仅是一种编制计划的方法，而且还是一种科学的工程管理方法。它有助于管理人员合理地组织生产，使他们做到心中有数，知道管理的重点应放在何处，怎样缩短工期，在哪里挖掘潜力，如何降低成本。在工程管理中提高应用网络计划技术的水平，必能进一步提高工程管理的水平。

根据以上分析，可以看出，采用网络计划技术和采用横道计划一样，并不需要什么特别的物质技术条件。采用网络计划技术能加强管理，取得好快省的全面效果，但也不是单纯的为了求快。

网络计划技术虽与施工技术有密切的联系，但两者的性质却是完全不同的。

施工技术是指某项工程或某项工作在一定的自然条件、物资（材料、设备等）条件和技术条件下采用的工程实施技术，如桁架的吊装技术、高炉基础的浇筑技术、多层无梁结构现浇或提升技术等。这中间包括机械的选择、工艺的确定、顺序的安排和流水的组织等，这些都必须在综合考虑当时、当地的具体条件后才能作出适当的决定，也只有具备了相应的条件之后才有可能实现原来的设想。这也就是说，选择使用什么样的施工技术是需要一定物质技术条件的。

而网络计划技术则不同，它只是一种计划表达方法与管理方法。只要施工技术确定了，运用网络计划技术就一定可以把施工组织设计人员设想的施工安排，用网络图的形式在书面上正确地表达出来并应用于管理，运用网络计划技术不需要任何为决定施工技术所需的物质技术条件作为前提，在这一点上它和横道计划是完全一样的，在任何条件下都可应用。

从网络计划技术的性质和特点来看，并非应用网络计划技术就一定能使施工进度加快到某种程度，因为物质技术条件和计划安排得是否合理对进度都有一定影响。网络计划技术只能反映在一定物质技术条件下做出的进度安排，它的作用实际上只限于给管理人员提供应在哪些工作上合理赶工以及工期与成本的关系等信息，以使增加的费用最少，成本最低，并避免盲目抢工。至于赶工能否实现，最终还是取决于施工组织方法，特别是物质技术条件，计划方法本身是无能为力的。

只要我们应用网络计划技术，它就一定能为我们提供对加强和改进工程管理大有用处的一些信息。利用这些信息，就可能在现有条件下合理地调整计划以加快工程进度，或者是在现有的条件下通过调整以节约人力和物力，降低工程的成本。利用这些信息就可以使我们心中有数，胸有全局，分得清重点与一般，能预见到情况变化将要造成的影响，使我们经常处于主动地位。

三、网络图的分类

（一）按表示方法分类

1. 单代号网络图

单代号网络图是以单代号表示法绘制的网络图。在这种网络图中，每个节点表示一项工作，箭线只表示各项工作之间相互制约和相互依赖关系，它是最基本的网络图形之一。

2. 双代号网络图

双代号网络图是以双代号表示法绘制的网络图。这种网络图是由若干表示工作的箭线和节点所组成的，其中每一项工作都用一根箭线和两个节点来表示，每个节点都编以号码，箭线前后两个节点的号码即代表该箭线所表示的工作，"双代号"的名称即由此而来。它可以更加形象地表示工程项目的施工进度，它也是最基本的网络图形之一。

（二）按最终目标分类

1. 单目标网络图

单目标网络图是只具有一个最终目标的网络图。在这种网络图中，只有一个结束节点。

2. 多目标网络图

多目标网络图是具有若干个独立最终目标的网络图。在这种网络图中，有两个或两个以上的结束节点。对于每个结束节点，都有与其相应的关键线路。在每个工作箭线下面，除了注明工作持续时间外，还要注明工作的目标属性。

（三）按工作持续时间类型分类

1. 肯定型网络图

肯定型网络图是由具有肯定持续时间的工作组成的网络图。在这种网络图中，各项工作的持续时间都有确定的单一数值，整个网络图有确定的计算总工期。

2. 非肯定型网络图

非肯定型网络图是由不具有肯定持续时间的工作组成的网络图。在这种网络图中，各项工作的持续时间只能按概率方法确定出 3 个数值，整个网络图没有确定的计算总工期。如概率（计划评审）网络图（PERT）和随机网络图（CERT）。

（四）按有无时间坐标分类

1. 有时间坐标网络图

有时间坐标的网络图是附有时间坐标的网络图，也称日历网络图。在这种网络图中，每项工作箭线的水平投影长度，与其持续时间成正比例。它主要用于编制资源优化的网络图，详见本章第四节。

2. 无时间坐标网络图

无时间坐标的网络图是不附有时间坐标的网络图。在这种网络图中，工作箭线长度与持续时间无关，通常工作箭线长短按需要画出。

（五）按工作衔接特点分类

1. 普通网络图

普通网络图是按前导工作结束和后续工作才能开始方式绘制的网络图。如单代号网络图和双代号网络图。在普通网络图中，工作之间关系是首尾衔接，无论何时只要前导工作没有全部完成，后续工作就不能开始。

2. 搭接网络图

搭接网络图是按照各种规定的搭接时距绘制的网络图。如前导网络图（PDM）、梅特拉位势法（MPM）和组合网络图（BKN）。这种网络图既能反映各种搭接关系，又能反映各工作之间的逻辑关系。

（六）按编制对象范围分类

1. 群体网络图

群体网络图是以一个建设项目或建筑群体为对象编制的网络图。它往往是多目标网络图，如新建工业项目、住宅小区、分期分批完成的生产车间或生产系统的群体网络图，它们就是多目标的群体网络图。

2. 单项工程网络图

单项工程网络图是以一个建筑物或构筑物为对象编制的网络图。

3. 局部工程网络图

局部工程网络图是以一个单位工程或分部工程为对象而编制的网络图。

第二节　双代号网络计划

一、双代号网络图的构成

双代号网络图是以双代号表示法绘制成的网络图，它由箭线（工作）、节点和线路三个基本要素构成，如图 3-2 所示。

（一）箭线

在双代号网络图中，一条箭线代表一项工作（或称工序、作业、活动）。工作就是计划任务按需要的粗细程度划分而成的一个消耗时间或也消耗资源的子项目或子任务。它是网络图的组成要素之一,它用一根箭线和两个圆圈来表示。工作的名称标注在箭线的上面,工作持续时间标注在箭线的下面,箭线的箭尾节点表示工作的开始,箭头节点表示工作的结束。圆圈中的两个号码代表这项工作的名称,由于是两个代号表示一项工作,故称为双代号表示法,由双代号表示法构成的网络图称为双代号网络计划图,如图3-2所示。

1. 箭线的种类

在双代号网络图中,一条箭线代表一项工作,而工作可分为实工作和虚工作。实工作是指既要消耗时间,又要消耗资源的工作,如墙体砌筑等;或只消耗时间而不消耗资源的工作,如混凝土的养护等。在双代号网络图中,实工作用实箭线表示。虚工作是指既不消耗时间也不消耗资源的工作,只表示相邻工作之间相互制约、相互依赖的逻辑关系。在双代号网络图中,虚工作用虚箭线表示。

(1) 在双代号网络图中,一条箭线与其两端的节点表示一项工作,它所包括的工作范围可大可小,视情况而定,因此可用来表示一项分部工程,一项工程的主体结构,装修工程,甚至某一项工程的全部施工过程。

(2) 在无时标的网络图中,箭线的长短并不反映该工作占用时间的长短。原则上讲,箭线的形状怎么画都行,可以是水平直线,也可以画成折线或斜线,但是不得中断。在同一张网络图上,箭线的画法要求统一,图面要求整齐醒目,最好都画成水平直线或带水平直线的折线。

(3) 箭线所指的方向表示工作进行的方向,箭尾表示该工作的开始,箭头表示该工作的结束,一条箭线表示工作的全部内容。工作名称应标注在箭线水平部分的上方,工作的持续时间(也称作业时间)则标注在箭线下方,如图3-3所示。

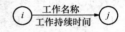

图 3-3 双代号网络图的表示法

(4) 两项工作前后连续进行时,代表两项工作的箭线也要前后连续画下去。工程施工时还经常出现平行工作,平行的工作其箭线也要平行地绘制。就某工作而言,紧靠其前面的工作称紧前工作,紧靠其后面的工作称紧后工作,与之平行的称为平行

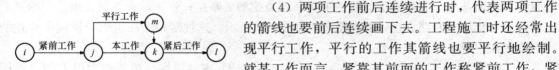

图 3-4 双代号网络图中的工作关系

工作,该工作本身则可称"本工作",如图3-4所示。

(5) 在双代号网络图中,除有表示工作的实箭线外,还有一种一端带箭头的虚线,称为虚箭线,它表示一项虚工作。虚工作是虚拟的,工程中实际并不存在,因此它没有工作名称,不占用时间,不消耗资源,它的主要作用是在网络图中解决工作之间的连接关系问题。虚工作的表示方法如图3-5所示。

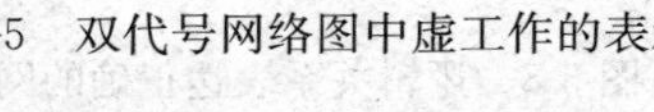

图 3-5 双代号网络图中虚工作的表示法

2. 虚箭线的作用

虚箭线不是一项正式的工作,而是在绘制网络图时根据逻辑关系的需要而增设的。虚箭线的作用主要是帮助正确表达各工作间的逻辑关系,避免逻辑错误。

(1) 虚箭线对工作的逻辑连接作用。

绘制网络图时,经常会遇到图3-6中的情况,A 工作结束后可同时进行 B、D 两项工

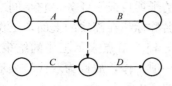

图 3-6 虚箭线的作用之一

作，C 工作结束后进行 D 工作。从这四项工作的逻辑关系可以看出，A 的紧后工作为 B，C 的紧后工作为 D，但 D 又是 A 的紧后工作，为了把 A、D 两项工作紧前紧后的关系表达出来，这时就需要引入虚箭线。因虚箭线的持续时间是零，虽然 A、D 间隔有一条虚箭线，又有两个节点，但二者的关系仍是在 A 工作完成后，D 工作才可以开始。

（2）虚箭线对工作的逻辑"断路"作用。

绘制双代号网络图时，最容易产生的错误是把本来没有逻辑关系的工作联系起来了，使网络图发生逻辑上的错误。这时就必须使用虚箭线在图上加以处理，以隔断不应有的工作联系。用虚箭线隔断网络图中无逻辑关系的各项工作的方法称为"断路法"。产生错误的地方总是在同时有多条内向或外向箭线的节点处，画图时应特别注意，只有一条内向或外向箭线之处是不会出错的。

例如，绘制某地基与基础工程的网络图，该地基与基础共划分为四项工作（挖槽、垫层、墙基、回填土），分两段施工，如绘制成图 3-7 的形式那就错了。因为第二施工段的挖槽（即挖槽 2）与第一施工段的墙基（即墙基 1）没有逻辑上的关系（图中用双箭线表示），同样第一施工段的回填土（回填土 1）与第二施工段的垫层（垫层 2）也不存在逻辑上的关系（图中用双箭线表

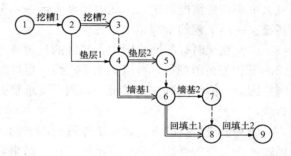

图 3-7 逻辑关系错误的网络图

示），但是，在图 3-7 中却都发生了关系，直接联系起来了，这是网络图的原则性错误，它将会导致以后计算中的一系列错误。上述情况如要避免，必须运用断路法，增加虚箭线来加以分隔，使墙基 1 仅为垫层 1 的紧后工作，而与挖槽 2 断路；使回填土 1 仅为墙基 1 的紧后工作，而与垫层 2 断路。正确的网络图应如图 3-8 所示。这种断路法在组织分段流水作业的网络图中使用很多，十分重要。

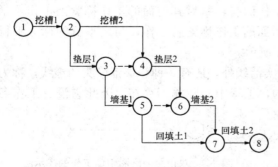

图 3-8 逻辑关系表达正确的网络图

（3）虚箭线在两项或两项以上的工作同时开始和同时完成时的连接作用。

两项或两项以上的工作同时开始和同时完成时，必须引进虚箭线，以免造成混乱。

图 3-9（a）中，A、B 两项工作的箭线共用①、②两个节点，①—②代号既表示 A 工作又表示 B 工作，代号不清，就会在工作中造成混乱。而图 3-9（b）中引进了虚箭线，即图中的②—③，这样①—②表示 A 工作，①—③表示 B 工作，前面那种两项工作共用一个双代号的现象就消除了。

（二）节点

节点是指网络图中箭线端部的圆圈或其他形状的封闭图形。在双代号网络图中，它表示工作之间的逻辑关系；在单代号网络图中，它表示一项工作。节点表示一项工作的开始或结

束，只是一个"瞬间"，它既不消耗时间，也不消耗资源。任何一项工作的名称，都可以用其箭线及两端节点的编号表示。

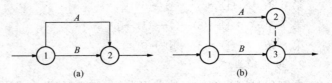

图 3-9　虚箭线的连接作用

(a) 错误；(b) 正确

1. 节点的种类

（1）对于任何一项工作 (i, j) 而言，箭线尾部的节点 (i) 称起点节点，又称开始节点，它表示一项工作或任务的开始；箭线头部的节点 (j) 称终点节点，又称结束节点，它表示一项工作或任务的结束；对于任何相邻两项工作 (i, j) 和 (j, k) 而言，除了每项工作的起点节点和终点节点外，两项工作连接处的节点 (j) 称为中间节点，如图 3-10 所示。

（2）在网络图中，对一个节点来讲，可能有许多条箭线通向该节点，这些箭线就称为"内向箭线"（或内向工作）；同样也可能有许多条箭线由同一节点发出，这些箭线就称为"外向箭线"（或外向工作），如图 3-11 所示。

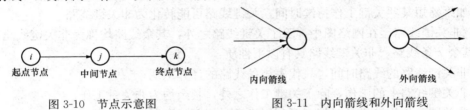

图 3-10　节点示意图　　　　图 3-11　内向箭线和外向箭线

2. 节点的编号

在双代号网络图中，一项工作是由一条箭线和两个节点来表示的，为了使网络图便于检查、识别各项工作和计算各项工作的时间参数，以及编制网络计划电算程序，必须对每个节点进行编号。节点编号必须满足：箭尾节点编号小于箭头节点编号，即 $i<j$；不重号、不漏编。

节点编号方法主要有沿水平方向编号、沿垂直方向编号、连续编号（按自然数的顺序进行编号）和间断编号。采用间断编号，主要是为了适应计划的调整，考虑增添工作的需要，编号留有余地。上述编号均应遵循：从左至右，先上后下；由起点节点开始，直到终点节点为止。

（三）线路

从网络图的起点节点出发，沿着箭线方向连续通过一系列箭线与节点，最后到达终点节点的通路称为线路。

1. 线路时间

线路时间是指完成网络计划图中某条线路的全部工作所必需的持续时间的总和，它代表该条线路的计算工期。现以图 3-12 为例，说明线路条数和线路时间的计算。

第 1 条　　　①→②→④→⑥　　　　　　　　　　　　$T_1=8$（天）

第 2 条　　　①→②→④→⑤→⑥　　　　　　　　　　$T_2=6$（天）

第 3 条　　　①→②→③→④→⑥　　　　　　　　　　$T_3=15$（天）

第 4 条　　　①→②→③→④→⑤→⑥　　　　　　　　$T_4=13$（天）

第 5 条　　　①→②→③→⑤→⑥　　　　　　　　　　$T_5=12$（天）

第 6 条   ①→③→④→⑥ $T_6 = 16$(天)

第 7 条   ①→③→④→⑤→⑥ $T_7 = 14$(天)

第 8 条   ①→③→⑤→⑥ $T_8 = 13$(天)

2. 线路种类

在双代号网络图中，线路可分为：关键线路和非关键线路两种。

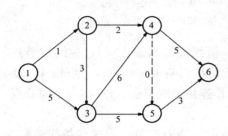

图 3-12   双代号网络计划

(1) 关键线路。在网络图中，线路时间总和最长的线路，称为关键线路。如图 3-12 第 6 条线路。关键线路具有以下性质：

1) 关键线路的线路时间代表整个网络计划的计算总工期，并以 T_N 表示；

2) 关键线路上的工作，均为关键工作；

3) 关键工作均没有机动时间；

4) 在同一网络图中，关键线路可能同时存在多条，但至少应有一条；

5) 如果缩短某些关键工作持续时间，关键线路可能转化为非关键线路。

(2) 非关键线路。在网络图中，除了关键线路之外，其余线路均称为非关键线路。如图 3-12 的其余 7 条线路。非关键线路具有以下性质：

1) 非关键线路的线路时间，只代表该条线路的计算工期；

2) 非关键线路上的工作，除了关键工作之外，其余均为非关键工作；

3) 非关键工作均有机动时间，可利用机动时间调整资源；

4) 在同一网络图中，除了关键线路之外，其余线路均为非关键线路；

5) 如果拖延了某些非关键工作的持续时间，非关键线路可能转化为关键线路。

二、双代号网络图的绘制方法

网络图的绘制是网络计划方法应用的关键，要正确绘制网络图，必须正确反映网络计划中各工作之间的逻辑关系，并遵守绘图的基本规则。

(一) 双代号网络图各种逻辑关系的正确表示方法

1. 逻辑关系

逻辑关系，是指工作进行时客观上存在的一种相互制约或依赖的关系，也就是先后顺序关系。在表示工程施工计划的网络图中，根据施工工艺和施工组织的要求，应正确反映各项工作之间的相互依赖和相互制约的关系，这也是网络图与横道图的最大不同之点。各工作间的逻辑关系是否表示得正确，是网络图能否反映工程实际情况的关键。如果逻辑关系错了，网络图中各种时间参数的计算就会发生错误，关键线路和工程任务的计算工期跟着也将发生错误。

要画出一个正确地反映工程逻辑关系的网络图，首先就要搞清楚各项工作之间的逻辑关系，也就是要具体解决每项工作的下面三个问题：

(1) 该工作必须在哪些工作之前进行？

(2) 该工作必须在哪些工作之后进行？

(3) 该工作可以与哪些工作平行进行？

逻辑关系可划分为两大类：一类是施工工艺的关系，称为工艺逻辑关系；另一类是组织上的关系，称为组织逻辑关系。

（1）工艺逻辑关系。

工艺逻辑关系是由施工工艺所决定的各个施工过程之间客观上存在的先后顺序关系。对于一个具体的分部工程来说，当确定了施工方法以后，则该分部工程的各个施工过程的先后顺序一般是固定的，有些是绝对不能颠倒的。

（2）组织逻辑关系。

组织逻辑关系是施工组织安排中，考虑劳动力、机具、材料或工期等影响，在各施工过程之间主观上安排的先后顺序关系。这种关系不受施工工艺的限制，不是工程性质本身决定的，而是在保证施工质量、安全和工期的前提下，可以人为安排的顺序关系。

2. 各种逻辑关系的正确表示方法

在网络图中，各工作之间在逻辑上的关系是变化多端的，表 3-1 所列的网络图中常见的一些逻辑关系及其表示方法。表中的工作名称均以字母来表示。

表 3-1　　　　　　　　　网络图中常见的各种工作逻辑关系的表示方法

序号	逻辑关系	双代号表示方法	单代号表示方法
1	A 完成后进行 B，B 完成后进行 C	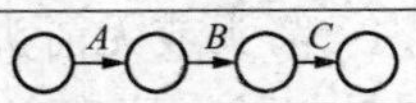	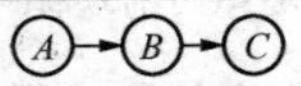
2	A 完成后同时进行 B 和 C	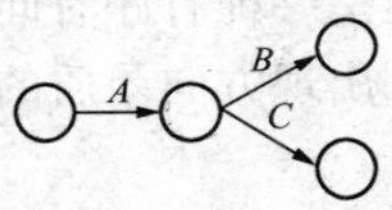	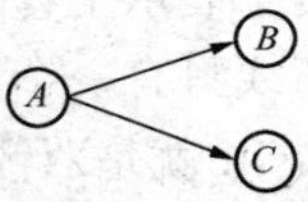
3	A 和 B 都完成后进行 C	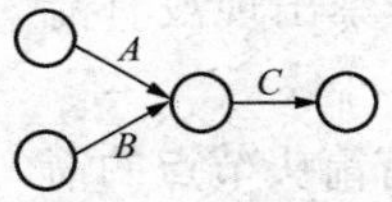	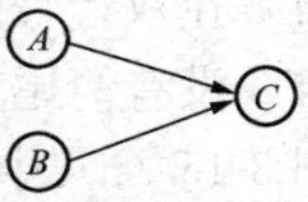
4	A 和 B 都完成后同时进行 C、D	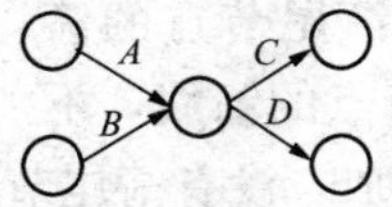	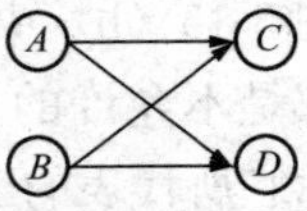
5	A 完成后进行 C，A 和 B 都完成后进行 D	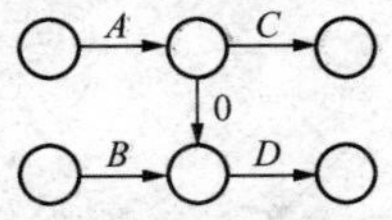	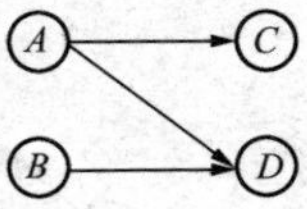
6	A、B 都完成后进行 C，B、D 都完成后进行 E	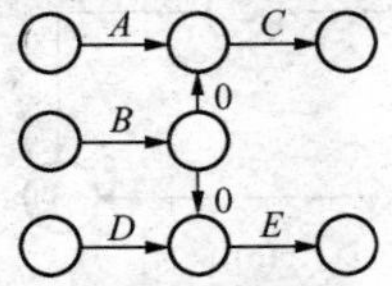	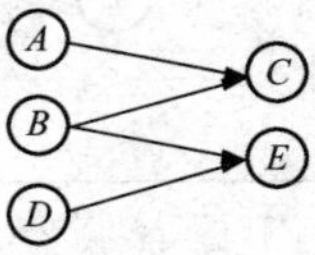
7	A 完成后进行 C，A、B 都完成后进行 D，B 完成后进行 E	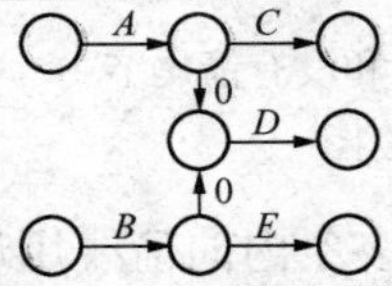	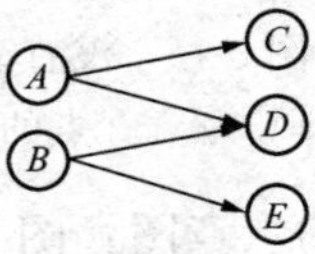
8	A、B 两项先后进行的工作，各分为三段进行。A_1 完成后进行 A_2、B_1。A_2 完成后进行 A_3、B_2。B_1 完成后进行 B_2。A_3、B_2 完成后进行 B_3	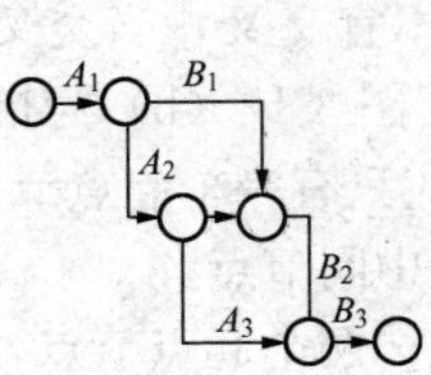	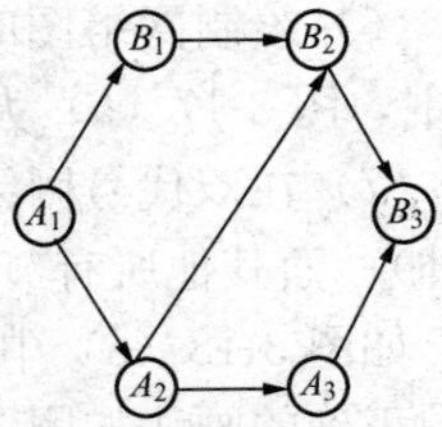

（二）绘制双代号网络图的基本规则

绘制双代号网络图时，要正确地表示各工作之间的逻辑关系和遵循有关绘图的基本规则。否则，就不能正确反映工程的工作流程和进行时间计算。绘制双代号网络图一般必须遵循以下基本规则：

（1）双代号网络图必须正确表达已定的逻辑关系。

绘制网络图之前，要正确确定工作顺序，明确各工作之间的衔接关系，根据工作的先后顺序逐步把代表各项工作的箭线连接起来，绘制成网络图。

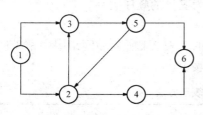

图 3-13　出现循环的错误网络图

（2）双代号网络图中，严禁出现循环网络。

在网络图中如果从一个节点出发顺着某一线路又能回到原出发点，这种线路就称作循环回路。例如图 3-13 中的 2→3→5→2 就是循环回路，它表示的逻辑关系是错误的，在工艺顺序上是相互矛盾的。

（3）双代号网络图中，在节点之间严禁出现带双向箭头或无箭头的箭线。

用于表示工程计划的网络图是一种有序有向的网络图，沿着箭头指引的方向进行，因此一条箭线只有一个箭头，不允许出现方向矛盾的双箭头箭线和无方向的无箭头箭线，图3-14 中的 2—4 就是双箭头箭线。

（4）在双代号网络图中，严禁出现没有箭头节点或没有箭尾节点的箭线。

图 3-15（a）中，出现了没有箭头节点的箭线；图 3-15（b）中出现了没有箭尾节点的箭线，都是不允许的。没有箭头节点的箭线，不能表示它所代表的工作在何处完成；没有箭尾节点的箭线，不能表示它所代表的工作在何时开始。

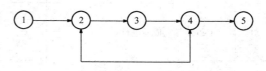

图 3-14　出现双向箭头箭线错误的网络图

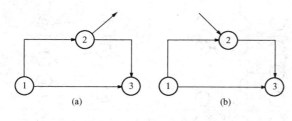

图 3-15　没有箭头节点的箭线和没有箭尾节点的箭线的错误网络图

（5）当双代号网络图的某些节点有多条内向箭线或多条外向箭线时，在不违反"一项工作应只有唯一的一条箭线和相应的一对节点编号"的规定的前提下，可使用母线法绘图。

当箭线线型不同时，可在母线上引出的支线上标出。图 3-16 是母线的表示方法，图 3-16（a）是多条外向箭线用母线绘制的示意图；图 3-16（b）是多条内向箭线用母线绘制的示意图。

（6）绘制网络图时，箭线不宜交叉，当交叉不可避免时，可用过桥法或指向法。图 3-17 中，图 3-17（a）为过桥法；图 3-17（b）为指向法。

（7）在双代号网络图中，应只有一个起点节点和一个终点节点（分期完成任务的网络图除外）；而其他所有节点均应是中间节点。

如图 3-18（a）中出现①、②两个起点节点，⑧、⑨、⑩三个终点节点是错误的。该网络图正确的画法如图 3-18（b）所示，将①、②两个节点合并成一个起点节点，将⑧、⑨、

⑩三个节点合并成一个终点节点。

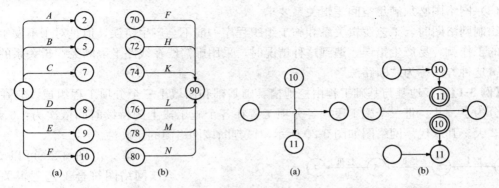

图 3-16 母线的表示方法

图 3-17 箭线交叉时的处理

（a）过桥法；（b）指向法

（8）在双代号网络图中，不允许出现重复编号的箭线。

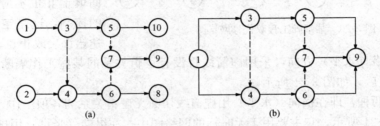

图 3-18 只允许有一个起点节点和终点节点

（a）表达错误的网络图；（b）表达正确的网络图

在网络图中一条箭线和其相关的节点只能代表一项工作，不允许代表多项工作。例如图 3-19（a）中的 A、B 两项工作，其编号均是①－②，当我们说①－②工作时，究竟指 A 还是指 B，不清楚，遇到这种情况，增加一个节点和一条虚箭线，如图 3-19（b）、（c）就都是正确的。

（三）绘图基本方法

1. 网络图绘制技巧

（1）在保证网络图逻辑关系正确的前提下，要力求做到：图面布局合理、层次清晰和重点突出；

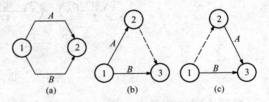

图 3-19 重复编号的工作示意图

（a）错误；（b）正确；（c）正确

（2）关键工作及关键线路，均应以粗箭线或双箭线画出；

（3）密切相关的工作，要尽可能相邻布置，以便减少箭线交叉。如无法避免箭线交叉时，可采用过桥法或指向法表示；

（4）尽量采用水平箭线或折线箭线，尽量少采用倾斜箭线；

（5）为使图面清晰，应尽可能地减少不必要的虚工作。

2. 判断网络图正确性的依据

（1）网络图必须符合工艺逻辑关系要求；

（2）网络图必须符合施工组织程序要求；

（3）网络图必须满足空间逻辑关系要求。

绘制网络图时，工艺逻辑关系和施工组织程序一般不会产生错误，但是对于不发生逻辑关系的工作就容易产生错误。遇到这种情况时，采用虚箭线在线路上隔断无逻辑关系的各项工作，这种方法称为"断路法"。

【例 3-1】 某地基与基础工程由挖地槽、砌基础和回填土三个分项工程组成。它在平面上划分为Ⅰ、Ⅱ、Ⅲ三个施工段，各分项工程在各个施工段上的持续时间依次为：6 天、4 天和 2 天。其双代号网络图如图 3-20 所示，试判断该网络图的正确性。

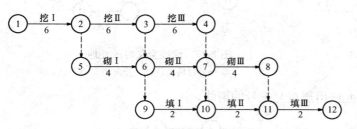

图 3-20　某基础工程双代号网络图

解　由图 3-20 可以看出：该网络图符合工艺逻辑关系和施工组织程序要求，但不满足空间逻辑关系要求。因为回填土Ⅰ不应该受挖地槽Ⅱ的控制，回填土Ⅱ也不应该受挖地槽Ⅲ的控制，这是空间逻辑关系表达错误。改正逻辑错误的方法，是在网络图的横（水平）方向，采用虚箭线将没有逻辑关系的某些工作隔断。图 3-20 经过"断路法"修正后，如图 3-21 所示。

断路法有两种，即在横向（水平）用虚箭线切断无逻辑关系的各项工作，称为"横向断路法"，如图 3-21 所示，它主要用于无时标的网络图中；在纵向（竖直）用虚箭线切断无逻辑关系的各项工作，称为"纵向断路法"，它主要用于时标网络图中。

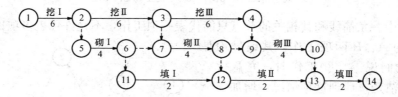

图 3-21　横向断路法示意图

按照绘图技巧要求，图 3-21 中虚工作②→⑤，④→⑨，⑥→⑪ 和⑩→⑬ 为多余的，应该去掉，如图 3-22 所示。

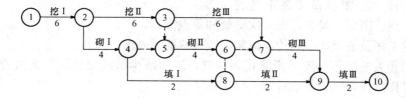

图 3-22　地基与基础工程按工种排列法示意图

3. 工程网络图的排列方法

（1）按工种排列法，它是将同一工种各项工作排列在同一水平方向上的方法，如图3-22

所示。

（2）按施工段排列法，它是将同一施工段各项工作排列在同一水平方向上的方法，如图 3-23 所示。

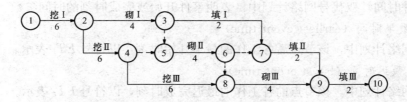

图 3-23　按施工段排列法示意图

（3）按施工层排列法，它是将同一施工层各项工作排列在同一水平方向上的方法，内装修工程常以楼层为施工层，例如某三层房屋室内装修的网络图如图 3-24 所示。

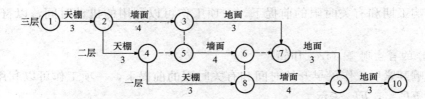

图 3-24　按施工层排列法示意图

（4）其他排列法，网络图其他排列法主要有：按施工单位、施工项目和施工部位等排列方法。

三、双代号网络图时间参数的计算

（一）时间参数的概念

1. 时限（time limitation）

网络计划或其中的工作因外界因素影响而在时间安排上所受到的某种限制。

2. 工作持续时间（duration）

对一项工作规定的从开始到完成的时间，以符号 D_{i-j}（用于双代号网络计划，下同）和 D_i（用于单代号网络计划，下同）表示。

3. 工作的最早开始时间（earliest start time）

在紧前工作和有关时限的约束下，工作有可能开始的最早时刻，以符号 ES_{i-j}，ES_i 表示。

4. 工作的最早完成时间（earliest finish time）

在紧前工作和有关时限的约束下，工作有可能完成的最早时刻，以符号 EF_{i-j}，EF_i 表示。

5. 工作的最迟开始时间（latest start time）

在不影响任务按期完成和有关时限约束的条件下，工作最迟必须开始的时刻，以符号 LS_{i-j}，LS_i 表示。

6. 工作的最迟完成时间（latest finish time）

在不影响任务按期完成和有关时限约束的条件下，工作最迟必须完成的时刻，以符号 LF_{i-j}，LF_i 表示。

7. 事件（event）

双代号网络图中，工作开始或完成的时间点。

8. 节点时间（event time）

亦称事件时间，双代号网络计划中，表明事件开始或完成时刻的时间参数。

9. 节点最早时间（earliest event time）

双代号网络计划中，该节点后各工作的最早开始时刻，以符号 ET_i 表示。

10. 节点最迟时间（latest event time）

双代号网络计划中，该节点前各工作的最迟完成时刻，以符号 LT_i 表示。

11. 时间间隔（time lag）

单代号网络计划中，一项工作的最早完成时间与其紧后工作最早开始时间可能存在的差值，以符号 $LAG_{i,j}$ 表示工作 i 与工作 j 之间的时间间隔。

12. 工作的总时差（total float）

在不影响工期和有关时限的前提下，一项工作可以利用的机动时间，以符号 TF_{i-j}，TF_i 表示。

13. 工作的自由时差（free float）

在不影响其紧后工作最早开始时间和有关时限的前提下，一项工作可以利用的机动时间，以符号 FF_{i-j}，FF_i 表示。

14. 相关时差（dependent float）

可以与紧后工作共同利用的机动时间，以符号 DF_{i-j}，DF_i 表示。

15. 线路时差（path float）

非关键线路中可以利用的自由时差总量。

16. 计算工期（calculated project duration）

根据网络计划时间参数计算出来的工期，以符号 T_c 表示。

17. 要求工期（specifical project duration）

任务委托人所要求的工期，以符号 T_r 表示。

18. 计划工期（planned project duration）

在要求工期和计算工期的基础上综合考虑需要和可能而确定的工期，以符号 T_p 表示。

（二）时间参数的计算方法

通过网络计划时间参数的计算，可以为网络计划优化、执行与控制、监督与调整过程，提供明确的时间依据。时间参数的计算方法主要有：

1. 工作计算法

它是根据绘制的网络图以及各工作的开始时间、持续时间之间的相互关系，利用计算公式和程序计算网络计划时间参数的方法。

2. 节点计算法

它是根据绘制的网络图以及各节点的时间、工作持续时间之间的相互关系，利用计算公式和程序计算网络计划时间参数的方法。

3. 图上计算法

它是按照各项时间参数的计算公式及程序，直接在网络图上计算时间参数的方法。

4. 表上计算法

它是列出各项时间参数的计算表格，按照时间参数计算公式及程序，直接在表格上计算各项时间参数的方法。

5. 矩阵法

它是根据网络图事件的数目 n，列出 $n \times n$ 阶矩阵表，再按照各项时间参数计算公式及程序，直接在矩阵表上计算各项时间参数的方法。

6. 电算法

它是根据网络图的网络逻辑关系和数据，采用相应算法语言，编制网络计划相应电算程序，利用电子计算机进行各项时间参数计算和优化。

（三）时间参数的标注形式

网络计划时间参数的计算应在确定各项工作持续时间之后进行。双代号网络计划中时间参数的基本内容和形式的标注应符合以下规定：

1. 按工作计算法时间参数的标注形式

按工作计算法时间参数的标注形式如图 3-25 和图 3-26 所示。

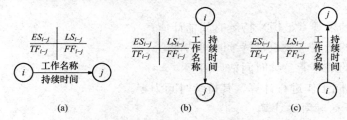

图 3-25　双代号网络计划时间参数标注形式之一

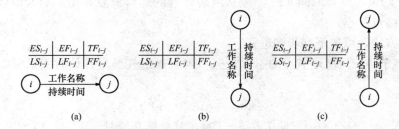

图 3-26　双代号网络计划时间参数标注形式之二

2. 按节点计算法时间参数的标注形式

按节点计算法时间参数的标注形式如图 3-27 所示。

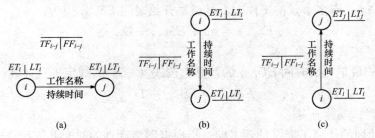

图 3-27　双代号网络计划时间参数标注形式之三

（四）按工作计算法计算时间参数

1. 工作持续时间的计算

工作持续时间的计算方法有两种：一是定额计算法，二是经验估算法（三时估计法）。

（1）定额计算法。定额计算法的计算公式为

$$D_{i-j} = \frac{Q_{i-j}}{RSb} \tag{3-1}$$

式中　D_{i-j}——$i-j$ 工作持续时间；

　　　Q_{i-j}——$i-j$ 工作的工程量；

　　　R——施工班组的人数；

　　　S——劳动定额（产量定额）；

　　　b——工作班数。

（2）三时估计法。当工作持续时间不能用定额计算法计算时，便可采用三时估计法，其计算公式为

$$D_{i-j} = \frac{a+4c+b}{6} \tag{3-2}$$

式中　a——工作的乐观（最短）持续时间估计值；

　　　b——工作的悲观（最长）持续时间估计值；

　　　c——工作的最可能持续时间估计值。

虚工作必须视同工作进行计算，其持续时间为零。

2. 工作最早开始时间的计算

（1）计算规则，工作 $i-j$ 的最早开始时间 ES_{i-j} 的计算应符合下列规定：

工作 $i-j$ 的最早开始时间 ES_{i-j} 应从网络计划的起点节点开始，顺着箭线方向依次逐项计算，直至终点节点。

（2）计算方法，可按下列步骤进行：

1）以起点节点 i 为箭尾节点的工作 $i-j$，当未规定其最早开始时间 ES_{i-j} 时，其值应等于零，即：

$$ES_{i-j} = 0(i=1) \tag{3-3}$$

2）当工作 $i-j$ 只有一项紧前工作 $h-i$ 时，其最早开始时间 ES_{i-j} 应为

$$ES_{i-j} = ES_{h-i} + D_{h-i} \tag{3-4}$$

式中　ES_{h-i}——工作 $i-j$ 的紧前工作 $h-i$ 的最早开始时间；

　　　D_{h-i}——工作 $i-j$ 的紧前工作 $h-i$ 的持续时间。

3）当工作 $i-j$ 有多个紧前工作时，其最早开始时间 ES_{i-j} 应为：

$$ES_{i-j} = \max\{ES_{h-i} + D_{h-i}\} \tag{3-5}$$

3. 工作最早完成时间的计算

工作 $i-j$ 的最早完成时间 EF_{i-j} 的计算应按式（3-6）的规定进行计算：

$$EF_{i-j} = ES_{i-j} + D_{i-j} \tag{3-6}$$

4. 网络计划工期的计算

（1）网络计划的计算工期，计算工期是指根据网络计划的时间参数计算得到的工期，它应按式（3-7）计算：

$$T_c = \max\{EF_{i-n}\} \tag{3-7}$$

式中 EF_{i-n}——以终点节点（$j=n$）为箭头节点的工作 $i-n$ 的最早完成时间；

T_c——网络计划的计算工期。

（2）网络计划的计划工期的确定，网络计划的计划工期是指按要求工期和计算工期确定的作为实施目标的工期。应按下述规定进行确定：

1）当已规定了要求工期 T_r 时，则

$$T_p \leqslant T_r \tag{3-8}$$

2）当未规定要求工期时，则

$$T_p = T_c \tag{3-9}$$

工期标注在终点节点的右侧，并用方框框起来。

5. 工作最迟完成时间的计算

（1）计算规则，工作 $i-j$ 的最迟完成时间 LF_{i-j} 应从网络计划的终点节点开始，逆着箭线方向依次逐项计算，直至起点节点。当部分工作分期完成时，有关工作必须从分期完成的节点开始逆着箭线方向逐项计算。

（2）计算方法，可按下列步骤进行：

1）以终点节点（$j=n$）为箭头节点的工作的最迟完成时间 LF_{i-n} 应按网络计划的计划工期 T_p 确定，即

$$LF_{i-n} = T_p \tag{3-10}$$

以分期完成的节点为箭头节点的工作的最迟完成时间应等于分期完成的时刻。

2）其他工作 $i-j$ 的最迟完成时间 LF_{i-j} 应为其诸紧后工作最迟完成时间与该紧后工作的持续时间之差中的最小值，应按式（3-11）计算：

$$LF_{i-j} = \min\{LF_{j-k} - D_{j-k}\} \tag{3-11}$$

式中 LF_{j-k}——工作 $i-j$ 的各项紧后工作 $j-k$ 的最迟完成时间；

D_{j-k}——工作 $i-j$ 的各项紧后工作 $j-k$ 的持续时间。

6. 工作最迟开始时间的计算

工作 $i-j$ 的最迟开始时间 LS_{i-j} 应按式（3-12）的规定计算，即

$$LS_{i-j} = LF_{i-j} - D_{i-j} \tag{3-12}$$

7. 工作总时差的计算

工作 $i-j$ 的总时差 TF_{i-j} 是指在不影响总工期的前提下，本工作可以利用的机动时间。该时间应按式（3-13）或式（3-14）的规定计算，即

$$TF_{i-j} = LS_{i-j} - ES_{i-j} \tag{3-13}$$

$$TF_{i-j} = LF_{i-j} - EF_{i-j} \tag{3-14}$$

8. 工作自由时差的计算

工作 $i-j$ 的自由时差 FF_{i-j} 是指在不影响其紧后工作最早开始时间的前提下，本工作可以利用的机动时间，工作 $i-j$ 的自由时差 FF_{i-j} 的计算应符合下列规定：

（1）当工作 $i-j$ 有紧后工作 $j-k$ 时，其自由时差应为

$$FF_{i-j} = ES_{j-k} - ES_{i-j} - D_{i-j} \tag{3-15}$$

或

$$FF_{i-j} = ES_{j-k} - EF_{i-j} \tag{3-16}$$

（2）终点节点（$j=n$）为箭头节点的工作，其自由时差 FF_{i-n}，应按网络计划的计划

工期 T_p 确定，即

$$FF_{i-n} = T_p - ES_{i-n} - D_{i-n} \tag{3-17}$$

或

$$FF_{i-n} = T_p - EF_{i-n} \tag{3-18}$$

9. 关键工作和关键线路的确定

（1）关键工作的确定。网络计划中机动时间最少的工作称为关键工作，因此，网络计划中工作总时差最小的工作也就是关键工作。

1）当计划工期等于计算工期时，"最小值"为 0，即总时差为零的工作就是关键工作。

2）当计划工期小于计算工期时，"最小值"为负，即关键工作的总时差为负值，说明应制定更多措施以缩短计算工期。

3）当计划工期大于计算工期时，"最小值"为正，即关键工作的总时差为正值，说明计划已留有余地，进度控制主动了。

（2）关键线路的确定。网络计划中自始至终全部由关键工作组成的线路称为关键线路。在肯定型网络计划中是指线路上工作总持续时间最长的线路。关键线路在网络图中宜用粗线、双线或彩色线标注。

1）双代号网络计划关键线路的确定，从起点节点到终点节点观察，将关键工作连接起来形成的通路就是关键线路。

2）单代号网络计划关键线路的确定，将相邻两项关键工作之间的间隔时间为 0 的关键工作连接起来而形成的自起点节点到终点节点的通路就是关键线路。

【例 3-2】 按工作法计算图 3-28 所示的双代号网络计划各工作的时间参数，计算结果标注图 3-28 上。

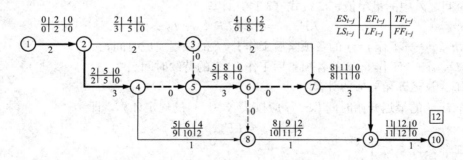

图 3-28 双代号网络计划按工作法计算示例

解 计算方法和步骤如下：

（1）计算各工作的最早开始时间。

工作的最早开始时间应从网络图的起点节点开始的工作算起，顺着箭线方向依次逐项计算，直到以终点节点为结束节点的工作计算完毕为止。必须先计算其紧前工作，然后才能计算本工作。

在图 3-28 中，以起点节点①为箭尾节点的工作①－②，因为未规定其最早开始时间，按式（3-3）其值等于零，即

$$ES_{1-2} = 0$$

其他工作 $i-j$ 的最早开始时间按式（3-5）进行计算，因此可得

$$ES_{2-3}=\max\ \{ES_{1-2}+D_{1-2}\}\ =0+2=2$$
$$ES_{2-4}=\max\ \{ES_{1-2}+D_{1-2}\}\ =0+2=2$$
$$ES_{3-7}=\max\ \{ES_{2-3}+D_{2-3}\}\ =2+2=4$$
$$ES_{5-6}=\max\ \{ES_{2-3}+D_{2-3},\ ES_{2-4}+D_{2-4}\}\ =\max\ \{2+2,\ 2+3\}\ =5$$
$$ES_{4-8}=\max\ \{ES_{2-4}+D_{2-4}\}\ =2+3=5$$
$$ES_{8-9}=\max\ \{ES_{5-6}+D_{5-6},\ ES_{4-8}+D_{4-8}\}\ =\max\ \{5+3,\ 5+1\}\ =8$$
$$ES_{7-9}=\max\ \{ES_{5-6}+D_{5-6},\ ES_{3-7}+D_{3-7}\}\ =\max\ \{5+3,\ 4+2\}\ =8$$
$$ES_{9-10}=\max\ \{ES_{7-9}+D_{7-9},\ ES_{7-9}+D_{7-9}\}\ =\max\ \{8+3,\ 8+1\}\ =11$$

（2）计算各工作的最早完成时间。

工作 $i-j$ 的最早完成时间 EF_{i-j} 的计算按式（3-6）进行，因此可得

$$EF_{1-2}=ES_{1-2}+D_{1-2}=0+2=2$$
$$EF_{2-3}=ES_{2-3}+D_{2-3}=2+2=4$$
$$EF_{2-4}=ES_{2-4}+D_{2-4}=2+3=5$$
$$EF_{3-7}=ES_{3-7}+D_{3-7}=4+2=6$$
$$EF_{5-6}=ES_{5-6}+D_{5-6}=5+3=8$$
$$EF_{4-8}=ES_{4-8}+D_{4-8}=5+1=6$$
$$EF_{8-9}=ES_{8-9}+D_{8-9}=8+1=9$$
$$EF_{7-9}=ES_{7-9}+D_{7-9}=8+3=11$$
$$EF_{9-10}=ES_{9-10}+D_{9-10}=11+1=12$$

（3）计算网络计划的工期。

1）网络计划的计算工期 T_c 的计算按式（3-7）进行，因此可得
$$T_c=\max\{FF_{9-10}\}=12$$

2）网络计划的计划工期 T_p，由于未规定要求工期 T_r，所以该网络计划的计划工期可按式（3-9）确定，即
$$T_p=T_c=12$$

（4）工作的最迟完成时间的计算。

工作最迟完成时间应从网络图的终点节点开始，逆着箭线的方向，自右至左进行计算，直到以起点节点为开始节点的工作计算完毕为止。必须先计算紧后工作，然后才能计算本工作。以终点节点为箭头节点的工作的最迟完成时间应按式（3-10）进行计算，因此可得到
$$LF_{i-n}=T_p=LF_{9-10}=12$$

其他工作 $i-j$ 的最迟完成时间是其诸紧后工作最迟完成时间与该紧后工作的持续时间之差的最小值，故应按式（3-11）进行计算，因此可得

$$LF_{7-9}=\min\ \{LF_{9-10}-D_{9-10}\}\ =\{12-1\}\ =11$$
$$LF_{8-9}=\min\ \{LF_{9-10}-D_{9-10}\}\ =\{12-1\}\ =11$$
$$LF_{3-7}=\min\ \{LF_{7-9}-D_{7-9}\}\ =\{11-3\}\ =8$$
$$LF_{5-6}=\min\ \{LF_{7-9}-D_{7-9},\ LF_{8-9}-D_{8-9}\}\ =\min\ \{11-3,\ 11-1\}\ =8$$
$$LF_{4-8}=\min\ \{LF_{8-9}-D_{8-9}\}\ =\{11-1\}\ =10$$
$$LF_{2-4}=\min\ \{LF_{5-6}-D_{5-6},\ LF_{4-8}-D_{4-8}\}\ =\min\ \{8-3,\ 10-1\}\ =5$$

$$LF_{2-3} = \min \{LF_{3-7} - D_{3-7}, \ LF_{5-6} - D_{5-6}\} = \min \{8-2, \ 8-3\} = 5$$

$$LF_{1-2} = \min \{LF_{2-3} - D_{2-3}, \ LF_{2-4} - D_{2-4}\} = \min \{5-2, \ 5-3\} = 2$$

（5）工作最迟开始时间的计算。

工作 $i-j$ 的最迟开始时间 LS_{i-j} 是其最迟完成时间与其持续时间之差，可按式（3-12）计算，因此可得

$$LS_{1-2} = LF_{1-2} - D_{1-2} = 2 - 2 = 0$$

$$LS_{2-3} = LF_{2-3} - D_{2-3} = 5 - 2 = 3$$

$$LS_{2-4} = LF_{2-4} - D_{2-4} = 5 - 3 = 2$$

$$LS_{3-7} = LF_{3-7} - D_{3-7} = 8 - 2 = 6$$

$$LS_{4-8} = LF_{4-8} - D_{4-8} = 10 - 1 = 9$$

$$LS_{5-6} = LF_{5-6} - D_{5-6} = 8 - 3 = 5$$

$$LS_{7-9} = LF_{7-9} - D_{7-9} = 11 - 3 = 8$$

$$LS_{8-9} = LF_{8-9} - D_{8-9} = 11 - 1 = 10$$

$$LS_{9-10} = LF_{9-10} - D_{9-10} = 12 - 1 = 11$$

（6）工作总时差的计算。

一项工作可以利用的机动时间要受其紧前紧后工作的约束，它的极限机动时间是从其最早开始时间到最迟完成时间这一时间段，从中扣除本身作业必须占用的时间之后，其余时间才可机动使用，因此由式（3-14）可算得

$$TF_{1-2} = LF_{1-2} - EF_{1-2} = 2 - 2 = 0$$

$$TF_{2-3} = LF_{2-3} - EF_{2-3} = 5 - 4 = 1$$

$$TF_{2-4} = LF_{2-4} - EF_{2-4} = 5 - 5 = 0$$

$$TF_{3-7} = LF_{3-7} - EF_{3-7} = 8 - 6 = 2$$

$$TF_{4-8} = LF_{4-8} - EF_{4-8} = 10 - 6 = 4$$

$$TF_{5-6} = LF_{5-6} - EF_{5-6} = 8 - 8 = 0$$

$$TF_{7-9} = LF_{7-9} - EF_{7-9} = 11 - 11 = 0$$

$$TF_{8-9} = LF_{8-9} - EF_{8-9} = 11 - 9 = 2$$

$$TF_{9-10} = LF_{9-10} - EF_{9-10} = 12 - 12 = 0$$

（7）工作自由时差的计算。

根据自由时差的定义，其值应等于其紧后工作最早开始时间与本工作最早完成时间之差，故按式（3-16）或式（3-18）计算可得

$$FF_{1-2} = ES_{2-3} - EF_{1-2} = 2 - 2 = 0$$

$$FF_{2-3} = ES_{3-7} - EF_{2-3} = 4 - 4 = 0$$

$$FF_{2-4} = ES_{4-8} - EF_{2-4} = 5 - 5 = 0$$

$$FF_{3-7} = ES_{7-9} - EF_{3-7} = 8 - 6 = 2$$

$$FF_{4-8} = ES_{8-9} - EF_{4-8} = 8 - 6 = 2$$

$$FF_{5-6} = ES_{7-9} - EF_{5-6} = 8 - 8 = 0$$

$$FF_{7-9} = ES_{9-10} - EF_{7-9} = 11 - 11 = 0$$

$$FF_{8-9} = ES_{9-10} - EF_{8-9} = 11 - 9 = 2$$

$$FF_{9-10} = T_p - EF_{9-10} = 12 - 12 = 0$$

本例双代号网络计划按工作计算法计算的时间参数的结果，如图 3-28 所示。

(8) 关键工作和关键线路的确定。

1) 关键工作的确定，在本例中计划工期等于计算工期，即 $T_p = T_c$，因此，总时差为零的工作就是关键工作，即①→②、②→④、⑤→⑥、⑦→⑨、⑨→⑩为关键工作。

2) 关键线路的确定，网络计划中自始至终全部由关键工作组成的线路即为关键线路，本例中的关键线路为①→②→④→⑤→⑥→⑦→⑨→⑩，见图 3-28 中粗箭线所标注。

（五）按节点计算法计算时间参数

按节点法计算网络计划的时间参数也应在确定各项工作的持续时间之后进行，其计算方法同工作计算法。

1. 节点最早时间的计算

节点最早时间是指在双代号网络计划中，以该节点为开始节点的各项工作的最早开始时间。

(1) 计算规则，节点 i 的最早时间 ET_i 应从网络计划的起点节点开始，顺着箭线方向，依次逐项计算直至终点节点为止。

(2) 计算方法，可按下列规定和步骤进行计算：

1) 起点节点 i 如果未规定最早时间 ET_i 时，其值应等于零，即

$$ET_i = 0 (i = 1) \tag{3-19}$$

2) 当节点 j 只有一条内向箭线时，其最早时间 ET_j 为

$$ET_j = ET_i + D_{i-j} \tag{3-20}$$

3) 当节点 j 有多条内向箭线时，其最早时间 ET_j 应为

$$ET_j = \max\{ET_i + D_{i-j}\} \tag{3-21}$$

2. 确定网络计划的计划工期

(1) 网络计划的计算工期，网络计划的计算工期可按式 (3-22) 计算：

$$T_c = ET_n \tag{3-22}$$

式中　ET_n——终点节点 n 的最早时间。

(2) 网络计划的计划工期，网络计划的计划工期 T_p 的确定与工作计算法相同。

3. 节点最迟时间的计算

节点最迟时间，是指在双代号网络计划中，以该节点为完成节点的各项工作的最迟完成时间。

(1) 计算规则。节点 i 的最迟时间 LT_i 应从网络计划的终点节点开始，逆着箭线方向依次逐项计算直至起点节点为止；当部分工作分期完成时，有关节点的最迟时间必须从分期完成节点开始逆着箭线方向逐项计算。

(2) 计算方法。可按下列规定和步骤进行计算：

1) 终点节点 n 的最迟时间 LT_n 应按网络计划的计划工期 T_p 确定，即

$$LT_n = T_p \tag{3-23}$$

分期完成节点的最迟时间应等于该节点规定的分期完成时间。

2) 其他节点 i 的最迟时间 LT_i 应为

$$LT_i = \min\{LT_j - D_{i-j}\} \tag{3-24}$$

式中　LT_j——工作 $i-j$ 的箭头节点 j 的最迟时间。

4. 工作时间参数的计算

（1）工作最早开始时间的计算，工作 $i-j$ 的最早开始时间 ES_{i-j} 可按式（3-25）计算：

$$ES_{i-j} = ET_i \qquad\qquad (3-25)$$

（2）工作最早完成时间的计算，工作 $i-j$ 的最早完成时间 EF_{i-j} 可按式（3-26）计算：

$$EF_{i-j} = ET_i + D_{i-j} \qquad\qquad (3-26)$$

（3）工作最迟完成时间的计算，工作 $i-j$ 的最迟完成时间 LF_{i-j} 可按式（3-27）计算：

$$LF_{i-j} = LT_j \qquad\qquad (3-27)$$

（4）工作最迟开始时间的计算，工作 $i-j$ 的最迟开始时间 LS_{i-j} 可按式（3-28）计算：

$$LS_{i-j} = LT_j - D_{i-j} \qquad\qquad (3-28)$$

（5）工作总时差的计算，工作 $i-j$ 的总时差 TF_{i-j} 应按式（3-29）计算：

$$TF_{i-j} = LT_j - ET_i - D_{i-j} \qquad\qquad (3-29)$$

（6）工作自由时差的计算，工作 $i-j$ 的自由时差 FF_{i-j} 应按式（3-30）计算：

$$FF_{i-j} = ET_j - ET_i - D_{i-j} \qquad\qquad (3-30)$$

5. 关键工作和关键线路的确定

关键工作和关键线路的确定方法与工作计算法相同。

【例 3-3】　仍以图 3-28 双代号网络计划为例，试按节点计算法计算网络计划的时间参数。

解　计算方法和步骤如下：

（1）节点最早时间的计算。

节点的最早时间应从网络图的起点节点①开始，顺着箭线方向逐个计算。

由于该网络计划的起点节点的最早时间无规定，因此其值等于零，即

$$ET_i = ET_1 = 0$$

其他节点的最早时间 ET_j 按式（3-20）计算，因此可得

$$ET_2 = \max\{ET_1 + D_{1-2}\} = 0 + 2 = 2$$
$$ET_3 = \max\{ET_2 + D_{2-3}\} = 2 + 2 = 4$$
$$ET_4 = \max\{ET_2 + D_{2-4}\} = 2 + 3 = 5$$
$$ET_5 = \max\{ET_3 + D_{3-5}, ET_4 + D_{4-5}\} = \max\{4+0, 5+0\} = 5$$
$$ET_6 = \max\{ET_5 + D_{5-6}\} = 5 + 3 = 8$$
$$ET_7 = \max\{ET_3 + D_{3-7}, ET_6 + D_{6-7}\} = \max\{4+2, 8+0\} = 8$$
$$ET_8 = \max\{ET_4 + D_{4-8}, ET_6 + D_{6-8}\} = \max\{5+1, 8+0\} = 8$$
$$ET_9 = \max\{ET_7 + D_{7-9}, ET_8 + D_{8-9}\} = \max\{8+3, 8+1\} = 11$$
$$ET_{10} = \max\{ET_9 + D_{9-10}\} = 11 + 1 = 12$$

（2）网络计划的计划工期。

网络计划的计算工期 T_c 应按式（3-22）确定，即

$$T_c = ET_n = ET_{10} = 12$$

由于该计划没有规定工期 T_r，故计算工期就是计划工期，即

$$T_p = T_c = ET_{10} = 12$$

（3）节点最迟时间的计算。

节点 i 的最迟时间 LT_i 应从网络图的终点节点开始，逆着箭线的方向依次逐项计算直至起点节点。终点节点的最迟时间按式（3-23）计算，本计划的终点节点⑩的最迟时间是：

$$LT_{10} = 12$$

其他节点的最迟时间按式（3-24）计算，由此可得

$$LT_9 = \min\{LT_{10} - D_{9-10}\} = 12 - 1 = 11$$
$$LT_8 = \min\{LT_9 - D_{8-9}\} = 11 - 1 = 10$$
$$LT_7 = \min\{LT_9 - D_{7-9}\} = 11 - 3 = 8$$
$$LT_6 = \min\{LT_7 - D_{6-7}, LT_8 - D_{6-8}\} = \min\{8-0, 10-0\} = 8$$
$$LT_5 = \min\{LT_6 - D_{5-6}\} = 8 - 3 = 5$$
$$LT_4 = \min\{LT_8 - D_{4-8}, LT_5 - D_{4-5}\} = \min\{10-1, 5-0\} = 5$$
$$LT_3 = \min\{LT_7 - D_{3-7}, LT_5 - D_{3-5}\} = \min\{8-2, 5-0\} = 5$$
$$LT_2 = \min\{LT_4 - D_{2-4}, LT_3 - D_{2-3}\} = \min\{5-3, 5-2\} = 2$$
$$LT_1 = \min\{LT_2 - D_{1-2}\} = 2 - 2 = 0$$

将以上算得的节点时间填在图的相应位置，见图 3-29 所示。

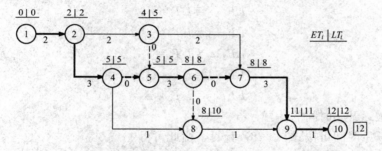

图 3-29　双代号网络计划按节点计算法计算时间参数的计算结果

（4）工作最早开始时间的计算。

每项工作的最早开始时间，实际上就是其箭尾节点的最早时间，可按式（3-25）计算，即

$$ES_{1-2} = ET_1 = 0$$
$$ES_{2-3} = ET_2 = 2$$
$$ES_{2-4} = ET_2 = 2$$
$$ES_{3-7} = ET_3 = 4$$
$$ES_{4-8} = ET_4 = 5$$
$$ES_{5-6} = ET_5 = 5$$
$$ES_{7-9} = ET_7 = 8$$
$$ES_{8-9} = ET_8 = 8$$
$$ES_{9-10} = ET_9 = 11$$

（5）工作最早完成时间的计算。

工作最早完成时间可按式（3-26）计算，由此可得

$$EF_{1-2}=ET_1+D_{1-2}=0+2=2$$
$$EF_{2-3}=ET_2+D_{2-3}=2+2=4$$
$$EF_{2-4}=ET_2+D_{2-4}=2+3=5$$
$$EF_{3-7}=ET_3+D_{3-7}=4+2=6$$
$$EF_{4-8}=ET_4+D_{4-8}=5+1=6$$
$$EF_{5-6}=ET_5+D_{5-6}=5+3=8$$
$$EF_{7-9}=ET_7+D_{7-9}=8+3=11$$
$$EF_{8-9}=ET_8+D_{8-9}=8+1=9$$
$$EF_{9-10}=ET_9+D_{9-10}=11+1=12$$

（6）工作最迟完成时间的计算。

工作最迟完成时间可用式（3-27）进行计算，由此可得

$$LF_{9-10}=LT_{10}=12$$
$$LF_{8-9}=LT_9=11$$
$$LF_{7-9}=LT_9=11$$
$$LF_{5-6}=LT_6=8$$
$$LF_{4-8}=LT_8=10$$
$$LF_{3-7}=LT_7=8$$
$$LF_{2-4}=LT_4=5$$
$$LF_{2-3}=LT_3=5$$
$$LF_{1-2}=LT_2=2$$

（7）工作最迟开始时间的计算。

工作最迟开始时间可按式（3-28）计算，由此可得

$$LS_{9-10}=LT_{10}-D_{9-10}=12-1=11$$
$$LS_{8-9}=LT_9-D_{8-9}=11-1=10$$
$$LS_{7-9}=LT_9-D_{7-9}=11-3=8$$
$$LS_{5-6}=LT_6-D_{5-6}=8-3=5$$
$$LS_{4-8}=LT_8-D_{4-8}=10-1=9$$
$$LS_{3-7}=LT_7-D_{3-7}=8-2=6$$
$$LS_{2-4}=LT_4-D_{2-4}=5-3=2$$
$$LS_{2-3}=LT_3-D_{2-3}=5-2=3$$
$$LS_{1-2}=LT_2-D_{1-2}=2-2=0$$

（8）工作总时差的计算。

工作总时差可按式（3-29）进行计算，由此可得

$$TF_{1-2}=LT_2-ET_1-D_{1-2}=2-0-2=0$$
$$TF_{2-3}=LT_3-ET_2-D_{2-3}=5-2-2=1$$
$$TF_{5-6}=LT_6-ET_5-D_{5-6}=8-5-3=0$$
$$\cdots$$

（9）工作自由时差的计算。

工作自由时差可按式（3-30）进行计算，由此可得到

$$FF_{1-2}=ET_2-ET_1-D_{1-2}=2-0-2=0$$

$$FF_{2-3}=ET_3-ET_2-D_{2-3}=4-2-2=0$$

$$FF_{2-4}=ET_4-ET_2-D_{2-4}=5-2-3=0$$

⋯

（六）图上计算法

图上计算法是一种比较简便快捷的方法，优点是直观、便于检查和校核，常为工程技术人员所采用。

1. 图上计算法图例

（1）各工作的最早开始时间 ES、最早完成时间 EF 和持续时间 D 按图 3-30（a）的位置及画法标在箭线的上方。

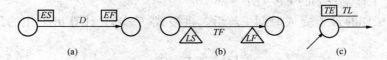

图 3-30 图上计算法时间参数的标注方法示意图

（2）各工作的最迟开始时间 LS、最迟完成时间 LF 和总时差 TF 按图 3-30（b）的位置及画法标在箭线的下方。

（3）各节点的最早时间 ET 及最迟时间 LT 按图 3-30（c）的位置及画法标在各节点的上方。

2. 计算步骤与方法

下面举例说明图上计算法计算网络计划时间参数的步骤与方法。

【例 3-4】 试用图上计算法计算图 3-31 所示的网络计划的时间参数。

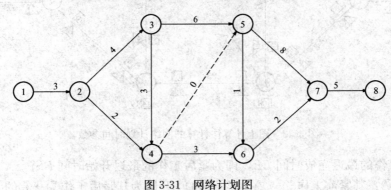

图 3-31 网络计划图

解 （1）计算各工作的最早开始时间 ES 及最早完成时间 EF。

1）起始箭线①—②的 $ES=0$，$D=3$，由式（3-31）

$$EF = ES + D \tag{3-31}$$

得

$$EF=0+3=3$$

将 ES、D、EF 的数值按图例标在①→②箭线的上方，其余工作的 EF 均按同理计算，并将所得数值按同样的图例标在相应箭线的上方，如图 3-32 所示。

2）计算紧后工作的 ES 即紧前工作的 EF。

例如节点③：紧后工作③→⑤及③→④的 ES 即为其紧前工作②→③ EF，即

$$ES_{3-5} = ES_{3-4} = EF_{2-3}$$

3）当该节点有若干个紧前工作时，则取各工作 EF 中的最大值，即取 $\max EF$ 作为该节点所有紧后工作的 ES。

例如节点④：其紧前工作的 $EF_{2-4}=5$，$EF_{3-4}=10$，则其紧后工作的 $ES_{4-5} = ES_{4-6}$ $=\max\{EF_{2-4}, EF_{3-4}\} = \max\{5, 10\} = 10$。

依此类推，该网络计划终点的 $EF=26$ 天，即该网络计划的总工期。

（2）计算各工作的最迟开始时间 LS 及最迟完成时间 LF。

1）工作的最迟时间是从网络图的终点倒退计算。终点箭线的 LF 就是网络计划的总工期，在图 3-32 中为 26 天，也就是最后工作的 LF。对终点箭线来说 EF 与 LF 相同。从图 3-32 可以看出，工作⑦→⑧的 $EF=LF=26$。

2）计算出工作的最迟完成时间 LF 后，再按式（3-32）计算出工作的最迟开始时间 LS，即

$$LS = LF - D \tag{3-32}$$

如工作⑦→⑧的 $LS=26-3=21$，其余工作 LS 均按同理计算，并将所得数值按同样的图例标在相应箭线的下方，如图 3-32 所示。

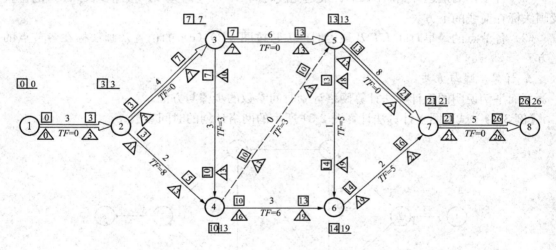

图 3-32　图上计算法计算的网络计划时间参数

3）紧前工作的最迟完成时间 LF，即为紧后工作的最迟开始时间 LS。

例如节点⑦：其紧前工作⑤→⑦、⑥→⑦的 LF 即为其紧后工作⑦→⑧的 LS，即

$$LF_{5-7} = LF_{6-7} = LS_{7-8} = 21$$

4）当该节点有若干个紧后工作时，则取各紧后工作 LS 中的最小值，即取 $\min LS$ 作为该节点所有紧前工作的 LF。

例如节点⑤：其紧后工作的 $LS_{5-7}=13$，$LS_{5-6}=18$，则其紧前工作 LF 得

$$LF_{3-5} = LF_{4-5} = \min\{LS_{5-7}, LS_{5-6}\} = \min\{13, 18\} = 13$$

按以上方法依次算出各箭线的 LS 和 LF，将所得数值按图例标在相应箭线的下方。

（3）计算各节点的最早时间 ET 及最迟时间 LT。

1）该节点的 ET 等于紧后工作的 ES。

例如节点④：$ET_4 = ES_{4-5} = ES_{4-6} = 10$。

2）该节点的 LT 等于紧前工作的 LF。

例如节点④：$LT_4 = LF_{3-4} = LF_{2-4} = 13$

各节点的 ET 及 LT 均按同理计算，将算出的各数值按图例标注于图 3-32 中。

（4）计算总时差 TF。

各工作的总时差按式（3-33）计算，即

$$TF = LS - ES = LF - EF \qquad (3-33)$$

例如工作④→⑥的 $TF = 16 - 10 = 6$ 或 $TF = 19 - 13 = 6$。

将算出的各工作总时差，按图例标在相应箭线的下方。总时差为零的工作相连即为关键线路，在图 3-32 中用双线表示。

（七）表上计算法

为了保持网络图的清晰和计算数据条理化，通常还可采用表格进行网络计划时间参数的计算。现以上例的网络计划来说明表上计算法的方法与步骤，见表 3-2。

表 3-2　　　　　　　网络计划时间参数表上计算法示例

节点	ET_i	LT_i	工作	D_{i-j}	ES_{i-j}	EF_{i-j}	LS_{i-j}	EF_{i-j}	TF_{i-j}	FF_{i-j}
(1)	(2)	(3)	(4)	(5)	(6)	(7)	(8)	(9)	(10)	(11)
1	0	0	①→②	3	0	3	0	3	0	0
2	3	3	②→③	4	3	7	3	7	0	0
			②→④	2	3	5	11	13	8	5
3	7	7	③→④	3	7	10	10	13	3	0
			③→⑤	6	7	13	7	13	0	0
4	10	13	④→⑤	0	10	10	13	13	3	3
			④→⑥	3	10	13	16	19	6	1
5	13	13	⑤→⑥	1	13	14	18	19	5	0
			⑤→⑦	8	13	21	13	21	0	0
6	14	19	⑥→⑦	2	14	16	19	21	5	0
7	21	21	⑦→⑧	5	21	26	21	26	0	0
8	26	26								

（1）将节点编号、工作代号及工作持续时间分别填入表中的一、四、五栏内。

（2）自上而下计算各个节点的最早时间 ET_i，填入表格第二栏内。

1）设起点节点的最早时间为零，即 $ET_i = 0$。

2）其余各节点的最早时间为：$ET_j = \max\{ET_i + D_{i-j}\}$。例如节点④：

$$ET_4 = \max\{ET_2 + D_{2-4}, ET_3 + D_{3-4}\} = \max\{3 + 4, 7 + 3\} = 10$$

其他各节点的计算结果见表中第二栏。

（3）自下而上计算各个节点的最迟时间 LT_i，填入表格第三栏内。

1）终点节点的最迟时间等于其最早时间，即：$LT_n=ET_n=LT_8=ET_8=26$。

2）其余各个节点的最迟时间为：$LT_i=\min\{LT_j-D_{i-j}\}$。例如节点④：

$$LT_4=\min\{LT_5-D_{4-5},LT_6-D_{4-6}\}=\min\{13-0,19-2\}=13$$

其他各节点的计算结果见表中第三栏。

（4）计算各工作的最早开始时间 ES_{i-j} 和最早完成时间 EF_{i-j}，填入表中第六、七栏内。

1）工作 $i-j$ 的最早开始时间等于其开始节点的最早时间，即：$ES_{i-j}=ET_i$。可以从第二栏相应的节点中查出。例如 $ES_{5-6}=ET_5=13$。

2）工作 $i-j$ 的最早完成时间等于其工作最早开始时间加上工作的持续时间，即：$EF_{i-j}=ES_{i-j}+D_{i-j}$。也就是（7）＝（5）＋（6）。例如 $EF_{5-6}=ES_{5-6}+D_{5-6}=13+1=14$。

（5）计算各工作的最迟开始时间 LS_{i-j} 和最迟完成时间 LF_{i-j}，填入表中第八、九栏内。

1）工作 $i-j$ 的最迟完成时间等于其结束节点的最迟时间，即：$LF_{i-j}=LT_j$。可以从第三栏相应的节点中查出。例如 $LF_{5-6}=LT_6=19$。

2）工作 $i-j$ 的最迟开始时间等于其工作最迟完成时间减去工作的持续时间，即：$LS_{i-j}=LF_{i-j}-D_{i-j}$。也就是（8）＝（9）－（5）。例如 $LS_{5-6}=LF_{5-6}-D_{5-6}=19-1=18$。

（6）计算各工作的总时差 TF_{i-j}，填入第十栏内。

工作 $i-j$ 的总时差等于其最迟开始时间减去最早开始时间，或工作的最迟完成时间减去最早完成时间，即：$TF_{i-j}=LS_{i-j}-ES_{i-j}=LF_{i-j}-EF_{i-j}$。也就是（10）＝（8）－（6）＝（9）－（7）。例如 $TF_{5-6}=LS_{5-6}-ES_{5-6}=18-13=5$。

其余各工作的总时差的计算结果见表中第十栏。

（7）计算各工作的自由时差 FF_{i-j}，填入第十一栏内。

工作 $i-j$ 的自由时差等于其紧后工作的最早开始时间减去该工作的最早完成时间，即：$FF_{i-j}=ES_{j-k}-EF_{i-j}$。例如 $FF_{5-6}=ES_{6-7}-EF_{5-6}=14-14=0$。

其余各工作的自由时差的计算结果见表中第十一栏。

总时差为零的工作相连，即为关键线路，本例的关键线路是①→②→③→⑤→⑦→⑧。

第三节　单代号网络计划

单代号网络计划是用单代号网络图加注工作持续时间而形成的网络计划（见图3-33）。与双代号网络计划相比，具有以下特点：

（1）它使用的是单代号网络图，该网络图以节点及其编号表示工作，以箭线表示工作之间的逻辑关系；

（2）由于单代号网络图中没有虚箭线，故编制单代号网络计划产生逻辑错误的概率较小；

（3）由于工作的持续时间标注在节点内，没有长度，故不够形象，也不便于绘制时标网络计划，更不能据图优化；

（4）表示工作之间逻辑关系的箭线可能产生较多的纵横交叉现象。

一、单代号网络图的构成

单代号网络图是以节点及其编号表示工作，以箭线表示工作之间的逻辑关系，如图 3-33 所示。它由节点、箭线和线路构成。

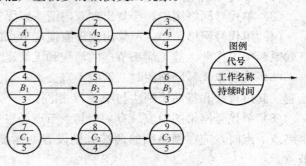

图 3-33 单代号网络图

（一）节点

单代号网络图的节点表示工作，可以用圆圈表示，也可以用方框或其他图形表示。用圆圈表示的节点内，应标注代号（以数字表示）、工作名称和工作持续时间；用方框表示的节点内除标注以上三项外，还可以标注经计算得到的时间参数。图 3-34 是单代号网络图节点示例。

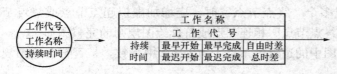

图 3-34 单代号网络图中节点的表示方法

节点必须编号，此编号即该工作的代号，由于代号只有一个，故称"单代号"。节点编号标注在节点内，可连续编号，亦可间断编号，但严禁重复编号。一项工作必须有唯一的一个节点和唯一的一个编号。

（二）箭线

单代号网络图以箭线表示相邻工作之间的逻辑关系，箭线的形状和方向可根据绘图的需要而定，如图 3-33 所示。箭线应画成水平直线、折线或斜线，箭线水平投影的方向应自左向右，表示工作的进行方向。

箭线的箭尾节点编号应小于箭头节点的编号。单代号网络图中不设虚箭线。

单代号网络图中一项工作的完整表示方法应如图 3-34 所示，即节点表示工作本身，其后的箭线指向其紧后工作。

（三）线路

与双代号网络图中线路的含义相同，单代号网络图的线路是指从起点节点至终点节点，沿箭线方向顺序经过一系列箭线与节点的通路。其中持续时间最长的线路为关键线路，其余的线路称为非关键线路。

二、单代号网络图逻辑关系的表示方法

单代号网络图的绘制比双代号网络图的绘制要容易，也不容易出错，关键是要处理好箭线交叉，使图形规则，便容易读图。

单代号网络图工作之间逻辑关系的表示方法，见表 3-1。

三、单代号网络图的绘制

（一）单代号网络图的绘制规则

单代号网络图的绘图规则与双代号网络图的绘图规则基本相似，主要有：

（1）单代号网络图必须正确表述已定的逻辑关系。同双代号网络图一样，"逻辑关系"包括两类：一类是工艺逻辑关系，另一类是组织逻辑关系。在单代号网络图中，这两种关系的表达比双代号网络图更明确。

（2）单代号网络图中，严禁出现循环回路。

（3）单代号网络图中，严禁出现双向箭头或无箭头的箭线。

（4）单代号网络图中，严禁出现没有箭尾节点的箭线或没有箭头节点的箭线。由于箭线是联系两项工作的，故无箭头节点的箭线和无箭尾节点的箭线都是没有意义的。

（5）绘制单代号网络图时，箭线不宜交叉，当交叉不可避免时，可采用过桥法和指向法绘制。其过桥法和指向法画法与图 3-17 相同。

（6）单代号网络图中应只有一个起点节点和终点节点。当网络图中有多个起点节点和多个终点节点时，应在网络图的两端分别设置一项虚工作，作为该网络图的起点节点和终点节点。

（二）单代号网络图的绘制方法

（1）绘图时，要从左向右逐个处理已经确定的逻辑关系。只有紧前工作都绘制完成后，才能绘制本工作，并使本工作与紧前工作用箭线相连。

（2）当出现多个"起点节点"或多个"终点节点"时，应增加虚拟起点节点或终点节点，并使之与多个"起点节点"或"终点节点"相连，形成符合绘图规则的完整图形。

（3）绘制完成后要认真检查，看图中的逻辑关系是否与表 3-1 中一致，是否符合绘图规则。如有问题，及时修正。

（4）单代号网络图的排列方法，均与双代号网络图相应部分类似，详见本章第二节。网络图绘制的要求是：

1）在保证网络图逻辑关系正确的前提下，要尽可能做到：图面布局合理，层次清晰和重点突出。

2）关键工作和关键线路，应该采用粗箭线或双箭线表示。

3）密切相关的工作，尽可能相邻布置，以便减少箭线交叉。如果无法避免箭线交叉时，应该以过桥法表示。

四、单代号网络计划时间参数的计算

（一）单代号网络计划时间参数的标注形式

单代号网络计划时间参数应按图 3-35 的形式标注。

（二）单代号网络计划时间参数的计算方法

单代号网络计划的时间参数包括工作最早开始时间、工作最早完成时间、计算工期、计划工期、间隔时间、工作最迟开始时间、工作最迟完成时间、工作总时差和其自由时差。

1. 工作持续时间

单代号网络计划工作持续时间的计算与双代号网络计划相同，见式（3-1）和式（3-2）。

2. 工作最早开始时间的计算

（1）计算规定，工作 i 的最早开始时

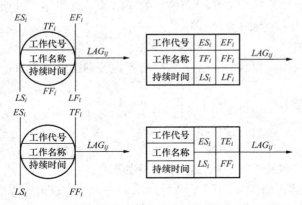

图 3-35　单代号网络计划时间参数的标注形式

间 ES_i 应从网络计划的起点节点开始，顺着箭线方向依次逐个计算直至终点节点为止。

（2）计算方法。

1）起点节点的最早开始时间 ES_i 如无规定时，其值等于零，即

$$ES_i = 0(i = 1) \tag{3-34}$$

2）其他工作的最早开始时间 ES_i 应为

$$ES_i = \max\{ES_h + D_h\} \tag{3-35}$$

式中　ES_h——工作 i 的紧前工作 h 的最早开始时间；

D_h——工作 i 的紧前工作 h 的持续时间。

3. 工作最早完成时间的计算

工作最早完成时间的计算应按式（3-36）进行，即

$$EF_i = ES_i + D_i \tag{3-36}$$

4. 网络计划工期的计算

网络计划的计算工期 T_c 与计划工期 T_p 的确定与双代号网络计划相同，见式（3-22）和式（3-8）、式（3-9）。

5. 相邻两项工作时间间隔的计算

相邻两项工作 i 和 j 之间的时间间隔 $LAG_{i,j}$ 的计算应按式（3-37）进行，即

$$LAG_{i,j} = ES_j - EF_i \tag{3-37}$$

终点节点与其紧前工作的时间间隔为

$$LAG_{i,n} = T_p - EF_i \tag{3-38}$$

6. 工作总时差的计算

工作总时差的计算应符合下列规定：

（1）工作 i 的总时差 TF_i 应从网络计划的终点节点开始，逆着箭线方向依次逐项计算；当部分工作分期完成时，有关工作的总时差必须从分期完成的节点开始逆向逐项计算。

（2）终点节点所代表的工作 n 的总时差 TF_n 值为零，即

$$TF_n = 0 \tag{3-39}$$

分期完成的工作的总时差值为零。

（3）其他工作的总时差 TF_i 的计算应符合式（3-40）～式（3-42）规定，即

$$TF_i = \min\{TF_j + LAG_{i,j}\} \tag{3-40}$$

$$TF_i = LS_i - ES_i \tag{3-41}$$

$$TF_i = LF_i - EF_i \tag{3-42}$$

7. 工作自由时差的计算

工作 i 的自由时差 FF_i 的计算应符合下列规定：

（1）终点节点所代表的工作 n 的自由时差 FF_n 应为

$$FF_n = T_p - EF_n \tag{3-43}$$

（2）其他工作 i 的自由时差 FF_i 应为

$$FF_i = \min(LAG_{i,j}) \tag{3-44}$$

$$FF_i = \min\{ES_j - EF_i\} \tag{3-45}$$

8. 工作最迟完成时间的计算

（1）计算规定，工作 i 的最迟完成时间 LF_i 应从网络计划的终点节点开始，逆着箭线方

向依次逐项计算直至起点节点为止；当部分工作分期完成时，有关工作的最迟完成时间应从分期完成的节点开始逆向逐项计算。

（2）计算方法。

1）终点节点所代表的工作 n 的最迟完成时间 LF_n 应按网络计划的计划工期 T_p 确定，即

$$LF_n = T_p \tag{3-46}$$

分期完成的各项工作的最迟完成时间应等于分期完成的时刻。

2）其他工作 i 的最迟完成时间 LF_i 应为

$$LF_i = \min\{LS_j\} \tag{3-47}$$

$$LF_i = EF_i + TF_i \tag{3-48}$$

9. 工作最迟开始时间的计算

工作 i 最迟开始时间 LS_i 的计算应按式（3-49）计算，即

$$LS_i = LF_i - D_i \tag{3-49}$$

10. 关键工作和关键线路的确定

单代号网络计划的关键工作和关键线路的确定与双代号网络计划相同。

【例 3-5】　计算图 3-36 所示的单代号网络计划的时间参数，并按标注形式标注于图 3-37 上。

解　计算时间参数的结果标注于图 3-37 上，其计算步骤与方法如下：

1. 工作最早开始时间的计算

工作的最早开始时间从网络计划的起点节点开始，顺着箭线方向自左至右，依次逐个计算。因起点节点的最早开始时间未作规定，则

$$ES_1 = 0$$

其后续工作的最早开始时间是其各紧前工作的最早开始时间与其持续时间之和，并取其最大值，其计算见式（3-35）。

由此可得

$$ES_2 = ES_1 + D_1 = 0 + 2 = 2$$
$$ES_3 = ES_2 + D_2 = 2 + 2 = 4$$
$$ES_4 = ES_1 + D_1 = 0 + 2 = 2$$
$$ES_5 = \max\{ES_2 + D_2, ES_4 + D_4\} = \max\{2 + 2, 2 + 3\} = 5$$
$$ES_6 = \max\{ES_3 + D_3, ES_5 + D_5\} = \max\{4 + 2, 5 + 3\} = 8$$
$$ES_7 = ES_4 + D_4 = 2 + 3 = 5$$
$$ES_8 = \max\{ES_5 + D_5, ES_7 + D_7\} = \max\{5 + 3, 5 + 1\} = 8$$
$$ES_9 = \max\{ES_6 + D_6, ES_8 + D_8\} = \max\{8 + 3, 8 + 1\} = 11$$

2. 工作最早完成时间的计算

各项工作的最早完成时间是该工作的最早开始时间与其持续时间之和，其计算见式（3-36）。

因此可得

$$EF_1 = ES_1 + D_1 = 0 + 2 = 2$$
$$EF_2 = ES_2 + D_2 = 2 + 2 = 4$$

$$EF_3 = ES_3 + D_3 = 4 + 2 = 6$$
$$EF_4 = ES_4 + D_4 = 2 + 3 = 5$$
$$\cdots$$

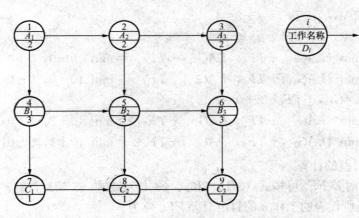

图 3-36 单代号网络计划示例

其余各工作的最早完成时间如图 3-37 所示。

3. 确定网络计划的计划工期

（1）网络计划的计算工期 T_c，按式（3-22）计算。

由此可得

$$T_c = EF_9 = 12$$

（2）网络计划的计划工期 T_p，由于本计划没有要求工期，故有

$$T_p = T_c = 12$$

将计划工期标注在终点节点"9"旁的方框内，见图 3-37 所示。

4. 相邻两项工作之间时间间隔的计算

相邻两项工作的时间间隔，是后项工作的最早开始时间与前项工作的最早完成时间的差值，它表示相邻两项工作之间有一段时间间歇，相邻两项工作 i 与 j 之间的时间间隔 $LAG_{i,j}$ 按式（3-37）计算。

因此可得

$$LAG_{1,2} = ES_2 - EF_1 = 2 - 2 = 0$$
$$LAG_{2,3} = ES_3 - EF_2 = 4 - 4 = 0$$
$$LAG_{3,6} = ES_6 - EF_3 = 8 - 6 = 2$$
$$LAG_{8,9} = ES_9 - EF_8 = 11 - 9 = 2$$
$$\cdots$$

其余各相邻工作的时间间隔见图 3-37 所示。

5. 工作总时差的计算

每项工作的总时差，是该项工作在不影响计划工期前提下所具有的机动时间。它的计算应从网络图的终点节点开始，逆着箭线方向依次计算。终点节点所代表的工作的总时差 TF_n 值，由于本例没有给出规定工期，故可按式（3-39）确定，即

$$TF_n = TF_9 = 0$$

其他工作 i 的总时差 TF_i 可按式（3-40）计算。

因此可得到

$$TF_8 = LAG_{8,9} + TF_9 = 2 + 0 = 2$$
$$TF_7 = LAG_{7,8} + TF_8 = 2 + 2 = 4$$
$$TF_6 = LAG_{6,9} + TF_9 = 0 + 0 = 0$$
$$TF_5 = \min\{LAG_{5,6} + TF_6, LAG_{5,8} + TF_8\} = \min\{0+0, 0+0\} = 0$$
$$TF_4 = \min\{LAG_{4,5} + TF_5, LAG_{4,7} + TF_7\} = \min\{0+0, 0+0\} = 0$$
$$TF_3 = LAG_{3,6} + TF_6 = 2 + 0 = 2$$
$$TF_2 = \min\{LAG_{2,3} + TF_3, LAG_{2,5} + TF_5\} = \min\{0+2, 1+0\} = 1$$
$$TF_1 = \min\{LAG_{1,2} + TF_2, LAG_{1,4} + TF_4\} = \min\{0+1, 0+0\} = 0$$

6. 工作自由时差的计算

工作 i 的自由时差 FF_i 可按式（3-43）和式（3-44）或式（3-45）计算。

（1）终点节点所代表的工作 n 的自由时差 FF_n 应为

$$FF_9 = T_p - EF_9 = 12 - 12 = 0$$

（2）其他工作 i 的自由时差 FF_i 应为

$$FF_8 = LAG_{8,9} = 2$$
$$FF_7 = LAG_{7,8} = 2$$
$$FF_6 = LAG_{6,9} = 0$$
$$FP_5 = \min\{LAG_{5,6}, LAG_{5,8}\} = \min\{0, 0\} = 0$$
$$FF_4 = \min\{LAG_{4,5}, LAG_{4,7}\} = \min\{0, 0\} = 0$$
$$FF_3 = LAG_{3,6} = 2$$
$$FF_2 = \min\{LAG_{2,3}, LAG_{2,5}\} = \min\{0, 1\} = 0$$
$$FF_1 = \min\{LAG_{1,2}, LAG_{1,4}\} = \min\{0, 0\} = 0$$

7. 工作最迟完成时间的计算

工作 i 的最迟完成时间 LF_i 应从网络图的终点节点开始，逆着箭线方向依次逐项计算。

（1）终点节点所代表的工作 n 的最迟完成时间 LF_n 应按式（3-46）计算，即

$$LF_9 = T_p = 12$$

（2）其他工作 i 的最迟完成时间 LF_i 按式（3-48）计算。

由此可得到

$$LF_8 = EF_8 + TF_8 = 9 + 2 = 11$$
$$LF_7 = EF_7 + TF_7 = 6 + 4 = 10$$
$$LF_6 = EF_6 + TF_6 = 11 + 0 = 11$$
$$LF_5 = EF_5 + TF_5 = 8 + 0 = 8$$
$$LF_4 = EF_4 + TF_4 = 5 + 0 = 5$$
$$LF_3 = EF_3 + TF_3 = 6 + 2 = 8$$
$$LF_2 = EF_2 + TF_2 = 4 + 1 = 5$$
$$LF_1 = EF_1 + TF_1 = 2 + 0 = 2$$

8. 工作最迟开始时间的计算

工作 i 的最迟开始时间 LS_i 可按式（3-49）进行计算。

因此可得

$$LS_9 = LF_9 - D_9 = 12 - 1 = 11$$

$$LS_8 = LF_8 - D_8 = 11 - 1 = 10$$

$$LS_7 = LF_7 - D_7 = 10 - 1 = 9$$

...

其余各工作的最迟开始时间如图 3-37 所示。

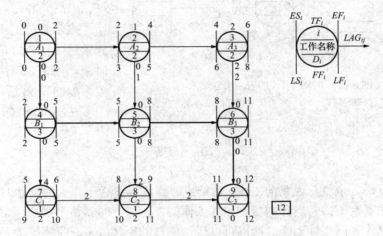

图 3-37 单代号网络计划时间参数计算结果

9. 关键工作和关键线路的确定

（1）关键工作的确定。单代号网络计划关键工作的确定方法与双代号网络计划的相同，即总时差最小的工作为关键工作。本例的关键工作是："1"、"4"、"5"、"6"、"9"。

（2）关键线路的确定。"从起点节点开始到终点节点均为关键工作，且所有工作的间隔时间均为零的线路应为关键线路"。本例的关键线路是：1→4→5→6→9，即图 3-37 中粗箭线所标注的。

第四节 其 他 网 络 计 划

一、搭接网络计划

搭接网络计划是用单代号网络计划的形式表示，能够充分反映各工作之间各种搭接关系。搭接网络计划是前后工作之间有多种逻辑关系的肯定型网络计划，它具有以下的一些特点：

（1）一般采用单代号网络图表示比较简单，用箭线单向联系使逻辑关系比较清晰，不需要虚箭线；

（2）只有同时采用箭线联系并用时距标注才能正确表达其逻辑关系；

（3）搭接网络计划的工期不一定决定于与终点相联系的工作的完成时间，而可能决定于中间工作完成时间；

（4）要求每项工作创造工作面的速度大致是均匀的，或稳定地递增或递减。

（一）搭接关系

在搭接网络计划中，工作之间的逻辑关系是由相邻两工作之间的不同时距决定的。

时距就是搭接网络计划中相邻工作的时间差值。由于相邻工作各有开始和结束时间，故基本时距有四种情况：即结束到开始时距、开始到开始时距、结束到结束时距、开始到结束时距。此外，还有一种情况，就是同时由四种基本搭接关系中两种以上来限制工作之间的逻辑关系，例如 i、j 两项工作可能同时由 STS 与 FTF 时距限制，或 STF 与 FTS 时距限制等等。

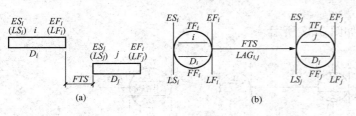

图 3-38　时距 FTS 的表示方法

（a）从横道图看 FTS 时距；（b）用单代号搭接网络计划方法表示

1. 结束到开始时距（Finish to start—符号 FTS）

表示紧前工作 i 的结束时间到紧后工作 j 的开始时间之间的时距，用 $FTS_{i,j}$ 表示，其连接关系如图 3-38 所示。

从图 3-38（a）可以得出如下的计算关系式：

$$ES_j = EF_i + FTS_{i,j} \tag{3-50}$$

$$LF_i = LS_j - FTS_{i,j} \tag{3-51}$$

当 $FTS=0$ 时，也就是说紧前工作 i 的结束时间等于紧后工作 j 的开始时间，这时紧前工作与紧后工作紧密衔接，当计划所有相邻工作的 $FTS=0$ 时，整个搭接网络计划就成为前面所讲的一般单代号网络计划了。所以可以说，一般的衔接关系只是搭接关系的一种特殊表现形式。

2. 开始到开始时距（Start to start—符号 STS）

表示紧前工作 i 的开始时间到紧后工作 j 的开始时间之间的时距，用 $STS_{i,j}$ 表示，其连接关系如图 3-39 所示。

从图 3-39（a）可以得出如下的计算关系式：

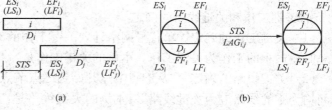

图 3-39　时距 STS 的表示方法

（a）从横道图看 STS 时距；（b）用单代号搭接网络计划方法表示

$$ES_j = ES_i + STS_{i,j} \tag{3-52}$$

$$LS_i = LS_j - STS_{i,j} \tag{3-53}$$

3. 结束到结束时距（Finish to finish—符号 FTF）

表示紧前工作 i 的结束时间到紧后工作 j 的结束时间之间的时距，用 $FTF_{i,j}$ 表示，其连接关系如图 3-40 所示。

相邻两工作，当紧前工作的施工速度小于紧后工作时，则必须考虑为紧后工作留有充分的工作面，否则紧后工作就将因无工作面而无法进行。这种结束工作时间之间的间隔就是 FTF 时距。

从图 3-40（a）可以得出如下的计算关系式：

$$EF_j = EF_i + FTF_{i,j} \tag{3-54}$$

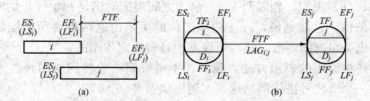

图 3-40　时距 FTF 的表示方法

（a）从横道图看 FTF 时距；（b）用单代号搭接网络计划方法表示

$$LF_i = LF_j - FTF_{i,j} \tag{3-55}$$

4. 开始到结束时距（Start to finish—符号 STF）

表示紧前工作 i 的开始时间到紧后工作 j 的结束时间之间的时距，用 $STF_{i,j}$ 表示，其连接关系如图 3-41 所示。

从图 3-41（a）可以得出如下的计算关系式：

$$EF_j = ES_i + STF_{i,j} \tag{3-56}$$
$$LS_i = LF_j - STF_{i,j} \tag{3-57}$$

5. 混合时距

在搭接网络计划中除了上面的四种基本连接关系之外，还有一种情况，就是同时由四种基本连接关系中两种以上来限制工作间的逻辑关系，例如 i、j 两项工作可能同时由 STS 与 FTF 时距限制，或 STF 与 FTS 时距限制等等，如图 3-42（a）、（b）及（c）、（d）所示的情形。

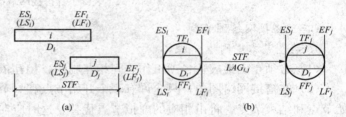

图 3-41　时距 STF 的表示方法

（a）从横道图看 STF 时距；（b）用单代号搭接网络计划方法表示

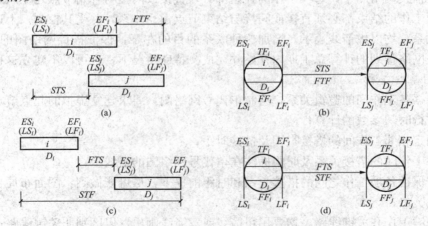

图 3-42　混合时距表示方法

（a）从横道图看同时起控制作用的 STS 和 FTF 时距；（b）用单代号搭接网络计划方法表示；

（c）从横道图看同时起控制作用的 STF 和 FTS 时距；（d）用单代号搭接网络计划方法表示

图 3-42（a）、（b）说明，相邻两工作 i 和 j 之间需同时满足开始到开始时距和结束到结束时距两项限制条件，这就是说，i、j 两项工作的关系由这两种时距来控制，应分别按照两种时距各计算出一组时间参数，然后再取其中具有决定作用的一组。

知道了各种搭接时距的表示方法，我们就不难按照一般的网络图画法来绘制搭接网络图。下面我们举一个单代号搭接网络计划实例以供参考。

【例 3-6】　一幢五单元三层住宅楼的装修工程，以一层为一流水段组织流水施工，共五项工作，其工艺流程图如图 3-43 所示。

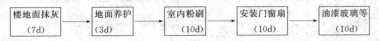

图 3-43　装修工程工艺流程图

如果用单代号搭接网络图绘制网络计划，则如图 3-44 所示。

图 3-44　装修工程搭接网络计划

（二）搭接网络图绘制

1. 绘图基本规则

（1）必须正确地表达各项工作之间相互制约、相互依赖和搭接时距等网络逻辑关系；

（2）在搭接网络图中，只允许有一个开始节点和一个结束节点。但是在多数情况下，开始节点和结束节点，将由相应的虚拟节点代替。这时应在相应虚拟节点内，分别标注"开始（符号 S_t）"和"结束（符号 F_{in}）"字样；

（3）在搭接网络图中，不允许出现由搭接时距构成的闭合回路，也不允许出现无搭接时距的搭接箭线，更不允许出现重复编号的工作；

（4）在搭接网络图中，每项工作的开始都必须直接或间接与开始节点建立联系，并受其制约；每项工作的结束都必须直接或间接与结束节点建立联系，并受其控制。上述所有后附加的这些联系，均以虚箭线表示。增加这种联系的目的在于：保证搭接网络图的所有工作，都能够在该网络计划的计算总工期内开始并完成。特殊情况下，也可以不建立这种联系。

2. 绘图基本方法

（1）根据各工作间的逻辑关系，绘制单代号网络图，要求建立虚拟的起点节点和终点节点，以备进行时间参数的计算；

（2）确定相邻工作间的搭接类型及搭接时距；

（3）将工作间的搭接关系及时距标注在单代号网络图的箭线上；

（4）在保证各项工作之间的搭接关系和时距前提下，尽可能做到：图面布局合理、层次清晰和重点突出；

（5）关键工作和关键线路，均要用粗箭线或双箭线画出，以区别非关键线路；

（6）密切相关的工作，要尽可能相邻布置，以减少搭接时距的交叉；如果无法避免这种交叉时，应采用过桥法表示。

（三）单代号搭接网络计划工作时间参数的计算

单代号搭接网络计划时间参数计算的内容，包括：

（1）工作的最早开始时间 ES_i 和最早完成时间 EF_i；

（2）工作的最迟开始时间 LS_i 和最迟完成时间 LF_i；

（3）间隔时差 $LAG_{i,j}$、总时差 TF_i、自由时差 FF_i 和线路时差；

（4）关键线路的确定。

在搭接网络计划中由于逻辑关系决定于不同的时距，因而有各种不同的计算方法。现以图 3-45（a）为例分别进行分析计算，计算结果按图 3-45（b）标注。

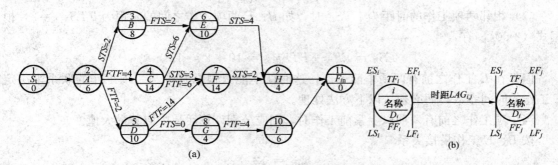

图 3-45 某工程单代号搭接网络计划

1. 最早开始时间和最早完成时间的计算

计算最早时间参数必须从起点节点开始沿箭线方向向终点进行。因为在单代号搭接网络图中起点节点和终点节点都是虚设的，故其工作时间均为零。

（1）凡是与起点节点相连的工作最早开始时间都为零，即

$$ES_2 = 0$$
$$EF_2 = ES_2 + D_2 = 0 + 6 = 6$$

（2）相邻工作的时距为 $STS_{i,j}$ 时，如 A、B 工作之间的时距为 $STS_{2,3} = 2$，

根据式（3-52）

$$ES_3 = ES_2 + STS_{2,3} = 0 + 2 = 2$$
$$EF_3 = ES_3 + D_3 = 2 + 8 = 10$$

（3）相邻两工作的时距为 $FTF_{i,j}$ 时，如 A、C 工作之间的时距为 $FTF_{2,4} = 4$，A、D 两项工作之间的时距为 $FTF_{2,5} = 2$，

根据式（3-54），有

$$EF_4 = EF_2 + FTF_{2,4} = 6 + 4 = 10$$
$$ES_4 = EF_4 - D_4 = 10 - 14 = -4$$
$$EF_5 = EF_2 + FTF_{2,5} = 6 + 2 = 8$$
$$ES_5 = EF_5 - D_5 = 8 - 10 = -2$$

C、D 工作的最早开始时间出现负值，这说明 C、D 工作在工程开始之前 4d 及 2d 就应开始工作，这是不合理的，必须按以下的方法来处理。

（4）当中间工作出现 ES_i 为负值时的处理

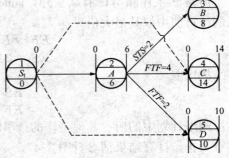

图 3-46 用虚箭线将起点节点与 C、D 工作相连

方法。

在单代号搭接网络计划中，虚设的起点节点要与没有内向箭线的工作相联系，当某项中间工作的 ES_i 为负值时，我们也要把该工作（在本例中就是 C、D 工作）用虚线与起点节点联系起来，如图 3-46 所示。

这时 C、D 工作的最早开始时间就由起点节点所决定，其最早完成时间也要重新计算：

$$ES_4 = 0$$
$$EF_4 = 0 + 14 = 14$$
$$ES_5 = 0$$
$$EF_5 = 0 + 10 = 10$$

（5）相邻两项工作的时距为 $FTS_{i,j}$ 时，如 B、E 两项工作之间的时距为 $FTS_{3,6} = 2$，根据式（3-50），有

$$ES_6 = EF_2 + FTS_{3,6} = 10 + 2 = 12$$

但是在 E 工作之前有两项紧前工作，这时就不能只根据其中与一项工作的联系来决定 E 工作的时间参数，而必须按以下方法处理。

当一项工作之前有两项以上紧前工作时，则应分别计算后从中取其最大值。

按 B、E 工作搭接关系

$$ES_6 = 12$$

按 C、E 工作搭接关系

$$ES_6 = ES_4 + STS_{4,6} = 0 + 6 = 6$$

从两数中取最大值，即应取 $ES_6 = 12$

$$EF_6 = 12 + 10 = 22$$

（6）两项工作之间有两种以上搭接关系时，如 C、F 两项工作之间的时距为 $STS_{4,7} = 3$ 和 $FTF_{4,7} = 6$，这时也应该分别计算后取其中的最大值。

由 $STS_{4,7} = 3$ 决定时

$$ES_7 = ES_4 + STS_{4,7} = 0 + 3 = 3$$

由 $FTF_{4,7} = 6$ 决定时

$$EF_7 = EF_4 + FTF_{4,7} = 14 + 6 = 20$$
$$ES_7 = EF_7 - D_7 = 20 - 14 = 6$$

故按以上两种时距关系，EF_7 应取为 6。

但是 F 工作除与 C 有联系外，同时还与紧前工作 D 有联系，所以还应在这两种逻辑关系的计算值中取其最大值。

$$EF_7 = EF_5 + FTF_{5,7} = 10 + 14 = 24$$
$$ES_7 = 24 - 14 = 10$$

故应取

$$ES_7 = \max \{10, 6\} = 10$$
$$EF_7 = 10 + 14 = 24$$

网络计划中的所有其他工作的最早时间都可以依次按上述各种方法进行计算，直到终点节点为止。计算结果请参看图 3-47。

（7）根据以上计算，终点节点的时间应从 H、I 两项工作完成时间中取最大值，即

$$ES_{\text{Fin}} = \max\{20, 18\} = 20$$

在很多情况下，这个值是网络计划中的最大值，决定了计划的工期。但是在本例中，如图 3-47 所示，决定工程工期完成时间的最大值的工作却不在最后，而是在中间的 F 工作，这时必须按以下方法加以处理。

终点一般是虚设的，只与没有外向箭线的工作相联系。但是当中间工作的完成时间大于最后工作的完成时间时，为了决定终点节点的时间（即工程的总工期）必须先把该工作与终点节点用虚箭线联系起来，如图 3-47 所示，然后再计算终点节点时间。在本例中

$$ES_{\text{Fin}} = \max\{24, 20, 18\} = 24$$

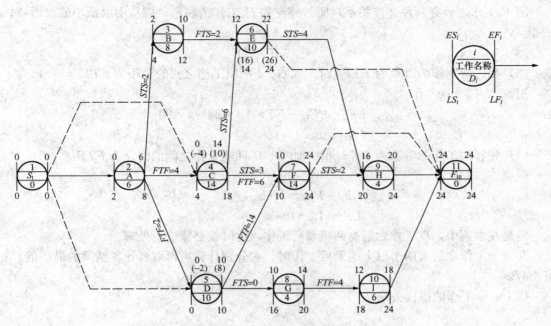

图 3-47   某工程搭接网络计划时间参数的计算

2. 最迟开始时间和最迟完成时间的计算

计算最迟时间参数必须从终点节点开始逆着箭线方向向起点节点计算。以终点节点时间作为工程最迟完成时间开始计算，见图 3-47。

（1）凡是与终点节点相联系的工作，其最迟完成时间即为终点节点的完成时间，如图 3-47：

$$LF_7 = LF_{11} = 24$$
$$LS_7 = LF_7 - D_7 = 24 - 14 = 10$$
$$LS_9 = LF_9 - D_9 = 24 - 4 = 20$$
$$LS_{10} = LF_{10} - D_{10} = 24 - 6 = 18$$

（2）相邻两工作的时距为 $STS_{i,j}$ 时，如图 3-47 中，E、H 两项工作之间的时距为 $STS_{6,9} = 4$；F、H 两工作之间的时距为 $STS_{7,9} = 2$。

根据式（3-53），有

$$LS_6 = LS_9 - STS_{6,9} = 20 - 4 = 16$$
$$LF_6 = LS_6 + D_6 = 16 + 10 = 26$$
$$LS_7 = LS_9 - STS_{7,9} = 20 - 2 = 18$$
$$LF_7 = 18 + 14 = 32$$

工作 E 的最迟完成时间为 26 天，大于工程的总工期 24 天，这是不合理的，必须对 E 工作的最迟完成时间进行调整。

在计算最迟时间参数中如出现某工作的最迟完成时间大于总工期时，应把该工作用虚箭线与终点节点连接起来，如图 3-47。这时 E 工作的最迟时间除受 H 工作的约束之外，还受到终点节点的决定性约束，故有

$$LF_6 = 24$$
$$LS_6 = 24 - 10 = 14$$

因 F 工作之后有两种连接关系，即与终点和 H 工作的联系，应从中取最小值，即：

$$LS_7 = 10$$
$$LF_7 = 24$$

(3) 相邻两工作的时距为 $FTF_{i,j}$ 时，如 G、I 两项工作之间的时距为 $FTF_{8,10} = 4$。

根据式 (3-55)，有

$$LF_8 = LF_{10} - FTF_{8,10} = 24 - 4 = 20$$
$$LS_8 = 20 - 4 = 16$$

(4) 相邻两工作的时距为 $FTS_{i,j}$ 时，如 D、G 两项工作之间的时距为 $FTS_{5,8} = 0$。

根据式 (3-51)，有

$$LF_5 = LS_8 - FTS_{5,8} = 16 - 0 = 16$$
$$LS_5 = 16 - 10 = 6$$

但是在本例中，D 工作之后有两项紧后工作，这时就必须进行处理。

在一个工作之后有两个以上的紧后工作时，应分别计算后再取各计算结果的最小值，如图 3-47。

按 D、G 工作的搭接关系：

$$LS_5 = 6$$
$$LF_5 = 16$$

按 D、F 工作的搭接关系：

$$LF_5 = LF_8 - FTF_{5,8} = 24 - 14 = 10$$
$$LS_5 = 10 - 10 = 0$$

从两组数值中取最小值，故 $LS_5 = 0$ 和 $LF_5 = 10$。

(5) 在两工作之间有两种以上搭接关系时，如 C、F 两工作之间的时距为 $STS_{4,7} = 3$ 和 $FTF_{4,7} = 6$，这时也应分别计算后取各计算值的最小值。

由 $STS_{4,7} = 3$ 决定时：

$$LS_4 = LS_7 - STS_{4,7} = 10 - 3 = 7$$

由 $FTF_{4,7} = 6$ 决定时：

$$LF_4 = LF_7 - FTF_{4,7} = 24 - 6 = 18$$
$$LS_4 = 18 - 14 = 4$$

故按以上两种时距关系，$LS_4 = 4$。

但是必须注意，C 工作除与 F 工作有逻辑关系外，同时还有紧后工作 E，所以 LS_4 还应在这两种逻辑关系的计算值中取最小值，即

$$LS_4 = LS_6 - STS_{4,6} = 14 - 6 = 8$$

故应取 $LS_4 = 4$

$$LF_4 = 4 + 14 = 18$$

其他各项工作也都可按照以上所讲方法分别计算出最迟时间。该项工程搭接网络计划的时间参数如图 3-47 所示。

3. 间隔时间的计算

在搭接网络计划中，决定相邻两项工作之间制约关系的是时距，可是往往在相邻两项工作之间除满足时距要求之外，还有一段多余的空闲时间，这种时间我们把它叫做"间隔时间"，一般用 $LAG_{i,j}$ 表示。

由于各项工作间的搭接关系不同，所以确定 LAG 时必须根据相应搭接关系和不同时距进行计算。

（1）相邻两项工作的连接关系是结束到开始（$FTS_{i,j}$）时，由式（3-50）得知这是最紧凑的搭接关系。在搭接网络计划中，如果出现 $ES_j > (FF_i + FTS_{i,j})$ 的情况时，即表明在 i、j 两项工作之间存在 $LAG_{i,j}$。

所以
$$LAG_{i,j} = ES_j - (EF_i + FTS_{i,j}) \tag{3-58}$$

可用图 3-48 所示的横道图表示。

（2）相邻两项工作的连接关系是开始到开始（$STS_{i,j}$）时，由式（3-52）得知，在搭接网络计划中，如果出现 $ES_j > (ES_i + STS_{i,j})$ 的情况时，即表明在 i、j 两项工作之间存在 $LAG_{i,j}$。

$$LAG_{i,j} = ES_j - (ES_i + STS_{i,j}) \tag{3-59}$$

可用图 3-49 所示横道图表示。

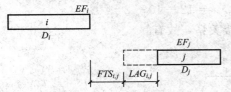
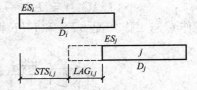

图 3-48　两工作间采用时距 FTS 时的 LAG　　图 3-49　两工作间采用时距 STS 时的 LAG

（3）相邻两项工作的连接关系是结束到结束（$FTF_{i,j}$）时，由式（3-54）可知，在搭接网络计划中，如果出现 $EF_j > (EF_i + FTF_{i,j})$ 的情况时，则

$$LAG_{i,j} = EF_j - (EF_i + FTF_{i,j}) \tag{3-60}$$

可用图 3-50 所示横道图表示。

（4）相邻两项工作的连接关系是开始到结束（$STF_{i,j}$）时，由式（3-56）可知，在接搭网络计划中，如果出现 $EF_j > (ES_i + STF_{i,j})$ 的情况时，则

$$LAG_{i,j} = EF_j - (ES_i + STF_{i,j}) \tag{3-61}$$

可用图 3-51 所示横道图表示。

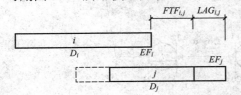
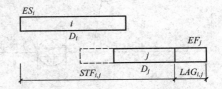

图 3-50　两工作间采用时距 FTF 时的 LAG　　图 3-51　两工作间采用时距 STF 时的 LAG

（5）当相邻两项工作之间是由两种时距以上的关系连接时，则应分别计算出其 LAG，然后取用其中的最小值。在以上四种时距连接关系中，可能出现任何组合的情况，可用式（3-62）来进行计算：

$$LAG_{i,j} = \min\begin{cases} ES_j - EF_i - FTS_{i,j} \\ ES_j - ES_i - STS_{i,j} \\ EF_j - EF_i - FTF_{i,j} \\ EF_j - ES_i - STF_{i,j} \end{cases} \tag{3-62}$$

根据以上计算公式可以计算出图 3-45 的各项工作之间的间隔时间（LAG）。

起点节点与工作 A 是一般连接，故有

$$LAG_{1,2} = 0$$

同理，起点节点与工作 C 和工作 D 之间的 LAG 均为零，即

$$LAG_{1,4} = LAG_{1,5} = 0$$

工作 A 与工作 B 是 STS 连接关系，故有

$$LAG_{2,3} = ES_3 - ES_2 - STS_{2,3} = 2 - 0 - 2 = 0$$

工作 A 与工作 C 是 FTF 连接关系，故有

$$LAG_{2,4} = EF_4 - EF_2 - FTF_{2,4} = 14 - 6 - 4 = 4$$

工作 A 与工作 D 是 FTF 连接关系，故有

$$LAG_{2,5} = EF_5 - EF_2 - FTF_{2,5} = 10 - 6 - 2 = 2$$

工作 B 与工作 E 是 FTS 连接关系，故有

$$LAG_{3,6} = ES_6 - EF_3 - FTS_{3,6} = 12 - 10 - 2 = 0$$

工作 C 与工作 F 是 STS 和 FTF 两种时距连接关系，故有

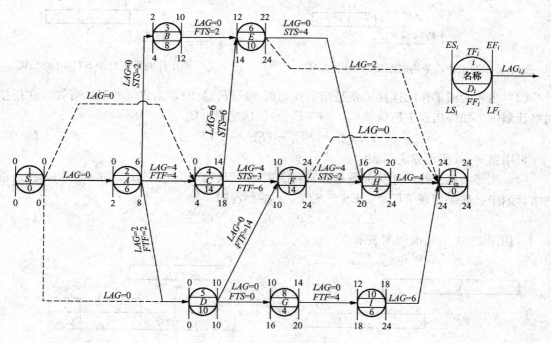

图 3-52　网络计划各工作之间间隔时间计算

$$LAG_{4,7} = \min\left\{\begin{matrix} ES_7 - ES_4 - STS_{4,7} \\ EF_7 - EF_4 - FTF_{4,7} \end{matrix}\right\} = \min\left\{\begin{matrix} 10-0-3 \\ 24-14-6 \end{matrix}\right\} = \min\left\{\begin{matrix} 7 \\ 4 \end{matrix}\right\} = 4$$

其他所有工作间的 LAG 都可参照以上方法求出,其结果见图 3-52。

以上是根据最早时间参数计算 LAG,同样也可以根据最迟时间参数来计算 LAG,读者不难举一反三,这里不再赘述了。

4. 时差的计算

(1)线路时差的计算。

搭接网络计划同样也是由多条线路所组成,而各条线路的长度又不尽相同,其中必然至少有一条最长的线路,这种最长的线路决定着总工期,称为关键线路。相应地其他称为非关键线路,都短于最长的线路,因而在这些线路上就存在着机动时间,这种机动时间就是线路时差。

在搭接网络计划中因为工作之间不是衔接关系,所以,与一般网络计划不同,它的线路长度不等于该线路上所有工作持续时间之总和,而是分别按时距连接关系来确定其持续时间的。例如图 3-52,从起点节点到终点节点共有 13 条线路,线路长度及时差见表 3-3。

表 3-3 线路长度及时差计算表

序号	线路通过的工序间时距连接关系	线路长度	线路时差
1	起[0] —FTS=0→ C[14] —STS=6→ E[10] —STS=4→ H[4] → 终[0]	16	24−16=8
2	起[0] → C[14] —STS=3, FTF=6→ F[14] → 终[0]	20	24−20=4
3	起[0] → C[14] —STS=3, FTF=6→ F[14] —STS=2→ H[4] → 终[0]	20	24−20=4
4	起[0] → A[6] —STS=2→ B[8] —FTS=2→ E[10] —STS=4→ H[4] → 终[0]	22	24−22=2
5	起[0] → A[6] —FTF=4→ C[14] —STS=6→ E[10] —STS=4→ H[4] → 终[0]	16	24−16=8
6	起[0] → A[6] —FTF=4→ C[14] —STS=3, FTF=6→ F[14] → 终[0]	20	24−20=4
7	起[0] → A[6] —FTF=4→ C[14] —STS=3, FTF=6→ F[14] —STS=2→ H[4] → 终[0]	20	24−20=4
8	起[0] → A[6] —FTF=2→ D[10] —FTF=14→ F[14] → 终[0]	24	24−24=0

序号	线路通过的工序间时距连接关系	线路长度	线路时差
9	起0 → A6 —FTF=2→ D10 —FTF=14→ F14 —STS=2→ H4 → 终0	24	24−24=0
10	起0 → A6 —FTF=2→ D10 —FTS=0→ G4 —FTF=4→ I6 → 终0	18	24−18=6
11	起0 → D10 —FTF=14→ F14 → 终0	24	24−24=0
12	起0 → D10 —FTF=14→ F14 —STS=2→ H4 → 终0	24	24−24=0
13	起0 → D10 —FTS=0→ G4 —FTF=4→ I6 → 终0	18	24−18=6

（2）工作时差的计算。

搭接网络计划的工作时差同一般网络计划一样，也可分为两种，即总时差和自由时差。

1）工作总时差的计算。工作总时差是指在不影响工程总工期的条件下，该项工作可能机动利用最大时间幅度，以 TF_i 表示。其计算公式也与一般单代号网络计划的相同，即

$$TF_i = LF_i - ES_i - D_i = LS_i - ES_i = LF_i - EF_i$$

2）工作自由时差的计算。工作自由时差是指在不影响所有紧后工作的最早开始时间的条件下，该项工作可能机动利用的最大幅度，以 FF_i 表示。

由于工作之间的连接关系是由不同的时距所确定，所以自由时差应分别根据不同时距进行计算。

当工作 i 只有一项紧后工作 j 时，FF_i 的计算方法与求 $LAG_{i,j}$ 的方法完全相同的，即

$$FF_i = LAG_{i,j} \tag{3-63}$$

当工作 i 有两项以上的紧后工作时，则取各 $LAG_{i,j}$ 中的最小值，即

$$FF_i = \min\{LAG_{i,j}\} \tag{3-64}$$

根据计算总时差和自由时差的关系式，可计算出图 3-45 中所有工作的总时差和自由时差，如图 3-53 所示。

5. 关键工作和关键线路的确定

单代号搭接网络计划的关键工作是总时差为最小的工作。本例的关键工作有：开始节点、D 工作、F 工作和结束节点。

单代号搭接网络计划的关键线路应是从开始节点到结束节点均为关键工作，且所有工作的时间间隔均为 0（$LAG_{i,j}=0$）。

本例的关键线路为：开始节点—D—F—结束节点，见图 3-53 中用粗箭线标注。D 和 F 两项工作的总时差 TF_i 为零是关键工作。同一般网络计划一样，把总时差为零的工作连接起来所形成的线路就是关键线路。因此，用计算总时差的方法也可以确定关键线路。

我们还可以利用 LAG 来寻找关键线路，即从结束节点向开始节点方向寻找，把 $LAG=0$ 的线路向前连通，直到开始节点，这条线路就是关键线路。但是这并不意味着 $LAG=0$ 的线路都是关键线路，只有 $LAG=0$ 从开始节点至结束节点贯通的线路才是关键线路。

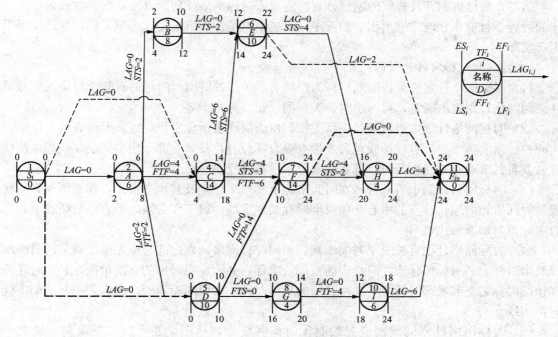

图 3-53 搭接网络计划时间参数计算总图

二、时标网络计划

时标网络计划是网络计划的一种表示形式，亦称带时间坐标的网络计划，是以时间坐标为尺度编制的网络计划。在一般网络计划中，箭线长短并不表明时间的长短，而在时标网络计划中，箭线长短和所在位置即表示工作的时间进程，这是时标网络计划与一般网络计划的主要区别。

（一）时标网络计划的特点

时标网络计划形同水平进度计划，它是网络图与横道图的结合，它表达清晰醒目，编制亦方便，在编制过程中就能看出前后各工作之间的逻辑关系。这是一种深受计划部门欢迎的计划表达形式。它有以下特点：

（1）时标网络计划既是一个网络计划，又是一个水平进度计划，它能表明计划的时间进程，便于网络计划的使用；

（2）时标网络计划能在图上显示各项工作的开始与完成时间、时差和关键线路；

（3）时标网络计划便于在图上计算劳动力、材料等资源的需用量，并能在图上调整时差，进行网络计划的时间和资源的优化；

（4）调整时标网络计划的工作较繁。对一般的网络计划，若改变某一工作的持续时间，只需更改箭线上所标注的时间数字就行，十分简便。但是，时标网络计划是用箭线或线段的长短来表示每一工作的持续时间的，若改变时间就需改变箭线的长度和位置，这样往往会引起整个网络图的变动。

实践经验说明，时标网络计划对以下两种情况比较适用：

第一，编制工作项目较少，并且工艺过程较简单的建筑施工计划。它能迅速地边绘、边算、边调整。对于工作项目较多，并且工艺复杂的工程仍以采用常用的网络计划为宜；

第二，将已编制并计算好的网络计划再复制成时标网络计划，以便在图上直接表示各工作的进程。目前在我国已编出相应的程序，可应用电子计算机来完成这项工作，并已经用于生产实际。

（二）编制时标网络计划的规定

（1）时标网络计划必须以时间坐标为尺度表示工作的时间，时标的时间单位应根据需要在编制网络计划之前确定，可为小时、天、周、旬、月或季等。

（2）时标网络计划应以实箭线表示工作，以虚箭线表示虚工作，以波形线表示工作的自由时差。当实箭线之后有波形线且其末端有垂直部分时，其垂直部分用实线绘制；当虚箭线有时差且其末端有垂直部分时，其垂直部分用虚箭线绘制。

（3）时标网络计划中所有符号在时间坐标上的水平位置及其水平投影，都必须与其所代表的时间值相对应。节点的中心必须对准时标的刻度线，虚工作必须以垂直虚箭线表示，有自由时差时加波形线表示。

（4）时标网络计划宜按最早时间编制。编制时标网络计划之前，应先按已确定的时间单位绘出时标表。时标可标注在时标表的顶部或底部，并须注明时标的长度单位，必要时还可在顶部时标之上或底部时标之下加注日历的对应时间。为使图面清晰，时标表中部的刻度线宜为细线。

（5）时标网络计划的编制应先绘制无时标网络计划草图，并可按以下两种方法之一进行：

1）先计算网络计划的时间参数，再根据时间参数按草图在时标表上进行绘制；

2）不计算网络计划的时间参数，直接按草图在时标表上编绘。

（6）用先算后绘制的方法时，应先按每项工作的最早开始时间将其箭尾节点定位在时标表上，再用规定线型绘出工作及其自由时差，形成时标网络计划图。

（7）不经计算直接按草图编绘时标网络计划时，应按下列方法逐步进行：

1）将起点节点定位在时标表的起始刻度线上；

2）按工作持续时间在时标表上绘制起点节点的外向箭线；

3）工作的箭头节点必须在其所有内向箭线绘出以后，定位在这些内向箭线中最晚完成的实箭线箭头处，某些内向实箭线长度不足以到达该箭头节点时，可用波形线补足；

4）用上述方法自左至右依次确定其他节点位置，直至终点节点定位绘完。

（三）双代号时标网络计划的绘制

"双代号时标网络计划"，是在时间坐标上绘制的双代号网络计划，每项工作的时间长度（箭线长度）和每个节点的位置，都按时间坐标绘制。它既有网络计划的优点，又有横道计划的时间直观的优点。但因为其箭线受时标约束，故绘图比较困难。对于工作项目少、工艺过程比较简单的进度计划，可以边绘、边算、边调整。对于大型的、复杂的工程计划可以先用时标网络计划的形式绘制各分部工程的网络计划，然后再综合起来绘制时标总网络计划；也可以先编制一个简明的时标总网络计划，再分别绘制分部工程的执行时标网络计划。

1．绘图的基本要求

（1）时间长度是以所有符号在时标表上的水平位置及其水平投影长度表示的，与其所代表的时间值相对应；

（2）节点的中心必须对准时标的刻度线；

（3）虚工作必须以垂直虚箭线表示，有时差时加波形线表示；

（4）时标网络计划宜按最早时间编制，不宜按最迟时间编制；

（5）时标网络计划编制前，必须先绘制无时标网络计划；

（6）绘制时标网络计划图可以在以下两种方法中任选一种：

1）先计算无时标网络计划的时间参数，再将该计划在时标表上进行绘制；

2）不计算时间参数，直接根据无时标网络计划在时标表上进行绘制。

2．"先算后绘法"的绘图步骤

以图 3-54 为例，绘制完成的时标网络计划如图 3-55 所示。

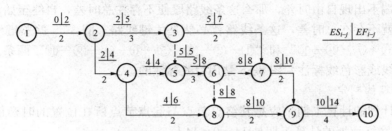

图 3-54　某工程双代号网络计划

（1）绘制时标计划表；

（2）计算每项工作的最早开始时间和最早完成时间，见图 3-54；

（3）将每项工作的箭尾节点按最早开始时间定位在时标计划表上，其布局应与不带时标的网络计划基本相当，然后编号；

（4）用实线绘制出工作持续时间，用虚线绘制无时差的虚工作（垂直方向），用波形线绘制工作和虚工作的自由时差，如图 3-55 所示。

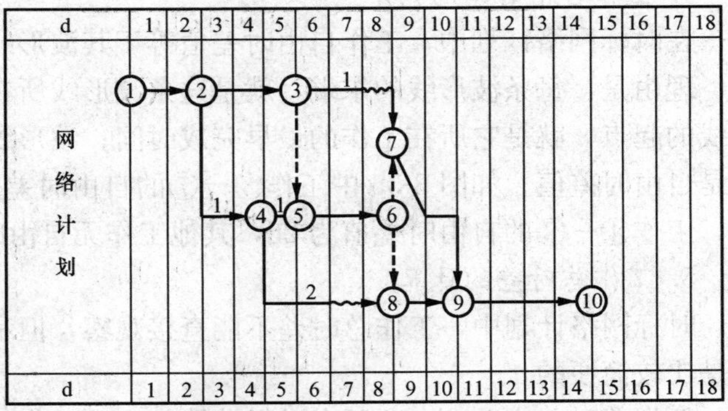

3．直接绘图法

仍以图 3-54 为例说明，不经计算，直接按无时标网络计划编制时标网络计划的步骤：

（1）绘制时标计划表；

（2）将起点节点定位在时标计划表的起始刻度线上，见图 3-55 的节点①；

图 3-55　按图 3-54 绘制的时标网络计划

（3）按工作持续时间在时标表上绘制起点节点的外向箭线，见图 3-55 的 1—2；

（4）工作的箭头节点，必须在其所有内向箭线绘出以后，定位在这些内向箭线中最晚完成的实箭线箭头处，如图 3-55 中的节点⑤、⑦、⑧、⑨；

（5）某些内向实箭线长度不足以到达该箭头节点时，用波形线补足，如图 3-55 中的 3—7、4—8。如果虚箭线的开始节点和结束节点之间有水平距离时，以波形线补足，如箭线 4—5。如果没有水平距离，绘制垂直虚箭线，如 3—5、6—7、6—8；

（6）用上述方法自左至右依次确定其他节点的位置，直至终点节点定位，绘图完成；

注意确定节点的位置时，尽量与无时标网络图的节点位置相当，保持布局基本不变。

(7) 给每个节点编号，编号与无时标网络计划相同。

（四）时标网络计划关键线路和时间参数的确定

1. 关键线路的判定

时标网络计划的关键线路，应自终点节点逆箭头方向朝起点节点观察，凡自始至终不出现波形线的通路，就是关键线路。

判别是否为关键线路，要看这条线路上的各项工作是否有总时差，这里是用有没有自由时差判断有没有总时差的。因为有自由时差的线路即有总时差，而自由时差集中在线路段的末端，既然末端不出现自由时差，那么这条线路段便不存在总时差，自终至始没有自由时差的线路，自然就不存在总时差，这条线路就必然是关键线路。图 3-55 的关键线路是"①—②—③—⑤—⑥—⑦—⑨—⑩"和"①—②—③—⑤—⑥—⑧—⑨—⑩"两条。关键线路要求用粗线、双线或彩色线标注，图 3-55 是用粗线标注的。

2. 计算工期的判定

时标网络计划的计算工期，应是其终点节点与起点节点所在位置的时标值之差。图 3-55 所示的时标网络计划的计算工期是 14−0=14d。

3. 工作最早时间的判定

在时标网络计划中，每条箭线的箭尾节点中心所对应的时标值，代表工作的最早开始时间，箭线实线部分右端或当工作无自由时差时箭线右端节点中心所对应的时标值代表工作的最早完成时间。虚箭线的最早开始时间和最早完成时间相等，均为其所在刻度的时标值，如图 3-55 中箭线⑥→⑧的最早开始时间和最早完成时间均为第 8 天。

4. 工作自由时差的判定

在时标网络计划中，工作自由时差值等于其波形线在坐标轴上的水平投影长度。

理由是：每条波形线的末端，就是这条波形线所在工作的紧后工作的最早开始时间；波形线的起点，就是它所在工作的最早完成时间；波形线的水平投影就是这两个时间之差，也就是自由时差值。如图 3-55 中工作③—⑦的自由时差值为 1d，工作④—⑤的自由时差值为 1d，工作④—⑧的自由时差值为 2d，其他工作无自由时差。

5. 工作总时差的计算

时标网络计划中，工作总时差不能直接观察，但利用可观察到的工作自由时差进行计算亦是比较简便的。

工作总时差应自右向左逐个进行计算，一项工作只有在其诸紧后工作的总时差被计算出来后，本工作的总时差才能判定。工作总时差之值，等于诸紧后工作总时差的最小值与本工作的自由时差值之和，即

$$TF_{i-j} = \min\{TF_{j-k}\} + FF_{i-j} \tag{3-65}$$

式中　TF_{i-j}——i—j 工作的总时差；

　　　TF_{j-k}——i—j 工作的紧后工作 j—k 的总时差；

　　　FF_{i-j}——i—j 工作的自由时差（波形线的水平投影）。

例如：图 3-55 中各工作的总时差由式（3-65）可得到：

$$TF_{9-10} = 14 - 14 = 0(d)$$

$$TF_{7-9} = 0 + 0 = 0(d)$$

$$TF_{3-7} = 0 + 1 = 1(d)$$
$$TF_{8-9} = 0 + 0 = 0(d)$$
$$TF_{4-8} = 0 + 2 = 2(d)$$
$$TF_{5-6} = \min\{0+0, 0+0\} = 0(d)$$
$$TF_{4-5} = 0 + 1 = 1(d)$$
$$TF_{2-4} = \min(2+0, 1+0) = 1(d)$$

以此类推，可计算出全部工作的总时差值。

计算完成后，可将工作总时差值标注在相应的波形线或实箭线之上，见图 3-55 所示。

6. 工作最迟时间的计算

有了工作的总时差与最早时间，工作的最迟时间便可计算出来：

$$LS_{i-j} = ES_{i-j} + TF_{i-j} \tag{3-66}$$
$$LF_{i-j} = EF_{i-j} + TF_{i-j} \tag{3-67}$$

根据对图 3-55 的观察和前面的计算结果，运用以上公式便可计算各工作的最迟时间。例如：

$$LS_{2-4} = ES_{2-4} + TF_{2-4} = 2 + 1 = 3d$$
$$LF_{2-4} = EF_{2-4} + TF_{2-4} = 4 + 1 = 5d$$
$$\cdots$$

其余各工作的最迟时间也可按此法计算出来。

三、有时限的网络计划

（一）一般规定

（1）网络计划的时限可分为：最早开始时限、最迟完成时限和中断时限。最早开始时限是指对网络计划或其中工作的开始所限定的最早时刻；最迟完成时限是指对网络计划的结束或其中工作完成所限定的最迟时刻；中断时限是指不允许网络计划或其中的工作进行的一段时间。

（2）网络计划的时限，应在编制计划前根据对计划的约束条件、要求加以规定。一个时限可限制一项工作或多项工作，也可以对整个计划加以限制。

（3）网络计划因有多种时限而产生的时间参数之间的矛盾，必须予以消除。消除时应依次考虑采取下列措施：

1）加快某些工作的进度，缩短其持续时间；

2）改变工作之间的衔接关系，使某些工作提前或推后进行，或使某些依次进行的工作搭接、交叉或平行地进行；

3）改变技术措施、方案，重新划分工作项目。

（二）有时限的网络计划产生的原因

编制网络计划时，由于各种因素可能对整个计划或某项工作提出开始或结束的时间限制，因此，需要根据这些限制去重新计算网络计划的时间参数和工期。这种网络计划称为有时限的网络计划。

产生时间限制的原因有：

（1）因特殊的原因，工程必须提前开工或完工，以保证使用的需要。

（2）因自然条件的影响，要求工程在某个时间开工或完工，以避免造成浪费或危险。

（3）因某些资源的限制，要求工程提前或延期。

（4）因建设单位、监理单位或施工单位提出了新的要求。

（5）因某些技术原因、设计原因或科研方面的原因，要求提前或延期。

上述这些原因造成的时限都是通过指令传达到计划工作人员，有的在计划执行前，有的在计划执行过程中。总之，对计划或工作给以时限，是计划工作的普遍现象，有实际意义。

（三）时限的种类

1. 按时限的范围分类

（1）对整个计划的时限；

（2）对某些工作的时限。

2. 按时限的限制时间分类

（1）最早开始时限，它限制计划或工作的最早开始时间；

（2）最迟完成时限，它限制计划或工作的最迟完成时间；

（3）中断时限，这是计划或工作不得在某个时间范围内进行的限制。

3. 按有时限的网络计划分类

（1）有时限的双代号网络计划；

（2）有时限的单代号网络计划。

（四）有最早开始时限和最迟完成时限的网络计划

（1）最早开始时限与最迟完成时限在网络计划中的表示应符合下列规定：

1）双代号网络计划的最早开始时限在图上的 L_{i-j}^{ES} 值之前加"≫"表示，标注在横向箭线尾部上面或竖向箭线尾部左面；最迟完成时限在图上的 L_{i-j}^{LF} 值之后加"≪"表示，标注在横向箭线头部下面或竖向箭线头部右面，分别如图 3-56（a）、（b）所示。

2）单代号网络计划的时限用类似的符号表示，分别标注在节点的左上角和右下角，如图 3-57 所示。

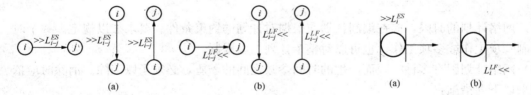

图 3-56　双代号网络计划的时限表示方法　　图 3-57　单代号网络计划的时限表示方法
　　（a）最早开始时限的表示方法；　　　　　　　　　（a）最早开始时限的表示方法；
　　（b）最迟完成时限的表示方法　　　　　　　　　　（b）最迟完成时限的表示方法

（2）网络计划有最早开始时限时，确定工作最早开始时间和最早完成时间应符合下列规定：

1）整个网络计划有最早开始时限，应按网络计划的起始工作有最早开始时限对待；

2）有最早开始时限的工作，应先按常规方法算出最早开始时间的理论值 $[ES_{i-j}]$ 或 $[ES_i]$，再按下列公式确定其最早开始时间：

对双代号网络计划

$$ES_{i-j} = \max\{[ES_{i-j}], L_{i-j}^{ES}\} \tag{3-68}$$

对单代号网络计划

$$ES_i = \max\{[ES_i], L_i^{ES}\} \tag{3-69}$$

有最早开始时限的工作的最早完成时间，必须按式（3-68）或式（3-69）所确定的工作最早开始时间为基础计算。

（3）网络计划有最迟完成时限时，确定工作最迟完成时间和最迟开始时间应符合下列规定。

1）整个网络计划有最迟完成时限，应按网络计划的结束工作有最迟完成时限对待；

2）有最迟完成时限的工作，应先按常规方法算出最迟完成时间的理论值 $[LF_{i-j}]$ 或 $[LF_i]$，再按下列公式确定其最迟完成时间：

对双代号网络计划

$$LF_{i-j} = \min\{[LF_{i-j}], L_{i-j}^{LF}\} \tag{3-70}$$

对单代号网络计划

$$LF_i = \min\{[LF_i], L_i^{LF}\} \tag{3-71}$$

有最迟完成时限的工作的最迟开始时间，必须以式（3-70）或式（3-71）所确定的工作最迟完成时间为基础计算。

（4）在有时限的网络计划中，工作的时差还必须受时限的限制。工作的总时差除必须保证不影响工期，工作的自由时差除必须保证不影响紧后工作最早开始时间外，还都必须保证本工作及后续工作不违反最迟完成时限的限制。

（5）在有时限的双代号网络计划中，工作的时差计算应符合下列规定：

1）总时差应采用无时限网络计划的相应公式计算；

2）有最迟完成时限的工作的自由时差 FF_{i-j} 应为

$$FF_{i-j} = \min\{(ES_{j-k} - EF_{i-j}), (L_{i-j}^{LF} - EF_{i-j})\} \tag{3-72}$$

式中　ES_{j-k}——工作 $i-j$ 的紧后工作 $j-k$ 的最早开始时间。

3）有最迟完成时限工作的所有先行工作的自由时差 FF_{i-j} 应为

$$FF_{i-j} = \min\{(ES_{j-k} - EF_{i-j}), TF_{i-j}\} \tag{3-73}$$

（6）有时限的单代号网络计划中，工作的时差计算应符合下列规定：

1）总时差应用无时限网络计划的相应公式计算；

2）两工作 i，j 之间的时间间隔 LAG_{i-j} 应为

$$LAG_{i-j} = \min\{(ES_j - EF_i), (L_i^{LF} - EF_i)\} \tag{3-74}$$

3）有最迟完成时限的工作及其所有的先行工作的自由时差 FF_i 应为

$$FF_i = \min\{LAG_{i-j}, TF_i\} \tag{3-75}$$

（7）当有最迟完成时限的工作及其先行工作的总时差为负值（同时也必定使计划开始时间为负值），或这些工作的时间参数违反了最早开始时限的限制时，必须按一般规定的第（3）项加以解决。

（8）有最早开始时限的工作及所在线路上的后续工作的完成时间不应超过最迟完成时限和要求工期。否则，必须按一般规定的第（3）项解决。

（9）在有时限的网络计划中，非关键线路上也可能存在总时差为零（或最小）的工作，对这些工作必须与关键工作同等对待。

（10）限停时间用符号 T_{i-j}^{ID} 或 T_i^{ID} 表示，其值的计算应符合下列规定：

1）当最早开始时限大于有时限的工作最早开始时间理论值时，在该工作开始前产生的

限停时间应为：

对双代号网络计划

$$T_{i-j}^{LD} = L_{i-j}^{ES} - [ES_{i-j}]$$ (3-76)

对单代号网络计划

$$T_i^{LD} = L_i^{ES} - [ES_i]$$ (3-77)

2）当最迟完成时限小于受限工作的最迟完成时间理论值时，在有时限的工作最早完成后产生的限停时间应为：

对双代号网络计划

$$T_{i-j}^{LD} = [LF_{i-j}] - L_{i-j}^{LF}$$ (3-78)

对单代号网络计划

$$T_i^{LD} = [LF_i] - L_i^{LF}$$ (3-79)

（11）有时限的工作开始前的限停时间，在条件允许时可当作该工作的先行工作的时差，根据计划安排的需要加以利用。有时限的工作最早完成后的限停时间，严禁当作该工作及其先行工作的时差加以利用，但在条件允许时可由后续工作加以利用。

（五）有中断时限的网络计划

（1）处理中断时限应不违反其他约束条件、不背离计划目标并符合下列方法之一的规定：

1）将有时限的工作推迟到中断时限的中断结束以后进行，并把它看作被推迟的工作的最早开始时限；

2）将有时限的工作提前到中断时限的中断开始以前进行，并把它看作被提前的工作的最迟完成时限；

3）将有时限的工作分为两阶段，分别在中断期的前后进行，并把中断开始看作工作前段的最迟完成时限，把中断结束看作工作后段的最早开始时限。

（2）有中断时限的工作在网络图上的表示和时间参数计算，应分别按有最早开始时限或最迟完成时限的工作的相应方法处理。

（六）有时限的双代号时标网络计划

（1）有时限的双代号时标网络计划（以下简称有时限的时标网络计划）的时间参数计算、关键工作和限停时间的确定均与有时限的无时标网络计划相同，必须符合有最早开始时限和最迟完成时限的网络计划中（2）～（11）项所述的规定。

（2）有时限的时标网络计划，工作和时差的表示方法与无时限的时标网络计划相同，绘制时应符合网络图的绘制规则的规定。

时限标志符号"》"和"《"的尖端宜对准该时限时间值的坐标。

（3）在有时限的时标网络计划中，限停时间应用点划线表示。为使不同性质的时间段标示分明，在点划线与实线、波形线等其他线型的交接点，必须用圆点标明。

（4）在按最早时间绘制的时标网络计划图上，工作后的限停时间只能表现出一部分，其值 T_{i-j}^{LDP} 应按式（3-80）计算：

$$T_{i-j}^{LDP} = ES_{j-k} - L_{i-j}^{LF}$$ (3-80)

（5）表示限停时间的点划线在时间坐标上的投影长度，必须与所代表的 T_{j-k}^{TD} 或 T_{j-k}^{LDP} 值相当。

（七）有时限的双代号网络计划计算示例

如图 3-58 所示，工作 1—3 有最迟完成时限 10，工作 4—7 和 5—6 分别有最早开始时限 50 和 25。图 3-58 中的时间参数是未考虑时限计算的理论值（初值）。

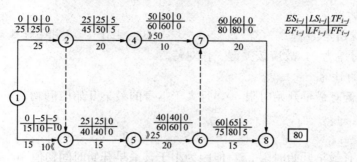

图 3-58　有时限的双代号网络计划时间参数的计算

1. 受最早开始时间限制时网络计划工作的时间参数计算

首先按式（3-68）计算有最早开始时限工作及受其影响的其他工作的最早开始时间与最早完成时间，如图 3-59 所示。

$$ES_{4-7} = \max\{[ES_{4-7}], L_{4-7}^{ES}\} = \max\{45, 50\} = 50$$
$$EF_{4-7} = ES_{4-7} + D_{4-7} = 50 + 10 = 60$$
$$ES_{5-6} = \max\{[ES_{5-6}], L_{5-6}^{ES}\} = \max\{40, 25\} = 40$$
$$EF_{5-6} = 40 + 20 = 60$$
$$ES_{6-8} = \max\{[ES_{6-8}], EF_{5-6}\} = \max\{60, 60\} = 60$$
$$EF_{6-8} = 60 + 15 = 75$$
$$ES_{7-8} = \max\{[ES_{7-8}], EF_{4-7}, EF_{5-6}\} = \max\{60, 60, 60\} = 60$$
$$EF_{7-8} = 60 + 20 = 80$$
$$T_c = 80$$

2. 受最迟开始时间限制时网络计划工作的时间参数计算

本计划受最迟开始时间限制的工作只有 1—3，按式（3-70）计算得

$$LF_{1-3} = \min\{[LF_{1-3}], L_{1-3}^{LF}\} = \min\{25, 10\} = 10$$
$$LS_{1-3} = 10 - 15 = -5$$

工作 1—3 的最迟开始时间出现了负值（见图 3-58），说明它的持续时间本就不能满足最迟时限的要求，应采取措施压缩，将 15 天改变为 10 天，故有

$$ES_{1-3} = 0$$
$$EF_{1-3} = 0 + 10 = 10$$
$$LF_{1-3} = 10$$
$$LS_{1-3} = 10 - 10 = 0$$

这个变化并未影响工作 1—3 的紧后工作，故不需作其他调整。

以上计算结果如图 3-59 所示，图 3-59 为最后确定的时间参数。

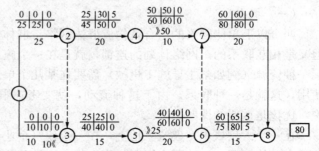

图 3-59　最后确定的有时限双代号网络计划计算结果

3. 时差的计算

按常规方法计算的总时差标在图 3-59 中。

按式（3-72）计算的自由时差亦标在图 3-59 中，按规定，总时差不得出现负值。

4. 关键线路的确定

本例的关键线路是①—②—③—⑤—⑥—⑦—⑧。工作 1—3 和工作 4—7 虽不在关键线路上，但因其总时差为 0，故应按关键工作对待。

5. 限停时间的计算

由于工作 4—7 有最早开始时限 50，且大于本身的最早开始时间初值，故产生了前限停时间，即

$$T^{LD}_{4-7} = L^{ES}_{4-7} - \{ES_{4-7}\} = 50 - 45 = 5$$

工作 5—6 虽有最早开始时限 25，但因为小于其最早开始时间初值 40，故无限停时间。

由于工作 1—3 受最迟完成时限 10 的限制，且其值小于其最迟完成时间的理论值 25，故产生了后限停时间，其值为

$$T^{LD}_{1-3} = \{LF_{1-3}\} - L^{LF}_{1-3} = 25 - 10 = 15$$

6. 绘制有时限的时标网络计划

根据计算结果绘制的时标网络计划如图 3-60。

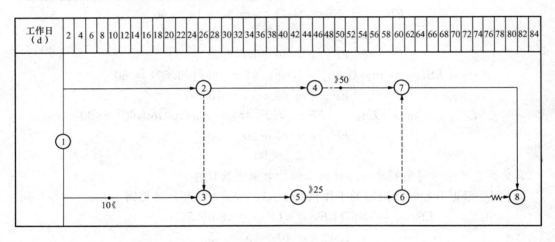

图 3-60　有时限的时标网络计划

四、群体网络计划

（一）概念

两个以上单体网络的组合就构成群体网络。群体网络中的各个单体网络是相互独立的，但又是相互联系的。网络计划的连锁，就是在一个施工企业中有若干个单体网络计划，由于某一种资源（例如某主导施工机械）需要在某几个单体工程（即单体网络计划）中辗转流动使用，这就是一种联系。由于这种流动，就要考虑群体网络计划的优化，在群体网络计划中，优化是重要的课题。

在一个大型或中型建筑工地上，在一个建筑企业或一个工程队中，同时期内必然要承担若干个单体工程。为达到在资源使用上的连续性和均衡性，所构成的群体网络就要考虑这些问题。这就是群体网络计划要研究解决的问题。

群体网络计划是指一个大、中型工程建设项目，一个居住建筑群体，它们包括若干辅助建筑和全工地性水电管网、道路等公共设施，配套交工后才能投产与使用，整个工程也可分阶段完成。如果我们在安排计划中，只着重于各个主体工程而缺乏群体工程的概念，势必不能配套交工，基本建设投资就不能及早发挥效益。

编制群体网络计划时要注意有以下特点：

（1）编制同类型的民用建筑群体网络计划时，务必使用流水施工；非同类型的建筑群体，如工业群体网络计划，在编制时应注意主要工种与主导大型施工机械的流水。

（2）注意群体网络计划的整体性，各个单体网络计划之间有密切的联系，考虑到分阶段、局部与整体的关系，按照生产系统同步施工，配套完工及时投产和使用。

（3）群体网络计划一般周期较长、项目多，因此，必须要分期分批地按系统和分阶段进行统筹安排，分期完成的项目能独立生产和使用，充分发挥投资的经济效益。

（4）群体网络计划中参与的施工单位、专业协作部门多而复杂。群体网络中要为各专业单位创造施工条件，即在某专业队进场之前必须完成的前导工序，务必落实。在编制网络计划时要考虑到工作面、立体交叉作业和安全措施。

编制群体网络计划是一件十分复杂而细致的工作，事先必须掌握充分的数据、信息。编制人员要熟悉生产工艺和施工工艺，并且要有丰富的实践经验，能善于利用时差和关键路线，从而以最少的消耗达到最大的经济效益和缩短总工期的目的。

编制群体网络时必须要考虑到施工单位可能得到的资源和现有的资源，力求均衡和连续施工。

图 3-61 为群体网络计划的示意图，它是由若干子网络计划所组成。总网络计划即施工组织设计总进度计划，子网络计划即组成总网络计划的若干个单体网络计划，一个子网络计划可划分为更细的分部网络计划，按需分级。

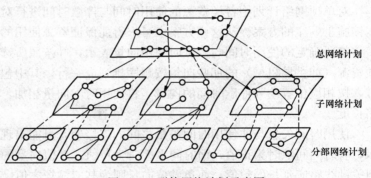

图 3-61　群体网络计划示意图

总体网络计划主要对工程起控制作用；子网络计划是在总体网络计划的要求下进行具体分项的安排，以保证总体网络计划的实现；对规模大而复杂的工程，可划分更细的多级网络计划。

群体网络计划往往是多目标的网络计划，即有两个以上的终点。例如，一个新建工业企业的群体网络计划中，分期分批完成各个车间或各个系统；民用建筑群体网络计划也一样，按期完成各区域的房屋，以供使用。将各个目标的终点与总网络计划的终点用虚箭线相连，就成了一个单目标的群体网络。各个分目标的完成将会影响总网络计划，各个单体目标之间亦有相关的联系。

（二）群体网络计划中应用的网络计划连锁

在编制建筑企业或工程队的群体网络计划时应考虑到某种资源（如起重机）能连续而均衡的使用，需编制综合的资源使用计划。建筑企业一般有若干个工程同时或搭接施工，如果孤立地考虑单独一项工程的计划，即使在工艺技术上和经济上均属较优的计划，但对整个建筑企业的资源使用而言，往往会出现矛盾。因此需要将同一个施工单位（公司或工程队）在某一施工阶段的各单位工程网络计划彼此相互联系起来，这就称为网络计划的连锁，这是十分必要的。甚至可将各单项工程网络计划加以合并，编制出属于某一建筑企业整个生产范围内，在某一时期的群体网络计划，根据此计划控制某些资源的连续、均衡使用。

下面将几个单项工程网络计划连锁为一个群体网络计划，并只考虑某一种资源使用的连续性及特定的施工期限条件，从理论上说明网络计划连锁的方法。

单项网络计划连锁的步骤：

（1）编制单个网络计划。由于各单项工程的网络计划往往是分别由较多的技术人员所编制，故应制订统一的编制条件，如活动项目的划分、单位指标等均相同。

（2）单个网络计划的计算。按一般常规方法计算单个网络计划的时间参数和资源量，可考虑资源、工期与成本方面的优化。

（3）网络计划的连锁。

在各单个网络计划中，有些活动是以同类的资源进行施工的，例如，使用同一台主导机械或同一组机械，由于考虑经济效益，首先应优先保证充分发挥这些机械的作用。各单位工程现场的地址为已知，因而该类资源（例如某主导机械）从这一工地转移到另一工地所需的时间也为已知。

在各单个网络计划中，首先求出使用该类物资的时间区段以及不使用这种资源的时间区段。后者称为"停歇时间"。

对单项网络计划中各类资源的使用时间与停歇时间进行对比分析，可以得到若干个工程连锁施工顺序的方案。从这些方案中可求得能保证资源使用的连续性最好的方案。

将所确定的使用时间与停歇时间用向量表示，并按照所选定方案的施工顺序，将使用该项资源（如主导机械）的那些向量按顺序排列成一行，其中包括转移时间。在此行上方或下方，按相应位置绘入停歇时间的向量。将使用时间向量相加，就得到群体网络计划的关键线路长度。

使用时间矢量与非使用时间矢量之间的连接处，可能出现间隙或重叠，用差值（D）表示，有时间间隙时为正值，而时间重叠时为负值。差值向量的数值，就是相应的分部网络计划关键线路应延长的数值，而负差值向量则为其应缩短之值。延长和缩短时间均是对分部网络计划关键线路的非使用时间而言。选择最优方案的判别依据是群体网络计划的总工期（GP）以及差值绝对值总和为最小。

（4）将选定的连锁最优方案进行时间参数计算并绘图。

第五节　网络计划的优化

网络计划是经过调查研究、确定施工方案、划分施工过程、分析施工过程间的逻辑关系、编制施工过程一览表、绘制网络图、计算时间参数等步骤，而确定的网络计划的初始方案。然而要使工程项目的计划如期实施，获得缩短工期、质量优良、资源消耗少、工程成本低的效果，必须对网络计划进行优化。网络计划的优化，就是在满足既定的约束条件下，按某一目标，通过不断调整，寻找最优网络计划方案的过程。网络计划的优化是通过时差来实现的，是建立在许多次反复计算的基础上完成的。网络计划的优化包括工期优化、资源优化及费用优化。网络计划优化的作用是：

（1）工期优化的作用在于当网络计划的计算工期不能满足要求工期时，通过不断压缩关键线路上的关键工作的持续时间，达到缩短工期，满足工期要求的目的。

（2）一个部门或单位在一定时间内所能提供的各种资源（劳动力、机械及材料等）是有一定限度的，还有一个如何经济而有效地利用这些资源的问题。在资源计划安排时有两种情况：一种情况是网络计划所需要的资源受到限制，如果不增加资源数量（例如劳动力）有时也会迫使工程的工期延长，或者不能进行（材料供应不及时）；另一种情况是在一定时间内如何安排各工作的活动时间，使可供使用的资源均衡地消耗。资源消耗是否均衡，将影响企业管理的经济效果。例如网络计划中在某一时间内红砖消耗数量比平均数量还要高 50％～60％，为了满足工程的计划进度，供应部门突击供应，将使大量红砖进入现场，不仅增加二次搬运费用，而且会造成现场拥挤，影响文明施工，劳动部门也因瓦工需要数量突然增多而感到调度困难；当瓦工数量不能满足时，就得突击赶工，加班加点，以致增加各种费用。这些都将给企业带来不必要的经济损失。资源优化的作用在于，在资源有限的条件下，寻求完成计划的最短工期，或者在工期规定条件下，力求资源消耗均衡。通常把这两方面的问题分别称为"资源有限，工期最短"和"工期固定，资源均衡"。

（3）完成一项工程常可以采用很多种施工方法和组织方法，而不同的施工方法和组织方法，对完成同一工作就会有不同的持续时间与费用。由于一项工程是由很多工作组成，所以，安排一项工程计划时，就可能出现多种方案。它们的总工期和总成本也因此而有所不同。如何在这多种方案中确定一个最优或较优方案，需要用费用优化方法解决。

对于不同的优化目标，有不同的优化理论和方法。在求解同一目标的优化时，其计算方法也有多种。

一、工期优化

工期优化是在给定的网络计划约束条件下，通过系统择优压缩原理，不断压缩网络图的计算工期，以寻求满足规定工期要求的最优方案。

（一）工期优化的计算步骤

当计算工期大于要求工期时，可通过压缩关键工作的持续时间满足工期要求，可按下述规定步骤进行：

（1）计算并找出网络计划中的计算工期、关键线路及关键工作；

（2）按要求工期计算应缩短的持续时间；

（3）确定各关键工作能缩短的持续时间；

（4）选择关键工作，调整其持续时间，并重新计算网络计划的计算工期；

（5）若计算工期仍超过要求工期，则重复以上步骤，直到满足工期要求或工期已不能再缩短为止；

（6）当所有关键工作的持续时间都已达到其能缩短的极限而工期仍不满足要求时，应遵照规定对计划的原技术、组织方案进行调整或对要求工期重新审定。

（二）压缩持续时间的关键工作的选择

选择应缩短持续时间的关键工作宜考虑下列因素：

（1）缩短持续时间对工程质量和安全影响不大的工作；

（2）有充足备用资源的工作；

（3）缩短持续时间所需增加的费用最少的工作。

（三）缩短关键工作持续时间的措施

为了使关键工作取得可以压缩的时间，必须采取一定的措施，这些措施主要是：

（1）增加资源数量；

（2）增加工作班次；

（3）改变施工方法；

（4）组织流水作业；

（5）采取技术措施。

如果上述措施均不能奏效，则应改变工期要求或改变施工方案。

（四）按要求工期优化网络计划的方法

当一个工程项目的要求工期已确定时，施工单位应根据这个规定工期来编制网络计划，一般不得超过所规定的要求工期。但是比规定的要求工期减少过多，也并非合理，因为这意味着人力物力不必要的过分集中，势必引起直接费用的增加，也就是会提高成本，因此，最短工期显然不是最优工期。所以，对超过或者短于要求工期的网络计划都必须要加以调整。这个调整工作用人工调整比较费事，应用电子计算机不仅可根据要求工期来计算网络计划的时间，并能自动调整。

根据网络计划中每项工作的工程量、现行定额及合理的劳动组合，可按式（3-81）计算出该工作正常的持续时间 D_{i-j}，即

$$D_{i-j} = \frac{Q_{i-j}}{Rb} \qquad (3\text{-}81)$$

式中　D_{i-j}——该工作的持续时间；

　　　Q_{i-j}——完成该工作的劳动量（工日）；

　　　R——参加该工作每班的工人数；

　　　b——工作班数。

如果要调整网络计划的工期，即调整各项工作的持续时间 D_{i-j}，通常是在已合理选择好某一施工方案的基础上，除计算出各项工作正常的持续时间以外，还可以确定该工作持续时间的极小和极大值，即

$$D_{i-j}^{O} \leqslant D_{i-j}^{N} \leqslant D_{i-j}^{L} \qquad (3\text{-}82)$$

式中　D_{i-j}^{O}——工作最短的持续时间；

　　　D_{i-j}^{N}——工作正常的持续时间；

　　　D_{i-j}^{L}——工作最长的持续时间。

D_{i-j}^{O} 与 D_{i-j}^{L} 根据各项工作的具体条件而定，要力求合理，否则会导致由于工作面过小而影响工效，或人力过少而影响工作的进展。

计算网络计划各工作的时间参数首先采用各工作的正常持续时间 D_{i-j}^{N}，从而计算出整个网络计划的总工期 T_c，然后判断网络计划的总工期 T_c 是否大于该工程项目规定的要求工期 T_r。

1. 计算工期大于要求工期的优化

（1）当发现 $T_c > T_r$ 时，说明该网络计划的工期不符合规定要求，需加以调整。调整的

方法是在网络计划中关键线路上的各工作逐个用 D_{i-j}^{0} 代替相应的 D_{i-j}^{N}，然后再重新计算网络计划的工期。在关键线路上，每代替一个（或几个）D_{i-j}^{0} 值，立即计算一次工期，一直计算到 $T_c = T_r$ 为止。这样网络计划的工期就与规定的工期完全一致。

（2）当 $T_c > T_r$ 较多时，在网络计划中的 D_{i-j}^{0} 已全部代完，还不能满足工期要求，则就先输出该网络计划可能的最短工期，然后再采取其他缩短工期的措施。

2. 计算工期小于要求工期的优化

（1）如果当 $T_c < T_r$ 较多时，也应对网络计划工期进行调整。即在关键线路上的工作中，用 D_{i-j}^{L} 代替相应的 D_{i-j}^{N}，重新计算工期，一直算到与要求工期相同为止。

（2）如果 $T_c < T_r$ 较多，在关键线路上的 D_{i-j}^{L} 全部代完，还不能满足工期要求时，同样可在非关键线路上以 D_{i-j}^{L} 继续取代相应的 D_{i-j}^{N} 进行计算，直至达到符合要求工期为止。在非关键线路上以 D_{i-j}^{L} 代替相应的工作要符合式（3-83）所示条件，即

$$D_{i-j}^{L} - D_{i-j}^{N} > TF \qquad (3-83)$$

TF 是总时差，上式是非关键工作可能转变为关键工作的必要条件。不具备这个条件的非关键工作，即使以 D_{i-j}^{L} 取代其 D_{i-j}^{N}，仍然不会改变关键线路，对工期没有影响。当网络计划中工作的 D_{i-j}^{N} 全部取代完毕后，尚不能得到与要求工期相同的结果，则最后输出该网络计划的可能最长工期及相应的关键线路。

【例 3-7】 某网络计划如图 3-62 所示，图中括号内数据为工作最短持续时间，假定要求工期为 100 天，试对该网络计划进行工期优化。其优化的步骤如下：

解

（1）用工作正常持续时间计算节点的最早时间和最迟时间，找出网络计划的关键工作及关键线路，如图 3-63 所示。

通过时间参数的计算可知，关键工作为①→③、③→④、④→⑥。关键线路为①→③→④→⑥，图中关键线路用粗箭线表示。

（2）计算需要缩短的工期，根据图 3-63 计算，工期需要缩短时间 60d。根据图 3-62 中数据，关键工作①→③可缩短 20d，③→④可缩短 30d，④→⑥可缩短 25d，共计可缩短 75d。但考虑前述原则，因缩短工作④→⑥增加劳动力较多，故仅缩短 10d，重新计算网络计划工期如图 3-64 所示。图 3-64 的关键线路为①→②→③→⑤→⑥，关键工作为①→②、②→③、③→⑤、⑤→⑥，工期为 120d。

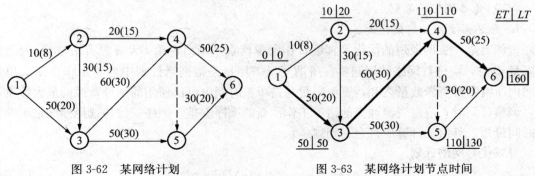

图 3-62 某网络计划　　　　　　图 3-63 某网络计划节点时间

（3）按要求工期尚需压缩 20 天。仍根据前述原则，选择工作②→③、③→⑤较宜，用最短工作持续时间置换工作②→③和工作③→⑤的正常持续时间，重新计算网络计划的时间

参数，如图 3-65 所示。经计算可知，关键线路为①→③→④→⑥，工期 100d，满足要求。

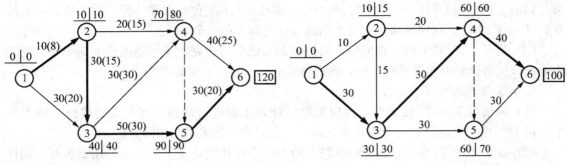

图 3-64　某网络计划第一次调整结果　　　　图 3-65　优化后的某网络计划

二、工期—资源优化

(一) 资源优化的种类

建筑施工中所谓的资源是对为完成工程任务所需的人力、材料、机械设备和资金等的统称。资源优化可分为以下两类问题：

1. 资源有限、工期最短

资源有限、工期最短的优化问题又可分为两类：

(1) 资源强度（是指一项工作在单位时间内所需的某种资源数量）固定、工期最短。这类问题是指网络计划需要多种不同的资源，每天每种资源都有一定的供应数量，每一项工作只需要其中一种资源，且单位时间内需要的资源强度是固定的。问题就是在资源供应有限制的条件下，要求保持预先规定的施工工艺顺序，寻求整个计划工期最短的方案。

(2) 资源强度可变、工期最短。资源强度可变的工作，其持续时间也是一个变量。工作可能得到的资源强度越小，自然就导致其持续时间越长，整个计划的工期也是可变的。这里优化的目标是研究有限资源在各项工作之间的分配原则，寻求在资源有限条件下，工期最短的计划方案。

2. 工期固定、资源均衡

这种优化的前提是工期不变，使资源需要强度尽量做到变化最小，接近于资源需要量的平均值，这既有利于施工组织与管理，又可取得较好的经济效益。

(二) 资源优化的原则

1. 资源有限、工期最短的优化

资源有限、工期最短的优化，宜逐日作资源检查，当出现第 t 天资源需用量 Q_t 大于资源限量 Q 时，应进行网络计划调整。所谓资源需用量是指网络计划中各项工作在某一单位时间内所需某种资源数量之和；资源限量是指单位时间内可供使用的某种资源的最大数量。

调整计划时，应对资源冲突的诸项工作作新的顺序安排。顺序安排的选择标准是工期延长时间最短，其值的计算应符合下列规定：

对双代号网络计划

$$\Delta D_{m'-n',i'-j'} = \min\{\Delta D_{m-n,i-j}\} \qquad (3-84)$$

$$\Delta D_{m-n,i-j} = EF_{m-n} - LS_{i-j} \qquad (3-85)$$

式中　$\Delta D_{m'-n',i'-j'}$——在各种顺序安排中，最佳顺序安排所对应的工期延长时间的最小值，

它要求将 $LS_{i'-j'}$ 最大的工作 $i'-j'$ 安排在 $ES_{m'-n'}$ 最小的工作 $m'-n'$ 之后进行；

$\Delta D_{m-n,i-j}$——在资源冲突的诸项工作中，工作 $i-j$ 安排在工作 $m-n$ 之后进行，工期所延长的时间。

对单代号网络计划

$$\Delta D_{m',i'} = \min\{\Delta D_{m,i}\} \tag{3-86}$$

$$\Delta D_{m,i} = EF_m - LS_i \tag{3-87}$$

式中　$\Delta D_{m',i'}$——在各种顺序安排中，最佳顺序安排所对应的工期延长的时间的最小值，它要求将 LS_i 最大的工作 i' 安排在 $EF_{m'}$ 最小的工作 m' 之后进行；

$\Delta D_{m,i}$——在资源冲突的诸项工作中，工作 i 安排在工作 m 之后进行，工期所延长的时间。

2. 资源有限、工期最短优化的计划调整

资源有限、工期最短优化的计划调整应按下述规定步骤调整工作的最早开始时间：

（1）计算网络计划每天资源需要量；

（2）从计划开始日期起，逐日检查每天资源需用量是否超过资源限量，如果在整个工期内每天均能满足资源限量的要求，可行优化方案就编制完成，否则必须进行计划调整；

（3）分析超过资源限量的时段（每天资源需用量相同的时间区段），计算 $\Delta D_{m',i'}$ 或计算 $\Delta D_{m'-n',i-j}$ 值，根据它确定新的安排顺序；

（4）若最早完成时间 $EF_{m'-n'}$ 或 $EF_{m'}$ 最小值和最迟完成时间 $LF_{i'-j'}$ 或 $LF_{i'}$ 最大值同属一个工作，应找出最早完成时间 $EF_{m'-n'}$ 或 $EF_{m'}$ 值为次小，最迟完成时间 $LF_{i'-j'}$ 或 $LF_{i'}$ 值为次大的工作，分别组成两个顺序方案，再从中选取较小者进行调整；

（5）绘制调整后的网络计划，重复上述 1 至 4 步骤直到满足要求。

3. 工期固定、资源均衡的优化

工期固定、资源均衡的优化可用削高峰法（利用时差降低资源高峰值），获得资源消耗量尽可能均衡的优化方案。

4. 削高峰法的步骤

削高峰法应按下述规定的步骤进行。

（1）计算网络计划每天资源需用量；

（2）确定削峰目标，其值等于每天资源需用量的最大值减去一个单位量；

（3）找出高峰时段的最后时间 T_h 及有关工作的最早开始时间 ES_{i-j}（或 ES_i）和总时差 TF_{i-j}（或 TF_i）；

（4）按式（3-88）和式（3-89）计算有关工作的时间差值 ΔT_{i-j} 或 ΔT_i：

对双代号网络计划

$$\Delta T_{i-j} = TF_{i-j} - (T_h - ES_{i-j}) \tag{3-88}$$

对单代号网络计划

$$\Delta T_i = TF_i - (T_h - ES_i) \tag{3-89}$$

优先以时间差值最大的工作 $i'-j'$ 或工作 i' 作调整对象，令 $ES_{i-j} = T_h$ 或 $ES_i = T_h$；

（5）若峰值不能再减少，即求得资源均衡优化方案，否则，重复以上步骤。

（三）资源有限、工期最短的优化

在编制网络计划时，必须从实际条件出发，要设法在各种资源（如总劳动力、专业劳动力、材料、设备等）的限制条件下，求得网络计划的最短工期。下面通过例题来讨论这一问题。

【例 3-8】 某工程项目的网络图如图 3-66 所示，其原始数据见表 3-4。试根据所给条件，进行网络计划的资源有限、工期最短的优化。

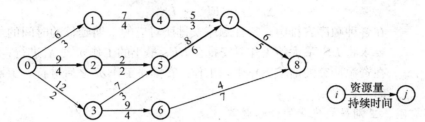

图 3-66　某工程项目的网络图

表 3-4　　　　　　　　　　　某工程项目网络计划的时间参数计算表

工作编号	持续时间	ES	LF	TF	劳动力
①—①	3	0	5	2	6
①—②	4	0	4	0	9
①—③	2	0	3	1	12
①—④	4	3	9	2	7
②—⑤	2	4	6	2	2
③—⑤	3	2	6	1	9
③—⑥	4	2	10	4	7
④—⑦	3	7	12	2	5
⑤—⑦	6	6	12	0	8
⑥—⑧	7	6	17	4	4
⑦—⑧	5	12	17	0	6

根据表 3-4 中所列数据可将网络计划图绘制成水平进度图表，如图 3-67（a）所示。

根据表 3-4 中所列数据可绘制劳动力需要量图，纵坐标表示劳动力数量，虚线为劳动力资源量限值，即 $R=22$，如图 3-67（b）所示。在 0～5 时间区段中的劳动力需要量均超过限值 22，因此需进行调整。

解

（1）调整时先从时间区段 0—2 开始，按工作（0—1）、（0—2）、（0—3）的顺序，将劳动量依次相加，可得

工作（0—1）＋（0—2）的劳动量为：6＋9＝15＜22

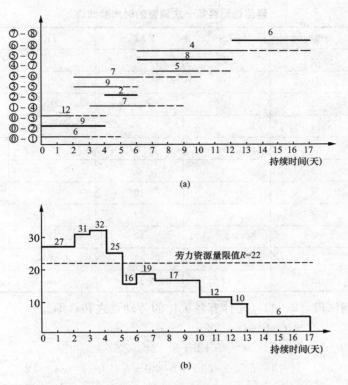

图 3-67 图 3-66 网络计划的水平进度及劳动量需要量图

（a）水平进度（图中虚线为总时差 TF，粗实线为关键线路）；（b）劳动量需要量图

工作（0—1）＋（0—2）＋（0—3）的劳动量为：6＋9＋12＝27＞22

上述三个工作的劳动量之和超过了劳动量限值 22，需要进行工作转移，转移的次序按总时差大小排列，总时差数值大的首先转移。工作（0—1）的 TF 大，为 2 天，将工作（0—1）的开始时间向右移动 2 天，然后将其紧后工作（1—4）和（1—4）的紧后工作（4—7）也相应向右移动 2 天。工作（1—4）和（4—7）的总时差原来均为 2 天，右移 2 天后总时差为 0，这样就构成了第二条关键线路，即 0—1—4—7—8。图 3-68 为第一次调整后的水平进度。表 3-5 为原网络计划经第一次调整后的时间参数表。

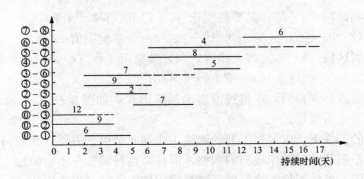

图 3-68 经第一次调整后的水平进度

表 3-5   **网络计划经第一次调整的时间参数表**

工作编号	持续时间	ES	LF	TF	劳动力
⓪—①	3	2	5	0	6
⓪—②	4	0	4	0	9
⓪—③	2	0	3	1	12
①—④	4	5	9	0	7
②—⑤	2	4	6	0	2
③—⑤	3	2	6	1	9
③—⑥	4	2	10	4	7
④—⑦	3	9	12	0	5
⑤—⑦	6	6	12	0	8
⑥—⑧	7	6	17	4	4
⑦—⑧	5	12	17	0	6

（2）分析时间区段（2—4），先计算各工作的劳动量之和，即

（0—2）+（0—1）=9+6=15＜22

（0—2）+（0—1）+（3—5）=9+6+9=24＞22

（0—2）+（0—1）+（3—5）+（3—6）=9+6+9+7=31＞22

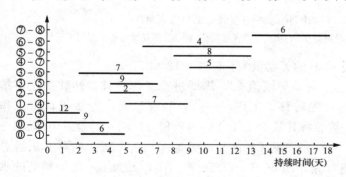

图 3-69　第二次调整后的水平进度

在时间区段（2—4）中，根据劳动量限值要求将工作（3—5）转移，共需转移 2 天，但工作（3—5）的时差为 1 天，因而时差将出现 1 天重叠现象，其后续工作（5—7）及（7—8）的时差均等于 0，故此转移不能收效。除非将总工期延长 1 天，改为 18 天。图 3-69 为第二次调整后的水平进度。

（3）分析时间区段（4—5），只要将工作（2—5）向右移动 1 天，则

（0—1）+（3—5）+（3—6）=6+9+7=22=劳动量限值 22

（4）分析时间区段（5—6），将工作（1—4）及紧后工作（4—7）各右移动 1 天，则

（2—5）+（3—5）+（3—6）=2+9+7=18＜22

按这样的方法进行调整后，求得进度表的最终形式，如图 3-70（a）所示；图 3-70（b）为最后确定的劳动力需要量。

在有限资源的条件下，求最短工期的调整工作到此结束。另外，在网络计划中的某些非关键工作，尚可根据其总时差作适当的调整，但是，这种调整并不会缩短工期，只能求得另一个资源量分配图。如何调整？这要根据资源供应的实际情况来决定。

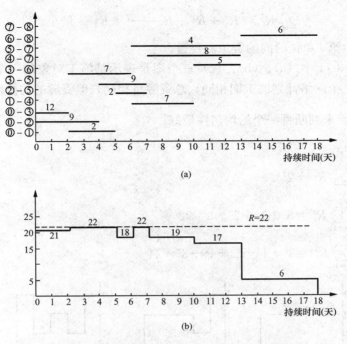

图 3-70　最终调整后的水平进度和劳动力需要量图
（a）最终调整后的水平进度；（b）最后劳动力需要量图

（四）工期固定、资源均衡的优化

1. 在规定工期内使资源分配最优的网络计划

资源分配最优就是求资源分配最均衡的方案。衡量资源需要量的均衡性，可用"均方差"指标来判断。

（1）均方差概念。

均方差 λ^2 是数理统计中的一个反映离散程度的统计指标，即在瞬时 t 需要的资源量与资源需要量的平均值之差的平方和。计算公式如下：

$$
\begin{aligned}
\lambda^2 &= \frac{1}{T} \sum_{i=1}^{T} \left[R_i(t) - R_{CP} \right]^2 \\
&= \frac{1}{T} \left[\sum_{i=1}^{T} R_i^2(t) - \sum_{i=1}^{T} 2R_i(t)R_{CP} + \sum_{i=1}^{T} R_{CP}^2 \right] \\
&= \frac{1}{T} \sum_{i=1}^{T} R_i^2(t) - R_{CP}^2
\end{aligned}
\tag{3-90}
$$

式中　R_{cp}——资源需要量的平均值；

　　$R(t)$——在瞬时 t 需要的资源量；

　　　T——规定工期。

由于 T 与 R_{cp} 均为常数，因此要使均方差 λ^2 值最小，即使 $\sum\limits_{i=1}^{T} R_i^2(t)$ 值最小，在相同工期下比较，也就是使 $\sum\limits_{i=1}^{T} R_i^2$ 值最小。即

$$\sum_{i=1}^{T} R_i^2 = R_1^2 + R_2^2 + R_3^2 + \cdots + R_T^2 \quad \text{最小}$$

式中　R_i——表示第 i 单位时间的资源需要量。

【例 3-9】 图 3-71 中（a）、（b）、（c）三个图是表示某施工对象的三个网络计划的资源需要量曲线。这三个网络计划的工期相同，总资源量相同，但资源的均衡性不同。试分别计算出它们的 $\sum\limits_{i=1}^{T} R_i^2$ 来判断哪一个的均匀性最好。

解　计算如下：

图 3-71（a）$\sum\limits_{i=1}^{5} R_i^2 = 2^2 \times 5 = 20$

图 3-71（b）$\sum\limits_{i=1}^{5} R_i^2 = 3^2 + 1^2 + 2^2 \times 3 = 22$

图 3-71（c）$\sum\limits_{i=1}^{5} R_i^2 = 3^2 + 1^2 + 2^2 + 1^2 + 3^2 = 24$

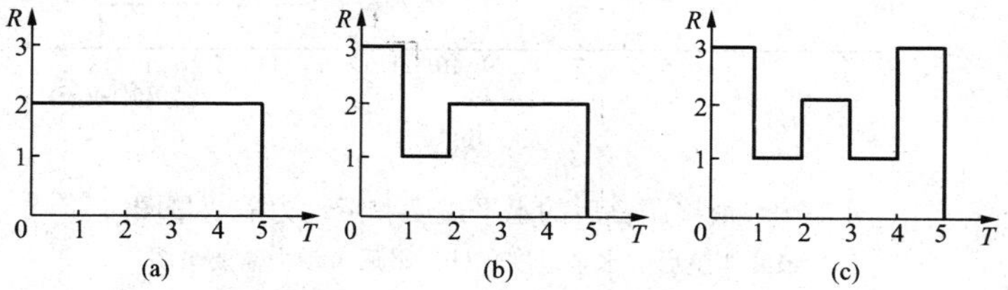

图 3-71　一个工程的三种资源需要量曲线

根据计算可知，图 3-71（a）的资源均衡性最好，图 3-71（b）的次之，图 3-71（c）的最差。

（2）优化步骤与判断公式。在规定工期的条件下，确定资源分配的最优网络计划，是根据均方差的影响来判断，其优化步骤如下：

1）根据已知的网络计划及工作持续时间，计算出网络计划的各种时间参数（ES、LS、EF、LF、TF、FF 等），找出关键线路并绘制水平进度图、资源需要量图及资源需要量动态曲线。

2）将一个工作（$i—j$）右移一天，分析对资源总需要量计划均方差的影响（见图 3-72）。

因为要满足规定工期不变的条件，故关键线路上的工作不作调整。

假设：

r_{ij}——工作 $i—j$ 每天需要的资源数量；

K——工作 $i—j$ 右移前的开始时间；

L——工作 $i—j$ 右移前的结束时间；

R_k——工作 $i—j$ 右移前，第 K 天所需的资源数量；

R_k'——工作 $i—j$ 右移后，第 K 天所需的资源数量；

R_{L+1}——工作 $i—j$ 右移前，第 $L+1$ 天所需的资源数量；

R_{L+1}'——工作 $i—j$ 右移后，第 $L+1$ 天所需的资源数量。

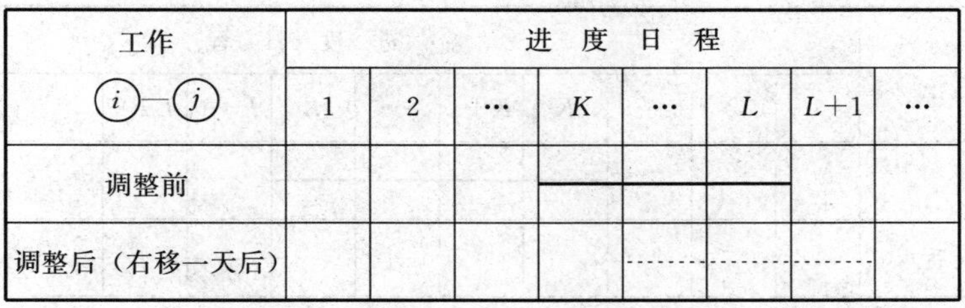

工作 $(i)-(j)$	进 度 日 程							
	1	2	…	K	…	L	L+1	…
调整前								
调整后（右移一天后）								

图 3-72　一个工作 $i-j$ 右移一天的示意图

因此，当工作 $i-j$ 右移一天，则

$$R'_k = R_k - r_{ij} \tag{3-91}$$

$$R'_{L+1} = R_{L+1} + r_{ij} \tag{3-92}$$

从图 3-72 可知，当工作 $i-j$ 右移一天，对资源总需要量计划的均方差只是与工作开始和结束时间区段有关，工作中间区段的资源需要量不变。其影响值 W_1 为

$$W_1 = 右移后的 R^2 值减去右移前的 R^2 值$$

$$= (R'^2_k + R'^2_{L+1}) - (R_k^2 + R_{L+1}^2) \tag{3-93}$$

将式（3-91）和式（3-92）代入式（3-93）中，得

$$W_1 = (R_k - r_{ij})^2 + (R_{L+1} + r_{i-j})^2 - R_k^2 - R_{L+1}^2$$

$$= (2R_k - r_{ij})(-r_{ij}) + (2R_{L+1} + r_{ij})r_{ij}$$

$$= 2r_{ij}[R_{L+1} - (R_k - r_{ij})] \tag{3-94}$$

因此，当式（3-94）为负值时，即说明工作 $i-j$ 右移一天后能使式（3-90）所示的 $R_1^2 + R_2^2 + \cdots + R_T^2$ 值减小，也就是均方差减少就能使资源均衡性好。工作 $i-j$ 能右移一天的判断式为

$$2r_{ij}[R_{L+1} - (R_k - r_{ij})] < 0$$

$$R_{L+1} - (R_k - r_{ij}) < 0 \tag{3-95}$$

$$R_{L+1} < R_k - r_{ij} \tag{3-96}$$

工作 $i-j$ 右移一天，如果符合式（3-95）或式（3-96），说明能够减小资源总需要量计划的均方差。否则，如果

$$R_{L+1} > R_k - r_{ij} \tag{3-97}$$

说明工作 $i-j$ 不应再右移一天。

当出现 $R_{L+1} = R_k - r_{ij}$ 时，说明工作 $i-j$ 右移一天后，均方差未变。遇到这种情况，可试探将工作 $i-j$ 右移两天，看能否使均方差减小。如果可以，则在时差范围内继续右移。若右移两天后，均方差仍不减小或反而增大，则仍恢复到原来的位置，说明右移终止。

3）将工作 $i-j$ 右移两天，分析对资源总需要量计划均方差的影响。当工作 $i-j$ 右移两天，从图 3-73 中可以看出第 K、$K+1$、$L+1$、$L+2$ 四天所需的资源数量将有变化，其余中间时间区段的资源需要量不变。即

$$R'_k = R_k - r_{ij}$$

$$R'_{k+1} = R_{k+1} - r_{ij} \tag{3-98}$$

$$R'_{L+1} = R_{L+1} + r_{ij}$$

$$R'_{L+2} = R_{L+2} + r_{ij} \tag{3-99}$$

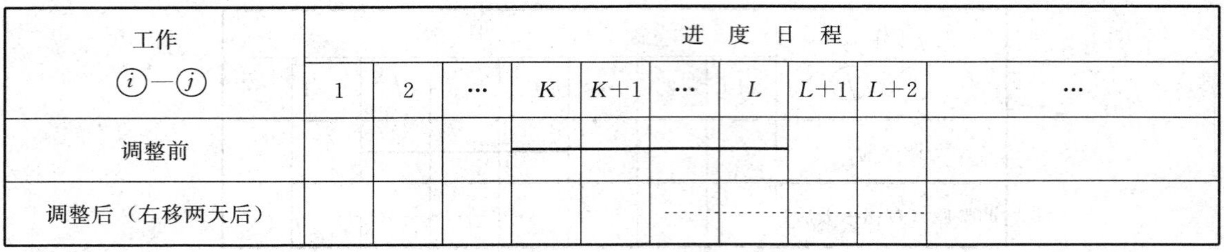

工作	进度日程									
$i—j$	1	2	…	K	$K+1$	…	L	$L+1$	$L+2$	…
调整前										
调整后（右移两天后）										

图 3-73　一个工作 $i—j$ 右移两天示意图

设工作 $i—j$ 右移两天，资源总需要量计划的均方差影响值为 W_2，则

$$W_2 = R'^2_k + R'^2_{k+1} + R'^2_{L+1} + R'^2_{L+2} - (R^2_k + R^2_{k+1} + R^2_{L+1} + R^2_{L+2}) \tag{3-100}$$

将式（3-91）、式（3-92）、式（3-98）、式（3-99）代入式（3-100）并归纳后得

$$W_2 = 2r_{ij}\{[R_{L+1} - (R_k - r_{ij})] + [R_{L+2} - (R_{k+1} - r_{ij})]\} \tag{3-101}$$

工作 $i—j$ 能右移两天的判断公式为

$$[R_{L+1} - (R_k - r_{ij})] + [R_{L+2} - (R_{k+1} - r_{ij})] < 0 \tag{3-102}$$

工作 $i—j$ 右移两天后，如果符合式（3-102），说明能够减小资源总需要量计划的均方差。然后再看右移三天结果如何，如果仍符合式（3-102），可再继续右移，一直计算到总时差用完为止。当工作 $i—j$ 的右移天数确定以后，就按上述同样的顺序考虑其他工作的右移。这样反复循环右移，直至所有工作的位置都不能再移动为止。

上述在规定工期之内求解资源分配最优的方法是一种近似求解法。

（3）优化示例。

【例 3-10】　已知某网络计划如图 3-74 所示，其总工期规定为 14天，要求在规定的工期之内，编制资源需要量计划最优的进度计划。

解　图 3-74 所示网络计划的时间计算结果见表 3-6。按工作最早开始时间（ES）的进度计划及资源需要量曲线见图 3-75 所示。

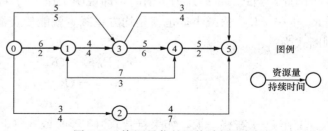

图 3-74　资源最优的网络计划示例

表 3-6　　　　　　　　**网络计划的时间参数计算表**

工作编号	持续时间	每天需要的资源数量	ES_{ij}	LS_{ij}	EF_{ij}	LF_{ij}	TF_{ij}
$i—j$	t_{ij}	r_{ij}					
⓪—①	2	6	0	0	2	2	0
⓪—②	4	3	0	3	4	7	3
⓪—③	5	5	0	1	5	6	1
①—③	4	4	2	2	6	6	0
①—④	3	7	2	9	5	12	7

续表

工作编号	持续时间	每天需要的资源数量	ES_{ij}	LS_{ij}	EF_{ij}	LF_{ij}	TF_{ij}
$(i)-(j)$	t_{ij}	r_{ij}					
②—⑤	7	4	4	7	11	14	3
③—④	6	5	6	6	12	12	0
③—⑤	4	3	6	10	10	14	4
④—⑤	2	5	12	12	14	14	0

（1）第一次调整——对终点节点⑤的各工作②—⑤、③—⑤、④—⑤进行调整。其中工作④—⑤为关键线路上的工作，不能右移。工作③—⑤最迟开始，先右移。工作③—⑤在时间段 6—10 进行，总时差为 4 天。

从图 3-74 可知，$R_{L+1}=R_{11}=9$（第 11 天的资源需要量为 9）

$r_{ij}=r_{35}=3$（工作③—⑤每天需要的资源量为 3）

根据式（3-95）　$R_{L+1}-(R_k-r_{ij})<0$ 来验算，则

$R_{L+1}-(R_k-r_{ij})=R_{11}-(R_7-r_{35})=9-(12-3)=0$

根据计算结果说明工作③—⑤右移一天，均方差未变。需要考虑是否可以再右移一天，用同样的方法再来验算，可得

$$R_k=R_8=12$$
$$R_{L+1}=R_{12}=5$$

代入式（3-95）得

$$R_{L+1}-(R_k-r_{ij})=R_{12}-(R_8-r_{35})$$
$$=5-(12-3)$$
$$=-4<0$$

根据计算结果说明工作③—⑤可以再右移一天。是否还能继续右移，可用以上方法继续验算。验算结果见表 3-7。

工作③—⑤的总时差 $TF_{3,5}=4$ 天，上表右移了 4 天已移至该网络计划终点，不能再右移。工作③—⑤右移至时间区段 10—14 后的进度计划及资源计划如图 3-76 所示。

下面将工作②—⑤开始右移。工作②—⑤原在 4—11 时间区段，$TF_{2,5}=3$，$r_{2,5}=4$。工作②—⑤右移过程的计算结果见表 3-8。

工作②—⑤只能右移 1 天，移至时间区段 5—12。工作②—⑤右移后的进度计划及资源计划见图 3-77 所示。

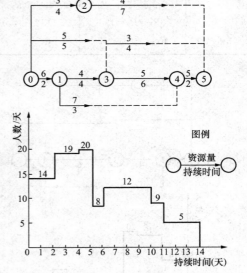

图例

资源量
持续时间

图 3-75　图 3-74 所示网络计划按工作
最早开始时间的资源计划

（图中箭杆上的数字为各工作每天需要的资源数量，箭线下的数字表示各工作的持续时间）

表 3-7　　　　　　　　　　　　　工作③→⑤右移过程计算表

工作编号	计算参数	判断能否右移的计算公式及结果	能否右移	右移后的位置
③—⑤	$R_{L+1}=R_{11}=9$ $R_k=R_7=12$ $r_{ij}=r_{3,5}=3$	$R_{L+1}-(R_k-r_{ij})$ $=R_{11}-(R_7-r_{3,5})$ $=9-(12-3)=0$	计算结果等于零,说明右移 1 天后,均方差未变,试探再右移 1 天	再移至时间区段 7—11
	$R_{L+1}=R_{12}=5$ $R_k=R_8=12$ $r_{ij}=r_{3,5}=3$	$R_{12}-(R_8-r_{3,5})$ $=5-(12-3)$ $=-4<0$	可以右移 1 天	再右移 1 天,右移至时间区段8—12
	$R_{L+1}=R_{13}=5$ $R_{L+2}=R_{14}=5$ $R_k=R_9=12$ $R_{k+1}=R_{10}=12$	$[R_{L+1}-(R_k-r_{i,j})]+$ $[R_{L+2}-(R_{k+1}-r_{i,j})]<0;$ $5-(12-3)+5-(12-3)$ $=-8<0$	可以右移 2 天	再右移 2 天,右移至时间区段 10—14 (右移终止)

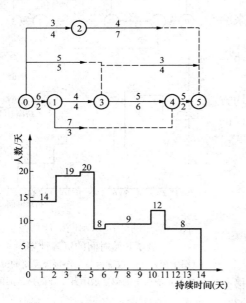

图 3-76　工作③—⑤右移后的进度计划及资源计划

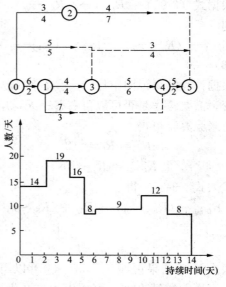

图 3-77　工作②—⑤右移后的进度计划及资源计划

表 3-8　　　　　　　　　　　　　工作②—⑤右移过程计算表

工作编号	计算参数	判断能否右移的计算公式及结果	能否右移	右移后的位置
②—⑤	$R_{L+1}=R_{12}=8$ $R_k=R_5=20$ $r_{i,j}=r_{2,5}=4$	$R_{12}(R_5-r_{2,5})$ $=8-(20-4)$ $=-8<0$	可以	右移 1 天,右移至时间区段5—12

工作编号	计算参数	判断能否右移的计算公式及结果	能否右移	右移后的位置
②—⑤	$R_{L+1}=R_{12}=8$ $R_k=R_6=8$ $r_{i,j}=r_{2,5}=4$	$R_{12}-(R_6-r_{2,5})$ $=8-(8-4)$ $=4>0$	不能	（右移终止）

（2）第二次调整——对以节点④为结束节点的各项工作进行调整。

以节点④为结束节点的工作有③—④及①—④。工作③—④为关键线路上的工作，不能右移。因此，只考虑工作①—④的右移。

由图 3-77 可知：工作①—④在时间区段 2—5 进行。

$$TF_{1,4}=7$$
$$r_{1,4}=7$$
$$R_k=R_3=19$$
$$R_{L+1}=R_6=8$$

工作①—④右移过程的计算结果见表 3-9 所示。

工作①—④总共右移 3 天，即右移至时间区段 5—8。工作①—④右移后的进度计划及资源计划见图 3-78 所示。

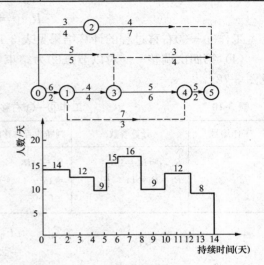

图 3-78 工作①—④右移后的进度计划及资源计划

表 3-9 　　　　　　　　　　工作①—④右移过程计算表

工作编号	计算参数	判断能否右移的计算公式及结果	能否右移	右移后的位置
①—④	$R_{L+1}=R_6=8$; $R_k=R_3=19$; $r_{1,4}=7$	$R_6-(R_3-r_{1,4})$ $=8-(19-7)$ $=-4<0$	可以	右移 1 天，右移至时间区段 3—6
	$R_{L+1}=R_7=9$; $R_k=R_4=19$; $r_{1,5}=7$	$R_7-(R_4-r_{1,4})$ $=9-(19-7)$ $=-3<0$	可以	右移 1 天，右移至时间区段 4—7
	$R_{L+1}=R_8=9$; $R_k=R_5=16$; $r_{1,4}=7$	$R_8-(R_5-r_{1,4})$ $=9-(16-7)$ $=0$	可再试探右移 1 天	右移 1 天，右移至时间区段 5—8
	$R_{L+1}=R_9=9$; $R_k=R_6=8$; $r_{1,4}=7$	$R_9-(R_6-r_{1,4})$ $=9-(8-7)$ $=8>0$	不可以	不能再右移，最终位置在时间区段 5—8

（3）第三次调整——对以节点③为结束节点的各项工作进行调整。

以节点③为结束节点的工作有①—③及⓪—③。工作①—③为关键线路上的工作，不能右移，故只考虑工作⓪—③的右移。由图 3-78 可知，工作⓪—③在时间区段 0—5 进行。

$$TF_{0,3} = 1$$
$$R_{0,3} = 5$$
$$R_k = R_1 = 14$$
$$R_{L+1} = R_6 = 15$$

工作⓪—③右移过程的计算结果见表 3-10。

（4）第四次调整——对以节点②为结束节点的工作⓪—②在时间区段 0—4 进行调整。见图 3-78。

表 3-10　　　　　　　　**工作⓪—③右移过程的计算结果表**

工作编号	计算参数	判断能否右移的计算公式及结果	能否右移	右移后的位置
⓪—③	$R_{L+1}=R_6=15$ $R_k=R_1=14$ $r_{0,3}=5$	$R_6-(R_1-r_{0,3})$ $=15-(14-5)$ $=6>0$	不能右移	仍在时间区段 0—5

$$TF_{0,2} = 3$$
$$r_{0,2} = 3$$
$$R_k = R_1 = 14$$
$$R_{L+1} = R_5 = 9$$

工作⓪—②右移过程的计算结果见表 3-11。

表 3-11　　　　　　　　**工作⓪—②右移过程的计算结果表**

工作编号	计算参数	判断能否右移的计算公式及结果	能否右移	右移后的位置
⓪—②	$R_{L+1}=R_5=9$ $R_k=R_1=14$ $r_{0,2}=3$	$R_5-(R_1-r_{0,2})$ $=9-(14-3)$ $=-2<0$	可以	右移 1 天，右移至时间区段 1—5
	$R_{L+1}=R_6=15$ $R_k=R_2=14$ $r_{0,2}=3$	$R_6-(R_2-r_{0,2})$ $=15-(14-3)$ $=4>0$	不可以	仍在时间区段 1—5

虽然 $TF_{0,2}=3$，但工作②—⑤的右移位置已经确定，在时间区段 5—12。故工作⓪—②实际能动用的 TF 只有 1 天。图 3-79 为工作⓪—②右移后的进度计划和资源计划。

以上通过四次调整后得到图 3-79 所示的计划，这是第一次循环。根据图 3-79 再作第二次循环的调整。如同以上一样，再从节点⑤开始计算各项工作右移的可能性。

（5）第五次调整——对以节点⑤为结束节点的工作②—⑤进行调整。从图 3-79 可知，工作②—⑤最多右移 2 天，在时间区段 5—12 进行。

$$r_{2,5} = 4$$
$$R_k = R_6 = 15$$

$$R_{L+1} = R_{13} = 8$$

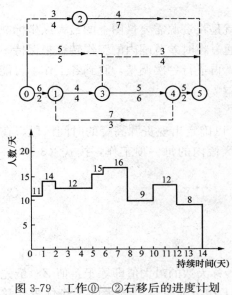

图 3-79 工作①—②右移后的进度计划
及资源计划

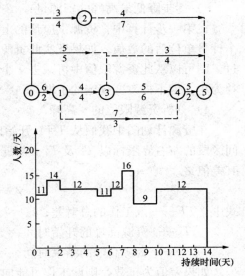

图 3-80 工作②—⑤右移后的进度计划
及资源计划即为最优解

工作②—⑤右移过程的计算结果见表 3-12。

表 3-12 工作②—⑤右移过程的计算结果表

工作编号	计算参数	判断能否右移的计算公式及结果	能否右移	右移后的位置
②—⑤	$R_{L+1}=R_{13}=8$ $R_k=R_6=15$ $r_{2,5}=4$	$R_{13}-(R_6-r_{2,5})$ $=8-(15-4)$ $=-3<0$	可以	右移 1 天，右移至时间区段 6—13
	$R_{L+1}=R_{14}=8$ $R_k=R_7=16$ $r_{2,5}=4$	$R_{14}-(R_7-r_{2,5})$ $=8-(16-4)$ $=-4<0$	可以	右移 1 天，右移至时间区段 7—14

因工作②—⑤最多只能右移 2 天，故右移终止，右移后的进度计划和资源计划见图 3-80 所示。

以下用同样的方法对节点④、③、②等计算其相应工作右移的可能性，计算的结果说明均不能再右移，故不再调整，图 3-80 即为本例的最优解。

从以上调整过程中可以看出，每调整一次后，就在上一次资源计划的基础上计算出调整后的资源计划，作为下一次调整的基础。直至所有工作不能右移为止。

2. 在规定工期之内，使资源高峰最小的网络优化

消除网络计划在施工过程中资源需要量的"高峰"，即使其"高峰"最小，但保持工期不变，其目的在于使资源供应均衡，这在组织施工中有极其重要的实际意义。

（1）调整步骤。

1）按各工作的最早开始时间 ES 绘制网络计划的水平进度；

2）根据水平进度绘制各时间的资源计划；

3）逐步降低最高峰的资源量；

在第一步计算中，资源供应量的上限的求法就是将资源需要量图上的最大纵坐标减去一个计量单位后的数值。如果证实此资源限值可以通过在时差范围内的工作转移来保持不被超过，则可以从此资源限值中再减去 1 个计量单位，再进行一次调整，直到各工作不可能再转移为止，但不得改变规定的工期。

4）分析资源限值的"高峰"。

在资源计划图中我们从 $T=0$ 开始向右观察，以确定出现资源高峰的时间区段，在该时间区段的左右界限标以 T_k 及 T_L。对属于该时间区段内的每一项工作，按式（3-103）求出其差值 Z。

$$Z = TF - (T_L - T_k) \tag{3-103}$$

式中 TF——该工作的总时差；

       T_k——资源高峰的开始时间；

       T_L——资源高峰的结束时间。

如果差值为正数，则该工作可能向右转移，转移天数的最大值即等于差值 Z。最先转移资源量最小的工作，如果有若干个资源量相同的工作，则差值 Z 最大的工作优先转移，转移的结果是将工作的开始点转移到 T_L。

对某一资源高峰分析完毕后，则从该资源高峰值减去一个计量单位后所得的新高峰，再用此方法进行分析，直到总时差用完，不再有可能转移为止。用以上方法最后得到的资源量图即为所求的结果。

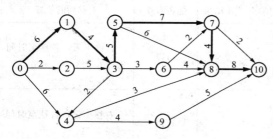

图 3-81 某工程网络计划示例

（2）优化示例。

【例 3-11】 已知某工程网络计划如图 3-81所示，施工过程中有 A、B 两种主要资源，要求在规定工期不变的情况下，试用"资源高峰最小"的方法求解该两种资源最均衡的网络计划。

解

图 3-81 所示的网络计划的时间参数及 A、B 两种资源需要量计划见表 3-13 所示。

表 3-13   **某工程网络计划的时间参数及资源需要量表**

工作编号	工作持续时间（天）	最早开始时间	最迟完成时间	时差（天）	资源 A	资源 B
⓪—①	6	0	6	0	—	3
⓪—②	2	0	5	3	—	2
⓪—④	6	0	23	17	6	—
①—③	4	6	10	0	7	—
②—③	5	2	10	3	—	2
③—④	2	10	23	11	5	—

续表

工作编号	工作持续时间（天）	最早开始时间	最迟完成时间	时差（天）	资源 A	资源 B
③—⑤	5	10	15	0	—	2
③—⑥	3	10	20	7	—	3
④—⑧	3	12	26	11	4	—
④—⑨	4	12	29	13	—	2
⑤—⑦	7	15	22	0	2	—
⑤—⑧	6	15	26	5	—	3
⑥—⑦	2	13	22	7	—	4
⑥—⑧	4	13	26	9	—	—
⑦—⑧	4	22	26	0	5	—
⑦—⑩	2	22	34	10	4	—
⑧—⑩	8	26	34	0	2	—
⑨—⑩	5	16	34	13	—	1

　　根据图 3-81 绘制的水平进度如图 3-82（a）所示，使用资源 A 的工作图中用双线表示，使用资源 B 的工作用单线表示。图 3-82（b）为 A 资源需要量计划，图 3-82（c）为 B 资源需要量计划。

　　由图 3-82（b）、（c）可知：

　　资源 A 的最大值 $\max R_A = 9$

　　资源 B 的最大值 $\max R_B = 8$

　　1. 先将资源最大值各减去 1 个计量单位后进行分析：

　　A 资源：$R_A = 9 - 1 = 8$

　　B 资源：$R_B = 8 - 1 = 7$

　　首先分析有无超过以上限值的情况。

　　（1）资源 A 在时间区段 22—24 内超过限值，此时间区段内有工作⑦—⑧及⑦—⑩。工作⑦—⑧是关键线路上的工作，不能转移。工作⑦—⑩的情况如下：$T_k = 22$，$T_L = 24$ 代入式（3-103）得

$$Z = 10 - (24 - 22) = 8 \text{ 天}$$

　　工作⑦—⑩最多可转移 8 天，如果将工作⑦—⑩的最早开始时间转移到时间区段 24—26，可以看出，在时间区段 24—26 间又将超过限值。由于其差值尚有转移的余地，可将工作⑦—⑩转移到时间区段 26—28。

　　（2）资源 B 在时间区段 13—15 内超过限值，在此时间区段内，需耗用 B 类资源的工作为③—⑤、④—⑨、⑥—⑦。

　　工作④—⑨的总时差 $TF = 13$ 天，最早开始时间 $T_k = 12$，最迟结束时间 $T_L = 15$。因此其允许最大转移时间为：

$$TF - (T_L - T_k) = 13 - (15 - 12) = 10 \text{ 天}$$

　　资源量＝2

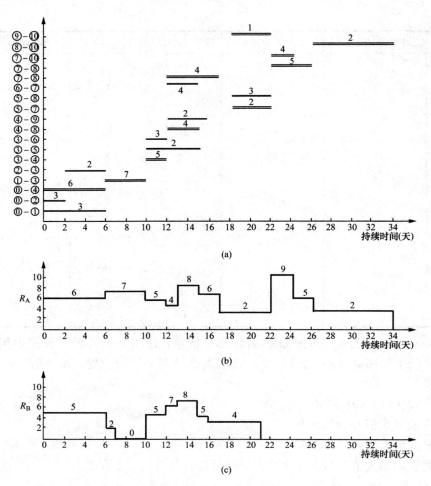

图 3-82　根据图 3-81 的网络计划绘制的水平进度及资源需要量计划

(a) 水平进度；(b) A 资源需要量计划；(c) B 资源需要量计划

工作⑥—⑦的允许最大转移时间为

$$TF - (T_L - T_k) = 7 - (15 - 13) = 5 \text{ 天}$$

资源量＝4

因此，将工作④—⑨的最早开始时间转移到时间区段 15—19。第一次转移的结果见图 3-83所示。

2. 由图 3-83 可知：

资源 A 的限值应为　　　　　　　$R_A = 8 - 1 = 7$

资源 B 的限值应为　　　　　　　$R_B = 6 - 1 = 5$

(1) 资源 A 在时间区段 13—15 内超过限值，在此区段内耗用资源 A 的工作有：

工作④—⑧：　　　　$Z = 11 - (15 - 12) = 8$ 天

资源量＝4。

工作⑥—⑧：　　　　$Z = 9 - (15 - 13) = 7$ 天

资源量＝4

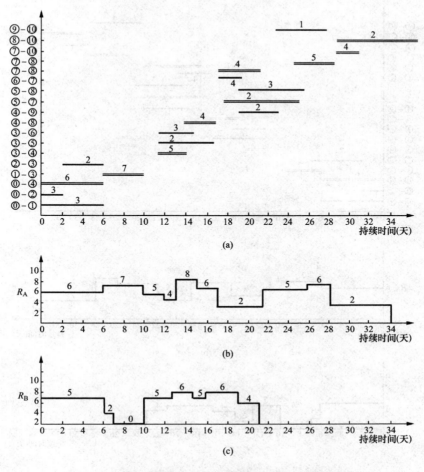

图 3-83 第一次调整后的水平进度及资源需要量计划

(a) 水平进度；(b) A 资源需要量计划；(c) B 资源需要量计划

如果先转移工作④—⑧，其结果是中断了资源的连续性。因此将工作⑥—⑧从 $T_L = 15$ 向后转移 2 天。

(2) 资源 B 在时间区段 13—15 内也超过限值，也要进行调整。

工作③—⑤在关键线路上，不能转移。

工作⑥—⑦ $\qquad Z = 7 - (15 - 13) = 5$ 天

资源量＝4

将工作⑥—⑦转移到时间区段 15—17，这样在时间区段 15—17 内资源 B 又出现了一个新的高峰，即 $R_B = 9$。

工作④—⑨ $\qquad Z = (13 - 3) - (17 - 15) = 8$ 天

资源量＝2

工作④—⑨的 TF 原为 13，但在第一次转移时用去了 3 天，故上式的 $TF_{4,9} = 13 - 3 = 10$ 天。

工作⑤—⑧ $\qquad Z = 5 - (17 - 15) = 3$ 天

资源量＝3

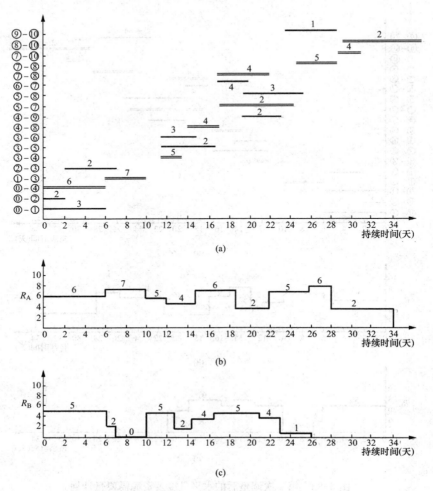

图 3-84　最终调整后的水平进度及资源需要量计划

(a) 水平进度；(b) A 资源需要量计划；(c) B 资源需要量计划

工作⑥—⑦　　　　　　　$Z = (7-2) - (17-15) = 3$ 天

资源量=4

先将工作④—⑨移至时间区段 17—21，再将工作⑨—⑩移至时间区段 21—26，将工作⑤—⑧移至时间区段 17—23。

第二次调整结果如图 3-84 所示。继续调整不再可能，调整终止。最终的资源高峰为

$$\max R_A = 7；\max R_B = 5$$

三、工期—成本优化

工期—成本（费用）优化是网络计划优化在给定的约束条件下，寻求满足某种优化目标要求的最优方案。它通常有以下两种：当规定工期大于计算工期时，确定最低工程成本及其对应的最佳工期；当规定工期小于计算工期时，确定符合规定工期要求的最佳工程成本。

（一）工期和工程成本的关系

工程成本由直接费与间接费组成。直接费由人工费、材料费和机械费组成。施工方案不同，直接费也就不相同；施工方案一定，如工期不同，直接费也就不同。间接费一般也会随

着工期的增加而增加。考虑工程总成本时，还应考虑拖期要接受罚款，提前竣工会得到奖励，提前投产而得到收益。工期与成本的关系曲线可用图 3-85 表示。

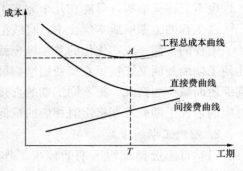

图 3-85 工期—成本关系曲线

工期—成本优化的目的是：求出与最低工程总成本相对应的工程总工期或求出在规定工期条件下工程最低成本。网络计划中工期的长短取决于关键线路的总持续时间。关键线路由关键工作组成。为了达到工期—成本优化的目的，必须研究分析网络计划中工作的持续时间和费用（主要是直接费）之间的关系。

1. 工作持续时间和费用的关系

工作持续时间和费用的关系有以下几种类型。

（1）连续直线型。见图 3-86（a）所示，即 A 点时间为 t_1，成本为 C_A；B 点时间为 t_2，成本为 C_B；A、B 之间各点的时间费用关系点在 A、B 的连线上。就整个工程讲，可以认为直线型关系有其使用价值，而且会给优化工作带来方便。

对于不同的工作，它的直接费的增加情况也是不一样的，我们可以用单位时间内的费用增加率，或称费用率，用 e 来表示。若正常施工方案点 n 的正常时间是以 T_n 表示，相应的正常费用为 C_n，缩短后的加快施工方案点 S，它的加快时间为 T_s，相应的施工费用为 C_s，这样就可以算出费用率 e，即

$$e = \frac{C_s - C_n}{T_n - T_s} \tag{3-104}$$

通过费用率可以看出哪个工作在缩短工期时花费最低，需要时即可优先加快这项工作。

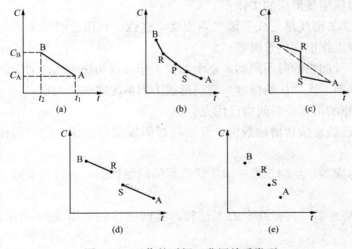

（2）折线型。见图 3-86（b）所示，表示不同时间的费用变化率是不同的。对于一项表示小型工程的网络计划来讲，这种线型有实际应用意义，且比较精确。

（3）突变型。见图 3-86（c）所示。AS 段代表一种方案费用和时间的关系；RB 段表示另一种施工方案增加资源而引起的时间缩短与费用增加的关系。在优化时，可用 AB 线表示这种关系的近似值。

图 3-86 工作的时间—费用关系类型

（4）断裂型。见图 3-86（d）所示，它表示时间和费用的关系不是连续型的。AS 和 RB 分别代表两种不同施工方案的时间费用关系。这种情况多属不同的机械施工方案。

（5）离散型。如图 3-86（e）所示，这也多属机械施工方案，各方案之间无任何关系，

工作也不能逐天缩短，只能在几个方案中选择。

在工程的工期—成本优化中，直线型关系用得较多。

工程的工期—成本优化的基本思想就在于，不断从这些工作的时间和费用关系中，找出能使工期缩短而又能使得直接费用增额最少的工作，缩短其持续时间，然后考虑间接费随工期缩短而减少的情况。把不同工期的直接费和间接费分别叠加，即可求出工程成本最低时相对应的最优工期或工期指定时相应的最低工程成本。

2. 缩短工期的原则

（1）首先选择缩短工期的该项工作，其费率最小，使得由于缩短工期而增加的费用最少；

（2）选择关键线路上的工作缩短工期，因为只有缩短关键线路上的工作，才能缩短工程的总工期；

（3）有时缩短非关键线路上工作的工期，亦会导致关键线路的改变而缩短工程的总工期。在这种情况下，只要该项工作的费率极小，即使是在非关键线路上，亦可以考虑。

3. 工期—成本优化的步骤

（1）绘制工作正常持续时间下的网络计划，确定关键线路，并计算工期；

（2）求出网络计划中各项工作采取可行的施工方案后可加快的工作时间；

（3）求出正常工作持续时间和加快工作时间下工作的直接费，并用式（3-104）求出费用变化率；

（4）寻找可以加快时间的工作。这些工作应当满足以下三项标准：它是一项关键工作；它是可以压缩持续时间的工作；它的费用变化率在可压缩持续时间的关键工作中是最低的；

（5）确定本次可以压缩多少时间，增加多少费用。这要通过下列标准进行确定：

1）如果网络计划中有几条关键线路，则几条关键线路都要压缩，且压缩同样数值，而压缩的时间应是各条关键线路中可压缩量最少的工作；

2）每次压缩以恰好使原来的非关键线路变成关键线路为度。这就要利用总时差值来判断，即不要在压缩后经计算非关键工作出现负总时差。

（6）根据所选加快的关键工作及加快的时间限制，逐个加快工作，每加快一次都要重新计算网络计划的时间参数，用以判断下次加快的幅度，直到形成下列情况之一时为止：

1）有一条关键线路的全部工作的可压缩时间均已用完；

2）为加快工程施工进度所引起的直接费增加数值，开始超过因提前完工而节约的间接费时。

（7）求出优化后的总工期、总成本，绘制工期—成本优化后的网络计划，并付诸实施。

（二）工期和费用优化计算

【例 3-12】 某混凝土基础工程施工，共有八个施工过程，其网络计划如图 3-87 所示。间接费率为 80 元/天。

解

（1）按正常工作持续时间，确定关键线路和工期，如图 3-88 所示。

关键线路为：⓪—①—②—④—⑤—⑥，图 3-88 中用粗箭线标注。工期为 18 天。

（2）计算正常工作持续时间下的网络计划的工程直接费，计算结果见表 3-14 所示。

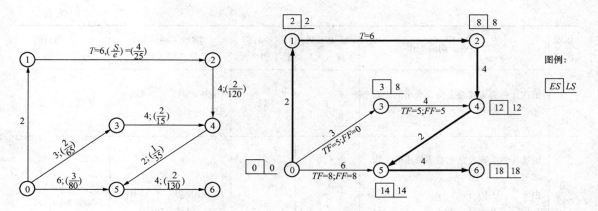

图 3-87 某混凝土基础工程网络图　　　图 3-88 某混凝土基础工程网络计划时间参数计算

表 3-14　　　　　各工作正常持续时间的费用、缩短工期、费率表

序号	工作名称	工作编号	正常工期 T （天）	缩短工期 S （天）	正常费用 （元）	缩短工期后的总费用 C （元）	费率 e （元/天）
	[1]	[2]	[3]	[4]	[5]	[6] = [5] + [4] × [7]	[7]
1	基础放线	⓪—①	2	—	30		—
2	挖土方	①—②	6	4	180	280	25
3	支模	②—④	4	2	700	940	120
4	浇筑混凝土	⑤—⑥	4	2	760	1020	130
5	钢筋进场	⓪—③	3	2	4000	4130	65
6	钢筋成型	③—④	4	2	200	230	15
7	钢筋绑扎	④—⑤	2	1	75	110	35
8	骨料进场	⓪—⑤	6	2	4200	4440	80
9	合　计				10145		

（3）计算网络计划各项工作的直接费率，计算结果见表 3-14。

（4）确定压缩方案，逐步压缩，寻求最优计划工期。现将压缩方案的步骤归纳在表 3-15 中。

表 3-15　　　　　　　压 缩 方 案 的 步 骤

压缩次序	选择缩短工期的工作	缩短工期数（天）	缩短后的总工期（天）	缩短工期后的总费用（元）	缩短工期后的网络计划
第一次	压缩关键线路上费率最小的工作 ①—②，$e=25$	4	14	$C_1 = 10145 + （280 - 180）= 10245$	见图 3-89（a）

压缩次序	选择缩短工期的工作	缩短工期数（天）	缩短后的总工期（天）	缩短工期后的总费用（元）	缩短工期后的网络计划
第二次	依次压缩关键线路上费率最小的工作④—⑤，$e=35$	1	13	$C_2 = 10245 + (110 - 75) = 10280$	见图 3-89（b）
第三次	继续压缩关键线路上费率最小的工作②—④，$e=120$ 由于③—④的 $TF=1$，当②—④压缩1天后，工作⓪—③、③—④即形成新的关键线路，如果压缩2天，总工期也只缩短1天	1	12	$C_3 = 10280 + [(940 - 700)/2] = 10400$	见图 3-89（c）
第四次	共有两条关键线路： ⓪—①—②—④—⑤—⑥　$T=7$天 ⓪—③—④—⑤—⑥　$T=7$天 要缩短工期，必须同时压缩上述两条线路。有三种可供选择的方案： （1）压缩②—④与⓪—③ （2）压缩②—④与③—④ （3）压缩⑤—⑥ 选择压缩⑤—⑥	2	10	（1）每天增加 120+65=185 元 （2）每天增加 120+15=135 元 （3）每天增加 130 元 $C_4 = 1040 + (1020 - 760) = 10660$	见图 3-89（d）
第五次	压缩②—④与③—④各1天	1	9	$C_5 = 10660 + (120 + 15) = 10795$	见图 3-89（e）

经过上述五次压缩到此为止。虽然工作⓪—③、③—④、④—⑤还可以压缩，但是另一关键线路⓪—①—②—④—⑤—⑥不能再压缩，因此，工作⓪—③、③—④、⓪—⑤的压缩不能缩短总工期。故全部压缩过程终止。这个全过程称为工期与成本的优化过程，最后所得的网络计划称为相应计划工期的优化工期。

（5）求出优化后的总工期、总成本，绘制工期—成本优化后的网络计划。

以上述五次压缩的计划工期为横坐标，以每次缩短工期后的费用（即直接费）为纵坐标，连成曲线，形成计划工期与直接费的关系曲线，如图 3-90 所示。

每项工程的成本，除直接费以外，还包括全部间接费用。用间接费率乘以相应工期可得工程的总间接费。将该工程的直接费和间接费分别按不同计划工期叠加，即为计划的总成本曲线。在总成本曲线的最低点 A，其相应的工期 T，即为该工程的最优工期，亦即成本最低的工期，如图 3-90 所示。

从图 3-90 可以看出：本例的最优工期为 13 天，总成本为 11320 元。

优化后的网络计划见图 3-89（b）所示。

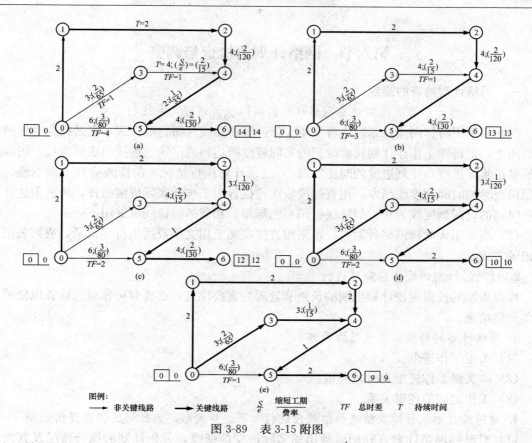

图 3-89 表 3-15 附图

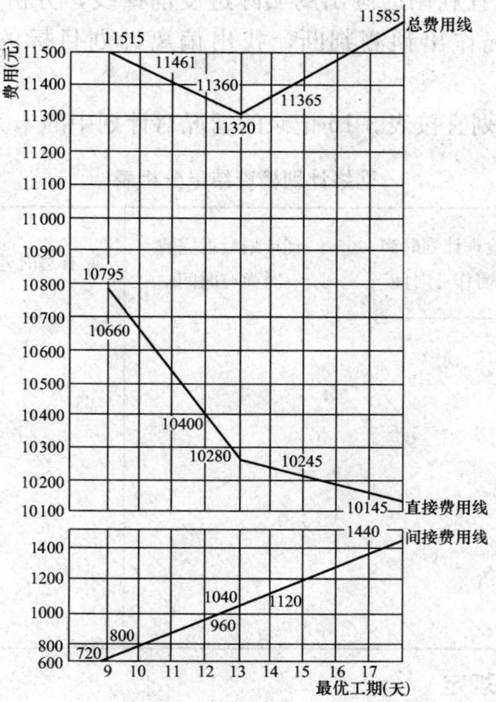

图 3-90 工期与成本优化曲线

第六节　网络计划的检查与调整

一、网络计划检查的规定

1. 检查网络计划首先必须收集网络计划的实际执行情况，并进行记录

（1）当采用时标网络计划时，可采用实际进度前锋线（简称前锋线，它是指在时标网络计划图上，把每项工作在计划检查时刻的实际进度所达到的前锋点连接而成的折线。用以形象地显示实际进度与计划进度的对比状况。）记录计划执行情况。前锋线应自上而下地、从计划检查时的时间刻度线出发，用直线段依次连接各项工作的实际进度前锋，最后到达计划检查时刻的时间刻度线为止。前锋线可用彩色标画，相邻的前锋线可采用不同颜色。

（2）当采用无时标网络计划时，可采用直接在图上用文字或适当符号记录，或列表记录等记录方式。

2. 对网络计划的检查应定期进行

检查周期的长短应视计划工期的长短和管理的需要决定，必要时可作应急检查以便采取应急调整措施。

3. 网络计划的检查必须包括的内容

（1）关键工作进度；

（2）非关键工作进度及时差利用；

（3）工作之间的逻辑关系。

4. 对网络计划执行情况检查的结果应进行如下分析判断，为计划的调整提供依据

（1）对时标网络计划宜利用已画出的实际进度前锋线，分析计划的执行情况及其发展趋势，对未来的进度情况作出预测判断，找出偏离计划目标的原因及可供挖掘的潜力所在。

（2）对无时标网络计划宜按表 3-16 记录的情况对计划中的未完工作进行分析判断。

表 3-16　　　　　　　　　　网络计划检查结果分析表

工作编号	工作代号	检查计划时尚需作业时间	到计划最迟完成时尚有时间	原有总时差	尚有总时差	情况判断

二、网络计划调整的规定

网络计划的调整可包括下列内容：

（1）关键线路长度的调整；

（2）非关键工作时差的调整；

（3）增、减工作项目；

（4）调整逻辑关系；

（5）重新估计某些工作的持续时间；

（6）对资源的投入作局部调整。

三、网络计划的检查

（一）检查的时间和内容

1. 检查的时间

检查时间分两类：一类是日常检查；一类是定期检查。定期检查一般与计划周期相一致，在计划执行结束时检查。

2. 检查的内容

检查内容包括：进度计划中，工作的开始时间、完成时间、持续时间、逻辑关系、实物工程量和工作量、关键线路和总工期、时差利用等。

（二）检查的方法

检查的方法是对比法，即将计划内容和记录的实际状况进行对比，从而分析判断计划的执行情况。现以图 3-91 所示的网络计划为例说明检查分析的方法。

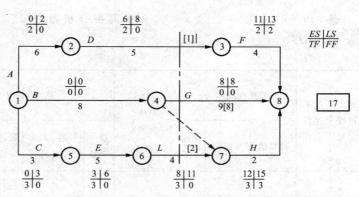

图 3-91　某工程网络计划示例

网络计划检查分析的具体情况见表 3-17 所示。

由表 3-17 可知，在第 10 天检查时，工作 D 和 L 的原有总时差均保持不变，说明两项工作进度正常；而工作 G 的总时差却减少了 1 天、说明工作进度拖期 1 天。而且工作 G 处在关键线路上，尤其他是该线路上的最后一项工作，所以如果不在尚需的 8 天中赶上来，很有可能使整个计划拖期，影响进度控制目标的实现。

表 3-17　　　　　　　　网络计划检查情况分析表　　　　　　　　　　（d）

工作编号	工作代号	检查时尚需时间	到计划最迟完成前尚有时间	原有总时差	尚有时差	情况判断
2-3	D	1	13－10＝3	2	3－1＝2	正常
4-8	G	8	17－10＝7	0	7－8＝－1	拖期 1 天
6-7	L	2	15－10＝5	3	5－2＝3	正常

网络计划检查的结果应填写报告，向有关领导提交。表 3-18 和表 3-19 是网络计划执行结果分析报告；表 3-20 是网络计划与实际比较报告；表 3-21 是实际完成量报告；表3-22是网络计划预测分析报告。在实际工作中可根据需要选用或自行设计。

表 3-18　　　　**总 网 络 分 析 报 告**

项目名称 _____
项目编号 _____

工作编号	工作名称	实现时间（天）			后续工作			
		最早	最迟	时差	编号	名称	时距（天）	剩余时间（天）

填表人_____　　　　　　　　　　　　　　　　　　填表日期_____
审核人_____　　　　　　　　　　　　　　　　　　审核日期_____

表 3-19　　　　**子 网 络 分 析 报 告**

项目名称 _____
项目编号 _____

施工过程编号	施工过程名称	延续时间（天）			完成率（%）	进度参数（天）						后续施工过程		搭接关系	
		计划值	实际值	剩余时间		最早开始	最迟开始	最早完成	最迟完成	总时差	自由时差	编号	名称	类型	时距（天）

填表人_____　　　　　　　　　　　　　　　　　　填表日期_____
审核人_____　　　　　　　　　　　　　　　　　　审核日期_____

表 3-20　　　　**进 度 比 较 报 告**

项目名称 _____
项目编号 _____

施工过程编号	施工过程名称	工程量		工作班次（班·天⁻¹）	完成率（%）	工作时间			进展时间比较	最早开始时间（天）		最早开始时间偏差（天）	最早完成时间（天）		最早完成时间偏差（天）	备注
		单位	数量			计划值	进展时间	时间比（%）		计划值	实际值		计划值	实际值		

填表人_____　　　　　　　　　　　　　　　　　　填表日期_____
审核人_____　　　　　　　　　　　　　　　　　　审核日期_____

表 3-21 进 度 报 告

项目名称 _____

项目编号 _____

施工过程编号	施工过程名称	工程量		完成率（%）	工作量		工作班次（班·天⁻¹）	延续时间（天）	进度参数 [表示实际进度]（天）				总时差（天）	自由时差（天）	备注
		单位	数量		单位	数量			最早开始	最迟开始	最早完成	最迟完成			

填表人_____　　　　　　　　　　　　　　　　　　填表日期_____

审核人_____　　　　　　　　　　　　　　　　　　审核日期_____

通过检查分析，如果进度偏离计划不十分严重，便可以通过解决矛盾，排除障碍，继续执行原计划的顺序和时间安排，这是首先要努力做到的。在经过努力，确定不能按原计划实现时，再考虑对网络计划进行必要的调整，即适当延长工期或改变施工速度。网络计划的调整一般是不可避免的，但应慎重，尽量减少变更计划性的调整。

四、网络计划的调整

（一）网络计划调整的内容

网络计划调整的内容有以下几方面：

表 3-22 进 度 预 测 分 析 报 告

项目名称 _____

项目编号 _____

施工过程编号	施工过程名称	工程量		工作班次（班·天⁻¹）	原计划时间（天）	预测工作时间（天）	预测进度						备注
		单位	数量				最早开始	最迟开始	最早完成	最迟完成	总时差（天）	自由时差（天）	

填表人_____　　　　　　　　　　　　　　　　　　填表日期_____

审核人_____　　　　　　　　　　　　　　　　　　审核日期_____

1. 关键线路长度的调整

(1) 当关键线路的实际进度比计划进度提前时,首先要确定是否对原计划工期予以缩短。如果不拟缩短,则可利用这个机会降低资源强度或费用,其方法是选择后续关键工作中资源占用量大的或直接费用高的予以适当延长工作持续时间,延长的时间不应超过已完成的关键工作提前的时间量;如果要使提前完成的关键线路的结果变成整个计划工期的提前完成,则应将计划的未完成部分作为一个新计划,重新进行计算与调整,按新的计划执行,并保证新的关键工作按新计算的时间完成。

(2) 当关键线路的实际进度比计划进度落后时,计划调整的任务是采取措施把落后的时间抢回来,于是应在未完成的关键线路中选择资源强度小的工作予以缩短,重新计算未完成部分的时间参数,按新参数执行。这样做有利于减少赶工费用。

2. 非关键工作的时差调整

时差调整的目的是为了更充分地利用资源,降低成本,满足施工需要。时差调整不得超出总时差值,每次调整均需进行时间参数计算。调整的方法有:

(1) 可以在总时差范围内移动工作,即改变时差的位置,以降低资源强度;

(2) 可以延长非关键工作的持续时间或缩短工作的持续时间,以降低资源强度。

3. 增减工作项目

(1) 增减工作项目均应该不打乱原网络计划总的逻辑关系,以便使原计划得以实施。因此,增减工作项目,只能改变局部的逻辑关系,此局部改变不影响总的逻辑关系。增加工作项目,只是对原遗漏或不具体的逻辑关系进行补充;减少工作项目,只是对提前完成了的工作项目或原不应设置而设置了的工作项目予以消除。只有这样,才是真正的调整,而不是重编计划。

(2) 增减工作项目之后,应重新计算时间参数,以分析此调整是否对原网络计划工期有影响,如有影响,应采取措施使之保持不变。

4. 逻辑关系的调整

逻辑关系改变的原因必须是施工方法或组织方法的改变。但一般说来,只能调整组织关系,而工艺关系不宜进行调整,以免打乱原计划。调整逻辑关系是以不影响原定计划工期和其他工作的顺序为前提的。调整的结果绝对不应形成对原计划的否定。

5. 工作持续时间的调整

如果工作的持续时间计算有误,在检查中被发现,或者实施中发现原持续时间计算无误,但实现的条件不充分,便可进行调整。调整的方法是重新估算持续时间,按新时间实施。每调整一次就应重新计算时间参数,以观察该调整对总工期的影响。

6. 资源的调整

资源的调整应在资源供应发生异常时进行。所谓异常,即因供应满足不了需要(中断或强度降低),影响到计划工期的实现。资源调整的前提是保证工期或使工期适当,故应进行工期规定(确定)资源有限或资源强度降低工期适当的优化,从而达到使调整取得好的效果的目的。

以上调整内容,可以是其中的一项,也可以是其中的几项或全部。

网络计划的调整工作应与网络计划的检查时间一致,或作应急调整,以定期调整为主。

（二）网络计划调整的方法

1. 网络计划的调整过程

当网络计划与实际进度有较大偏差时，便应作出调整网络计划的决定。调整之前，应分析偏差产生的原因，从中找出关键的原因，还应分析该偏差对后续工作产生的影响，进而提出调整计划的目标，应采取的措施，选择调整方法，在原计划执行的基础上形成新的"调整计划"。进度计划调整后，还应对资源计划作相应调整，在新的计划期中，执行该"调整计划"。以上过程可用图 3-92 表示。

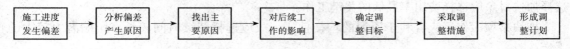

图 3-92 网络计划调整的程序

2. 进度计划调整目标的选择

进度计划调整目标有以下几种类型：

（1）总工期不允许延长的进度调整；

（2）总工期可以延长的进度调整；

（3）总工期可以拖延某一定值的调整；

（4）某后续工作开始时间不允许拖延的进度调整；

（5）某后续工作开始时间允许拖延的进度调整；

（6）某后续工作开始时间拖延有限制的进度调整。

3. 分析网络计划的偏差对后续工作及工期的影响

如果发现网络计划的某项工作出现偏差，首先应判断偏差是否处在关键线路上。如果是处在关键线路上，肯定会影响总工期，应进行调整；如果不是在关键线路上，还应判断此偏差是否大于总时差，如果大于总时差，则又会影响总工期，应进行调整；如果偏差小于总时差，还应判断此偏差是否大于自由时差，如果大于自由时差，便会影响后续工作，应予调整；

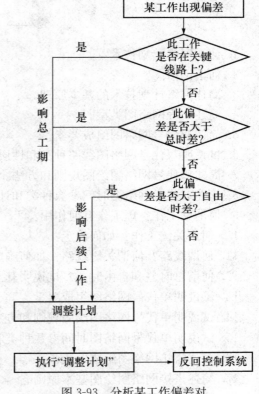

图 3-93 分析某工作偏差对网络计划的影响

如果偏差小于自由时差，则不会对后续工作产生影响，可不予调整应继续执行原计划。以上程序可用图 3-93 说明。

4. 调整时间的措施

当进度偏差影响总工期时（使总工期延长），应采取措施使之缩短，或保持原工期不变，或使总工期延长最少。要做到这一点，必须缩短关键线路上工作的持续时间。缩短关键工作持续时间的办法主要有以下几个：

（1）增加资源（主要是劳动力和机械）的数量；

（2）不增加资源数量，但延长日作业时间；

（3）提高工人或机械的工作效率；

（4）采用分段搭接施工的方法（在工作面允许的情况下）；

（5）改变施工方案，调整施工顺序，使之有利于缩短时间，如原为手工操作，现改为机械操作；原为现场制作，现改为预制。

一般情况下，无论采用哪种措施，都会增加费用（搭接施工有可能不增加费用），因此选择加快对象应选择费用率最低的关键工作。

加快某项工作还应有利于资源的均衡使用，故应选择持续时间较长、压缩潜力较大的工作。

习 题

1. 何谓网络计划技术？

2. 何谓网络图？

3. 简述网络计划技术的基本原理。

4. 简述工程网络图类型。

5. 简述双代号网络图组成要素。

6. 试说明双代号网络图线路种类和性质。

7. 简述双代号网络图绘图规则和方法。

8. 简述双代号网络图时间参数种类和计算方法。

9. 何谓虚工作？虚工作有何作用？

10. 何谓关键工作？如何确定？

11. 何谓线路？何谓关键线路？如何确定关键线路？

12. 何谓总时差和自由时差？试说明其意义。

13. 试说明单代号网络图组成要素。

14. 试说明单代号网络图绘图规则和方法。

15. 试说明单代号网络图时间参数种类和计算方法。

16. 简述搭接网络图组成要素。

17. 简述搭接网络图绘图基本原则。

18. 简述搭接网络图绘图基本方法。

19. 试说明搭接网络图时间参数计算方法。

20. 试说明搭接网络图自由时差计算方法。

21. 试说明工程网络计划优化概念和种类。

22. 何谓逻辑关系？网络计划中有哪些逻辑关系？有何区别？

23. 双代号时标网络计划有何特点？

24. 试述双代号时标网络计划的绘制方法和步骤。

25. 试根据表 3-23 所示的各工作之间的逻辑关系，绘制双代号网络图。

26. 某工程各工作之间的逻辑关系及工作持续时间见表 3-24，试根据表中所给关系绘制双代号网络图，并计算网络计划的时间参数，确定关键线路。

表 3-23 各工作之间的逻辑关系

工作	紧前工作	紧后工作	工作	紧前工作	紧后工作
A	—	B、E、F	F	A	G
B	A	C	G	F	C、H
C	B、G	D、I	H	G	I
D	C、E	—	I	C、H	—
E	A	D、J	J	E	—

表 3-24 各工作之间的逻辑关系及工作持续时间表 (d)

工作	A	B	C	D	E	F	G
紧前工作	—	—	A	A、B	A、B	C、E	C、D、E
紧后工作	C、D、E	D、E	F、G	G	F、G	—	—
持续时间	6	4	8	7	5	10	9

第四章 施 工 准 备 工 作

第一节 概　　述

一、施工准备工作的意义

1. 遵循建筑施工程序

工程项目建设的总程序是按照规划、设计和施工等几个阶段进行的。施工阶段又可分为施工准备、土建施工、设备安装和交工验收等几个阶段。这是由工程项目建设的客观规律决定的。只有认真做好施工准备工作，才能保证工程顺利开工和施工的正常进行，才能保质、保量、按期交工，才能取得如期的投资效果。

2. 降低施工风险

工程项目施工受外界干扰和自然因素的影响较大，因而施工中可能遇到的风险较多。施工准备工作是根据周密的科学分析和多年积累的施工经验来确定的，具有一定的预见性。因此，只有充分做好施工准备工作，采取预防措施，加强应变能力，才能有效地防范和规避风险，降低风险损失。

3. 创造工程开工和顺利施工的条件

施工准备工作的基本任务是为拟建工程施工建立必要的技术、物质和组织条件，统筹组织施工力量和合理布置施工现场，为拟建工程按时开工和持续施工创造条件。

4. 提高企业经济效益

认真做好工程项目的施工准备工作，能调动各方面的积极因素，合理组织资源，加快施工进度，提高工程质量，降低工程成本，从而提高企业的经济效益和社会效益。

实践证明，施工准备工作的好坏，将直接影响着建筑产品生产的全过程。只有重视和认真细致地做好施工准备工作，积极为工程项目创造一切有利的施工条件，才能够多快好省地完成建设任务。如果违背施工程序而不重视施工准备工作，仓促上马，必然给工程的施工带来麻烦，甚至迫使施工停工、延长施工工期，造成不应有的经济损失。

二、施工准备工作的分类

（一）按施工准备工作的范围分类

施工准备工作按规模及范围分为：全场性施工准备（施工总准备）、单项（或单位）工程施工条件准备和分部（分项）工程作业条件准备三种。

1. 全场性施工准备

全场性施工准备是以整个建设项目或建筑群体为对象而进行的统一部署的各项施工准备，它的作用是为整个建设项目的顺利施工创造条件，既为全场性的施工做好准备，也兼顾了单项（或单位）工程施工条件的准备。

2. 单项（或单位）工程施工条件准备

单项（或单位）工程施工条件准备是以建设一栋建筑物或构筑物为对象而进行的施工条件准备工作，它的作用是为单项（或单位）工程施工服务；不仅要为单项（或单位）工程在开工前做好一切准备，而且要为分部工程或冬期、雨季施工做好施工准备工作。

3. 分部（分项）工程作业条件的准备

分部（分项）工程作业条件的准备是以一个分部（分项）工程为对象进行的作业条件准备。

（二）按拟建工程所处的不同施工阶段分类

按拟建工程所处的施工阶段不同，一般可分为开工前的施工准备和各施工阶段施工前的施工准备两种。

1. 工程开工前的施工准备

开工前的施工准备是在拟建工程正式开工之前所进行的一切施工准备工作。其作用是为拟建工程正式开工创造必要的施工条件，具有全局性和总体性。它既可能是全场性的施工准备，又可能是单位工程施工条件的准备。

2. 工程各施工阶段施工准备

各施工阶段的施工准备是在拟建工程开工之后，每个施工阶段正式开工之前所进行的一切施工准备工作。其作用是为各施工阶段正式开工创造必要的施工条件，具有局部性和经常性。如混合结构民用住宅的施工，一般可分为地基和基础工程、主体结构工程、建筑屋面工程和建筑装饰装修工程等施工阶段，每个施工阶段的施工内容不同，所需要的技术条件、物质条件、组织要求和现场布置等方面各不相同。因此，在每个施工阶段开工之前，都必须做好相应的施工准备工作。

（三）按施工准备工作的主体划分

按施工准备工作的主体不同，可分为建设单位（业主）的准备和施工单位（承包商）的准备。

1. 建设单位（业主）的准备

建设单位（业主）的准备是指按照常规或合同的约定应由建设单位（业主）所做的施工准备工作。如土地征用、拆迁补偿、"三通（或七通）一平"、施工许可证、水准点与坐标控制点的确定以及部分施工材料的采购等工作。

2. 施工单位（承包商）的准备

施工单位（承包商）的准备是指按照常规或合同的约定应由施工单位（承包商）所做的施工准备工作。如施工组织设计、临时设施的建造、材料的采购、施工机具租赁、施工人员的准备等工作。

综上所述，施工准备工作不仅具有整体性，又具有阶段性，是整体性与阶段性的统一，同时又要体现连续性。因此，施工准备工作必须有计划、有步骤、分期、分阶段地进行，并能及时根据工程进展的变化而调整和补充。

三、施工准备工作的内容

一般工程的施工准备工作其内容可归纳为六个方面：原始资料的调查收集、技术资料准备、施工现场准备、物资准备、施工人员准备和季节性施工准备。详见图 4-1 所示。

各项工程施工准备工作的具体内容，视该工程情况及其已具备的条件而异。有的比较简单，有的却十分复杂。不同的工程，因工程的特殊需要和特殊条件而对施工准备工作提出各不相同的具体要求。只有按照施工项目的规划来确定准备工作的内容，并拟定具体的、分阶段的施工准备工作实施计划，才能充分地为施工创造一切必要的条件。

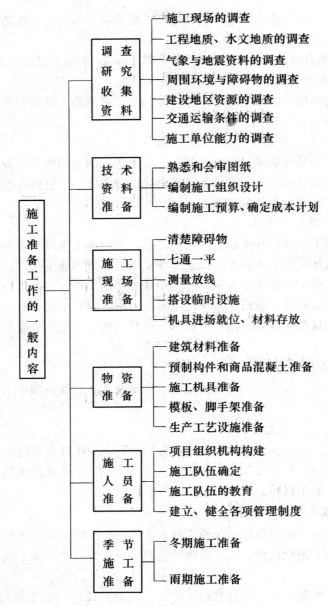

图 4-1 施工准备工作的一般内容

表 4-1 施 工 准 备 工 作 计 划

序号	施工准备项目	简要内容	负责单位	负责人	起止时间		备注
					月　日	月　日	

四、施工准备工作的计划

为了落实各项施工准备工作，加强检查和监督，必须根据各项施工准备的内容、时间和人员，编制出施工准备工作计划。其格式见表 4-1。

由于各项准备工作之间具有相互制约、相互依存的关系，为了加快施工准备工作的进度，必须加强建设单位、设计单位和施工单位之间的协调工作，密切配合，建立健全施工准备工作的责任制和检查制度，使施工准备工作有领导、有组织、有计划和分期分批地进行。另外，施工准备工作计划除用上述表格之外，还可以采用网络计划的方法，以明确各项准备工作之间的工作关系，找出关键线路，并在网络计划图上进行施工准备期的调整，以尽量缩短准备工作的时间。

第二节　技　术　准　备

技术准备是施工准备工作的核心，是确保工程质量、工期、施工安全和降低工程成本、增加企业经济效益的关键。其主要内容包括熟悉与会审施工图纸、学习和掌握有关技术规范、编制施工组织设计、编制施工预算文件。

一、熟悉与会审施工图纸

（一）熟悉与会审施工图纸的目的

（1）为了能够在工程项目开工之前，使从事建筑施工技术和经营管理的工程技术人员充分了解设计意图、结构构造特点、技术要求、质量标准，以免发生施工指导性错误。

（2）通过审查及时发现施工图纸中存在的差错或遗漏，以便及时改正，为工程项目的施工提供一份准确、齐全的设计图纸。

（3）结合具体情况，提出合理化建议和协商有关施工配合等事宜，以便确保工程质量和施工安全，降低工程成本和缩短工期。

（二）熟悉、审查施工图纸的重点内容和要求

（1）基础部分。应核对建筑、结构、设备施工图纸中有关基础预留洞的标高、位置和尺寸，地下室的排水方向，变形缝及人防出口的做法，防水体系的做法要求，特殊基础形式做法等。

（2）主体部分。弄清建筑物墙体轴线的布置；主体结构各层的砖、砂浆、混凝土构件的强度等级有无变化；梁柱的配筋及节点做法；阳台、雨篷、挑檐等悬挑结构的锚固要求及细部做法；楼梯间的构造；卫生间的构造；设备图与土建图上洞口尺寸、位置关系是否一致；对标准图有无特别说明和规定等。

（3）屋面及装修部分。主要掌握屋面防水节点做法，内外墙和地面等所用装饰材料及做法，核对结构施工时为装修施工设置的预埋件、预留洞的位置、尺寸和数量是否正确，防火、保温、隔热、防尘、高级装修等的类型和技术要求。

在熟悉图纸时，对发现的问题应在图纸的相应位置做出标记，并做好记录，以便在图纸会审时提出意见，协商解决。

（三）熟悉、审查设计图纸及其他技术资料时应注意的问题

（1）设计图纸是否符合国家有关的技术规范要求、建筑节能要求和地方规划要求，在设计功能和使用要求上是否符合卫生、防火及美化城市等方面的要求；

（2）核对图纸与说明书是否齐全，有无矛盾，规定是否明确，图纸有无遗漏，建筑、结构、设备安装等图纸之间有无矛盾；

（3）核对主要轴线、尺寸、位置、标高有无错误和遗漏；

（4）总平面图的建筑物坐标位置与单位工程建筑平面是否一致，基础设计与拟建工程地点的水文、地质等条件是否相符，建筑物及地下构筑物与管线之间有无矛盾；

（5）工业项目的生产工艺流程和技术要求是否掌握，配套投产的先后次序和相互关系是否明确；

（6）建筑安装与建筑施工在配合上存在哪些技术问题，能否合理解决；

（7）设计中所采用的各种材料、配件、构件等能否满足设计要求；

（8）审查设计是否考虑了施工的需要，各种结构的承载力、刚度和稳定性是否满足内爬、附着、固定式塔式起重机等使用的要求；

（9）明确建设期限、分期分批投产或交付使用的顺序和时间，以及施工项目所需主要材料、设备的数量、规格、来源和供货日期；

（10）明确建设、设计、监理和施工等单位之间的协作、配合关系，以及建设单位可以提供的施工条件；

（11）对设计技术资料有什么合理化建议及意见。

（四）熟悉和会审图纸的程序

熟悉、审查施工图纸的程序通常分为自审阶段、会审阶段和现场签证等三个阶段。

（1）施工图纸的自审阶段。施工单位收到施工项目的施工图纸和有关技术文件后，应尽快地组织有关的工程技术人员对图纸进行熟悉，了解设计要求及施工应达到的技术标准，掌握和了解图纸中的细节。

在熟悉图纸的基础上，由总承包单位内部的土建与水、暖、电等专业，共同核对图纸，写出自审图纸记录，协商施工配合事项。自审图纸的记录应包括对图纸的疑问和对图纸的有关建议。

（2）施工图纸的会审阶段。施工图纸会审一般由建设单位或委托监理单位组织，设计单位、监理单位、施工单位参加，四方共同进行设计图纸的会审。图纸会审时，首先由设计单位进行图纸交底，主要设计人员应向与会者说明拟建工程的设计依据、意图和功能要求，并对特殊结构、新材料、新工艺和新技术的选用和设计进行说明；然后施工单位根据自审图纸时的记录和对设计意图的理解，对施工图纸提出问题、疑问和建议；最后在各方统一认识的基础上，对所探讨的问题逐一做好协商记录，形成"图纸会审记录"。记录一般由施工单位整理，参加会议的单位共同会签、盖章，作为与施工图纸同时使用的技术文件和指导施工的依据，并列入工程预算和工程技术档案。图纸会审记录的格式见表4-2。

（3）施工图纸的现场签证阶段。在拟建工程的施工过程中，如果发现施工的条件与设计图纸的条件不符，或者发现图纸中仍然有错误，或者因为材料的规格、质量不能满足设计要求，或者因为施工单位提出了合理化建议，需要对施工图纸进行及时修改时，应遵循技术核定和设计变更的签证制度，进行图纸的施工现场签证。如果设计变更的内容对拟建工程的规模、投资影响较大时，要报请项目的原批准单位批准。在施工现场的图纸修改、技术核定和设计变更资料，都要有正式的文字记录，归入拟建工程施工档案，作为指导施工、工程结算和竣工验收的依据。

表 4-2　　　　　　　　　　　　　　　**图纸会审记录表**

工程编号：＿＿＿＿＿＿＿

工程名称		会审日期及地点		
建筑面积		结构类型		专业
主持人				

记录内容：

建设单位签章 代表：	设计单位签章 代表：	施工单位签章 代表：	监理单位签章 代表：

二、学习和掌握有关技术规范和规程

技术规范、规程是由国家有关部门制定的，是具有法令性、政策性和严肃性的建设法规，施工各部门必须按规范与规程施工，建筑施工中常用的技术规范、规程主要有以下几种：

(1) 工程施工质量验收规范；

(2) 建筑工程施工质量验收统一标准；

(3) 施工操作规程；

(4) 设备维护及检修规程；

(5) 安全技术规程；

(6) 上级主管部门所颁发的其他技术规程与规定。

各施工有关人员，务必结合本工程实际，认真学习和熟悉有关技术规范、规程，尤其对于采用和推广新材料、新技术、新结构、新工艺的工程，更需要进行全面、具体、明确、详细的学习，为保证优质、安全、按时完成工程任务打下坚实的技术基础。

三、原始资料的调查分析

为了做好施工准备工作，除了要掌握有关施工项目的书面资料外，还应该进行施工项目的实地勘测和调查，获得有关数据的第一手资料，这对于拟定一个先进合理、切合实际的施工组织设计是非常必要的，因此应该做好以下几个方面的调查分析：

(1) 自然条件的调查分析。建设地区自然条件调查分析的主要内容有：地区水准点和绝对标高等情况；地质构造、土的性质和类别、地基土的承载力、地震级别和烈度等情况；河流流量和水质、最高洪水和枯水期的水位等情况；地下水位的高低变化情况，含水层的厚度、流向、流量、水质等情况；气温、雨、雪、风和雷电等情况；土的冻结深度和冬雨季的期限等情况。

(2) 技术经济条件的调查分析。建设地区技术经济条件调查分析的主要内容有：地方建筑施工企业的状况；施工现场的动迁状况；当地可利用的地方材料状况；地方能源和交通运输状况；地方劳动力和技术水平状况；当地生活供应、教育和医疗卫生状况；当地消防、治安状况和参加施工单位力量状况等。

四、编制施工预算

在施工图预算的基础上，结合施工企业的实际施工定额和积累的技术数据资料，依据中标后的合同价、施工图纸、施工组织设计中所采用的施工方法、施工机具，考虑成本降低措施，编制施工预算，作为本施工企业（或基层工程队）对该建设项目内部经济核算的依据。施工预算主要是用来控制工料消耗和施工中的成本支出。根据施工预算中的分部分项工程量及定额工料用量，在施工中对施工班组签发施工任务单，实行限额领料及班组核算。因此，在施工过程中要按施工预算严格控制各项指标，确定成本计划，以促进降低工程成本和提高施工管理水平。

施工预算是建筑企业内部管理与经济核算的文件。随着计算机技术的迅猛发展，各种施工管理软件的不断涌现，采用电子计算机编制标书及施工预算在全国各地已很普遍。在具体编制时，可根据施工图纸将工程量一次输入，然后应用工程量清单中的单位报价和本企业的施工定额这两种数据库文件输出两种不同的预算，即投标报价和施工成本及本企业实际的工料、成本分析。根据这些成果文件再在施工过程中进行严格控制，实行限额领料、限额用工和成本控制，必然会降低工程造价、提高企业经济效益。因此，编制施工预算，确定施工成本，是施工准备中的重要工作。

五、编制中标后的施工组织设计

中标后的施工组织设计是施工准备工作的重要组成部分，也是指导施工现场全部生产活动的技术经济文件。建筑施工生产活动的全过程是非常复杂的物质财富再创造的过程，为了正确处理人与物、主体与辅助、工艺与设备、专业与协作、供应与消耗、生产与储存、使用与维修以及它们在空间布置、时间安排之间的关系，必须根据拟建工程的规模、结构特点和建设单位的要求，在原始资料调查分析的基础上，编制出一份能切实指导该工程全部施工活动的科学方案（施工组织设计）。

施工组织设计编制完成后，应报建设（或监理）单位审批，一经批准，便构成施工承包合同的主要组成文件，承包单位必须按施工组织设计中承诺的内容组织施工，并作为施工索赔的主要依据。因此，必须根据拟建工程的规模、结构特点和施工合同的要求，在原始资料调查分析的基础上，编制出一份能切实指导工程全部施工活动的施工组织设计，以确保工程好、快、省、安全地完成。施工组织设计（方案）报审表见表4-3。

表 4-3   **施工组织设计（方案）报审表**

工程名称：＿＿＿＿＿＿＿＿＿＿＿＿＿   编号：＿＿＿＿＿

致：＿＿＿＿＿＿＿＿＿＿（监理单位）

我方已根据施工合同的有关规定完成了＿＿＿＿＿＿＿＿＿＿＿工程施工组织设计（方案）的编制，并经我单位上报技术负责人审查批准，予以审查。

附件：施工组织设计（方案）

承包单位（章）：＿＿＿＿＿＿＿

项目经理：＿＿＿＿＿ 日期：＿＿＿＿＿

续表

专业监理工程师审查意见：ㅤㅤㅤㅤㅤㅤㅤㅤㅤㅤㅤㅤㅤㅤㅤㅤㅤㅤㅤㅤㅤㅤㅤㅤㅤㅤㅤ专业监理工程师：_____ 日期：_____
总监理工程师审核意见：ㅤㅤㅤㅤㅤㅤㅤㅤㅤㅤㅤㅤㅤㅤㅤㅤㅤㅤㅤㅤㅤㅤㅤㅤ项目监理机构（章）：_____   总监理工程师：_____ 日期：_____

第三节　劳动组织准备

一项工程完成的好坏，很大程度上取决于承担这一工程的施工人员的素质。现场施工人员包括施工的组织指挥者和具体操作者两大部分。这些人员的选择和组合，将直接关系到工程质量、施工进度及工程成本。因此，施工现场人员的准备是开工前施工准备的一项重要内容。

一、项目组织机构的组建

施工组织领导机构的建立应遵循以下原则：根据工程规模、结构特点和复杂程度，确定工程项目的领导机构名额和人选；坚持合理分工与密切协作相结合的原则；把有施工经验、有创新精神、工作效率高的人选入领导机构；认真执行因事设职、因职选人的原则；对于一般单位工程可设一名工地负责人，再配备施工员、质检员、安全员及材料员等；对大型的单位工程或群体项目，则需配备一套班子，包括技术、材料、计划、成本、合同、资料和组织协调等管理人员。

项目施工组织机构的资质等级应满足工程规模要求。组织结构的人选确定后，要报项目所在地建设行政主管部门审批其资质，审批通过后，项目经理部正式成立，对项目施工开始实施管理。项目经理是项目经理部的负责人，是承包人在施工合同专用条款中指定的负责施工管理和合同履行的代表，应由取得注册建造师资格证，并具有相应施工经验和能力的人担任。

另外，需强调的是，项目经理部内应至少配备一名成本员，来监控项目实施过程中的成本支出，及时发现成本超支和浪费现象，并对施工过程中的各种方案进行必要的技术经济分析。成本员应由懂技术、经济和合同管理，又具有一定的工作经验的人担任，如具有一定工作经历的工程管理专业毕业的大中专毕业生。

二、组织施工队伍

施工队伍的建立要认真考虑专业、工种的合理配合，技工、普工的比例要满足合理的劳动组织，要符合流水施工组织方式的要求，确定建立施工队伍要坚持合理、精干的原则；同时制定出该项目的劳动力需要量计划。

三、集结施工力量、组织劳动力进场

工地的领导机构确定后，按照开工日期和劳动力需要量计划，组织劳动力进场。同时要进行安全、防火和文明施工等方面的教育，并安排好职工的生活。

四、向施工队组技术交底

施工组织设计、计划和技术交底的目的是把施工项目的设计内容、施工计划和施工技术等要求，详尽地向施工队组和工人讲解交待。这是落实计划和技术责任制的好办法。

施工组织设计、计划和技术交底的时间应在单位工程或分部（项）工程开工前及时进行，以保证工程项目严格地按照设计图纸、施工组织设计、安全操作规程和施工验收规范等要求进行施工。

施工组织设计、计划和技术交底的内容有：工程项目的施工进度计划、月（旬）作业计划；施工组织设计，尤其是施工工艺、质量标准、安全技术措施、降低成本措施和施工验收规范的要求；新结构、新材料、新技术和新工艺的实施方案和保证措施；图纸会审中所确定的有关部位的设计变更和技术核定等事项。交底工作应该按照管理系统逐级进行，由上而下直到工人队组。交底的方式有书面形式、口头形式和现场示范形式等。

施工队组、工人接受施工组织设计、计划和技术交底后，要组织其成员进行认真的分析研究，弄清关键部位、质量标准、安全措施和操作要领。必要时应该进行示范，并明确任务及做好分工协作，同时建立健全岗位责任制和保证措施。

五、建立健全各项管理制度

工地的各项管理制度是否建立、健全，直接影响其各项施工活动的顺利进行。有章不循其后果是严重的，而无章可循更是危险的。为此必须建立、健全工地的各项管理制度。通常，其内容包括：工程质量检验与验收制度；工程技术档案管理制度；建筑材料（构件、配件、制品）的检查验收制度；技术责任制度；施工图纸学习与会审制度；技术交底制度；职工考勤、考核制度；工地及班组经济核算制度；材料出入库制度；安全操作制度；机具使用保养制度等。

第四节 施工物资准备

施工物资准备是指施工中所必需的劳动手段（施工机械、工具）和劳动对象（材料、配件、构件）等的准备。它是保证施工顺利进行的物质基础，必须在工程开工之前完成。它是一项较为复杂而又细致的工作，对整个施工过程的工期、质量和成本有着举足轻重的作用。

一、物资准备工作程序

物资准备工作程序是指搞好物资准备工作所应遵循的客观顺序。通常按如下程序进行：

1. 编制物资需要量计划

根据施工定额、分部（项）工程施工方法和施工总进度的安排，拟定材料、构（配）件及制品、施工机具和工艺设备等物资的需要量计划。

2. 组织货源签订合同

根据各种物资、机具需要量计划和施工组织设计所确定的仓储和使用面积，确定各种物资、机具的需要量进度计划，组织货源，确定加工、供应地点和供应方式，签订物资买卖合同或机具租赁合同。

3. 确定运输方案和计划

根据各种物资、机具的需要量进度计划和物资买卖合同、机具租赁合同，拟定运输计划和运输方案。如运输外包，需签订物资运输合同。

4. 物资储存保管、机具定位

按照施工总平面图的要求，组织物资、机具按计划时间进场，在指定地点，按规定方式进行就位、存储和保管。

物资准备工作程序如图 4-2 所示。

二、物资准备工作内容

1. 建筑材料的准备

建筑材料的准备主要是根据施工预算的工料分析所确定的需要量，按照施工进度计划的使用要求以及材料储备定额和消耗定额，分别按材料名称、规格、使用时间进行汇总，编出建筑材料需要量进度计划。建筑材料的准备包括：三材、地方材料、装饰材料的准备。准备工作应根据材料的需要量计划，组织货源，确定加工、供应地点和供应方式，签订物资买卖合同，确定仓库、堆放场地，组织运输。

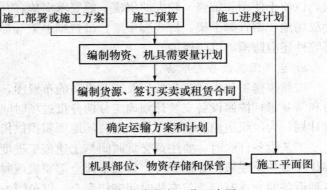

图 4-2　物资准备工作程序图

材料的储备应根据施工现场分期分批使用材料的特点，按照以下原则进行材料储备。

（1）按工程进度分期分批进行。现场储备的材料多了会造成积压，增加材料保管的负担，同时，也多占用了流动资金；储备少了会影响正常生产。所以材料的储备应合理、适量。

（2）做好现场保管工作。根据材料的物理及化学性能的不同，采用不同的保存方式，以防止材料挥发、变质、损耗等，以保证材料的原有数量和原有的使用价值。

（3）现场材料的堆放应合理。现场储备的材料，应严格按照施工平面布置图的位置堆放，以减少二次搬运，且应堆放整齐，标明标牌，以免混淆。此外，亦应做好防水、防潮、易碎材料的保护工作。

（4）做好技术试验和检验工作。对于无出厂合格证明和没有按规定测试的原材料，一律不得使用。不合格的建筑材料和构件，一律不准出厂，特别对于没有使用经验的材料或进口原材料、某些再生材料更要严把质量关。

2. 预制构件和商品混凝土的准备

工程项目施工中需要大量的预制构件、门窗、金属构件、水泥制品以及卫生洁具等。这些构件、配件必须尽早地从施工图中摘录出其规格、质量、品种和数量，制表造册，编制出其需要量计划，确定加工方案和供应渠道以及其进场后的存储地点和方式。对于采用商品混凝土现浇的工程，则先要到生产单位签订买卖合同，注明品种、规格、数量、需要时间及送货地点等。

3. 施工机具的准备

施工选定的各种土方机械、混凝土、砂浆搅拌设备、垂直及水平运输机械、吊装机械、动力机械、钢筋加工设备、木工机械、焊接设备、打夯机、抽水设备等，应根据施工方案和施工进度，确定施工机具的数量和供应办法，确定进场时间及进场后的存放地点和方式，编制建筑安装机具的需要量计划，为组织运输、确定存放场地面积等提供依据。需租赁机械时应提前签约，确保机械不耽误生产、不闲置，提高机械利用率，节省机械使用费用。

4. 模板和脚手架的准备

模板和脚手架是施工现场使用量大、堆放占地多的周转材料。首先要根据施工方案确定模板的种类，其次根据工程量确定模板需要量，然后组织模板的采购、调拨或租赁。

模板及其配件规格多、数量大，对堆放场地要求比较高，一定要分规格、型号整齐码放，以便于使用和维修。较大的钢模一般要求立放，并防止倾倒，在现场也应规划出必要的存放场地。钢管脚手架、桥式脚手架、吊栏脚手架等都应按指定的平面位置堆放整齐，扣件等零件还应防雨，以防锈蚀。

5. 生产工艺设备的准备

按照拟建工程生产工艺流程及工艺设备的布置图，提出工艺设备的名称、型号、生产能力和需要量；按照设备安装计划确定分期分批进场时间和保管方式，编制工艺设备需要量进度计划，为组织运输、确定存放和组装场地面积提供依据。

工艺设备订购时，要注意交货时间与土建施工进度密切配合。因为，某些庞大设备的安装往往要与土建施工穿插进行，如果土建全部完成或封顶后，安装会有困难或无法安装，故各种设备的交货时间要与安装时间密切配合，以免影响建设工期。

第五节　施工现场准备

施工现场是参加建筑施工的全体人员为优质、安全、低成本和高速度完成施工任务而进行工作的活动空间，施工现场准备工作是为拟建工程顺利开工和正常施工创造有利的施工条件和物质保证的基础。其工作应按施工组织设计的要求进行，主要内容有：现场控制网测量工作、七通一平、现场补充勘察工作、现场临时设施搭设、施工机具进场就位、物资材料进场存放等。

一、工程现场控制网测量工作

按照项目设计单位提供的建筑总平面图及规划部门给定的永久性经纬坐标桩和水准基桩位置，做好施工现场控制网测量，设置好场区永久性经纬坐标桩和水准基桩。

二、现场"七通一平"工作

"七通一平"是指在工程用地范围内，接通施工用水、用电、道路、电信、供汽及煤气，施工现场排水及排污畅通和场地平整的工作简称。施工现场具体需要接通哪些管线，应根据工程的实际情况确定。

1. 场地平整

障碍物清除后，即可进行场地平整工作。场地平整是根据建筑施工总平面图中规定的标高或高程，通过测量，计算出土方填挖工程量，然后设计土方调配方案，组织人力或机械进行场地平整工作。如果工程规模较大，这项工作可以分期、分阶段进行，先完成第一期开工工程用地范围内的场地平整工作，再依次进行后续工程的平整工作，为第一期工程项目尽早开工创造条件。

2. 修通道路

施工现场的道路是组织施工物资进场的动脉。为保证施工物资能早日进场，必须按施工组织设计的要求，修通施工现场与场外公路的连接道路，以及现场永久性道路和必要的临时道路。为节省工程费用，应尽可能利用已有的道路。对于现场永久性道路，为使施工时不损坏路面和加快修路速度，可以先修路基或在路基上铺简易路面，施工完毕后，再铺路面。

3. 通水

施工用水包括生产、生活与消防用水。通水应按施工总平面图的规划进行安排，应尽量利用永久性给水设施。临时管线的铺设，既要满足生产用水的需要和使用方便，还要尽量缩短管线，以降低工程成本。

4. 通电

通电包括施工生产用电和生活用电，应按施工组织设计要求布设线路和通电设备。电源首先应考虑从国家电力系统或建设单位已有的电源上获得。如供电系统不能满足施工生产、生活用电的需要，则应考虑在现场建立发电系统，以保证施工的连续顺利进行。

5. 其他方面

施工现场的排水也十分重要，特别在雨季，如场地排水不畅，会影响到施工和运输的顺利进行。对于高层建筑，其基坑深、面积大，施工往往要经过雨季，应做好基坑周围的挡土支护工作，以防止坑外雨水向坑内汇流，另外还要作好基坑底部雨水的排放工作。

施工现场的污水排放，直接影响到城市的环境卫生。根据环境保护的要求，有些污水不能直接排放，而需进行处理以后方可排放。因此，现场的排污也是一项重要的工作。

施工中如需要通热、通气或通电信，也应按施工组织设计要求事先完成。

三、现场补充勘探工作

施工现场补充勘探的目的在于进一步寻找有无枯井、防空洞、古墓、地下管道、暗沟或枯树根等隐蔽物，以便确定其处理方案，并付诸实施；这样既可以消除工程隐患，又能够保证基础工程施工顺利进行。

四、现场临时设施搭建工作

现场生活和生产用临时设施，在安排布置时，根据施工平面图的布置原则，并要遵照当地有关规定进行。如房屋的间距、标准符合卫生和防火要求，污水和垃圾的排放要符合环境保护的要求等。因此，临时建筑平面图及主要房屋结构图，都应报请城市规划、市政、消防、交通、环境保护等有关部门审查批准。

为了施工方便、安全，做到文明施工，对于指定的施工用地周界，应用围墙围护起来，围墙的形式、材料及高度应符合市容管理的有关规定和要求。在主要入口处设"七牌一图"，反映工程概况、施工平面图以及有关安全操作规程等。

各种生产、生活用的临时设施，包括各种仓库、混凝土搅拌站、预制构件场、机修站等各种生产作业棚、办公用房、宿舍、食堂、文化生活设施等，均应按批准的施工组织设计规定的数量、标准、面积、位置等要求组织修建。大、中型工程可分批分期修建。

此外，在考虑施工现场临时设施的搭设时，应尽量利用原有建筑物，尽可能减少临时设施的数量，以便节约用地，节省投资。

五、机具进场就位工作

在施工项目正式开工之前，按照施工机具需要量计划，组织施工机具进场，并根据施工（总）平面图规划要求，将施工机具安置在规定的地点或仓库，对于施工机械，要分别做好就位、搭棚、接通电源、组装、检修、保养和调试工作，并要在工程项目开工之前进行检查和试运转工作。

六、做好物资进场工作

在施工项目正式开始之前，要按照各项物资需要量计划组织物资进场，并根据施工（总）平面图规定的地点和方式进行存储和堆放；同时做好物资质量检验工作，保证各项物资的质量和数量都能够满足施工图纸要求。

七、施工的场外准备

施工现场准备除了施工现场内部的准备工作外，还有施工现场外部的准备工作，其具体内容如下：

1. 材料的加工和订货

建筑材料、构（配）件和建筑制品大部分均必须外购，工艺设备更是如此。这样如何与加工部门、生产单位联系，签订供货合同，搞好及时供应，对于施工企业的正常生产是非常重要的；对于协作项目也是这样，除了要签订议定书之外，还必须做大量有关方面的工作。

2. 做好分包工作和签订分包合同

由于施工单位本身的力量所限，有些专业工程的施工、安装和运输等均需要向外单位委托。根据工程量、完成日期、工程质量和工程造价等内容，与其他单位签订分包合同、保证按时实施。

3. 提交开工申请报告

当材料的加工、订货和分包工作、签订分包合同等施工场外的准备工作完成之后，应该及时地填写开工申请报告，并上报主管部门批准，以便及早开工。

第六节　冬期、雨季施工准备

建筑工程施工绝大部分工作是露天作业，因此，季节对施工生产的影响较大，特别是冬期和雨季。为保证按期、保质完成施工任务，必须做好冬、雨季施工准备工作。

一、冬期施工准备工作

1. 合理安排冬期施工项目

冬期施工条件差，技术要求高，施工质量不易保证，且施工成本高。为此，要合理安排施工进度计划，将既能保证施工质量，同时费用增加较少的项目安排在冬期施工，如吊装、打桩、室内装饰、装修（可先安装好门窗及玻璃）等工程；而费用增加很多又不易确保质量的土方、基础、外装饰、屋面防水等易受冻胀影响的湿作业工程，均不宜安排在冬期施工。因此，从施工组织安排上要综合研究，合理确定冬期施工的项目，做到冬期不停工，而且施工费用增加较少。

2. 落实各种热源供应和管理

要落实各种热源供应渠道、热源设备和各种保温材料的储存和供应，以保证施工的顺利进行。

3. 做好测温工作

冬期施工昼夜温差较大，为保证施工质量应做好测温工作，防止砂浆、混凝土在达到临界强度前遭受冻结而破坏。

4. 做好保温防冻工作

在进入冬期施工之前，做好室内施工项目的保温和热源供应工作，如先完成供热系统，安装好门窗玻璃等项目，保证室内其他项目能顺利施工；做好室外各种临时设施保温防冻工作，如防止给排水管道冻裂，防止道路积水结冰，及时清扫道路上的积雪，以保证运输顺利进行。

5. 加强安全教育，严防火灾发生

冬期施工，热源来源于火力和电力，保温材料常为易燃材料，因此，要有切实可行的防火安全技术措施，并经常检查落实，保证各种热源设备完好，易燃材料远离火源。同时，做好职工培训及冬期施工的技术操作和安全施工的教育，确保施工质量，避免事故发生。

6. 做好停止部位的安排和检查

如基础施工完成后应及时回填土至基础同一高度；砌完一层楼后，将楼板及时安装完成；室内装修抹灰要一层一室一次完成，避免分块留尾等。

二、雨季施工准备工作

1. 防洪排涝，做好现场排水工作

雨季来临前，应针对现场具体情况，开挖好排水沟渠，准备好抽水设备，防止因场地积水和地沟、基槽、地下室等泡水而造成损失。

2. 合理安排雨季施工项目

合理安排雨季施工项目，尽量把不宜在雨季施工的基础、地下工程、土方工程、室外及屋面工程，在雨季到来之前安排完成；多留些室内工作在雨季施工，以避免雨季窝工造成损失。

3. 做好道路维护，保证运输畅通

雨季前检查道路边坡排水，适当提高路面，做好道路的维护工作，防止路面凹陷，保证运输畅通。

4. 做好物资的储存

雨季到来前，考虑雨季对材料、物资供应的影响，适当增加储备，减少雨季运输量，以节约费用。准备必要的防雨器材，库房四周要有排水沟渠，以防物资淋雨浸水而变质。

5. 做好机具设备等防护

雨季施工，对现场的各种设施、机具要加强检查，特别是脚手架、垂直运输设施等，要采取防倒塌、防雷击、防漏电等一系列技术措施。

6. 加强施工管理，做好雨季施工的安全教育

要认真编制雨季施工技术措施和安全措施，并认真组织贯彻落实。加强对职工的安全教育，防止各种事故的发生。

习　题

1. 施工准备工作主要包括哪些内容？
2. 简述施工组织机构建立的基本原则。
3. 施工现场准备的主要工作有哪些？
4. 冬期施工的主要准备工作有哪些？
5. 雨季施工的主要准备工作有哪些？
6. 简述施工物质准备工作的内容和程序。

第五章　单位工程施工组织设计

第一节　概　　述

GB/T 50502—2009《建筑施工组织设计规范》规定，单位工程施工组织设计是以单位（子单位）工程为主要对象编制的施工组织设计，对单位（子单位）工程的施工过程起指导和制约作用。单位工程施工组织设计是施工组织总设计的具体化，也是建筑业企业编制旬、月作业计划的基础。

一、单位工程施工组织设计的作用

单位工程施工组织设计是在施工图设计完成后，以施工图为依据，由施工承包单位负责编制，用于具体指导单位工程或一个交工系统工程（单项工程）施工的文件，它是施工单位具体安排人力、物力以及各项施工工作的基础，是施工单位编制作业计划和制订旬月施工计划的重要依据。其主要作用有以下几点：

（1）是投标文件的重要组成部分，是解读单位工程和单项工程的施工能否顺利实施的重要依据。

（2）贯彻执行施工组织总设计，具体实施施工组织总设计对单位工程和单项工程的各项要求。

（3）具体确定该单位工程和单项工程的施工方案。选择该单位工程和单项工程的施工方法、施工机械，确定施工顺序和施工流向，提出保证施工质量、进度、成本和安全目标的具体措施，为施工项目管理提出技术和组织方面的指导性意见。

（4）编制施工进度计划。确定该单位工程和单项工程的施工顺序以及各工序间的搭接关系，各分部分项工程的施工时间，实现工期目标，为施工单位编制月、旬作业计划提供依据。

（5）计算并确定各种物资、材料、机械、劳动力的需要量，安排相应的供应计划，保证该单位工程的施工进度计划的实现。

（6）对该单位工程的施工现场进行合理设计和布置，统筹合理地利用施工现场空间和各项资源。绘制该单位工程的施工现场的平面布置图。

（7）确定该单位工程和单项工程的各项施工准备工作。保障该单位工程的顺利实施。

（8）依据该单位工程和单项工程的施工进度计划，进行各项施工过程的质量、安全检查，控制施工进度，保障工期目标的实现。

（9）依据该单位工程和单项工程的施工进度计划，落实建设单位、施工单位、监理单位以及其他与单位工程施工相关的各部门的各项关系。

总之，通过单位工程施工组织设计的编制和实施，保障单位工程施工的施工方法、材料、机械、劳动力、资金、时间、空间等各方面，使施工在一定的时间、空间和资源供应条件下，有组织、有计划、有秩序地进行，实现质量好、工期短、消耗少、资金省、成本低的良好效果。

二、单位工程施工组织设计的内容

单位工程施工组织设计依据其作用不同，其内容和编排的要求也不尽相同。如根据单位工程招投标时间可划分为：标前施工组织设计和标后施工组织设计。标前施工组织设计是为了满足编制投标书和签订工程承包合同而编制的，作为投标文件的内容之一，对标书进行规划和决策。因此，标前施工组织设计在编制依据、工程概况、施工部署、施工准备等内容可以适当简化，其内容以突出规划性为主，重点突出本工程在施工方法、进度安排、质量控制等方面的个性化特点，简化共性内容，强调与投标、谈判、签约有关的内容。标后施工组织设计是为了满足施工准备和指导施工需要而编制的，其重点突出的是施工的作业和具体实施的特性。

根据单位工程的性质、规模、结构特点、技术复杂程度、施工条件、建设工期要求、采用施工技术的先进性、施工企业的技术素质、施工机械化的程度等多方面因素，施工组织设计内容的广度和深度可以有所不同。但都应从实际出发，真正解决工程实际施工中的具体问题，在施工中确实起到指导施工的作用，为此，单位工程施工组织设计常包括如下各项内容：

1. 工程概况

工程概况应包括工程主要情况、各专业设计简介和工程施工条件等。

2. 施工部署

施工部署应根据施工合同、招标文件以及本单位对工程管理目标的要求等综合因素确定工程施工目标，包括进度、质量、安全、环境和成本等目标。各项目标应满足施工组织总设计中确定的总体目标要求。

3. 施工进度计划

单位工程施工进度计划应按照施工部署的安排进行编制。可采用网络图或横道图表示，并附必要说明；对于工程规模较大或较复杂的工程，宜采用网络图表示。

4. 施工准备与资源配置计划

施工准备应包括技术准备、现场准备和资金准备等。

技术准备应包括施工所需技术资料的准备、施工方案编制计划、试验检验及设备调试工作计划、样板制作计划等。

现场准备应根据现场施工条件和工程实际需要，准备现场生产、生活等临时设施。资金准备应根据施工进度计划编制资金使用计划。

资源配置计划应包括劳动力配置计划和物资配置计划等。

劳动力配置计划应包括：确定各施工阶段用工量；根据施工进度计划确定各施工阶段劳动力配置计划。

物资配置计划应包括：主要工程材料和设备的配置计划应根据施工进度计划确定，包括各施工阶段所需主要工程材料、设备的种类和数量；工程施工主要周转材料和施工机具的配置计划应根据施工部署和施工进度计划确定，包括各施工阶段所需主要周转材料、施工机具的种类和数量。

5. 主要施工方案

单位工程应按照 GB 50300《建筑工程施工质量验收统一标准》中分部、分项工程的划分原则，对主要分部、分项工程制订施工方案。

对脚手架工程、起重吊装工程、临时用水用电工程、季节性施工等专项工程所采用的施工方案应进行必要的验算和说明。

6. 施工现场平面布置

单位工程施工现场平面布置图应结合施工组织总设计，按不同施工阶段分别绘制。具体内容见本章施工现场平面布置。

7. 主要施工管理计划

施工管理计划应包括进度管理计划、质量管理计划、安全管理计划、环境管理计划、成本管理计划以及其他管理计划等内容。各项管理计划的制订，应根据建设工程项目的特点有所侧重。

在上述各内容中，以施工方案、施工进度计划和施工平面图三项最为关键，它们规划了单位工程施工的技术组织、时间和空间的三大要素，在编制施工进度计划时应重点解决，以保证施工进度计划的先进性和可行性。

三、单位工程施工组织设计编制依据

编制单位工程施工组织设计，必须准备相应的文件和施工资料，作为编制的依据：

1. 与工程建设有关的法律、法规和文件

单位工程施工组织设计必须符合国家关于工程建设的法律、法规。这些法律、法规文件主要包括：《建筑法》、《招投标法》、《合同法》、《建设工程项目管理条例》、《建设工程安全生产管理条例》、《建筑工程勘察设计管理条例》、《建设项目环境保护管理条例》、《建筑安全生产监督管理规定》、《建设工程施工现场管理规定》、《建设工程质量管理条例》。

2. 国家现行有关标准和技术经济指标

国家现行有关标准和技术经济指标包括技术标准、经济标准和管理标准，如《建筑工程施工质量验收统一标准》、《工程建设标准和强制性条文》、《实施工程建设强制性标准监督规定》和施工验收规范、操作规程、标准图集以及地方性标准图集、施工定额和地方性计价表等文件等。

3. 工程所在地区行政主管部门的批准文件，建设单位对施工的要求

行政主管部门对该项工程的有关批文和要求；建设单位的意见和对建筑施工的要求；签订的施工合同中的相关规定，如对该工程的开、竣工日期，质量要求，对某些特殊施工技术的要求，采用的先进施工技术，建设单位能够提供的条件等。

4. 工程施工合同或招标投标文件

工程施工合同主要包括：工程项目招投标文件；建筑工程施工合同和有关协议；工程所需材料、设备的订货或供货合同等。

5. 工程设计文件

工程设计文件主要包括：已批准的初步设计或扩大初步设计等文件，如设计说明书、建筑总平面图、建筑区域地形图、建筑平面图和剖面图、建筑物竖向设计图以及总概算或修正总概算等。

6. 工程施工范围内的现场条件，工程地质及水文地质、气象等自然条件

在编制施工组织总设计前，应对工程所在地进行工程勘察和现场调查，并依据这些工程勘察资料和现场调查资料编制施工组织总设计。

工程勘察资料主要包括：建设地区地形、地貌、水文、地质、气象及现场可利用情况等自然环境条件。

调查资料主要包括：能源供应，水电暖供应，排水、排污设施，交通运输，通信、信息设施等条件；当地政治、经济、文化、科技、卫生、宗教等社会条件。

7. 与工程有关的资源供应情况

与工程有关的资源供应情况主要包括：建筑材料，预制构配件以及商品混凝土等生产、采购和供应等资源条件。

8. 施工企业的生产能力、机具设备状况、技术水平等

这方面主要包括：现有各施工企业的生产能力，工程项目对施工企业的要求；建筑机械、安装设备以及机械加工等机具设备的使用、采购或租赁条件；劳动力技术水平、劳务分包等条件。

9. 其他相关资料

类似建设项目的施工组织设计实例、施工经验的总结资料及有关的参考数据等。

四、单位工程施工组织设计的编制程序

施工组织设计的编制程序，是指对施工组织的各组成部分形成的先后顺序及其相互制约关系的处理。虽然单位工程施工组织设计的作用、编制内容和要求不尽相同，但其编制的程序通常包括如下几个方面：

（1）熟悉、审查设计施工图，到现场进行实地调查并搜集有关施工资料。

（2）划分施工段和施工层，分层分段计算各工程过程的工程量，注意各工程量的单位与相应的定额单位相同。

（3）拟订该单位工程的组织机构以及项目承包方式。

（4）拟订施工方案，确定各工程过程的施工方法。进行技术经济分析比较并选择最优施工方案。

（5）分析拟采用的新技术、新材料、新工艺的技术措施和施工方法。

（6）编制施工进度计划，并进行多项方案比较，选择最优进度。

（7）根据施工进度计划和实际条件编制原材料、预制构件、成品、半成品等的需用量计划，列出该工程项目采购计划表。并拟订材料运输方案和制订供应计划。

（8）根据各工程过程的施工方法和实际条件选择适用的施工机械及机具设备，编制需用量计划表。

（9）根据施工进度计划和实际条件编制总劳动力及各专业劳动力需用量计划表。

（10）计算临时性建筑数量和面积，包括：仓储面积、堆场面积、工地办公室面积、临时生活性用房面积等。

（11）计算和设计施工临时供水、排水、供电、供暖和供气的用量，布置各种管线的位置和主接口的位置，确定变压器、加压泵等的规格和型号。

（12）根据施工进度计划和实际条件设计施工平面布置图。

（13）拟订保证工程质量、降低工程成本措施以及冬雨季施工、施工安全和防火等措施。

（14）拟订施工期间的环境保护措施和降低噪声、避免扰民等措施。

五、单位工程施工组织设计编制的基本原则

编制单位工程施工组织设计，必须遵循工程建设程序，并应符合如下基本原则：

（1）符合施工合同或招标文件中有关工程进度、质量、安全、环境保护、造价等方面的要求。

（2）积极开发、使用新技术和新工艺，推广应用新材料和新设备。

采用先进的施工技术是提高劳动生产率、保证工程质量、加快施工速度和降低工程成本的途径。

（3）坚持科学的施工程序和合理的施工顺序，采用流水施工和网络计划等方法，科学配置资源，合理布置现场，采取季节性施工措施，实现均衡施工，达到合理的经济技术指标。

按照施工的客观规律和建筑产品的工艺要求，合理地安排施工顺序，是编制单位工程施工组织设计的重要原则。采用流水施工组织方式和网络计划技术安排工程施工进度，保证工期目标的实现。

（4）采用技术和管理措施，推广建筑节能和绿色施工。

（5）与质量、环境和职业健康安全三个管理体系有效结合。

第二节　工　程　概　况

单位工程施工组织设计中的工程概况，是对拟建建筑工程的工程特点、建设地点特征、施工条件、施工企业组织机构等方面所做的简要的、重点突出的文字说明。为了补充文字介绍的不足，通常附有总平面图或建筑的平面、立面、剖面示意图等图形说明。为了使工程概况清晰明了，可以利用各类辅助表格将单位工程的基本内容列出。

工程概况应包括工程主要情况、各专业设计简介和工程施工条件等。

一、工程主要情况

工程主要情况应包括下列内容：

（1）工程名称、性质和地理位置；

（2）工程的建设、勘察、设计、监理和总承包等相关单位的情况；

（3）工程承包范围和分包工程范围；

（4）施工合同、招标文件或总承包单位对工程施工的重点要求；

（5）其他应说明的情况。

对于建筑、结构不复杂及建设规模不大的拟建工程项目，其单位工程的工程概况通常用表格的形式说明，见表5-1。对于建筑、结构较复杂或建设规模较大的拟建工程项目，一般需根据工程概况表达的各部分内容，分别用文字说明或分别列表说明，参见下列工程概况中各部分的详细内容。有时为了弥补文字叙述的不足，通常绘制拟建工程的平面图、立面图和剖面图等简图，以标注拟建工程的轴线尺寸、总长、总宽、总高、层高等主要尺寸，细部的构造尺寸不必标注，力求图形简明扼要。

在介绍工程概况时，为了说明主要分部分项工程的工程量，一般需附上主要分部分项工程量一览表，见表5-2。

表 5-1 　　　　　　　　　　　　**工 程 概 况 表**

单位工程名称		结构类型		建筑面积		出图日期	
建设单位		建设单位企业法人		建设单位项目负责人		监理单位原材料见证、取样、送样人	
监理单位		总监理工程师		监理工程师		施工单位原材料见证、取样、送样人	
施工单位		施工企业技术负责人		施工单位项目经理		施工单位企业资质	
设计单位		设计单位结构工程师		设计单位建筑工程师		设计单位企业资质	
建筑物长		建筑物宽		开工日期		竣工日期	
层数		层高		檐高		±0.000 相当于绝对标高	

建筑结构	地基		屋架		装修要求	内粉	
	基础		吊车梁			外粉	
	墙体					门窗	
	柱					楼面	
	梁					地面	
	楼板					天棚	

编制说明	上级文件和要求		地质资料	钻探单位			
				持力层土质			
	施工图纸情况			地耐力			
				地下水位	最高	最低	常年
	合同签订情况		技术经济指标	总造价		万元	
				单方造价		元/m²	
				三材	钢材	kg/m²	
	土地征购情况				水泥	kg/m²	
					木材	m³/m²	
	三通一平情况		气温	最高			
				最低			
	主要材料落实情况		气候	冬期施工起止日期			
				雨季施工起止日期			
	临设解决办法		雨量	日最大量			
				一次最大			
				全年			
	其他		其他				

表 5-2　　　　　　　　　　　　　主 要 工 程 量 一 览 表

序号	分部分项工程名称	工程量		序号	分部分项工程名称	工程量	
		单位	数量			单位	数量
1				5			
2				6			
3				7			
4				…			

二、工程建设概况

　　工程建设概况主要说明：拟建工程的建设单位，工程名称、性质、用途、作用和建设目的等；工程造价、工程投资额、建设资金来源等；开竣工日期；设计单位、施工单位、监理单位名称；施工图纸情况、施工合同、主管部门的有关文件或要求；组织工程施工的指导思想、编制说明等。上述内容通常依据实际情况列表说明。对于各参建单位的单位名称、组织结构、工程负责人、资质等级、企业技术能力等情况应附文字说明。常用表格形式见表 5-3。

表 5-3　　　　　　　　　　　　　工程建设概况一览表

			建筑结构			装饰要求	
	建设单位						
	设计单位		层数		屋架	内粉	
	施工单位		基础		吊车梁	外粉	
	建筑面积（m²）		墙体			门窗	
	工程造价（万元）		柱			楼面	
计划	开工日期		梁			地面	
	竣工日期		楼板			天棚	
编制说明	上级文件和要求					地质情况	
	施工图纸情况				地下水位	最高	
	合同签订情况					最低	
	土地征购情况					常年	
	三通一平情况				气温	最高	
	主要材料落实情况					最低	
	临时设施解决情况					平均	
	其他				雨量	日最大量	
						一次最大	
						全年	
					其他		

三、各专业设计简介

各专业设计简介应包括下列内容:

(1)建筑设计简介应依据建设单位提供的建筑设计文件进行描述,包括建筑规模、建筑功能、建筑特点、建筑耐火、防水及节能要求等,并应简单描述工程的主要装修做法;

(2)结构设计简介应依据建设单位提供的结构设计文件进行描述,包括结构形式、地基基础形式、结构安全等级、抗震设防类别、主要结构构件类型及要求等;

(3)机电及设备安装专业设计简介应依据建设单位提供的各相关专业设计文件进行描述,包括给水、排水及采暖系统、通风与空调系统、电气系统、智能化系统、电梯等各个专业系统的做法要求。

1. 建筑设计

建筑设计特点主要说明:拟建工程的建筑面积、平面形状、平面组合情况、层数、层高、总高度、总宽度和总长度等尺寸,通常附有拟建工程的平面、立面和剖面简图;室内外装饰的材料要求、构造做法等;楼地面材料种类、构造做法等;门窗类型和油漆要求等;天棚构造做法和设计要求等;屋面保温隔热和防水层的构造做法和设计要求等。可根据实际情况列表说明,常用表格形式见表5-4。

表 5-4　　　　　　　　　　　　　　　建筑设计概况一览表

占地面积(m²)			首层建筑面积(m²)			总建筑面积(m²)	
层数	地上		层高	首层		地上面积	
	地下			标准层		地下面积	
				地下			
装饰	外檐						
	楼地面						
	墙面	室内			室外		
	顶棚						
	楼梯						
	电梯厅	地面		墙面		顶棚	
防水	地下						
	屋面						
	厕浴间						
	阳台						
	雨篷						
保温节能							
绿化							
其他需要说明事项							

2. 结构设计

结构设计特点主要说明：基础的类型、构造特点、埋置深度等；设备基础的类型、设置位置；桩基础的设置深度、桩径、间距等；主体结构的类型，墙、柱、梁、板等结构构件的材料要求及截面尺寸等；预制构件的类型、单件重量、安装位置等；楼梯的构造形式和结构要求等。可根据实际情况列表说明，常用表格形式见表 5-5。

表 5-5　　　　　　　　　　　　　　结构设计概况一览表

地基基础	埋深		持力层		承载力标准值		
	桩基	类型：		桩长：	桩径：	间距：	
	箱或筏	底板：			顶板：		
	独立基础						
主体	结构形式						
	主要结构尺寸	桩：	梁：	板：	柱	墙：	
抗震设防等级				人防等级			
混凝土强度等级及抗渗要求		垫层		柱		板	
		基础		桩		楼梯	
		梁		墙		地下室	
钢筋							
特殊结构							
其他需要说明事项							

3. 设备设计

设备设计特点主要说明：建筑给水、排水、采暖、通风、电气、空调、煤气、电梯、消防系统等设备安装工程的设计要求和布置位置等。可根据实际情况列表说明，常用表格形式见表 5-6。

表 5-6　　　　　　　　　　　　　　设备安装概况一览表

给水	冷水		排水	雨水	
	热水			污水	
	消防			中水	
强电	高压		弱电	电视	
	低压			电话	
	接地			安全监控	
	防雷			楼宇自控	
				综合布线	
空调系统					
采暖系统					
通风系统					
消防系统					
电梯					

四、工程施工条件

工程施工条件是单位工程施工组织设计的重要依据，是确定工程施工方案、拟订施工方法、进行施工平面布置的重要因素。工程施工条件一般包括：工程地点特征、施工条件、工程施工特点和工程项目组织结构等内容。

1. 工程地点特征

工程建设地点的特征主要说明：拟建工程的位置、地形、地物；工程地质条件、不同深度土壤的分析、冻结期间与冻层厚度；水文地质条件、地下水位（包括：最高地下水位、最低地下水位和常年地下水位）、水质、水量、流向等；环境温度和降雨量情况；冬雨季施工起止时间；主导风向、风力和地震烈度等特征。

2. 施工条件

施工条件主要说明：水、电、道路及场地平整的"三通一平"；现场临时设施、施工现场及周围环境等情况；当地的交通运输条件；预制构件生产及供应情况；施工机械、设备、劳动力的落实情况；内部承包方式、劳动组织形式及施工技术和管理水平等。通常根据实际情况列表说明，常用表格形式见表 5-7。

表 5-7   **施工条件和施工总体安排一览表**

工地条件简介		施工安排说明		
项目	说明	项目		说明
场地面积		总工期		日历工期　天
场地地势				实际工期　天
场内外道路		其中	地下工期	
场内地表土质			主体工期	
施工用水			装修工期	
施工用电		单方耗工（工日/m²）		
热源条件		总工日数		
施工通信		冬期施工安排		
地下障碍物		雨季施工安排		
地上障碍物		施工组织流水方法		
空中障碍物		主要垂直运输设备		
周围环境		主要构件的预制		
防火条件		主要构件的运输		
场地预制条件		桩基工程		
临时用房		地下水位		
就地取材		土方施工要求		
周围占地要求		吊装方法		
毗邻建筑情况		内外脚手架		

3. 工程施工特点

施工特点主要说明：单位工程施工的关键内容，以便确定施工方案，组织材料、人力等资源供应，配备技术力量，编制施工进度计划，设计施工平面布置，落实施工准备工作等方面采取有效措施，保证重点施工过程的施工顺利进行，降低工程成本，提高施工企业的经济效益。

不同类型的建筑，不同条件下的工程施工，均有其不同的施工特点。如砖混结构建筑的施工特点主要有：砌筑工程是主体施工的主导施工过程，材料需求量大，要解决好材料的水平和垂直运输问题；楼板现浇或预制，现浇楼板支撑和模板使用量大；预制楼板安装要求高，与墙体砌筑的配合要求高，应组织流水施工；抹灰工程量大；装饰装修占用的工期长，工种繁杂，交叉作业多。又如，现浇钢筋混凝土高层建筑的施工特点主要有：基坑开挖深度大，基坑支护和降低地下水位要求高；建筑物高度大，结构和施工机具设备的稳定性要求高；钢材使用量大，钢筋和钢材加工量大；混凝土浇筑难度高；脚手架搭设要求高，必须进行设计计算；现浇模板使用量大且模板受力较大，须进行模板的设计计算；高层施工安全问题突出等。

4. 工程项目组织机构

工程项目组织机构主要说明：建筑施工企业对拟建工程进行项目管理所采取的组织形式、各类人员配备等情况。

在确定项目组织机构时一般应考虑的因素包括：工程项目性质、工程施工特点、施工企业类型、施工企业人员素质、施工企业的管理水平等。常见的工程项目组织形式有：工作队式、部门控制式、矩阵式、事业部式。选择适宜的施工组织机构，有利于加强对拟建工程项目的管理，使建设项目在工期、质量、安全、工程成本等各方面都得到较好地控制，尤其是便于落实各项责任制，严明考核和奖罚制度，从而保证工程项目的施工以及各项措施顺利实施。

图 5-1 所示为某单位工程项目的组织机构示意图。

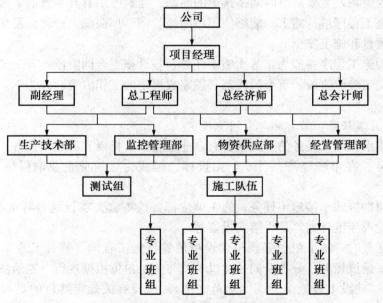

图 5-1 某工程项目组织机构示意图

第三节　施　工　部　署

单位工程施工组织设计的核心问题是确定施工部署和正确选择施工方案。施工部署与施工方案合理与否将直接影响工程的施工进度、施工质量、施工工期、施工技术、工程成本等工程施工中的一系列问题，因此必须引起足够的重视。

施工部署主要包括：

（1）工程施工目标：工程施工目标应根据施工合同、招标文件以及本单位对工程管理目标的要求确定，包括进度、质量、安全、环境和成本等目标。各项目标应满足施工组织总设计中确定的总体目标。

（2）施工部署中的进度安排和空间组织：工程主要施工内容及其进度安排应明确，施工顺序应符合工序逻辑关系；施工流水段应结合工程具体情况分阶段进行划分；单位工程施工阶段的划分一般包括地基基础、主体结构、装修装饰和机电设备安装三个主要阶段。

（3）对于工程施工的重点和难点应进行分析，明确施工组织管理和施工技术两个方面的组织安排。

（4）明确工程管理的组织机构形式，并采用框图的形式表示清晰；确定项目经理部的工作岗位设置及其职责划分。

（5）对于工程施工中开发和使用的新技术、新工艺应做出部署，对新材料和新设备的使用应提出技术及管理要求。

（6）对主要分包工程施工单位的选择要求及管理方式应进行简要说明。

一、确定施工程序

施工程序是指单位工程建设过程中各施工阶段、各分部分项工程、各专业工种之间的先后次序及其制约关系，主要解决时间搭接上的问题。建筑施工有其本身的客观规律，按照反映客观规律的施工程序进行施工，能够使工序衔接紧密，加快施工进度，避免相互干扰和返工，保证施工质量和施工安全。

单位工程的施工程序一般为：落实施工任务，签订施工合同阶段；开工前准备阶段；全面施工阶段；交工验收阶段。每个阶段都必须完成规定的工作内容，并为下一阶段工作创造条件。

（一）落实施工任务，签订施工合同阶段

建筑业企业承接施工任务的方式主要有：业主直接委托得到的建设任务、在招标中中标得到的建设任务。在市场经济条件下，招投标已经成为建筑业企业取得施工任务的主要方式。

无论采取何种方式承接施工任务，施工单位都要检查施工项目是否有批准的正式文件，是否列入基本建设年度计划，是否落实投资等。

承接施工任务时，施工单位必须与建设单位签订施工合同，签订了施工合同的施工项目，才算落实了建设任务。施工合同是建设单位与施工单位根据现行《建筑法》、《合同法》、《招标投标法》、《建设工程施工合同（示范文本）》以及有关规定签订的具有法律效力的文件。双方必须严格履行合同中规定的权利和义务，任何一方不履行合同，都应当承担相应的法律责任。施工单位应注重合同的学习领会和贯彻，掌握合同内容，依据施工合同进行施工准备和施工管理。

（二）施工准备阶段

施工准备阶段是在签订施工合同之后，为单位工程开工创造必要技术和物质条件的阶段。施工准备工作一般分成内业准备工作和外业准备工作两部分：

（1）内业准备工作通常包括：熟悉施工图纸、进行图纸会审；编制和审批施工预算；编制和审批单位工程施工组织设计；办理施工许可证；进行技术交底；落实施工机具设备和劳动力计划；落实工程的协作单位；对职工进行技术、防火和安全生产教育；对冬雨季施工有必要的安排和准备等工作。

（2）外业准备工作主要是针对施工现场的准备，主要包括：场地障碍物（建筑物或构筑物）的拆迁；各种管线的拆迁（包括空中的高低压线路等）；场地平整；设置永久性或半永久性坐标点和水准控制点；按施工平面布置图设置施工用临时性建筑；平整和铺设预制场地或堆场；平整和铺设施工道路；铺设施工临时用水、电线路；组织施工机具设备进场；按照施工组织设计组织必要的材料、构件、成品或半成品进场储备，并能保证施工中的供应。

施工准备阶段应遵循先内业后外业的程序进行一系列工作，使单位工程具备开工条件，然后填报开工报告，并经主管部门、本施工企业、建设单位和监理单位等部门审查批准后方可正式施工。

（三）全面施工阶段

全面施工阶段即单位工程建造施工形成的阶段。是建设项目中历时最长、资源消耗最大、工作难度最大的阶段，因此组织好该阶段的施工程序，是保证工程质量、加快施工进度、降低工程成本的关键所在。全面施工阶段的施工程序通常考虑如下两个方面：

（1）在全面施工阶段，应按"先地下后地上"、"先深后浅"、"先主体后围护"、"先结构后装修"、"先土建后设备"的一般原则，结合工程的具体情况，确定各分部工程、专业工程之间的先后次序。

1）"先地下后地上"是指首先完成土石方工程、地基处理和基础工程施工以及地下管道、管线等地下设施的施工，再开始地上工程施工。地下工程施工一般按先深后浅的次序进行，这样既可以为后续工程提供良好的施工场地，避免造成重复施工和影响施工质量，又可以避免对地上部分的施工产生干扰。

2）"先主体后围护"是指对框架建筑或排架建筑等结构形式的建筑物首先进行主体结构施工，再进行围护结构的施工。为了加快施工进度，在多层建筑施工中，为防止施工过程的交叉影响，通常主体结构施工和围护结构施工以少搭接为宜；但高层建筑施工中，围护结构施工与主体结构施工应尽量搭接施工，即主体施工数层后，围护结构也随后开始，既可以扩大现场施工作业面，又能缩短工期。

3）"先结构后装修"是指首先施工主体结构，再进行装修工程的施工。但对于工期要求较短的建筑工程，为了缩短工期，也可部分搭接施工，如有些临街建筑往往是上部主体结构施工时，下部一层或数层即先进行装修并开门营业，可以加快进度，提高效益。再如，一些多层或高层建筑在进行一定的主体结构施工后，穿插搭接部分的室内装修施工，以缩短建设周期，加快施工进度。

4）"先土建后设备"是指不论是工业建筑或是民用建筑，通常首先进行土建工程的施工, 再进行水、电、暖、煤气、卫生洁具等建筑设备的施工。但它们之间还要考虑穿插和配合的关系, 即设备安装的某一工序穿插在土建施工的某一工序之前或某一工序的施工过程中, 如住宅或办公建筑中的各种预埋管线, 必须穿插在土建施工过程中进行等等。尤其在装修阶段, 要处理好各工种之间的协作配合关系, 从而确保工程质量、降低工程成本、加快工程进度。

(2) 合理安排土建施工与设备安装的施工程序。工业建筑除了土建施工及水、电、暖、煤气、卫生洁具、通信等建筑设备以外, 还有工业管道和工艺设备等生产设备的安装, 为了早日竣工投产, 不仅要加快土建施工速度, 而且应根据厂房的工艺特点、设备的性质、设备的安装方法等因素, 合理安排土建施工与设备安装之间的施工程序, 确保施工进度计划的实现。通常情况下, 土建施工与设备安装可采取以下三种施工程序:

1) 封闭式施工。即土建主体结构(或装饰装修工程)完成后, 再进行设备安装的施工程序。适用于一般机械加工类或安装设备较简单的厂房(如精密仪器厂房、机件加工车间等)。

封闭式施工的优点是: 土建施工的工作面大, 有利于预制构件的现场预制、拼装和安装前的就位布置, 起重机械的开行路线布置方便, 适合选择多种类型的起重机械, 能够保证主体结构的施工进度; 另外, 围护结构施工完毕, 使设备基础和设备安装施工能在室内进行, 不受气候变化影响, 减少了设备施工中的防雨、防寒等费用; 同时可以利用厂房内桥式吊车为设备基础和设备安装服务。

封闭式施工的缺点是: 易造成某些重复性工作, 如柱基回填土的重复挖填和地面或运输道路的重复铺设等; 设备基础施工时, 由于场地空间狭小, 基坑土方的开挖不便于采用机械挖土; 当设备基础深于厂房基础, 或地基土质不佳时, 设备基础施工易造成地基不稳定, 承载力下降, 为此应有相应的措施保障厂房基础的安全, 增加了施工成本; 另外厂房结构施工不能提前为设备安装提供工作面, 使建设总工期加长。

2) 敞开式施工。即先施工设备基础, 进行设备安装, 后建厂房的施工程序。适用于重型工业厂房(如电站、冶金厂房、水泥厂的主车间等)。

敞开式施工的优缺点与封闭式施工相反。

3) 同建式施工。即土建施工与设备安装穿插进行或同时进行的施工程序。当土建施工为设备安装创造了必要的条件, 且土建结构全封闭之后, 设备无法就位, 此时需土建与设备穿插进行施工。适用于多层的现浇结构厂房(如大型空调机房、火电厂输煤系统车间等)。在土建结构施工期间, 同时进行设备安装施工。适用于钢结构和预制混凝土构件厂房(如大型火电厂的钢结构锅炉房等)。

(四) 交工验收阶段

交工验收阶段是施工的最后阶段。单位工程的全面施工完成后, 施工单位应合理安排好工程的收尾工作, 先进行内部预验收, 严格检查工程质量, 整理各项技术经济资料, 在此基础上填报"工程竣工报验单", 在监理单位预验收合格后, 由建设单位组织监理单位、设计单位、施工单位和质量监督站等部门进行竣工验收, 经验收合格后, 双方办理交工验收手续及相关事宜, 建设工程即可交付使用。

在编制施工组织设计时, 应结合工程的具体情况, 按以上施工程序, 明确各阶段的主要工作内容及其先后次序和制约关系, 以保证建设工程的顺利实施。

二、确定施工起点流向

施工起点流向是单位工程在平面或竖向上施工开始的部位和施工流动的方向，主要解决建筑物在空间上的合理施工顺序问题。一般情况下，对于单层建筑物（如单层工业厂房等），只需按其车间、施工段或节间，分区分段地确定其平面上的施工起点流向；对于多层建筑物，除了确定其每层平面上的施工起点流向外，还需确定其层间或单元空间竖向上的施工起点流向，如多层房屋的内墙抹灰施工可采取自上而下、或自下而上进行。

施工起点流向的确定，影响到一系列施工过程的开展和进程，是组织施工的重要一环，一般应综合考虑以下几个因素。

1. 建设单位对房屋建筑使用和生产上的需要

根据建设单位的要求，生产上和使用上要求急的工段或部位先施工。这往往是确定施工起点流向的决定因素，也是施工单位全面履行合同条款的应尽义务。如高层宾馆、饭店、商厦等，可以在主体结构施工到相应层后，即进行下部首层或数层的设备安装与室内外装修，使房屋建筑尽快投入使用，创造效益。

2. 车间的生产工艺流程

这是确定工业建筑施工起点流向的关键因素。如要先试生产的工段应先施工，在生产工艺上要影响其他工段试车投产的工段应先施工。

3. 工程现场条件和施工方案

工程现场条件，如施工场地的大小、道路布置等，以及施工方案所采用的施工方法和施工机械，是确定施工起点流向的主要因素。如土方开挖，当选定边开挖边余土外运，则施工起点应选择在远离道路的一侧，由远及近展开施工。又如在进行结构吊装时，所选用的起重机械以及起重机械的开行路线，决定了预制构件吊装施工的起点流向，也相应地确定了预制构件的布置位置。

4. 分部分项工程的繁简程度以及施工过程之间的相互关系

单位工程各分部分项工程的繁简程度不同，一般情况下对技术复杂、新结构、新工艺、新材料、新技术、工程量大、工期较长的施工段或部位应先施工。如高层框架结构建筑，主楼部分应先施工，裙房部分后施工。

5. 房屋的高低层或高低跨和基础的深浅

当有高低层或高低跨并列时，应从高低层或高低跨并列处开始分别施工。如在高低跨并列的单层工业厂房结构安装中，柱的吊装从并列处开始；在高低跨并列的多层建筑物中，层数多的区段常先施工；又如屋面防水层施工应按先高后低的方向施工，同一屋面则由檐口到屋脊方向施工；对于基础有深浅变化时，应按先深后浅的顺序施工。

6. 施工组织的分层分段

划分施工层、施工段的部位也是决定施工起点流向时应考虑的因素。在确定施工流向的分段部位时，应尽量利用建筑物的伸缩缝、沉降缝、抗震缝、平面有变化处和留槎接缝不影响结构整体性的部位。

7. 分部分项工程的特点及其相互关系

各分部分项工程的施工起点流向有其自身的特点。如一般基础工程由施工机械和方法决定其平面的施工起点流向；主体结构从平面上看，一般从哪一边先开始都可以，但竖向一般应自下而上施工；装饰工程竖向的施工起点流向比较复杂，室外装饰一般采用自上而下的流向，室内装饰则可采用自上而下、自下而上、自中而下再自上而中三种流向。对于密切相关的分部分项工程，如果前面施工过程的起点流向确定了，则后续施工过程也就随之而定。如单层工业厂房基础土方工程的起点流向一经确定后，也就确定了柱基础、甚至柱预制施工和吊装施工等施工过程的施工起点流向。

下面以多层建筑物室内装饰工程为例加以说明。

（1）室内装饰工程采用自上而下的施工流向。该施工流向通常是指主体结构封顶、做好屋面防水层后，室内装饰从顶层开始逐层向下进行。其施工起点流向如图 5-2 所示，有水平向下和垂直向下两种情况，施工中一般采用图 5-2（a）所示水平向下的方式较多。这种施工流向的优点是：主体结构完成后，有一定的沉降时间，沉降变化趋于稳定，能保证装饰工程的质量；做好屋面防水层后，可防止雨水或施工用水渗漏而影响装饰工程质量；再者，自上而下的流水施工，各工序之间交叉少，便于组织施工，也便于从上而下清理垃圾。其缺点是不能与主体施工搭接，工期相应较长。

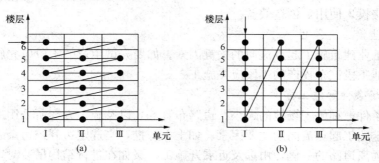

图 5-2　室内装饰工程自上而下的流向
(a) 水平向下；(b) 垂直向下

（2）室内装饰工程采用自下而上的施工流向。该施工流向通常是指当主体结构施工完第三或四层以上时，装饰工程从第一层开始，逐层向上进行。其施工流向如图 5-3 所示，有水平向上和垂直向上两种情况。这种施工流向的优点是：可以与主体结构平行搭接施工，故工期较短，当工期紧迫时可考虑采用这种流向。其缺点是：工序之间交叉多，材料机械供应密度增大，需要较好的施工组织和施工管理；尤其是采用预制楼板时，应防止雨水或施工用水从上层板缝渗漏而影响装饰工程质量，要先做好上层地面再做下层顶棚抹灰。

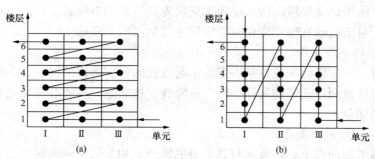

图 5-3　室内装饰工程自下而上的流向
(a) 水平向上；(b) 垂直向上

（3）室内装饰工程采用自中而下再自上而中的施工流向。该施工流向综合了前两者的优缺点，一般适用于高层建筑的室内装饰施工。其施工起点流向如图 5-4 所示。

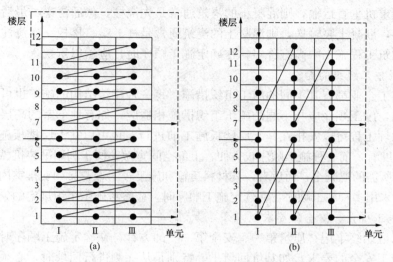

图 5-4　室内装饰工程自中而下再自上而中的流向
(a) 水平向下；(b) 垂直向下

三、确定施工顺序

施工顺序是指单位（或单项）工程内部各分部、分项工程（或工序）之间施工的先后次序。施工顺序合理与否，将直接影响各工程工种之间的配合、工程质量、施工安全、工程成本和施工进度，必须科学合理地确定单位（或单项）工程的施工顺序。在组织单位（或单项）工程施工时，一般将其划分为若干个分部工程（或施工阶段），每一分部工程（或施工阶段）又可划分为若干个分项工程（或工序），并对各个分项工程（或工序）之间的先后顺序做出合理安排。施工顺序的确定既是为了按照客观施工规律组织施工，也是为了解决工种之间在时间上的搭接问题，在保证质量和安全施工的前提下，充分利用空间，争取实现降低工程成本、缩短工期的目的。

（一）确定施工顺序的基本原则

1. 符合施工程序的要求

施工程序确定了单位工程的施工阶段或分部工程之间的先后次序，确定施工顺序时必须遵循已确定的施工程序，如先地下后地上、先结构后装修等程序。

2. 符合施工工艺的要求

施工工艺是各施工过程之间客观存在的工艺顺序和相互制约关系。随工程结构形式和构造做法的不同而不同，通常情况下是不能违背的。如混凝土的浇筑必须在模板安装、钢筋绑扎完成，并经隐蔽工程验收后才能开始；钢筋混凝土预制构件必须达到一定强度后才能吊装等。

3. 考虑施工方法和施工机械的要求

不同的施工过程都有相应的施工方法，选定施工方法后，亦同时选定了相应的施工机械，在确定施工顺序时，必须考虑所选定的施工方法和施工机械，保证施工顺利实施。如单层工业厂房吊装工程，当采用分件吊装法时，则施工顺序为：吊柱→吊梁→吊屋盖系统；当采用综合吊装法时，则施工顺序为：第一节间吊柱、梁、屋盖系统→第二节间吊柱、梁、屋盖系统→……依此类推直至最后节间。又如在进行多层框架结构施工时，如采用现场搅拌混凝土，塔式起重机垂直运输，则混凝土的浇筑通常是先浇柱，然后浇梁，最后浇楼板；如采用商品混凝土，混凝土泵输送，则混凝土的浇筑通常是柱、梁、楼板一次浇注成型。诸如此类的实例在建筑工程施工中尚有许多，在确定施工顺序时，应予以重视。

　　4. 应按照施工组织的要求

　　每一个施工企业都有其不同的施工组织措施，每一种建筑结构的施工也可以采用不同的施工组织措施，施工顺序应与不同的施工组织措施相适应。如有地下室的高层建筑，其地下室的混凝土地坪工程可以安排在其上层楼板施工前进行；也可以在上层楼板施工后进行。从施工组织的角度看，前一种施工顺序较方便，上部空间宽敞，便于利用吊装机械直接向地下室运输浇筑地坪所需的混凝土；而后者，其材料运输和施工较困难。又如安排室内外装饰工程施工顺序时，可采用多种施工顺序，在选定施工顺序时，应参考施工组织规定的先后顺序。

　　5. 考虑施工质量、安全的要求

　　建筑施工应始终牢记"质量第一、安全第一"的方针，在确定施工顺序时，要充分考虑施工质量和施工安全的要求。如基坑回填土，特别是从一侧进行回填时，必须在砌体达到必要的强度才能开始；屋面防水层施工，需待找平层干燥后才能进行；楼梯抹面最好安排在上一层的装饰工程全部完成后进行。以上施工顺序安排主要为满足施工质量要求。又如脚手架应在每层结构施工之前搭好；多层房屋施工，只有在已经有层间楼板或坚固的铺板把一个一个楼层分开的条件下，才容许同时在各个楼层展开施工。以上施工顺序安排主要为满足安全施工要求。

　　6. 考虑当地气候条件

　　建筑施工大部分是露天作业为主，受气候影响较大。在确定施工顺序时，应重视当地气候对施工的影响。在我国，中南、华东地区施工时，应多考虑雨季施工的影响；华北、东北、西北地区施工时，应多考虑冬期施工的影响。如土方、砌体、混凝土、屋面等工程应尽量避开冬雨期，冬雨期到来之前，应先完成室外各项施工过程，为室内施工创造条件；冬期室内施工时，先安装玻璃，后做其他装饰工程，有利于保温和养护。

　　（二）多层砖混结构建筑的施工顺序

　　多层混合结构由于其造价低、保温性能好等优越性，在当前部分地区仍被广泛采用，其中尤其是住宅房屋使用量最大。多层砖混结构房屋建筑的施工，其施工阶段一般可划分为地基基础工程、主体结构工程、建筑屋面工程及建筑装饰装修工程三个阶段。其施工顺序一般有两种方式，如图 5-5 所示。

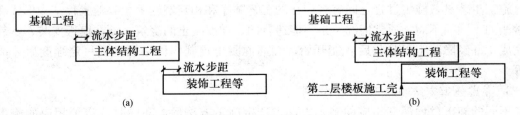

图 5-5　多层混合结构房屋施工顺序
（a）分段流水施工；（b）装饰工程搭接施工

第一种——三个施工阶段划分流水施工段，均采用流水作业，三阶段之间有少量搭接时间，即是它们之间的流水步距，如图 5-5（a）所示。该施工顺序能够保证各施工队的工作以及物资的消耗具有连续性和均衡性，各施工工序交叉作业少，是较常采用的一种施工顺序。

第二种——建筑装饰装修工程阶段在第二层楼板安装并嵌缝灌浆后开始，其余同第一种，如图5-5（b）所示。该施工顺序使装饰施工尽早开始，其他施工阶段地基与基础工程和主体结构工程仍采用流水施工方式，由于建筑装饰装修施工提前进入，缩短了整个工程的工期，但应注意装饰成品的保护。

水暖卫生等管线在基础工程施工阶段，就应插入施工，将给排水、暖气管道及管沟做好。随着主体结构工程的施工，各种管线工程平行交叉施工，在建筑装饰装修工程开始之前所有暗管、暗线均安装完成。

图 5-6 为某混合结构四层住宅楼施工顺序示意图，现将各阶段的施工顺序分别说明如下。

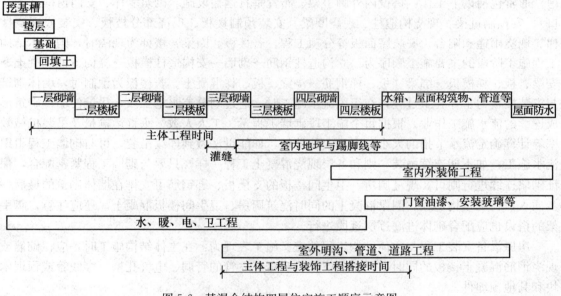

图 5-6 某混合结构四层住宅施工顺序示意图

1. 地基与基础工程的施工顺序

基础工程施工阶段是指室内地坪（±0.000）以下的工程施工阶段。其施工顺序一般为：土方开挖→垫层施工→基础砌筑（或钢筋混凝土基础施工）→铺设防潮层→土方回填。如有地下障碍物、文物、坟穴、防空洞、溶洞、软弱地基等问题，需先进行地基处理；如有桩基础，应先进行桩基础施工；如有地下室，则应在基础砌完或完成一部分后，砌筑地下室墙，在做完防潮层后施工地下室顶板，最后回填土。

地基与基础施工阶段工期要抓紧，尤其是土方开挖与垫层施工在施工安排上要紧凑，间隔时间不宜太长，以防基槽（坑）雨后积水或受冻，影响地基承载力；如采用混凝土垫层，在垫层施工完成后，要留有一定的技术间歇时间，使之具有一定强度后，再进行下道工序的施工；地下设置的各种管沟的挖土、垫层、管沟墙、盖板、管道铺设等应尽可能与基础施工配合，平行搭接进行；基础回填土一般在基础完工后分层回填夯实，以便为后续施工创造工作条件，如便于脚手架的搭设和材料运输等；对零标高以下的房心回填土，一般应与基槽(坑)回填土同时进行，但应注意水、暖气、电、卫生洁具、煤气等各种管道的回填标高，以免日后施工重复开挖回填造成浪费。如不能同时回填，也可于装饰工程之前，与主体结构的施工同时交叉进行。

地基与基础施工阶段的各施工工序一般可划分施工段，组织流水施工作业，施工段的划分一般与主体结构流水施工的施工段相同。但对于板式基础，需要满堂开挖的混合结构房屋，通常采用机械挖土方，当占地面积不大时，在土方开挖后还要考虑钎探、验槽等工作，则土方开挖一般不划分施工段。另外，在组织流水施工时，一些零星工作不必单列一个单独的施工过程项目，可以与主要施工过程项目合并在一起组织流水施工，如钎探、验槽等工序可以合并在土方开挖施工过程中；铺设防潮层可以合并在基础砌筑施工过程中等。

2. 主体结构工程的施工顺序

主体结构工程施工阶段是混合结构房屋的主导施工阶段，应作为工程施工的重点来考虑。通常包括以下工作：搭设内外脚手架、布置垂直运输设施、砌筑墙体、安门窗框（先立口）、安预制过梁、现浇构造柱、现浇圈梁、安装预制楼板、现浇部分楼板、安装或现浇楼梯、现浇雨篷和阳台、安装屋面板等分项工程。若楼板、圈梁、楼梯为现浇时，则主体结构工程施工阶段的主要施工顺序为：立构造柱钢筋→砌墙→安构造柱模板→浇构造柱混凝土→安梁、板、梯模板→绑梁、板、梯钢筋→浇梁、板、梯混凝土。若楼板为预制时，墙体砌筑与安装楼板为主导施工过程，在组织流水施工时，通过划分流水施工段，尽量使墙体砌筑形成连续的流水施工作业。根据每个施工段砌墙工程量、工人人数、垂直运输量及吊装机械效率等计算确定流水节拍的大小。至于安装楼板，如能设法做到连续吊装，可与砌墙工程组织流水施工；如不能连续吊装，则和各层现浇混凝土工程一样，只要与砌墙工程紧密配合，保证砌墙连续进行则可。现浇厨房、卫生间楼板的支模板、绑钢筋可安排在墙体砌筑的最后一步插入，在浇筑构造柱、圈梁混凝土的同时浇筑厨房、卫生间楼板混凝土。还应注意，脚手架的搭设也应配合砌体进度逐层逐段进行。

房屋设备安装工程与主体结构工程的交叉施工表现为：在主体结构施工时，应在砌墙或现浇钢筋混凝土楼板的同时，预留上下水管和暖气立管的管洞、电气孔槽、穿线管或预埋木块和其他预埋件。

3. 屋面工程的施工顺序

屋面工程的构造层次多，各构造层在施工时，一般要考虑一定的技术间歇时间，以保证各构造有足够的凝结和干燥的时间。屋面工程的施工顺序一般为：找平层→隔汽层→保温层→找平层→防水层。对于刚性防水屋面的现浇钢筋混凝土防水层及其分格缝施工，应在主体结构完成后开始并尽快完成，以便为室内装饰施工创造条件。一般情况下，屋面工程的施工可以和装饰工程搭接或平行施工。

4. 装饰装修工程的施工顺序

混合结构的装饰装修工程通常在主体结构和屋面工程施工完毕后进行，如果单位工程的工期要求较短时，装饰装修工程施工可以与主体结构或屋面工程的施工穿插进行，如混合结构施工第三层时，第一、二层即进行楼地面、墙面抹灰、天棚抹灰等装饰工程施工。装饰装修工程根据其装饰装修的部位，通常分为室内装饰装修（顶棚、墙面、楼地面、楼梯等抹灰，门窗扇安装、油漆、安玻璃、油墙裙、做踢脚线等）和室外装饰装修（外墙抹灰、勒脚、散水、台阶、明沟、水落管等）。室内外装饰装修工程的施工顺序通常有先外后内，先内后外，内外同时进行等三种，具体采用哪种顺序应视施工条件和环境气候而定，通常室外装饰应避开雨季或冬期。当室内为水磨石楼地面时，为防止其施工时水的渗漏对外墙面的影响，应先进行水磨石的施工；如果为了加快脚手架的周转或要赶在冬期之前完成外装饰，则应采用先外后内的装饰施工顺序；如果抹灰工太少，则不宜采用内外同时进行装饰施工。室内外装饰各施工层与施工段之间的施工顺序由施工起点流向定出，参见施工起点流向一节。当该层装饰、落水管等分项工程都完成后，即开始拆除该层的脚手架。散水及台阶等室外工程需待外脚手架拆除后进行施工。

室内抹灰工程在同一层的顺序一般是：地面→天棚→墙面，此顺序便于清理地面基层，易于保证地面质量，且便于收集天棚、墙面落地灰，节约材料。但地面需要养护时间及采取保护措施，影响后续工程，会使工期拉长。如要缩短工期，也可以采用天棚→墙面→地面的施工顺序，但要注意在做地面面层时应将落地灰和渣子清扫干净，否则会影响面层与楼板的粘结质量，造成地面起鼓等质量隐患。

底层地面一般多是在各层装修做好以后进行。楼梯间的装饰施工，通常在各层装修基本完成后进行，以防止在其他工程施工期间受到损坏，其装饰施工顺序，通常自上而下统一施工，并逐层封闭。门窗扇的安装安排在抹灰之前或之后进行，主要视气候和施工条件而定。若室内抹灰在冬期施工，可先安门窗扇及玻璃，以保护抹灰质量。门窗油漆后再安装玻璃。

5. 设备安装工程的施工顺序

混合结构房屋的设备安装工程主要指给水、排水、强电、弱电、暖气、煤气以及卫生洁具等的安装施工。设备安装施工一般应与土建工程施工紧密配合，将其穿插在土建工程施工中相关分部分项工程施工的过程中进行。

（1）在地基与基础工程施工阶段，回填土施工前，相应的水、电、暖气、煤气等的预埋管沟应穿插在房屋基础施工阶段进行施工，如管沟的垫层、围护墙体等施工完毕。

（2）在主体结构施工阶段，应同时进行上下水、暖气、煤气等管线的预留洞口的施工；电缆穿线管的预埋，电气孔槽或预埋木砖等的预留或埋设；卫生洁具固定件的埋设等。

（3）在装饰装修工程施工阶段，房屋设备安装工程应与其交叉配合施工。如先安装各种管道和附墙暗管、接线盒等预埋设施，再进行装饰装修工程施工；水、电、暖气、煤气、卫生洁具等设备安装一般在楼地面和墙面抹灰前或后穿插施工。室外管网工程的施工可以安排在土建工程前或与其同时施工。

（三）高层框架—剪力墙结构建筑的施工顺序

高层框架结构建筑的施工，按其施工阶段划分，一般可以分为地基与基础工程、主体结构工程、围护和分隔结构工程、屋面及装饰装修工程四个施工阶段，其施工顺序如图 5-7 所示。

1. 地基与基础工程的施工顺序

高层现浇框架—剪力墙结构房屋，由于基础埋置深度大，一般设置有地下室，地下室经常利用箱形基础形成。为满足地基承载力的要求，一般需进行地基处理。地基与基础工程的施工顺序根据其地基基础设置方式而定，通常包括：桩基础→土方开挖→地基处理→垫层→地下室底板防水及底板→地下室墙、柱、顶板→地下室外墙防水→回填土。

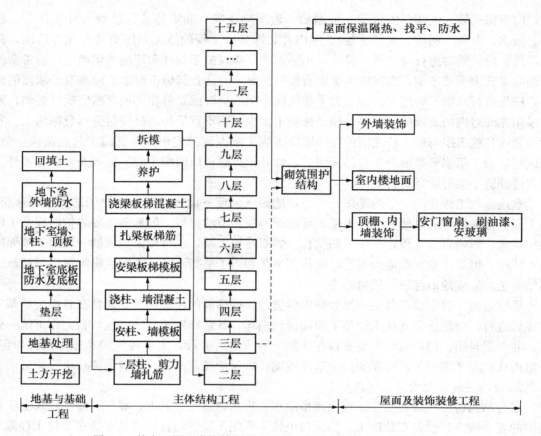

图 5-7　某十五层现浇钢筋混凝土框架—剪力墙结构施工顺序示意图

注：主体 2~15 层的施工顺序同第一层。

桩基础施工，应根据采用的桩基础类型和施工方法确定施工顺序。土方开挖通常采用挖土机械大面积开挖基坑，由于挖土深度大，应注意基坑边坡的防护和支护，在确定施工顺序时，应根据基坑支护方法，考虑基坑支护的施工顺序。对于大体积混凝土，还需确定分层浇筑施工顺序，并安排测温工作。施工时，应根据气候条件，加强对垫层和基础混凝土的养护，在基础混凝土达到拆模要求时及时拆模。底板和外墙的防水施工，根据设计要求的防水方法确定其防水施工，如，外墙防水采用卷材外防外贴时的施工顺序为：砌筑永久性保护墙→外墙外侧设水泥砂浆找平层→涂刷冷底子油结合层→铺贴卷材防水层→砌筑临时性保护墙并填塞砂浆→养护。外墙防水施工完毕后应尽早回填土，既保护基础，又为上部结构施工创造条件。

2. 主体结构工程的施工顺序

主体结构工程施工阶段的主要工作包括：安装垂直运输设备及搭设脚手架，每一层分段施工框架—剪力墙混凝土结构等。其中，每层每段的施工顺序为：测量放线→柱、剪力墙钢筋绑扎→墙柱设备管线预埋→验收→墙柱模板支设→验收→浇墙柱混凝土→养护拆模→梁板梯模板支设→测量放线→板底层钢筋绑扎→设备管线预埋敷设→验收→梁、梯钢筋、板上层钢筋绑扎→验收→浇梁梯板混凝土→养护→拆模。其中柱、墙、梁、板、梯的支模、绑扎钢筋和浇筑混凝土等施工过程的工程量大，耗用的劳动力、材料多，对工程质量、工期起着决定性作用。故需将高层框架—剪力墙结构在平面上分段、在竖向上分层，组织流水施工。

3. 围护和分隔结构工程的施工顺序

高层框架—剪力墙结构的围护结构一般采用砌块墙体或幕墙等结构型式，其施工顺序通常根据结构形式的不同来确定。当采用砌筑墙体做围护结构时，其施工主要包括：支设脚手架、砌筑墙体、安装门窗框、安装预制过梁，现浇构造柱等工作。高层建筑砌筑围护结构墙体一般安排在框架—剪力墙结构施工到 3～4 层（或拟建层数一半）后即插入施工，以缩短工期，同时为后续室内外装饰工程施工创造条件。

高层框架—剪力墙结构的分隔结构一般采用砌块填充墙，其施工组织一般采用与框架—剪力墙结构施工相同的分层分段流水施工，每个填充墙的施工顺序通常为：墙体弹线→墙体砌块排列组合→墙体找平层→墙体砌筑和设置拉结钢筋→安装或浇筑过梁→构造柱施工→养护→填充梁、板底与墙体的空隙。

4. 屋面及装饰工程的施工顺序

屋面工程的施工顺序及其与室内外装饰工程的关系和砖混结构建筑施工顺序基本相同。

高层框架—剪力墙结构建筑的装饰工程是综合性的系统工程，其施工顺序与砖混结构建筑的施工顺序基本相同，但要注意目前装饰工程新工艺、新材料层出不穷，安排施工顺序时应综合考虑工艺、材料要求及施工条件等因素。施工前应预先完成与之交叉配合的水、电、暖气、煤气、卫生洁具等设备安装，尤其注意天棚内的安装未完成之前，不得进行天棚施工。施工时，先做样板或样板间，经与甲方和监理共同检查认可后方可大面积施工，以保证施工质量。安排立体交叉施工或先后施工衔接的工序时，应特别注意成品保护。

（四）单层装配式工业厂房的施工顺序

单层装配式钢筋混凝土工业厂房的施工，按其施工阶段划分，一般可以分为：地基与基础工程、预制工程、结构安装工程、围护结构工程、屋面及装饰装修工程五个施工阶段。其施工顺序如图 5-8 所示。

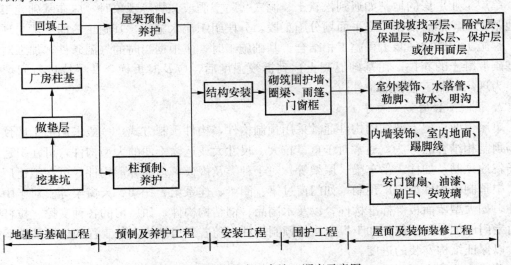

图 5-8 单层装配式厂房施工顺序示意图

单层工业厂房的构成主要考虑厂房的生产工艺，与民用建筑相比其结构形式、建筑面积和构造做法等方面都有较大差别，且厂房内部通常布置有设备基础以及各种管网，所以在进行施工组织时，通常应考虑土建施工与各种设备安装和预埋相结合。对于厂房面积和规模较大、生产工艺要求复杂的单层工业厂房，应按生产工艺分区、分工段，这种工业厂房的施工顺序的确定，不仅要考虑土建施工和组织的要求，而且要考虑生产工艺的要求，一般是先生产的工段先施工，从而尽早交付使用，发挥投资效益。下面以中小型工业厂房为例说明其施工顺序。

1. 地基与基础工程的施工顺序

单层工业厂房结构一般采用排架结构，主要支撑构件为单层厂房柱，柱基础一般采用现浇钢筋混凝土杯形基础，基础施工一般采用平面流水施工组织方式。其施工顺序通常为：挖基坑→做垫层→绑扎钢筋→支模板→浇混凝土基础→养护→拆模→回填土。当中、重型工业厂房建设在土质较差地区时，需采用桩基础，为缩短工期，常将打桩工程安排在准备阶段进行。

对于有设备基础的厂房，厂房柱基础与设备基础施工顺序将影响到主体结构的安装方法和设备安装投入的时间。因此，需结合具体情况决定其施工顺序。通常有两种方案。

(1) 当厂房柱基础的埋置深度大于设备基础埋置深度时，采用"封闭式"施工，即先施工厂房柱基础，再施工设备基础。

一般来说，当厂房的设备基础不大，在厂房结构安装后再施工设备基础，对厂房结构稳定性无影响时，或对于较大较深的设备基础采取了特殊的施工方案（如沉井）时，常采用"封闭式"施工方式。

(2) 当厂房柱基础的埋置深度小于设备基础深度时，常采用"开敞式"施工，即厂房柱基础与设备基础同时施工。

一般来说，当厂房基础与设备基础埋置深度相同或接近时，两种施工顺序均可选用。只有当设备基础较大、较深，其基坑的挖土范围已与柱基础的基坑挖土范围连成一片或深于厂房柱基础，以及厂房所在地点土质不佳时，方采用"开敞式"施工方式。

单层工业厂房的地基如遇到松软土、洞穴、防空洞或文物等现象时，应在基础施工前进行地基处理，然后依据厂房平面划分施工段，分段组织流水施工，其施工流向一般与现场预制工程施工、结构吊装工程施工相结合。基础施工时，应根据当时的气温条件，加强对垫层和基础混凝土的养护，在基础混凝土达到拆模强度后，应及时拆模，并尽快进行回填土施工，为现场预制工程创造条件。

2. 预制工程的施工顺序

单层工业厂房上部结构构件通常采用预制构件，构件预制方式，一般采用加工厂预制和现场预制相结合的方法，通常对于重量较大、尺寸大或运输不便的大型构件，可在拟建厂房现场就地预制，如柱、吊车梁、屋架等。对于种类及规模繁多的异形构件，可在拟建厂房外部集中预制或构件加工厂预制，如门窗过梁、圈梁、连系梁、托架、天窗架等。对于中小型构件，如大型屋面板等标准构件，以及木制品、钢结构构件，如厂房的各种支撑、拉杆等一般由专门的加工厂预制。加工厂生产的预制构件应随着厂房结构安装工程的进展陆续运往现场，以保证结构安装的进度。

单层工业厂房预制工程的施工顺序是：场地平整夯实→支模→扎筋（有时先扎筋后支

模）→孔道预留→浇捣混凝土→养护→拆模→混凝土试块试压→预应力钢筋制作和穿筋→预应力筋张拉和锚固→孔道灌浆和养护。

在确定预制方案时，应结合构件的技术特征、当地加工厂的生产能力、工期要求、现场施工及运输条件等因素，综合进行技术经济分析之后确定。现场内部就地预制的构件，一般只要基础回填土完成一部分以后就可以开始制作。但构件在平面上的布置、制作的流程和先后次序，主要取决于结构吊装方案，总的原则是先吊装的先预制。但对于后张法施工的预应力屋架由于需要张拉、灌浆等工艺，以及两次养护的技术间歇时间，在考虑施工顺序时可以提前进行制作。对于多跨大型的单层厂房构件的制作，通常分批、分阶段施工。构件制作的顺序和流向应与厂房的安装顺序以及起重机的开行路线紧密配合，为结构安装工程的施工创造条件。

当采用分件吊装法时，预制构件的施工有三种方案。

（1）当场地狭小而工期允许时，构件预制可分别进行。首先制作柱和吊车梁，待柱和吊车梁安装完毕后再制作屋架。

（2）当场地宽敞时，可依次安排柱、吊车梁、屋架的连续制作。

（3）当场地狭小而工期紧迫时，可首先将柱和梁等在拟建厂房内就地制作，接着或同时在拟建厂房外进行屋架预制。

当采用综合吊装法时，由于结构安装施工是分节间一次安装完厂房所有的构件，因此柱、吊车梁、屋架等构件需按节间依次制作，现场平面布置要求高。此时构件的预制场地应视具体情况确定，可以采用全部构件在拟建厂房内就地预制，或选择部分构件在拟建厂房外预制。

3. 结构安装工程的施工顺序

结构安装工程是单层工业厂房施工的主导工程，一般应单独编制施工作业方案，其施工内容主要包括：柱、抗风柱、吊车梁、屋架、天窗架、大型屋面板以及各种支撑等构件的绑扎、吊升、临时固定、校正和最后固定等。对于中、小型单层厂房，选用一台起重机较为经济、合理；对于厂房面积较大的单层厂房，可选用两台或多台起重机械同时安装，此时，柱、吊车梁、屋盖系统等主要构件由不同的起重机械分别组织流水安装施工。

单层厂房构件吊装前的准备工作十分重要，主要包括：检查预制混凝土构件的强度是否达到规定的要求，如柱达到70％设计强度，屋架达到100％设计强度，预应力构件灌浆后的砂浆强度达到15MPa才能吊装就位等；混凝土基础杯底抄平、杯口弹线等；构件吊装前的弹线、强度验算和加固等；起重机械的稳定验算、起重机械的安装调试、铺设起重机开行道路等；各种吊装用工具和索具的准备等。

单层厂房的结构安装工程的吊装顺序取决于结构安装方法。一种是分件吊装法，其吊装顺序是：第一次开行吊装所有的柱，吊装、校正和最后固定一次完成；待柱与柱基杯口接头混凝土达到设计强度的70％后，第二次开行吊装吊车梁、连系梁等构件，同时进行屋架的扶直与就位；第三次开行分节间吊装屋架、天窗架、屋面板及屋面支撑等屋盖系统构件。该吊装方法每次吊装一种类型构件，索具不需更换，劳动力不变更，操作能够很快熟练，安装效率高；缺点是增加了起重机的开行路线。另一种是综合吊装法时，其吊装顺序是：先吊装四～六根柱，并立即进行校正和最后固定，然后吊装吊车梁、连系梁、屋架、屋面板等构件。待吊装完一个节间的所有构件后，起重机移至下一节间进行吊装。如此依次逐个节间安装，直至整个厂房安装完毕。采用这种吊装方法，起重机停机点少，开行路线短；由于分节间安装，可为后续工程及早提供工作面，使各工序能交叉平行流水作业，有利于加快施工进度。这种安装方法的缺点是安装索具更换频繁，操作熟练程度低，构件供应紧张，平面布置复杂，现场拥挤，影响安装施工效率。

抗风柱的吊装顺序一般有两种方法可供选择，一是在吊装柱的同时先安装该跨一端的抗风柱，并立即进行校正、灌浆固定，然后用缆风绳在抗风柱的四周锚固；另一端则在屋盖吊装完毕后进行吊装，并经校正、灌浆固定后，立即与屋架连接固定；二是待屋盖结构安装完毕后，再吊装全部抗风柱，并立即进行校正、灌浆固定以及与屋架的连接等工作。

结构安装工程的施工流向通常应与预制构件制作的流向一致。若车间为多跨又有高低跨时，安装流向应从高低跨柱列开始，以适应吊装工艺的要求。

4. 围护工程的施工顺序

单层厂房的围护结构通常采用：砌体结构或板材结构等。围护工程施工阶段的施工内容通常根据其采用的围护结构形式而有所不同，对于砌体结构通常包括：搭设脚手架，搭设垂直运输机具，内外墙体砌筑施工，现浇门框、雨篷、圈梁，安装木门窗框等。在厂房结构安装工程结束后，或安装完一部分区段后即可开始内外墙砌筑的分段施工，此时，不同的分项工程之间可组织立体交叉平行流水施工。

脚手架应配合砌筑工程搭设，内隔墙的砌筑应根据其基础形式而定，有的可以在地面工程之前与外墙同时进行，有的则需在地面工程完成后进行。

5. 屋面及装饰装修工程的施工顺序

屋面工程施工一般在砌筑完成后即可进行，也可以穿插在墙体砌筑施工的同时进行，应视现场组织情况而定。其施工顺序与多层砖混结构建筑的屋面工程相同。

装饰装修工程的施工分为室内装饰装修（地面的平整、垫层、面层，安装门窗扇，刷白、油漆、安玻璃等）和室外装饰装修（勾缝、抹灰、水落管、勒脚、散水、明沟等），室内外的装饰装修施工可根据现场的情况组织平行施工，并可与其他施工过程穿插进行。室内地面应在设备基础、墙体工程完成了一部分和地下管沟、管道、电缆等地下工程完成铺板后进行；刷白应在墙面干燥和大型屋面板灌缝后进行，并在油漆开始前结束；门窗油漆可在内墙刷白后进行，也可与设备安装同时进行。室外装饰装修一般自上而下，并随之拆除脚手架，在散水施工前将脚手架拆除完毕。

水、电、暖气、煤气、卫生洁具等安装工程与砖混结构建筑的施工顺序基本相同，但如有空调设备应单独安排其安装施工。对于生产设备的安装，由于专业性强、技术要求高，应遵照有关专业顺序进行，一般由专业公司承担安装任务，并提出相关要求，以便在编制施工组织设计时综合考虑。

以上所述的几种有代表性建筑结构的施工过程和施工顺序，仅适用于一般情况下的施工组织。如建筑结构、现场条件、施工环境等因素有所改变，均会对施工过程和施工顺序的安排产生影响。因此，对每一个单位工程必须根据其施工特点和具体情况，合理地确定其施工顺序，组织不同的流水施工作业方式，以期最大限度地利用空间，争取时间。

第四节　施 工 进 度 计 划

单位工程施工进度计划，是在确定了施工部署和施工方案的基础上，根据施工合同规定的工程工期和技术物资供应等实际施工条件，遵循各施工过程合理的工艺顺序和统筹安排各项施工活动的原则，用图表（横道图和网络图）的形式，对单位工程从开始施工到竣工验收全过程的各分部、分项工程施工，确定其在时间上的安排和相互间的搭接关系。单位工程施工进度计划是单位工程施工组织设计的重要内容之一，是施工企业编制月、旬施工计划以及各种物资、技术需求量计划的依据。

一、单位工程施工进度计划的作用与分类

1. 单位工程施工进度计划的作用

（1）施工进度计划是控制工程施工进度和工程竣工期限等各项施工活动的计划，是直接指导单位工程施工全过程的重要技术文件之一。

（2）通过施工进度计划，可以确定单位工程各个施工过程的施工顺序、施工持续时间及相互衔接和合理配合的关系。

（3）施工进度计划是确定劳动力和各种资源需要量计划的依据，也是编制单位工程施工准备工作计划的依据。

（4）施工进度计划是施工企业编制年、季、月作业计划的依据。

2. 单位工程施工进度计划的分类

单位工程施工进度计划按照对施工项目划分的粗细程度，一般分成控制性施工进度计划和指导性施工进度计划两类。

（1）控制性施工进度计划。它是按分部工程来划分施工项目，控制各分部工程的施工时间及其相互配合、搭接关系的一种进度计划。

它主要适用于工程结构较复杂、规模较大、工期较长而需跨年度施工的工程，如大型公共建筑、大型工业厂房等；还适用于规模不大或结构不复杂，但各种资源（劳动力、材料、机械等）不落实的情况；也适用于工程建设规模、建筑结构可能发生变化的情况。

编制控制性施工进度计划的单位工程，当各分部工程的施工条件基本落实之后，在施工之前还需编制各分部工程的指导性施工进度计划。

（2）指导性施工进度计划。它是按分项工程来划分施工项目，具体指导各分项工程的施工时间及其相互配合、搭接关系的一种进度计划。

它适用于施工任务具体明确、施工条件落实、各项资源供应满足施工要求，施工工期不太长的单位工程。

二、施工进度计划的编制依据

编制单位工程施工进度计划前应搜集和准备所需的相关资料，作为编制的依据，这些资料主要包括：

（1）建设单位或施工合同规定的，并经上级主管机关批准的单位工程开工、竣工时间，即单位工程的要求工期。

（2）施工组织总设计中总进度计划对本单位工程的规定和要求。

（3）建筑总平面图及单位工程全套施工图纸、地质地形图、工艺设计图、设备及其基础图，有关标准图等技术资料。

（4）已确定的单位工程施工方案与施工方法，包括施工程序、顺序、起点流向、施工方法与机械、各种技术组织措施等。

（5）预算文件中的工程量、工料分析等资料。

（6）劳动定额、机械台班定额等定额资料。

（7）施工条件资料，包括施工现场条件、气候条件、环境条件，施工管理和施工人员的技术素质，主要材料、设备的供应能力等。

（8）其他相关资料，如已签订的施工合同、已建成的类似工程的施工进度计划等。

三、施工进度计划编制步骤和方法

单位工程施工进度计划的编制程序，见图5-9。根据其编制程序，现将其主要步骤和编制方法分述如下：

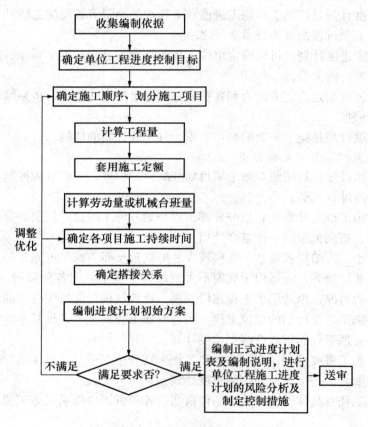

图 5-9　单位工程施工进度计划的编制程序

（一）划分工程施工项目

编制单位工程施工进度计划，是以单位工程所包含的分部、分项工程施工过程，作为施工进度计划的基本组成单元进行编制的。为此，编制施工进度计划时，首先按照施工图纸和施工顺序将拟建单位工程的各个施工过程列出，并结合施工方法、施工条件、劳动组织等因素，加以适当调整，使之成为编制施工进度计划所需要的施工项目。

在划分施工项目时，应注意以下问题：

（1）施工项目划分的粗细程度。这主要取决于施工进度计划的类型，对于控制性施工进度计划，施工项目可粗一些，一般只列出施工阶段或分部工程名称，如混合结构房屋控制性进度计划，一般将其施工过程划分为地基与基础工程、主体结构工程、屋面工程、装饰装修工程和设备安装工程等五个施工过程。对于实施性施工进度计划，其施工过程的划分则应细一些，一般应明确到分项工程或更具体，特别是其中的主导施工过程均应详细列出，如分部工程的屋面工程通常应划分为找平层、隔汽层、保温层、防水屋、保护层等分项工程。

（2）施工项目的划分应与施工方案的要求保持一致。如单层厂房结构安装工程，若采用综合吊装法施工，则施工项目按施工单元（节间、区段）来确定；而采取分件吊装法，则施工项目应按构件来确定，列出柱吊装、梁吊装、屋架扶直就位、屋盖系统吊装等施工项目。

（3）施工项目的划分需考虑区分直接施工与间接施工。如预制加工厂构件的制作和运输等工作一般不列入施工项目。

（4）将施工项目适当合并，使进度计划简明清晰，突出重点。这里主要考虑将某些能穿插施工的、次要的或工程量不大的分项工程合并到主要分项工程中去，如安装门窗框可以并入砌墙工程；对同一时间由同一施工队施工的施工过程可以合并，如工业厂房各种油漆施工，包括门窗、钢梯、钢支撑等油漆可并为一项；对于零星、次要的施工项目，可统一列入"其他工程"一项中。

（5）水暖电卫工程和设备安装工程的列项。这些工程通常由各专业队负责施工，在施工进度计划中，只需列出项目名称，反映出这些工程与土建工程的配合关系即可，不必细分。

（6）施工项目排列顺序的要求。所有的施工项目，应按施工顺序排列，即先施工的排前面，后施工的排后面，所采用施工项目的名称可参考现行定额手册上的项目名称，以方便工程量的计算和套用相应定额。

（二）划分流水施工段

组织建筑工程流水施工时，一般应将施工对象划分为若干个工作面，该工作面就称为施工段。划分施工段的目的就在于使各施工队（组）能在不同的工作面平行或交叉进行作业，为各施工队（组）依次进入同一工作面进行流水作业而创造条件。因此，划分施工段是组织流水施工的基础，详见第二章相关内容。

（三）计算工程量

依据划分的各分部分项工程施工过程和流水施工段，按施工图分别计算各施工过程在各施工段上施工的工程量。对已经形成预算的单位工程，也可直接采用施工图预算的数据，但应注意其工程量应按施工层和施工段分别列出。若施工图预算与某些施工过程有出入，要结合工程项目的实际情况做必要的变更、调整和补充。工程量计算应注意以下问题：

（1）注意工程量的计量单位。各分部分项工程的工程量计量单位应与现行定额手册中所规定的单位相一致，以便在计算劳动量、材料需要量和机械数量时可直接套用，避免因换算而发生错误。

（2）注意计算工程量时与选定的施工方法和安全技术要求一致。如计算基坑土方工程量时，应根据其开挖方法是单独基坑开挖还是大开挖，其边坡安全防护是放坡还是加支撑等施工内容，确定相应的土方体积计算尺寸。

(3) 注意结合施工组织的要求,分段、分层计算工程量。当直接采用预算文件中的工程量时,应按施工项目的划分情况将预算文件中有关项目的工程量汇总。如砌筑砖墙项目,预算中是按内墙、外墙,墙厚、砂浆强度等级分别计算工程量,施工进度计划的砌筑砖墙项目则需在此基础上分段、分层汇总计算工程量。

(四) 计算劳动量和施工机械台班数量

根据前述确定的施工项目、工程量和施工方法,即可套用施工定额,以计算该施工项目的劳动量或施工机械台班数量。计算公式如下:

$$P = \frac{Q}{S} \qquad (5\text{-}1)$$

$$P = Q \cdot H \qquad (5\text{-}2)$$

式中　P ——完成某施工过程所需的劳动量(工日)或机械台班数量(台班);

　　　Q ——完成某施工过程的工程量,m^3、m^2、m、t、件…;

　　　S ——某施工过程采用的产量定额 m^3、m^2、m、t、件…/工日或台班;

　　　H ——某施工过程采用的时间定额,工日或台班/m^3、m^2、m、t、件…。

【例 5-1】　已知某单层工业厂房施工,柱基土方开挖工程量为 $3980m^3$,计划采用人工开挖,每工日产量定额为 $6.37m^3$,则完成该基坑土方开挖需要的劳动量为

$$P = \frac{Q}{S} = \frac{3980}{6.37} = 625(\text{工日})$$

若已知时间定额为 0.157 工日/m^3,则完成该基坑土方开挖所需的劳动量为

$$P = QH = 3980 \times 0.157 = 625(\text{工日})$$

【例 5-2】　某基坑土方工程量为 $5860m^3$,采用机械挖土,其机械挖土量是整个开挖量的 90%,确定采用挖土机挖土,自卸汽车随挖随运,挖土机的产量定额为 $310m^3$/台班,自卸汽车的产量定额为 $85m^3$/台班,试计算确定挖土机及自卸汽车的台班需要量。

解　按式(5-16)有

$$P = \frac{Q}{S} = \frac{5860 \times 0.9}{310} = 17(\text{台班})$$

$$P = \frac{Q}{S} = \frac{5860 \times 0.9}{85} = 62(\text{台班})$$

运用定额计算施工项目的劳动量或施工机械台班量,应注意以下问题:

(1) 确定合理的定额水平。当套用本企业制订的施工定额,一般可直接套用;当套用国家或地方颁布的定额,则必须结合本单位工人的实际操作水平、施工机械情况和施工现场条件等因素,确定实际定额水平。

(2) 对于采用新技术、新工艺、新材料、新结构或特殊施工方法项目,施工定额中尚未编入,需参考类似项目的定额、经验资料,或按实际情况确定其定额水平。

(3) 对于"其他工程"项目的劳动量,不必详细计算,可根据其内容和数量,并结合工程具体情况,以占总的劳动量的百分比(一般为 $10\%\sim20\%$)列入。

(4) 水、电、暖气、卫生设备等设备安装工程项目,一般不必计算劳动量和机械台班需要量,仅安排其与土建工程配合的进度。

(5) 当同一性质不同类型分项工程的工程量相等时,平均定额一般可采用其绝对平均值,即

$$S = \frac{S_1 + S_2 + \cdots + S_n}{n} \tag{5-3}$$

式中　　　　　S——平均产量定额；

　S_1、S_2、$\cdots$、S_n——同一性质不同类型分项工程的产量定额；

　　　　　n——分项工程的数量。

（6）当同一性质不同类型分项工程的工程量不相等，或施工项目是由同一工种，但材料、做法和构造都不相同的施工过程合并而成时，平均定额应采用加权平均值，即

$$\overline{S} = \frac{\sum\limits_{i=1}^{n} Q_i}{\sum\limits_{i=1}^{n} P_i} \tag{5-4}$$

式中　$\overline{S}$——某施工项目加权平均产量定额，m^3、m^2、m、t、件$\cdots$/工日或台班；

$\sum\limits_{i=1}^{n} Q_i$——该施工项目总工程量，$m^3$、$m^2$、$m$、$t$、件$\cdots$；

$$\sum\limits_{i=1}^{n} Q_i = Q_1 + Q_2 + \cdots + Q_n$$

$\sum\limits_{i=1}^{n} P_i$——该施工项目总劳动量（工日或台班）；

$$\sum\limits_{i=1}^{n} P_i = P_1 + P_2 + \cdots + P_n = \frac{Q_1}{S_1} + \frac{Q_2}{S_2} + \cdots + \frac{Q_n}{S_n}$$

【例 5-3】　某工程室内楼地面装饰施工分别为水磨石、贴瓷砖和贴花岗石三种施工做法，经计算其工程量分别为 $1850m^2$、$682m^2$、$1235m^2$，所采用的产量定额分别为 $2.25m^2/$工日、$3.85m^2/$工日、$6.13m^2/$工日，计算其加权平均产量定额。

解　根据公式（5-19）有

$$\overline{S} = \frac{\sum\limits_{i=1}^{n} Q_i}{\sum\limits_{i=1}^{n} P_i} = \frac{Q_1 + Q_2 + Q_3}{P_1 + P_2 + P_3} = \frac{1850 + 682 + 1235}{\dfrac{1850}{2.25} + \dfrac{682}{3.85} + \dfrac{1235}{6.13}}$$

$$= 3.14 (m^2/工日)$$

（五）确定各工程项目的工作日（工作持续时间）

经上述计算出单位工程各分部分项工程施工的劳动量和机械台班数量后，就可以确定各分部分项工程项目的施工天数（工作的持续时间），这是编制施工进度计划的基本条件。施工天数的计算方法一般有三种：定额计算法、倒排计划法和经验估算法，详见第二章相关内容。

最初计算的分部、分项工程的工作持续时间，要与整个单位工程的规定工期以及单位工程中各施工阶段或分部、分项工程的控制工期相配合和协调，还要与相邻分部、分项工程的工期及流水作业的搭接一致。如果计算的工作持续时间不符合上述要求，应通过增减工人

数、机械数量及每天工作班数来调整。

（六）初步编制施工进度计划

经上述各项计算，在确定各分部分项工程项目施工顺序和工作持续时间以后，即可以编制施工进度计划的初始方案。此时，必须考虑各分部分项工程的合理施工顺序，尽可能组织流水施工，力求主要工程项目或施工工种连续工作。编制的方法步骤如下：

（1）首先划分主要施工阶段或分部工程，分析每个主要施工阶段或分部工程的主导施工过程，优先安排主导施工过程的施工进度，使其尽可能连续施工。其他施工过程尽可能与主导施工过程配合穿插、搭接或平行作业，形成主要施工阶段或分部工程的流水作业图。如单层工业厂房建筑施工，主要施工阶段为结构构件的结构安装工程，应首先编制该阶段的流水作业进度计划，然后在编制其他施工阶段的流水施工计划。

（2）在安排好主要施工阶段或分部工程的进度计划后，根据主要施工阶段或分部工程的要求，编制其他施工阶段或分部工程的进度计划。对于其他施工阶段或分部工程，也要分析其阶段内的主导工程，先安排主导施工项目施工，再安排其他施工项目的施工进度，形成其他施工阶段或分部工程的流水作业图。如单层工业厂房建筑施工，厂房构件的预制施工阶段，应根据结构安装的要求和进度，安排好各种构件的现场预制进度和构件的运输时间安排等项目施工。

（3）按照施工程序，将各施工阶段或分部工程的流水作业图最大限度地合理搭接起来，一般需考虑相邻施工阶段或分部工程的前者最后一个分项工程与后者的第一个分项工程的施工顺序关系。最后汇总为单位工程的初始进度计划。如单层工业厂房建筑施工，当采用分件安装法施工时，吊车梁、连系梁等构件的预制与柱吊装可以穿插进行施工等。

（七）施工进度计划的检查与调整

对初排的施工进度计划，难免出现一些不足之处，为了使初排的施工进度满足规定的目标，应根据上级要求、合同规定、施工条件及经济效益等因素，对初排的施工进度计划进行检查和调整。

1. 施工进度计划的检查

（1）先检查各施工项目间的施工顺序是否合理。施工顺序的安排应符合建筑施工技术上、工艺上和组织上的基本规律和要求，各施工项目之间的平行搭接和技术间歇应科学合理。

（2）检查工期是否合理。施工进度计划安排的施工工期首先应满足上级规定或施工合同的要求；其次应满足连续均衡施工，具有较好的经济效果。即安排工期要合理，并不一定是越短越好。

（3）检查资源供应是否均衡。施工进度计划的劳动力、材料、机械设备等各种资源的供应与使用，应避免集中，尽量做到连续均衡。主要施工机械的使用率合理。

2. 施工进度计划的调整

经过检查，对于施工进度计划的不当之处应做调整。其调整的方法是：

（1）增加或缩短某些施工项目的工作持续时间，以改变工期和资源状态。

（2）在施工顺序允许的情况下，将某些施工项目的施工时间向前或向后移动，优化资源供应。

（3）必要时可考虑改变施工技术方法或施工组织措施，以期满足施工顺序、工期、资源等方面的目标需要。

（八）施工进度计划的审核

单位工程施工进度计划编制完成后，一般应报上级主管部门和建设单位、监理单位等建设管理单位的审核，对施工进度计划审核的主要内容有：

（1）单位工程施工进度目标应符合总进度目标及施工合同工期的要求，符合其开竣工日期的规定，分期施工应满足分批交工的需要和配套交工的要求。

（2）施工进度计划的内容全面无遗漏，能保证施工质量和安全的需要。

（3）合理安排施工程序和作业顺序。

（4）资源供应能保证施工进度计划的实现，且较均衡。

（5）能清楚分析进度计划实施中的风险，并制订防范对策和应变预案。

（6）各项进度保证计划措施周到可行、切实有效。

应当指出，上述施工进度计划的编制步骤之间不是孤立的，而是存在相互联系、相互依赖的关系，有的可以同时进行。建筑施工本身是一个复杂的生产过程，受到周围许多客观因素的影响，在施工过程中，由于资源供应、机械使用以及自然条件等发生变化，都会影响施工进度。因此，在工程施工过程中，应随时掌握施工动态，并经常检查和调整施工进度计划。

四、基于 BIM 的进度计划编制方法

单位工程施工进度计划的编制程序，如图 5-10 所示。根据其编制程序，现将其主要步骤和编制方法分述如下：

（一）实施目标分析

基于 BIM 的进度计划管理对工作量影响最大的地方就在于模型建立与匹配分析。在进度的宏观模拟中，进度计划的展示并不要求详细的 BIM 模型，只需要用体量区分每个区域的工作内容即可。在专项模拟中则需要更加精细的模型。选择不同的进度模拟目标会对后续工作的流程及选择的软件造成一系列影响。

若选择使用三维体量进行进度计划模拟，主要展示的是工作面的分配、交叉，方便对进度计划进

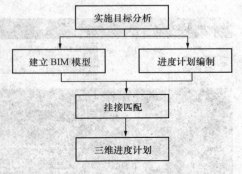

图 5-10　基于 BIM 的进度计划编制

行合理性分析。这种方式准确性不高，视觉表现较简陋。若按图纸建立模型进行施工进度模拟，是最实用的施工进度模拟，在准确性和视觉表现上都比体量建模要好，但是要考虑简化模型，减少制作施工进度的工程量，这种进度计划的编制需要预留较长的工作时间。

（二）建立 BIM 模型

模拟的模型可选择使用以下几种：体量模型。建立体量模型时主要考虑对工作面的表达是否清晰，按照进度计划中工作面的划分进行建模。体量模型是建模最快的，一般 2 小时内可完成体量建模，可使用 Revit 进行体量建模，方便输入进度计划参数进行匹配；多专业合成模型。当需要编制全过程施工进度计划时，可采用多专业合成模型，如将 Revit、Tekla、Rhino 等模型导入软件中进行模拟制作。在采用多专业模型时应注意：不同软件的模型导入

图 5-11　工作集合

Navisworks 时需要调整基点位值；除 Revit 模型外，其他的模型需手动匹配，最好能按不同软件设置不同的匹配规则。同时要形成集合。例如在 Navisworks 中通过选择集合搜索集的方式形成集合，如图 5-11 所示。

（三）进度计划编制

编制工作进度计划表时，应考虑进度计划编制的要求，选择以工作位置、专业为区分的 WBS 工作分解结构模板，批量设置相关匹配信息。目的是考虑到施工进度以三维模型、三维体量进行进度计划展示，因此需要很好地界定三维模型，否则会造成视觉上的混乱，影响进度计划的表达。可将进度信息与模型匹配的信息、模型中不同专业的信息，用于模型筛分的信息。进度计划可以是 Project 或 Excel 等格式的文件，也可以在软件中直接输入。

（四）模型与进度挂接匹配

模型与进度计划进行匹配时，可灵活采取匹配方式。匹配方式主要有以下两种：

（1）手动匹配。手动匹配时，是在 Navisworks 中选择模型，与相对应的进度计划项进行匹配。筛选出模型的方式多种多样，因此手动匹配方法多种多样。手动匹配的优势在于灵活、方便、操作简单。

（2）规则自动匹配。按规则进行自动匹配主要是依据模型的参数特点按照一定的规则对应到进度计划项上。自动匹配快捷方便，能在一定程度上降低匹配工作量，但缺点是不够灵活，流程繁琐，匹配错了难以修改。图 5-12 所示为基于 BIM 形成的进度计划。

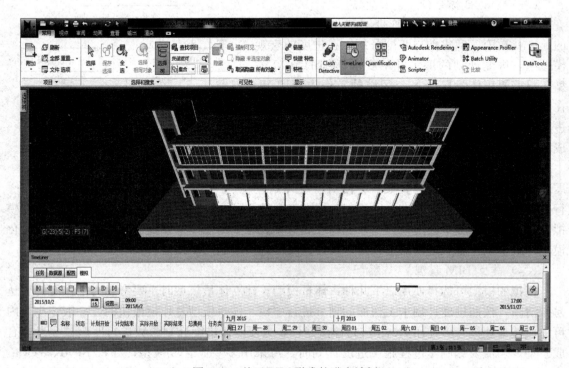

图 5-12　基于 BIM 形成的进度计划

五、施工进度计划技术经济评价

单位工程施工进度计划编制完成后，应对其进行技术经济评价，以判断其优劣。其主要评价指标包括以下几项：

1. 工期指标

（1）总工期：自开工之日到竣工之日的全部日历天数

（2）提前时间：

$$提前时间＝上级要求或合同要求工期－计划工期 \tag{5-5}$$

（3）节约时间：

$$节约时间＝定额工期－计划工期 \tag{5-6}$$

2. 劳动量消耗的均衡性指标

用劳动量不均衡系数（k）加以评价

$$k=\frac{高峰施工人数}{施工期内每天平均施工人数} \tag{5-7}$$

对于单位工程施工或各个专业工种来说，每天出勤的工人人数应力求不发生过大的变动，即劳动量消耗应力求均衡，为了反映劳动量消耗的均衡情况，应画出劳动量消耗的动态图。在劳动量消耗动态图上，不允许出现短时期的高峰或长时期的低谷情况，允许出现短时期的甚至是很大的低谷。最理想的情况是 k 接近于 1，在 2 以内为好，超过 2 则不正常。当一个施工单位在一个工地上有许多单位工程时，则一个单位工程的劳动量消耗是否均衡就不是主要的问题，此时，应控制全工地的劳动量动态图，力求在全工地范围内的劳动量消耗均衡。

3. 主要施工机械的利用程度

主要施工机械一般是指挖土机、塔式起重机、混凝土搅拌机、混凝土泵等台班费用高、进出场费用大的机械，提高其利用程度有利于降低施工费用，加快施工进度。主要施工机械利用率的计算公式为

$$主要施工机械利用率＝\frac{作业期内施工机械工作时间（台日或台时数）}{作业期内施工机械制度时间（台日或台时数）} \tag{5-8}$$

4. 单方用工数

$$总单方用工数＝\frac{单位工程用工数（工日）}{建筑面积（m^2）} \tag{5-9}$$

$$分部工程单方用工数＝\frac{分部工程用工数（工日）}{建筑面积（m^2）} \tag{5-10}$$

5. 工日节约率

$$总工日节约率＝\frac{施工预算用工数（工日）－计划用工数（工日）}{施工预算用工数（工日）}×100\% \tag{5-11}$$

6. 大型机械单方台班用量

$$大型机械单方台班用量＝\frac{大型机械台班用量（台班）}{建筑面积（m^2）} \tag{5-12}$$

7. 建安工人日产值

$$建安工人日产值＝\frac{计划施工工程工作量（元）}{施工进度计划日期×每日平均人数（工日）} \tag{5-13}$$

第五节　施工准备与资源配置计划

单位工程施工进度计划编制完成后，即可编制施工准备工作计划和资源配置计划。这些计划也是单位工程施工组织设计的组成部分，是施工单位安排施工准备及劳动力、物资等各项资源配置的重要依据，也是保障工程施工顺利实施的基础。

一、施工准备

施工准备主要包括：技术准备、现场准备和资金准备等。

（1）技术准备包括：施工所需技术资料的准备、施工方案编制计划、试验检验及设备调试工作计划、样板制作计划等。

1）主要分部（分项）工程和专项工程在施工前应单独编制施工方案，施工方案可根据工程进展情况，分阶段编制完成；对需要编制的主要施工方案应制订编制计划。

2）试验检验及设备调试工作计划应根据现行规范、标准中的有关要求及工程规模、进度等实际情况制订。

3）样板制作计划应根据施工合同或招标文件的要求并结合工程特点制订。

（2）现场准备应根据现场施工条件和工程实际需要，准备现场生产、生活等临时设施。

（3）资金准备应根据施工进度计划编制资金使用计划。

编制施工准备计划，应依据施工进度计划和各分部、分项工程的施工方案等工程施工的技术文件。它主要反映工程施工前和施工过程中必要的施工准备工作，是施工企业落实安排施工准备工作的依据。其编制方法是：分析施工进度计划表中的各分部分项施工过程的施工方案和施工方法，分别列出施工准备工作内容和完成时间要求等各项内容，并制成表格或用横道图、网络图来表示，从而保证施工准备工作有计划地进行，并便于检查、监督施工准备工作的进展情况，详见第四章相关内容。为保障各项施工准备工作顺利实施，在制订施工准备工作计划时，通常用表格的形式表达各项施工准备工作，如表5-8。

表 5-8   施工准备工作计划表

序号	施工准备工作名称	施工准备工作内容（量化指标体系）	主办单位（负责人）	协办单位（负责人）	完成时间	备注

二、资源配置计划

单位工程施工进度计划编制确定以后，根据单位工程施工图、工程量计算资料、施工方案、施工进度计划等有关技术资料，分别计算出各分部、分项工程的劳动力、材料、施工机械等资源的每天需用量，将其汇总后，分别编制劳动力需要量计划，各种主要材料、构件和半成品需要量计划及各种施工机械的需要量计划。依据单位工程的各种资源配置计划，进行各项工程的施工准备，做好各种资源的供应、调度、平衡和落实工作。

（一）劳动力需要量计划

依据单位工程的施工进度计划、施工方案和劳动定额等相关资料，编制劳动力需要量计划。该计划主要反映单位工程施工中，所需各种技工、普工人数，它是进行施工现场劳动力调配、平衡以及安排生活福利设施的主要依据。其编制方法是：将施工进度计划表上每天（或旬、月）施工的项目所需工人按工种分别统计，得出每天（或旬、月）所需工种及其人数，再按时间进度要求汇总。劳动力需求量计划的表格形式见表 5-9。

表 5-9 劳动力需求量计划表

序号	专业工种		劳动量工日	需要人数及时间						备注
	名称	级别		年 月			年 月			
				上旬	中旬	下旬	上旬	中旬	下旬	

（二）主要材料需要量计划

依据单位工程施工进度计划、施工预算的工料分析等技术资料，编制主要材料需求量计划。该计划主要反映单位工程施工中，各种主要材料的需要量和使用时间，它是施工现场备料、确定仓储和堆场面积，以及安排材料运输的依据。其编制方法是：通过对施工进度计划表中的各分部分项工程施工过程所需的材料进行分析，分别按材料的品种、规格、数量和使用时间进行汇总，并制成表格。主要材料需求量计划的表格形式见表 5-10。

表 5-10 主要材料需求量计划表

序号	材料名称	规格	需求量		需用时间	备注
			单位	数量		

（三）预制加工品需要量计划

预制加工品主要包括混凝土制品、木结构制品、钢结构制品以及门窗等。预制加工品需要量计划依据施工图、施工方案、施工方法和施工进度计划等要求编制的。该计划主要反映单位工程施工中，各种预制构件的需要量、使用时间或供应时间，它是落实构件加工单位、确定现场的堆场面积，以及安排构件加工、构件运输和构件进场的依据。其编制方法是：通过对施工进度计划表中的各分部分项工程施工过程所需的构件按钢结构、木构件、钢筋混凝土构件等不同类型分别进行分析，提出构件的名称、规格、数量和使用时间，并进行汇总制成表格。预制加工品需求量计划的表格形式见表 5-11。

表 5-11 预制加工品需求量计划表

序号	预制加工品名称	型号图号	规格尺寸	需要量		使用部位	加工单位	供应时间	备注
				单位	数量				

（四）施工机械需要量计划

依据施工方案、施工方法和施工进度计划等技术资料，编制施工机械需要量计划。该计划主要反映单位工程施工中，各种施工机械和机具的需要量和使用时间，它是落实施工机械和机具设备的来源、组织设备进场，以及安排设备运输的依据。其编制方法是：通过对施工进度计划表中的各分部分项工程施工过程每天所需的机械和机具设备进行分析，分别按所需设备的机械类型、数量和使用日期进行汇总，并制成表格。施工机械需求量计划的表格形式见表 5-12。

表 5-12　　　　　　　　　　　　　　　　施工机械需求量计划表

序号	施工机械名称	型号	规格	电功率（kV·A）	需要数量	设备来源	进场或安装时间	出场或拆卸时间	备注

（五）生产工艺设备需要量计划

依据生产工艺布置图和设备安装的进度要求等技术资料，编制生产工艺设备需要量计划。该计划主要说明生产性工艺设备的需要量和安装时间，它是进行生产性工艺设备的订货、组织设备运输和进场，以及安排设备安装的依据。其编制方法是：通过对施工进度计划表中的生产性工艺设备的安装进度进行分析，分别列出所需设备的机械类型、数量和安装以及进场时间并进行汇总制成表格。生产工艺设备需求量计划的表格形式见表5-13。

表 5-13　　　　　　　　　　　　　　　生产工艺设备需求量计划表

序号	生产工艺设备名称	型号	规格	电功率（kV·A）	需要量		设备来源	进场时间	备注
					单位	数量			

第六节　主要施工方案

施工方案的选择一般包括：

（1）单位工程应按照 GB 50300《建筑工程施工质量验收统一标准》中分部、分项工程的划分原则，对主要分部、分项工程制定施工方案。

（2）熟悉和研究施工图纸和施工条件，确定主要分部、分项工程施工程序；明确施工起点流向和施工顺序。

（3）选择主要分部分项工程的施工方法和施工机械，制订施工技术组织措施等。

（4）对脚手架工程、起重吊装工程、临时用水用电工程、季节性施工等专项工程所采用的施工方案应进行必要的验算和说明。

为了防止施工方案的片面性，一般需对主要施工项目的几种可以采用的施工方案和施工方法做技术经济分析和比较，使选定的施工方案和施工方法符合施工现场实际情况，技术先进，施工可行，经济合理。

一、选择主要分部分项工程的施工方法和施工机械

施工方法是指在单位工程施工中各分部分项工程施工过程的施工手段和施工工艺，属于单位工程施工方案中的施工技术问题。施工方法在施工方案中具有决定性的作用，施工方法一旦确定，则施工机具设备、施工组织管理等各方面，都要围绕选定的施工方法进行安排。

施工方法和施工机械的确定直接影响施工进度、施工质量、施工安全以及工程成本。因此，要根据建筑物（构筑物）的平面形状、尺寸、高度，建筑结构特征、抗震要求，工程量大小，工期长短，资源供应条件，施工现场和周围环境，施工单位技术管理水平和施工习惯等因素，综合分析考虑，制订可行方案，进行技术经济指标分析，优化后再决策。

（一）选择施工方法应考虑的主要问题

1. 符合施工组织总设计的要求

单位工程的施工方法和施工机械应尽可能选择施工组织总设计已审定的施工方法和施工机械。如单位工程选用的施工方法和施工机械与施工组织总设计不同时，应进行分析和比较，以说明其优越性。

2. 施工方法选择时，应着重考虑影响整个工程施工的分部分项工程的施工方法

影响整个工程施工的分部分项工程是指：工程量大而在单位工程中占有主导地位的分部分项工程，施工技术复杂或采用新技术、新工艺及对工程质量起关键作用的分部分项工程，不熟悉的特殊结构工程或由专业施工单位施工的特殊专业工程。对于以上分部分项工程，要求施工方法详细而具体，必要时可编制单独的分部分项工程的施工作业设计。而对于工人熟悉或按照常规做法施工的分部分项工程，则不必详细拟订，只提出应注重的特殊问题即可。

3. 施工方法的选择，应进行可行性分析

国家和各地区颁布有各种建筑施工技术和验收规范、标准和规程等，在选择施工方法时，应考虑是否符合其要求。另外，所选用的施工方法在工程施工中是否有实现的可能性。

4. 应考虑对其他施工过程的影响

在进行单位工程施工中，某一分部分项工程的施工，在施工工艺或施工组织上，必然有与其相关的分部分项工程，在选择其施工方法时，应考虑对这些相关的分部分项工程施工的影响。如现浇钢筋混凝土楼板施工采用满堂脚手架做支柱，纵横交错，必然影响后续工序的平行作业或提前插入施工。如果在可能的条件下改用桁架式支撑体系，就可克服以上缺点。

5. 应注重施工质量和施工安全

应始终牢记"质量第一、安全第一"的方针，在选择施工方法时，必须同时确定该施工方法的施工质量保证措施和安全施工措施。

6. 应注重降低施工成本

对于各分部分项工程的施工方法，尤其是施工技术复杂、工程量大、使用施工机械量大或新结构、新技术、新工艺的分部分项工程，应提出多种可行的施工方案，进行技术经济比较，力求施工方法能最大限度地降低工程成本。

（二）选择施工机械应考虑的主要问题

1. 首先选择主导工程施工的机械

应根据工程特点首先确定单位工程的主导施工过程，然后选择最适宜的主导工程的施工机械。如装配式单层工业厂房施工，其主导施工过程为结构安装工程施工，在选择起重机械时，首先应满足结构安装施工的要求。当结构安装工程工程量大且集中时，一般采用塔式起重机或桅杆式起重机，当工程量小或工程量虽大但又相当分散时，则采用自行杆式起重机。

2. 各种辅助机械应与主导工程机械配套

为充分发挥主导工程机械的效率，各种辅助机械应与主导工程机械的生产能力协调配套。如在土方工程施工中，运土汽车的斗容量应为挖土机斗容量的整数倍，汽车的数量应保证挖土机连续作业。

3. 应尽量减少施工机械的种类和型号

在同一工地上，为方便机械管理，应力求一机多用及机械的综合利用，提高机械的使用率。当工程量大而且集中时，应选用专业化施工机械；当工程量小而分散时，要选择多用途施工机械。如挖土机可用于挖土、装卸、起重、打桩；起重机可用于吊装和短距离水平运输等。

4. 施工机械的选择应切合需要、实际可能、经济合理

各种机械都有其使用性能，即机械的技术条件，主要包括技术性能、工作效率、工作质量、能源耗费、劳动力的使用，安全性和灵活性、通用性和专用性，维修难易和耐用性等。在选择施工机械时，应充分考虑机械的技术性能，选择既符合工程施工需要，又不任意扩大机械性能的实际可行的施工机械。如选择装配式单层工业厂结构安装机械，应根据需吊装的构件（柱、屋架、屋面板等）的安装位置、构件重量等因素，计算所需的起重量、起重高度、起重半径以及最小杆长等技术数据，依据计算结果选择适宜的起重机械。不能任意扩大计算结果，选择大吨位的起重机械，造成机械使用浪费，工程成本增加。

5. 充分发挥企业现有机械的能力

选择机械应考虑提高企业现有机械的利用率。当本单位的机械能力不能满足工程需要时，则应购置或租赁所需新型或多用途机械。

（三）主要分部分项工程施工方法和施工机械的选择

主要分部分项工程的施工方法和施工机械选用在《建筑施工技术》中有详细叙述，这里仅将需重点拟订的内容和要求归纳如下：

1. 测量放线

（1）说明测量工作的总要求。测量工作是建筑施工的一项首要工作，在充分了解图纸设计的基础上，精确确定房屋的平面位置和高程控制位置。所以操作人员必须按照操作程序、操作规程进行操作，经常进行仪器、观测点和测量设备的检查验证，配合好各工序的穿插和检查验收工作。

（2）建筑工程轴线的控制。确定实测前的准备工作，确定建筑物平面位置的测定方法，首层及各楼层轴线的定位、放线方法及轴线控制要求。

（3）建筑工程垂直度控制。说明建筑物垂直度控制的方法，包括外围垂直度和内部每层垂直度的控制方法，并说明确保控制质量的措施。如某框架剪力墙结构工程，建筑物垂直度的控制方法为：外围垂直度的控制采用经纬仪进行控制，在浇混凝土前后分别进行施测，以确保将垂直度偏差控制在规范允许的范围内；内部每层垂直度采用线锤进行控制，并用激光铅直仪进行复核，加强控制力度。

（4）房屋的沉降观测。可根据设计要求，说明沉降观测的方法、步骤和要求。如某工程根据设计要求，在室内外地坪上 0.6m 处设置永久沉降观测点。设置完毕后进行第一次观测，以后每施工完一层做一次沉降观测，且相邻两次观测时间间隔不得大于两个月，竣工后每两个月做一次观测，直到沉降稳定为止。

2. 土石方与地基处理工程

（1）挖土方法。根据土方量大小，确定采用人工挖土还是机械挖土，当采用人工挖土时，应按进度要求确定劳动力人数，分区分段施工。当采用机械挖土时，应根据土质的组成、地下水位的高低等因素，首先确定机械挖土的方式，再确定挖土机的型号、数量，机械开挖方向与路线，人工如何配合修整基底、边坡等施工方法。

（2）地面水、地下水和排除方法。确定拦截和排除地表水的排水沟渠位置、流向以及开挖方法，确定降低地下水的集水井、井点等的布置及所需设备的型号、数量。

（3）开挖深基坑方法。应根据土壤类别及场地周围情况确定边坡的放坡坡度或土壁的支撑形式和设置方法，确保施工安全。

（4）石方施工。确定石方的爆破或破碎方法，所需机具、材料等。

（5）场地平整。确定场地平整的设计平面，进行土方挖填的平衡计算，绘制土方平衡调配表，确定场地平整的施工方法和相应的施工机械。

（6）确定土方运输方式、运输机械型号及数量。

（7）土方回填的施工方法，填土压实的要求及压实机械选择。

（8）地基处理的方法（换填地基、夯实地基、挤密桩地基、注浆地基等）及相应的材料、机械设备。

3. 基础工程

（1）浅基础工程。主要是垫层、混凝土基础和钢筋混凝土基础施工的技术要求。有地下室时，地下室地板混凝土、外墙体（砖砌外墙、钢筋混凝土外墙）的技术要求。

（2）地下防水工程。应根据其防水方法（混凝土结构自防水、水泥砂浆抹面防水层、卷材防水层、涂料防水），确定用料要求和相关技术措施等。

（3）桩基础。明确桩基础的类型和施工方法，施工机械的型号，预制桩的入土方法和入土深度控制、检测、质量要求等。灌注桩的成孔方法，施工控制、质量要求等。

（4）基础设置深浅不同时。应确定基础施工的先后顺序，标高控制，质量安全措施等。

（5）各种变形缝。确定留设方法、设置位置及注意事项。

（6）混凝土基础施工缝。确定留置位置、技术要求。

4. 混凝土和钢筋混凝土工程

（1）模板的类型和支模方法的确定。根据不同的结构类型，现场施工条件和企业实际施工装备，确定模板种类（组合式模板、工具式模板、永久性模板、胶合板模板等）以及支撑方法（钢桁架、钢管支架、托架等），并分别列出采用的项目、部位、数量，明确加工制作的分工，对于比较复杂的模板应进行模板设计并绘制模板放样图。模板工程应向工具化、多样化方向努力，推广"快速脱模"，提高模板周转利用率。采取分段流水工艺，减少模板一次投入量。另外，确定模板供应渠道（如租用或企业内部调拨）。

（2）隔离剂的选用。确定隔离剂的类型，使用要求。

（3）钢筋的加工、运输和安装方法的确定。明确构件厂或现场加工的范围（如成型程度是加工成单根、网片或骨架等）；明确除锈、调直、切断、弯曲成型方法；明确钢筋冷拉、施加预应力方法；明确焊接方法（如电弧焊、对焊、点焊、气压焊等）或机械连接方法（如挤压连接、锥螺纹连接、直螺纹连接等）；钢筋运输和安装方法。明确相应机具设备型号、数量。

（4）混凝土搅拌和运输方法的确定。若当地有商品混凝土供应时，首先应采用商品混凝土，否则，应根据混凝土工程量大小，合理选用搅拌方式，是集中搅拌还是分散搅拌；选用搅拌机型号、数量；进行配合比设计；确定掺和料、外加剂的品种数量；确定砂石筛选，计量和后台上料方法；确定混凝土运输方法和运输要求。

（5）混凝土的浇筑。确定混凝土浇筑的起点流向、浇注顺序、施工缝留设位置、分层高度、工作班制、振捣方法、养护制度及相应机械工具的型号、数量。

（6）冬期或高温条件下浇筑混凝土。应制订相应的防冻或降温措施，落实测温工作，明确外加剂品种、数量和控制方法。

（7）浇筑厚大体积混凝土。明确浇注方案，制订防止温度裂缝的措施，落实测温孔的设置和测温记录等工作。

（8）有防水要求的特殊混凝土工程。明确混凝土的配合比，明确外加剂的种类、加入数量，做好抗渗试验等工作，明确用料和施工操作等要求，加强检测控制措施，保证混凝土抗渗的质量。

（9）装配式单层工业厂房的牛腿柱和屋架等大型现场预制钢筋混凝土构件。确定柱与屋架现场预制平面布置图，明确预制场地的要求，明确模板设置要求，明确预应力的施加方法。

5. 砌体工程

（1）砌体的组砌方法和质量要求，皮数杆的控制要求，流水段和劳动力组合形式，砌筑用块材的垂直和水平运输方式以及提高运输效率的方法等。

（2）砌体与钢筋混凝土构造柱、梁、圈梁、楼板、阳台、楼梯等构件的连接要求。

（3）配筋砌体工程的施工要求。

（4）砌筑砂浆的配合比计算及原材料要求，拌制和使用时的要求，砂浆的垂直和水平运输方式和运输工具等。

（5）确定脚手架搭设方法及要求，安全网架设的方法。

6. 结构安装工程

（1）确定吊装工程准备工作内容。主要包括：起重机行走路线的压实加固，各种索具、吊具和辅助机械的准备，临时加固，校正和临时固定的工具、设备的准备，吊装质量要求和安全施工等相关技术措施。

（2）选择起重机械的类型和数量。根据建筑物外形尺寸，所吊装构件外形尺寸、位置、重量、起重高度，工程量和工期，现场条件，吊装工地的现场条件，工地上可能获得吊装机械的类型等条件综合确定起重机械的类型、型号和数量。

（3）确定构件的吊装方案，包括：确定吊装方法（分件吊装法、综合吊装法），确定吊装顺序，确定起重机械的行驶路线和停机点，确定构件预制阶段和拼装、吊装阶段的场地平面布置。

（4）确定构件的吊装工艺。主要包括：柱、吊车梁、屋架等构件的绑扎和加固方法、吊点位置的设置、吊升方法（旋转法或滑行法等）、临时固定方法、校正的方法和要求、最后固定的方法和质量要求。尤其是对跨度较大的建筑物的屋面吊装，应认真制订吊装工艺，设定构件吊点位置，确定吊索的长短及夹角大小，起吊和扶直时的临时稳固措施，垂直度测量方法等。

（5）确定构件运输要求，主要包括：构件运输、装卸、堆放办法，所需的机具设备（如平板拖车、载重汽车、卷扬机及架子车等）型号、数量，以及对运输道路的要求。

7. 屋面工程

（1）屋面各个分项工程（如卷材防水屋面一般有找坡找平层、隔汽层、保温层、防水层、保护层、上人屋面面层等分项工程；刚性防水屋面一般有隔离层、刚性防水层、保温隔热层等分项工程）的各层材料、操作方法及其质量要求。特别是防水材料应确定其质量要求、施工操作要求等。

（2）屋盖系统的各种节点部位及各种接缝的密封防水施工方法和相关要求。

（3）屋面材料的运输方式。包括：场地外运输和场地内的水平和垂直运输。

8. 装饰装修工程

（1）明确装饰装修工程进入现场施工的时间、施工顺序和成品保护等具体要求，尽可能做到结构、装修、安装穿插施工，缩短工期。

（2）对较高级的室内装修应确定样板间的要求，首先进行样板间的施工，通过设计、业主、监理等单位联合认定后，再全面开展工作。

（3）对于民用建筑需提出室内装饰环境污染控制办法。

（4）室外装修工程应明确脚手架设置，饰面材料应有防止渗水、防止坠落，金属材料应提出防止锈蚀的措施。

（5）确定分项工程的施工方法和要求，提出所需的机具设备（如机械抹灰需灰浆制备机械、喷灰机械，地面抹光应确定磨光机械等）的型号、数量。

（6）提出各种装饰装修材料的品种、规格、外观、尺寸、质量等要求。

（7）确定装修材料逐层配套堆放的数量和平面位置，提出材料储存数量和要求。

（8）保证装饰装修工程施工防火安全的方法。如对材料的防火处理，施工现场防火、电气防火，消防设施的保护。

9. 脚手架工程

（1）明确内外脚手架的用料，搭设、使用、拆除方法及安全措施，低、多层建筑的外墙脚手架大多从地面开始搭设，根据土质情况，应有防止脚手架不均匀下沉的措施。

高层建筑的外脚手架，应每隔几层与主体结构做固定拉接，以便脚手架整体稳固；且一般不从地面开始一直向上，应分段搭设，一般每段 5～8 层，大多采用工字钢或槽钢做外挑梁或设置钢三角架外挑等做法。

（2）应明确特殊部位脚手架的搭设方案。如施工现场的主要出入口处，脚手架应留有较大的空间，便于行人甚至车辆进出，出入口两边和上边均应用双杆处理，并局部设置剪刀撑，并加强与主体结构的拉接固定。

（3）室内施工脚手架宜采用轻型的工具式脚手架，装拆方便省工、成本低。高度较高或跨度较大的厂房屋顶天花板喷刷工程宜采用移动式脚手架，省工又不影响其他工程。

（4）脚手架工程还需确定安全网挂设方法、四口五临边防护方案。

10．现场水平垂直运输设施

（1）确定垂直运输量。对有标准层的需确定标准层运输量，一般列表说明。

（2）选择垂直运输方式及其机械型号、数量、布置、安全装置、服务范围、穿插班次。明确垂直运输设施使用注意事项和安全防护措施。

（3）选择水平运输方式及其设备型号、数量，以及配套使用的专用工具设备（如混凝土布料杆、砖车、混凝土车、灰浆车、料斗等）

（4）确定地面和楼面上水平运输的行驶路线及其要求。

11．特殊项目

（1）采用四新（新结构、新工艺、新材料、新技术）的项目及高耸、大跨、重型构件，水下、深基础、软弱地基，冬期施工等项目，均应单独编制如下内容。包括：选择施工方法，阐述工艺流程，需要的平立剖示意图，技术要求，质量安全注意事项，施工进度，劳动组织，材料构件及机械设备需要量等。

（2）对于大型土石方、打桩、构件吊装等项目，一般均需单独提出施工方法和技术组织措施。

二、施工方案的技术经济分析

在确定单位工程施工方案中，任何一个分部分项工程，通常都会有几个可行的施工方案，施工方案的技术经济分析的目的就是要在这些施工方案中进行选优，选择一个工期短、质量好、材料省、劳动力安排合理、成本低的最优方案，以提高工程施工的经济效益，降低工程成本和提高工程质量。为此，在进行施工方案技术经济分析时，通常针对各分部分项工程中的主要施工机械的选择、施工方法的选用、施工组织的安排以及缩短施工工期等方面进行定性和定量分析评价。以下通过实例来说明技术经济分析的应用。

（一）主要施工机械的技术经济分析

选择主要施工机械应从机械的多用性、耐久性、经济性及生产率等因素来考虑。

1．主要施工机械的定性分析

主要施工机械的定性分析包括：

1）利用企业现有施工机械的可能性。

2）可选择的施工机械使用性能，工人操作的难易程度和安全可靠性。

3）施工机械的生产率。

4）对相关施工作业的影响程度，如土方开挖机械选用时，应考虑相关的土方运输车辆的选用，以及对人工修槽、垫层施工的影响等。又如高层建筑施工中泵送混凝土选用的混凝土泵，应考虑相关的混凝土运输要求，以及对混凝土浇筑、振捣和养护等施工的要求和影响。

2. 主要施工机械的定量分析

主要施工机械的定量分析主要针对机械的经济性，包括：机械的原价、保养费、维修费、能耗费、使用年限、折旧费、操作人员工资及期满后的残余价值等进行综合评价。其正确的评价方法是根据投入资金的时间价值和机械的使用年限折算到每个年度的实际摊销费用（即年度费用）来加以比较。计算公式如下：

$$R = P\left[\frac{i(1+i)^n}{(1+i)^n-1}\right] + Q - r\left[\frac{i}{(1+i)^n-1}\right] \tag{5-14}$$

式中　　　R——折算成机械的年度费用，元/年；

　　　　　P——机械原价，元；

　　　　　Q——机械的年度保养和维修费，元；

　　　　　n——机械的使用年限，年；

　　　　　r——机械期满后残余价值，元；

$\left[\dfrac{i(1+i)^n}{(1+i)^n-1}\right]$——资金再生系数，即投入资金 P，复利率为 i，按使用年限 n 年摊销系数；

$\left[\dfrac{i}{(1+i)^n-1}\right]$——偿还债务系数，即未来 n 年的资金（债务），复利率为 i，在 n 年内每年应偿还金额的系数。

【例 5-4】　　某大型建设项目中需购置一台施工机械，现有 A、B 两台性能相似的机械可供选择，这两台机械的有关费用和使用年限如表 5-14 所示。试按上述条件合理选择经济的方案。

表 5-14　　　　　　　　　　　　**A、B 两台机械的有关参数**

费用名称	A 机械	B 机械
原价（元）	20 000	18 000
年度保养和维修费等（元）	1000	1200
使用年限（年）	20	15
期满后残余价值（元）	3000	5000
年复利率（%）	8	8

解　将表 5-8 中两种机械的各参数分别代入式（5-14）中。得

A 机械的年度费用 $= 20\,000 \times \left[\dfrac{0.08 \times (1+0.08)^{20}}{(1+0.08)^{20}-1}\right] + 1000 - 3000 \times \left[\dfrac{0.08}{(1+0.08)^{20}-1}\right]$

$= 2971.49$ 元

B 机械的年度费用 $= 18\,000 \times \left[\dfrac{0.08 \times (1+0.08)^{15}}{(1+0.08)^{15}-1}\right] + 1200 - 5000 \times \left[\dfrac{0.08}{(1+0.08)^{15}-1}\right]$

$= 3118.78$ 元

根据此计算选购 A 机械较为经济。

（二）施工方案的技术经济分析

对施工方案进行技术经济分析是编制单位工程施工组织设计工作的重要一环，是选择最

优施工方案的途径。施工方案的技术经济分析涉及的因素多而复杂,通常只对主要的分部分项工程的施工方案进行技术经济分析。

1. 施工方案的定性分析

施工方案的定性分析是结合工程施工的实际经验,对单位工程中各分部分项工程的几个施工方案的优缺点进行比较分析。常包括如下分析指标:

1) 施工方法和施工技术的先进性和可行性。

2) 施工操作的难易程度和安全可靠性。

3) 劳动力和施工机械能否满足该施工方法的需要。

4) 对后续工程项目施工的影响程度,能否为其提供有利的施工条件。

5) 施工方法和施工技术对保证工程质量、施工进度等方面的措施是否完善可靠。

6) 施工方案对冬、雨季等季节性施工的适应程度。

7) 施工方案对现场文明施工的影响等。

2. 施工方案的定量分析

施工方案的定量分析是通过计算各施工方案中的主要技术经济指标,进行综合分析比较,从中选择技术经济指标最优的方案。单位工程的主要技术经济指标,主要包括:单位面积建筑造价、降低成本指标、施工机械化程度、单位面积劳动消耗量、工期指标;另外还包括质量指标、安全指标、三大材料节约指标、劳动生产率指标等。对于分部分项工程通常根据其工程的施工费用进行分析评价。

(1) 单位面积建筑造价。建筑造价指标是建筑产品一次性的综合货币指标,其内容包括人工、材料、机械费用和施工管理费等。为了正确评价施工方案的经济合理性,在计算单位面积建筑造价时,应采用实际的施工造价。

$$单位面积建筑造价 = \frac{建筑实际总造价}{总建筑面积}(元/m^2) \tag{5-15}$$

(2) 降低成本指标。降低成本指标是工程经济分析中的一个重要指标,它综合反映了工程项目或分部工程由于采用施工方案不同,而产生的不同经济效果。其指标可采用降低成本额或降低成本率表示。

$$降低成本额 = 预算成本 - 计划成本 \tag{5-16}$$

$$降低成本率 = \frac{降低成本额}{预算成本} \times 100\% \tag{5-17}$$

(3) 主要材料消耗指标。该指标反映单位工程若干施工方案对主要施工材料的节约情况。

$$主要材料节约量 = 预算用量 - 计划用量 \tag{5-18}$$

$$主要材料节约率 = \frac{主要材料节约量}{主要材料预算用量} \times 100\% \tag{5-19}$$

(4) 施工机械化程度。施工机械化程度是工程项目施工现代化的标志。在工程招标投标中,也是衡量施工企业竞争实力的主要指标之一。为此,在制订施工方案时,应根据企业的实际情况尽可能采用机械化施工,提高项目施工的机械化程度,加快施工进度。施工机械化程度一般可用下式计算指标表示:

$$施工机械化程度 = \frac{机械完成的实际工程量}{该工程全部工程量} \times 100\% \tag{5-20}$$

（5）单位建筑面积劳动消耗量。单位建筑面积劳动消耗量的高低，标志着施工企业的技术水平和管理水平，也是企业经济效益好坏的主要指标。工程的劳动工日数包括主要工种用工、辅助工作用工和准备工作用工等全部用工数。

$$单位建筑面积劳动消耗量 = \frac{完成该工程的全部劳动工日数}{总建筑面积} \times 100\% \qquad (5\text{-}21)$$

（6）工期指标。建设工程施工工期的长短直接影响企业的经济效益，也决定了建设工程能否尽早发挥作用。为此，进行施工方案比较评价时，在确保工程质量和安全施工的前提下，应当把缩短工期放在首位来考虑。工期指标的确定，通常以国家有关规定以及建设地区类似建筑物的平均工期为参考，把上级指令工期、建设单位要求工期和工程承包合同工期有机地结合起来，根据施工企业的实际情况，采取相关措施，确定一个合理的工期目标。

（7）分部分项工程施工费用分析评价。在单位工程施工组织设计中，常要划分出许多分部分项工程，对这些分部分项工程的施工方案首先要考虑技术上的可能性，即是否能实现，然后是经济上是否合理。如果拟订的若干施工方案经上述定性分析均能满足要求，则最为经济的施工方案即最优方案。因此，对各分部分项工程而言，应计算出各施工方案的施工费用，并加以比较。

由于施工方案的类别较多，故施工方案的技术经济分析应从实际条件出发，切实计算一切发生的费用。如果属固定资产的一次性投资，则应分别计算资金的时间价值；若仅仅是在施工阶段的临时性投资，由于时间短，可不考虑资金的时间价值。

【例5-5】　某工程项目施工中，混凝土制作的技术经济分析，有以下两个可供选择的方案：

（1）现场制作混凝土；

（2）采用商品混凝土。

试根据上述两个方案进行技术经济比较。

解　1. 原始资料的搜集和经济分析

（1）本工程总混凝土需要量为4000m³。如现场制作混凝土，则需设置搅拌机的容量为0.75m³的设备装置。

（2）根据混凝土供应距离，已算出商品混凝土平均单价为41元/m³。

（3）现场一个临时搅拌站一次性投资费，包括地坑基础、骨料仓库、设备的运输费，装拆费以及工资等总共为11 450元。

（4）与工期有关的费用，即容量0.75m³搅拌站设备装置的租金与维修费为2450元/月。

（5）与混凝土数量有关的费用，即水泥、骨料、附加剂、水电及工资等总共29元/m³。

2. 技术经济比较

（1）现场制作混凝土的单价计算公式如下：

$$现场制作混凝土的单价 = \frac{搅拌站一次性投资费}{现场混凝土总需求量} + \frac{与工期有关的费用 \times 工期}{现场混凝土总需求量} +$$

$$+ \frac{与混凝土量有关的费用}{现场混凝土总需求量}$$

（2）当工期为12个月时的成本分析：

$$现场制作混凝土的单价 = \frac{11\,450}{4000} + \frac{2450 \times 12}{4000} + 29$$
$$= 39.21\,元/m^3 < 41\,元/m^3$$

即当工期为 12 个月时，现场制作混凝土的单价小于商品混凝土单价。

（3）当工期为 24 个月时的成本分析：

$$现场制作混凝土的单价 = \frac{11\,450}{4000} + \frac{2450 \times 24}{4000} + 29$$
$$= 45.56\,元/m^3 > 41\,元/m^3$$

即当工期为 24 个月时，购买商品混凝土比现场制作混凝土更为经济。

（4）当工期为多少时（设为 x）这两个方案的费用相同？

$$\frac{11\,450}{4000} + \frac{2450x}{4000} + 29 = 41$$
$$x = 14.9\,月$$

即工期为 14.9 月时，这两个方案的费用相同。

（5）当工期为 12 个月，现场制作混凝土的最少数量为多少（设为 y）时方为经济？

$$\frac{11\,450}{y} + \frac{2450 \times 12}{y} + 29 = 41$$
$$y = 3404.2 m^3$$

即当工期为 12 个月时，现场制作混凝土的数量必须大于 3404.2 m³ 时方为经济。

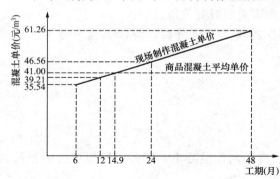

图 5-13　不同工期下混凝土制作的经济比较

由上述计算可以得出，不同的工期或混凝土数量的变化对费用的变化有一定的影响的，根据其变化可绘制出混凝土价格与工期的关系变化图，如图 5-13 所示。在进行施工方案的分析比较时，可直接根据该图形进行分析判断。应当指出，商品混凝土的单价与诸多因素有关，如运距等。

通过该例可以看出，在进行施工方案的技术经济比较时，可以通过对施工方案的技术经济相关指标的计算，寻找各种施工方案的经济规律，并分别制成表格或统计曲线以供查用。因此，建筑企业应注重对原始经济资料的积累和总结，使施工方案的经济技术分析更加简便快捷。应当注意，施工方案的经济技术比较必须严格按实际出发，按照实际发生的数据进行计算，决不能为证明某种倾向性方案，而凑合数据，这就不能真正起到客观分析的效果。

（三）提高施工机械设备使用率和降低停歇率的比较

对于单位工程施工方案，施工机械化的程度代表了施工方案的先进性，但施工机械使用的同时，必然造成施工机械的停歇而形成的工程额外费用消耗。为此，在确定施工方案时，应注重提高施工机械设备使用率和降低施工机械的停歇率。尤其是单层或多层房屋结构安装方案的确定，应对每个方案编制在正常条件下每天的作业进度计划，列出选用的机械与设备的类型和数量，以及各种机械之间的搭配关系和进度穿插的顺序、安装对象（构件）的型号等相关内容，从而详细地排出以分钟计的施工机械作业进度计划。同时根据每台机械或设备的停歇，可以列出该机械（或设备）的停歇时间并计算出停歇率。在使用机械和设备的类型以及数量相同的条件下，主要机械停歇时间最少的方案为最优方案。

$$施工机械设备使用率 = \frac{该机械实际使用时间}{该机械计划使用的总时间} \times 100\% \tag{5-22}$$

$$施工机械设备停歇率 = \frac{该机械实际停歇时间}{该机械计划使用的总时间} \times 100\% \tag{5-23}$$

（四）缩短施工工期的经济分析

各施工方案的比较中必然会涉及工期因素，根据缩短施工工期的经济效果进行综合比较，来选择方案。

缩短施工工期的经济效果，用 G 来表示，有以下三个方面：

（1）由于工程项目提前交付使用所得的收益 G_1；

（2）加速资金周转的经济效益 G_2；

（3）节约施工企业间接费的经济效益 G_3。

则缩短施工工期的总经济效益 G 是上述三个方面的效益之和。即

$$G = G_1 + G_2 + G_3 \tag{5-24}$$

以下分别对 G_1、G_2、G_3 进行分析：

1. 计算工程项目提前交付使用的经济效益

工程项目提前交付使用的经济效益，按式（5-25）计算：

$$G_1 = B(T_1 - T_2) \tag{5-25}$$

式中　B——工程项目提前使用时期内的平均收益；

　　　T_1——计划规定的施工工期；

　　　T_2——实际的施工工期。

【例5-6】　某容量为20万千瓦的火电站工程，由于改进了施工组织方案，能提前半年投入生产。该火电站按设计能力每年发电时间为6000小时，每度电的出厂价格为0.12元，计划成本为0.03元，试计算提前投产的经济效益。

解　（1）计算每度电的利润

利润＝出厂价格－计划成本＝0.12元/度－0.03元/度＝0.09元/度

（2）计算火电站提前投产的年平均收益

年平均收益 B＝年生产能力×单位产品利润＝20×6000×0.09＝10 800 万元

（3）计算提前半年投产的经济效益（G_1）

$$G_1 = B(T_1 - T_2) = 10\,800 \times (1 - 0.5) = 5400\,万元$$

上述计算结果，说明火电站提前半年投产，所得收益为5400万元。

2. 计算工程项目加速资金周转的经济效益

当单位工程的施工工期缩短时，可节约施工中占有的固定生产基金投资，减少流动资金和未完成工程费用。则该项目投资的国民经济效果可按式（5-26）确定：

$$G_2 = E_H(K_1 T_1 - K_2 T_2) \tag{5-26}$$

式中　K_1——计划的基建投资；

　　　K_2——改进施工工艺后，需要的基建投资；

　　T_1、T_2——意义同前；

E_H ——该部门投资的定额效果系数。

【例 5-7】 某工程项目原计划基建投资 2500 万元,建设工期为 3 年。后因改进了施工工艺方案,需要投资 3000 万元,建设工期可缩短 1 年。试求缩短工期 1 年带来的经济效益(该部门投资的定额效果系数为 $E_H=0.2$)。

解

$$G_2 = E_H(K_1T_1 - K_2T_2) = 0.2 \times (2500 \times 3 - 3000 \times 2) = 300 \text{ 万元}$$

计算说明缩短 1 年施工工期,使该项目投资能获得 300 万元经济效益。

3. 计算缩短工期节省的施工企业间接费的经济效益

由于缩短工程项目施工周期,而使施工企业因此节省间接费的经济效益,可按式(5-27)计算:

$$G_3 = H_y\left(1 - \frac{T_2}{T_1}\right) \tag{5-27}$$

式中　H_y ——基准方案与工期有关的间接费固定部分,即

$$H_y = \frac{C \times H \times R}{(1+y)(1+H)} \tag{5-28}$$

式中　C ——工程预算造价;

　　　H ——工程间接费率;

　　　R ——与工期有关的间接费的固定部分比率;

　　　y ——计划利润,%。

【例 5-8】 某工程有两种不同的施工方案:第一方案,工期为 7 个月;第二方案工期为 6 个月。工期预算造价为 330 万元,计划利润(y)为 7%,间接费率(H)为 18%,间接费中与缩短工期有关的固定部分(R)占 50%。试计算该工程由于缩短施工工期的效益。

解　(1) 计算该工程间接费的固定部分(H_y)

$$H_y = \frac{C \times H \times R}{(1+y)(1+H)} = \frac{330 \times 0.18 \times 0.50}{(1+0.7)(1+0.18)} = 14.85 \text{ 万元}$$

(2) 计算该工程缩短工期后,间接费的节约效果

$$G_3 = H_y\left(1 - \frac{T_2}{T_1}\right) = 14.85 \times \left(1 - \frac{6}{7}\right) = 2.079 \text{ 万元}$$

计算说明,该工程缩短工期 14%,节约施工间接费的经济效益为 2.079 万元。

三、施工技术组织措施

施工技术组织措施是指为保证工程施工质量、安全、进度、成本、环保、季节性施工、文明施工等方面,在技术和组织上所采用的方法。施工技术组织措施的制订应在严格执行施工技术规范、施工验收规范、检验标准、操作规程等前提下,针对工程施工特点,制订既行之有效又切实可行的措施。

(一) 保证进度目标的措施

工程施工进度是建筑施工企业履行施工合同的基本义务。对单位工程的各施工阶段应严格按单位工程施工进度计划安排的时间进行控制,保证工程按期完工。施工进度的控制必然涉及建设单位、施工企业以及施工条件等多方面的因素,对于施工企业来说,保证施工进度目标控制的措施,应建立在以经济为杠杆,加强施工组织、施工技术、施工管理,加强施工进度的信息反馈,以保证工程各施工阶段、各施工过程按制订的施工进度计划的要求按期完

成，从而保证总体施工进度目标。

1. 施工组织措施

（1）建立施工进度控制目标体系和进度控制组织系统，落实各层次进度控制人员具体任务和工作责任。

（2）建立进度控制工作制度。如逐级协调、检查的时间、方法等。组织和协调的重要手段是各类会议，应明确会议的类型、参加单位和人员、召开时间、文件的整理和确认等，综合分析研究解决各种问题。

（3）建立图纸审查、工程变更与设计变更管理制度。

（4）建立对影响进度的因素分析和预测的管理制度，对影响工期的风险因素有识别管理方法和防范对策。

（5）组织多种形式的劳动竞赛，有节奏的掀起几次生产高潮，调动职工积极性，保证进度目标实现。

（6）组织流水作业。

（7）季节性施工项目的合理排序。

2. 技术措施

（1）采取能够加快施工进度的施工技术方案和方法。施工方案的选择，不仅应分析其技术的先进性和经济的合理性，还应考虑对施工进度的影响。在工程进度受阻时，应分析是否有施工技术的影响因素，如存在此因素，应考虑为保证施工进度而改变施工技术、施工方法和施工机械的可能性。

（2）建设单位应加强对设计方案的评审和选用工作，尽量减少设计变更。

（3）规范操作程序，使施工操作能紧张而有序的进行，避免返工和浪费，以加快施工进度。

（4）采取网络计划技术及其他科学适用的计划方法，并结合电子计算机的应用，对施工进度实施动态控制。在发生进度延误问题时，能适时调整各工序间的逻辑关系，保证进度目标实现。

3. 经济措施

（1）根据施工进度计划编制资源需求量计划（资源进度计划），包括材料、人工、机械等方面，落实各阶段的资金来源、数量，保证工程进度的需要。

（2）与建设单位及时办理工程预付款及工程进度款拨付手续，落实实现进度目标的保证资金。

（3）签订关于工期和进度的经济承包责任书，建立相应奖惩制度并实施。对应急赶工要求赶工费用。

（4）工期提前应提出奖励要求，同时企业内部进行奖励。工期延误如支付相应的赔偿金，企业内部宜应进行惩罚。

（5）加强企业的索赔管理，及时处理工程中的索赔事件。

4. 合同管理措施

（1）加强合同管理，尤其是对有关进度条款的学习贯彻。

（2）选择合理的承包、分包方式和合同结构，避免过多的合同交界面而影响工程的施工进度。如分部分项工程的分包合同、分部分项工程的材料供应合同等交界面。

（3）保持总承包合同与分包合同工期协调一致，以合同形式保证工期进度的实现。

5. 信息管理措施

（1）建立对施工进度能有效控制的监测、分析、调整、反馈信息系统和信息管理工作制度。重视信息技术（包括相应的软件、局域网、互联网以及数据处理设备等）在工程进度控制中的作用，提高信息处理的效率和透明度。

（2）运用系统原理、封闭循环原理、信息反馈原理、信息时效性原理等，随时监控施工过程的信息流，进行全过程进度控制。

（二）保证质量目标的措施

工程质量是指工程适合一定用途，满足使用者要求所具备的自然属性，主要包括：建筑性能、寿命、可靠性、安全性和经济性五个方面。保证工程质量的关键是明确质量目标，建立质量保证体系，尤其是对工程对象经常发生的质量通病制订防治措施。

1. 组织措施

（1）建立健全各级技术责任制，完善企业或项目部内部质量保证体系，明确质量目标及各级技术人员的职责范围，做到职责明确、各负其责。

（2）推行全面质量管理活动，开展质量红旗竞赛，制订奖优罚劣措施。

（3）定期进行质量检查活动，召开质量分析和鉴定会议。

（4）加强人员培训工作，贯彻 GB 50300—2001《建筑工程施工质量验收统一标准》及相关专业工程施工质量验收系列规范。对使用"四新"或有质量通病的分部分项工程，应进行分析讲解，以提高质量监督人员和施工操作人员的质量意识和工作质量，从而确保工程质量。

（5）对影响质量的风险因素（如工程质量不合格导致的损失，包括质量事故引起的直接或间接经济损失，工程修复和补救等措施发生的费用，以及第三者责任损失等）有识别管理办法和防范对策。

2. 技术措施

（1）确定建筑工程定位、放线的控制方法和测量方法，确保建筑轴线、标高控制测量等准确无误的措施。

（2）确保地基承载力符合设计要求。确保基础、地下结构、地下防水、土方回填施工质量的措施。

（3）确保主体承重结构各主要施工过程质量要求。制订各种材料、成品、半成品、砂浆、混凝土等的质量检验措施和要求。

（4）对"四新"项目（新结构、新工艺、新材料、新技术）的施工制订质量保证措施和要求。

（5）确保屋面、装修工程施工质量的措施。制订防水材料、装修材料以及成品、半成品的质量检验措施和要求。

（6）根据单位工程施工进度计划，如有冬期、雨季施工的工程项目，应制订季节性施工的质量保证措施和要求。

（7）制订解决质量通病的措施。

（8）制订施工质量检验、验收制度和相关的监督制度。

（9）制订各分部分项工程的质量评定目标计划。

（三）保证安全目标的措施

在进行建筑物施工的过程中，任何情况下都应树立"安全第一"的观念，安全为了生产，生产必须保证人身安全。另外，"预防为主"是实现"安全第一"的最重要的手段，即采取正确的措施和方法进行安全控制，从而减少甚至消除事故隐患，尽量把事故消灭在萌芽状态，这是安全控制最重要的思想。为此，必须在组织结构、施工技术等各方面，对施工中可能发生的安全事故隐患进行预测，有针对性提出预防措施，杜绝施工中安全事故的发生。

1. 组织措施

（1）贯彻执行国家、行业、地区安全法规、标准、规范，如《中华人民共和国安全生产法》、GB/T 28001—2001《职业健康安全管理体系规范》等。并以此制订本工程安全管理制度和各专业工作队安全技术操作规程。

（2）明确安全目标，建立安全保证体系和各级安全生产责任制，明确各级施工人员的安全职责，做到责任到人。如对单位工程项目施工而言，项目经理部作为项目安全的主体，以项目经理为首，由项目总工程师、项目副经理、安全工程师、项目各管理部门以及各专业施工队专（兼）职安全员等各方面的管理人员组成工程项目的安全管理和安全保证体系。

（3）提出安全施工宣传、教育的具体措施，进行安全思想、纪律、知识、技能、法规的教育，加强安全交底工作；施工班组要坚持每天开好班前会，针对施工中安全问题及时提示；在工人进场上岗前，必须进行安全教育和安全操作培训。

（4）建立健全安全检查、验收、监督制度，定期进行安全检查活动和召开安全生产分析会议，及时发现不安全因素，及时进行整改。

（5）需要持证上岗的工种必须持证上岗。如电气焊、起重机械的操作等。

（6）对影响安全的风险因素（如在施工活动中，由于操作者失误、操作对象的缺陷以及环境因素等导致的人身伤亡、财产损失和第三者责任等损失）有识别管理办法和防范对策。

（7）对安全事故的处理，做到"四不放"，即事故原因不明、责任不清、责任者未受到教育、没有预防措施或措施不力不得放过。

2. 技术措施

（1）施工准备阶段的安全技术措施。

1）技术准备中要了解工程设计对安全施工的要求，调查工程的自然环境对施工安全及施工对周围环境安全的影响等。

2）物资准备时要及时供应质量合格的安全防护用品，以满足施工需要。

3）施工现场准备中，各种临时设施、库房、易燃易爆品存放都必须符合安全规定。

4）施工队伍准备中，总包、分包单位都应持有《建筑业企业安全资格证》。

（2）施工阶段的安全技术措施。

1）针对拟建工程地形、地貌、环境、自然气候、气象等情况，提出可能突然发生自然灾害时有关施工安全方面的措施，以减少损失，避免伤亡。

2）提出易燃、易爆品严格管理、安全使用的措施。

3）防火、消防措施，有毒、有尘、有害气体环境下的安全措施。

4）土方、深基施工、高空作业、结构吊装、上下垂直平行施工时的安全措施。

5）各种机械机具安全操作要求，外用电梯、井架及塔吊等垂直运输机具安装拆除的要求以及安全防护装置和防倒塌措施，交通车辆的安全管理。

6）各种电器设备防短路、防触电的安全措施。

7）狂风、暴雨、雷电等各种特殊天气发生前后的安全检查措施及安全维护制度。

8）季节性施工的安全措施。夏季作业有防暑降温措施；雨季作业有防雷电、防触电、防沉陷坍塌、防台风、防洪排水措施；冬期作业有防风、防火、防冻、防滑、防煤气中毒措施。

9）脚手架、吊篮、安全网的设置，各类洞口、临边防止作业人员坠落的措施。现场周围通行道路及居民保护隔离措施。

10）各施工部位要有明显的安全警示牌。

11）操作者严格遵照安全操作规程，实行标准化作业。

12）基坑支护、临时用电、模板搭拆、脚手架搭拆要编写专项施工方案。

13）针对新工艺、新技术、新材料、新结构"四新"工程结构，应制订专门的施工安全技术措施。

（四）降低成本措施

降低成本措施的制订应以工程施工预算为基础，以企业（或施工项目）年度、季度降低成本计划和技术组织措施计划为依据，制订降低成本措施通常掌握以下三个原则，即：全面控制原则、动态控制原则、创收与节约相结合的原则。具体采取如下措施。

（1）建立成本控制组织体系及成本目标责任制，实行全员、全过程成本控制，搞好设计变更、索赔等工作，加快工程款回收。

（2）临时设施尽量利用场地现有的各项设施，或利用已建工程做临时设施，或采用工具式活动工棚等，以减少临时设施费用。

（3）进行合理的劳动组织，提高劳动效率，尽量避免窝工和怠工现象，减少总用工数。

（4）增强物资管理的计划性，从采购、运输、现场管理、材料回收等方面，最大限度地降低材料成本。这是降低工程成本的关键，应设专人进行管理。

（5）综合利用吊装机械，提高机械利用率，减少吊次，以节约台班费。缩短大型机械进出场时间，避免多次重复进场使用。

（6）增收节支，减少施工管理费的支出。

（7）保证工程施工质量，减少返工损失。

（8）保证安全生产，减少事故频率，避免意外工伤事故带来的损失。

（9）合理进行土石方平衡，以节约土方运输及人工费用。

（10）提高模板精度，采用工具模板、工具式脚手架，加速模板、脚手架等临时性周转材料的周转率，以节约模板和脚手架的分摊费用。

（11）采用新技术、新工艺，提高工作效率，降低材料消耗，节约施工总费用。如，采用先进的钢筋连接技术，以节约钢筋；在砂浆或混凝土中掺外加剂或掺和料（粉煤灰等），节约水泥用量。

（12）编制工程预算时，应"以支定收"，保证预算收入；在施工过程中，要"以收定支"，控制资源消耗和费用支出。

（13）加强经常性的分部分项工程成本核算分析及月度成本核算分析，及时反馈，以纠正成本的不利偏差。

（14）对费用超支风险因素（如价格、汇率和利率的变化，或资金使用安排不当等风险事件引起的实际费用超出计划费用）有识别管理办法和防范对策。

（五）文明施工措施

文明施工主要指保持施工场地整洁、卫生、施工组织科学、施工程序合理的工程施工现象。实现文明施工，除应做好施工现场的场容管理工作，尚应做好现场的材料、机械、安全、技术、保卫、消防和生活卫生等各方面的管理工作。一个工地的文明施工水平是该工程项目乃至所在施工企业各项管理水平的综合体现，也是企业形象的重要组成部分。现场文明施工通常采取如下措施：

（1）建立现场文明施工责任制等管理制度，划分责任区，明确管理负责人，做到各责任区现场清洁整齐。

（2）定期进行检查和评比活动，针对薄弱环节，不断总结提高。

（3）施工现场围栏与标牌设置规范，标明工程名称、施工单位、现场负责人姓名以及工程简介等内容。现场出人口交通安全，道路通畅，场地平整，安全与消防设施齐全。

（4）临时设施规划整洁，办公室、宿舍、更衣室、食堂、厕所清洁卫生。上下水管线以及照明、动力线路，严格按施工组织设计和施工现场平面图进行布置。

（5）各种材料、成品、半成品、构件进场有序，现场材料堆放整齐，分类管理、保护措施得当。

（6）采取有效措施防止各种环境污染，如搅拌机冲洗废水、油漆废液等施工废水污染，运输土方与垃圾、白灰堆放等粉尘污染，熬制沥青等废气污染，打桩、振捣混凝土等噪声污染。

（7）严格按施工平面图布置施工机械，小型机械和机具放置位置合理，保护、修养工作及时。

（8）针对工程和现场情况设置宣传标语和黑板报，做好宣传和鼓动工作。

第七节　施工现场平面布置

单位工程施工现场平面布置是指在单位工程施工用地范围内，对各项生产、生活设施及其他辅助设施等进行规划和布置，一般按地基与基础、主体结构、装饰装修和机电设备安装几个阶段分别绘制。它是根据拟建工程的规模、施工方案、施工进度计划及施工现场的条件等因素，按照一定的设计原则，正确地解决施工期间所需的各种暂设工程同永久性工程和拟建工程之间的合理位置关系。单位工程施工现场平面布置是进行单位工程施工现场布置的依据，是实现施工现场有计划有组织进行文明施工的先决条件，因此它是单位工程施工组织设计的重要组成部分。贯彻和执行科学合理的施工现场平面布置，会使施工现场秩序井然，施工顺利进行，保证进度，提高效率和经济效果。否则，会导致施工现场的混乱，造成不良后果。

一、施工现场平面设计的依据

在进行单位工程施工现场平面设计前，首先应认真研究施工方案和施工进度计划，对施工现场以及周围的环境做深入的调查研究，充分分析施工现场的原始资料，使平面布置与施工现场的实际情况相符，使施工现场平面设计确实起到指导施工现场平面和空间布置的作用。施工现场平面设计所依据的主要资料包括：

1. 施工组织设计时所依据的有关拟建工程的当地原始资料

(1) 自然条件调查资料。如气象、地形地貌、水文及工程地质资料，周围环境和障碍物等。主要用于布置地表水和地下水的排水沟，确定易燃、易爆及有碍人体健康的设施的布置，安排冬雨期施工期间所需设备的地点。

(2) 技术经济调查。如交通运输、水源、电源、气源、物资资源等情况。主要用于布置水、电、管线和道路等。

(3) 社会调查资料。如社会劳动力和生活设施，参加施工各单位的情况，建设单位可为施工提供的房屋和其他生活设施。它可以确定可利用的房屋和设施情况，对布置临时设施有重要作用。

2. 有关的设计资料、图纸等

(1) 建筑总平面图。图上包括一切地下、地上原有和拟建的房屋和构筑物的位置和尺寸。它是正确确定临时房屋和其他设施位置，以及修建工地运输道路和排水设施等所需的资料。

(2) 一切原有和拟建的地下、地上管道位置资料。在设计施工平面图时，可考虑利用这些管道或需考虑提前拆除或迁移，并需注意不得在拟建的管道位置上面建临时建筑物。

(3) 建筑区域的竖向设计资料和土方平衡图。它在布置水、电管线、道路以及安排土方的挖填、取土或弃土地点时有用。

(4) 本工程如属群体工程之一，应符合施工组织总设计和施工总平面图的要求。

3. 单位工程施工组织设计的施工方案、进度计划、资源需要量计划等施工资料

(1) 单位工程施工方案。据此可以确定垂直运输机械和其他施工机具的位置、数量和规划场地。

(2) 施工进度计划。从中可了解各施工阶段的情况，以便分阶段布置施工现场。

(3) 资源需要计划。即各种劳动力、材料、构件、半成品等需要量计划，可以确定宿舍、食堂的面积、位置，仓库和堆场的面积、形式、位置等。

4. 与施工现场布置有关的建设法律、法规和规范等资料

这些资料一般包括：《建设工程施工现场管理规定》、《文物保护法》、《环境保护法》、《环境噪声污染防治法》、《消防法》、《消防条例》、《环境管理体系标准》（GB/T 24000～ISO 14000）、《建设工程施工现场综合考评试行办法》、《建筑施工安全检查标准》等。另外，施工平面图布置时还应遵守有关企业的施工现场管理标准和规定。遵守以上法律法规和规定，可以使施工平面图的布置安全有序，整洁卫生，不扰民，不损害公众利益，做到文明施工。

二、施工现场平面设计的内容

单位工程施工现场平面布置主要表达单位工程施工现场的平面规划和空间布置情况，通常包括如下内容：

(1) 工程施工场地状况；

(2) 拟建建（构）筑物的位置、轮廓尺寸、层数等；

（3）工程施工现场的加工设施、存储设施、办公和生活用房等的位置和面积；

（4）布置在工程施工现场的垂直运输设施、供电设施、供水供热设施、排水排污设施和临时施工道路等；

（5）施工现场必备的安全、消防、保卫和环境保护等设施；

（6）相邻的地上、地下既有建（构）筑物及相关环境；

（7）必要的图例、比例尺、方向及风向标记等。

三、施工现场平面设计的基本原则

（1）在保证施工顺利进行的前提下，现场布置尽量要紧凑，节约用地，便于管理，不占或少占农田。并减少施工用的管线，降低成本。

（2）合理地组织现场的运输，在保证现场运输道路畅通的前提下，最大限度地减少场内运输，特别是场内二次搬运，各种材料尽可能按计划分期分批进场，充分利用场地。各种材料堆放位置，应根据使用时间的要求，尽量靠近使用地点，运距最短，既节约劳动力，也减少材料多次转运中的消耗，可降低成本。

（3）控制临时设施规模，降低临时设施费用。在满足施工的条件下，尽可能利用施工现场附近的原有建筑物作为施工临时设施，多用装配式的临设，精心计算和设计，从而减少临设费用。

（4）临时设施的布置，应便利于施工管理及工人的生产和生活，使工人至施工区的距离最近，往返时间最少，办公用房应靠近施工现场，福利设施应在生活区范围之内。

（5）遵循建设法律法规对施工现场管理提出的要求，为生产、生活、安全、消防、环保、市容、卫生防疫、劳动保护等提供方便条件。

四、施工现场平面设计的步骤与方法

单位工程施工现场平面设计步骤，如图 5-14 所示。

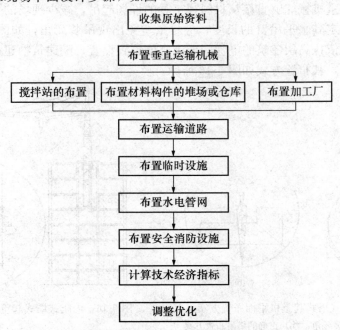

图 5-14　单位工程施工平面图的设计步骤

以上步骤在实际设计中，往往互相牵连，互相影响。为此，要多次、反复地进行研究分析。同时应注意，单位工程施工平面布置除应考虑在平面上的布置是否合理外，还必须考虑它们的空间条件是否可能和科学合理，特别是要注意安全问题。现就单位工程施工平面设计中的常见问题说明如下。

(一)垂直运输机械的布置

垂直运输机械在建筑施工中主要担负垂直运送建筑材料、机具设备以及人员上下的任务。其布置位置直接影响仓库、搅拌站、各种材料和构件等位置及道路和水、电线路的布置等，因此，它的布置是施工现场全局的中心环节，必须首先予以确定。

单位工程施工中常用的垂直运输机械包括：自行杆式起重机、塔式起重机、井架或龙门架、施工电梯以及混凝土泵或泵车等。由于各种垂直运输机械性能不同，其布置的位置也不相同。

1. 自行杆式起重机的布置

这类起重机械主要包括：履带式、汽车式和轮胎式等。它移动灵活方便，能为整个工地服务，多用于现场构件或材料等的装卸，也可用于建筑高度不算很大，而建筑面积较大的房屋结构安装施工。如装配式单层工业厂房的主体结构安装施工。其布置位置主要确定起重机的开行路线和停机点，通常依据装配式单层工业厂房的结构安装方法，构件的重量、安装位置以及构件的安装工艺来确定。

2. 固定式塔式起重机的布置

这类起重机械主要包括：附着式塔式起重机、内爬式塔式起重机等。在施工现场其设置位置固定，依附建筑物做依托，设置高度大。由于采用上回转、水平吊臂，使该类起重机械服务半径大大增加。适用于高层和超高层建筑物的施工，可以完成构件或材料等的水平运输和垂直运输。其布置位置一般根据建筑物的平面尺寸、形状以及安装构件或吊运材料的重量、位置和尺寸等确定。附着式塔式起重机一般布置在建筑物跨外中部的位置，并靠近场地较宽的一侧，使起重机械能够直接从材料或工具的堆场起吊，减少现场的二次搬运。依据建筑物的平面尺寸确定其水平吊臂的长度，应尽量避免出现吊装死角，如图 5-15 所示。内爬式塔式起重机通常依托高层建筑的电梯间或走廊的位置设置，随建筑物建造高度的增加，每三至五层爬升一次，其布置方式如图 5-16 所示。

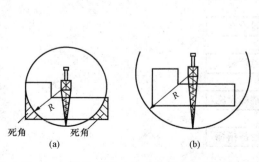

图 5-15　附着式塔式起重机平面布置方案
(a) 塔吊布置有吊装死角；(b) 正确的塔吊布置方案

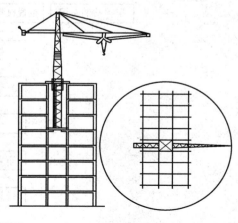

图 5-16　内爬式塔式起重机平面布置方案

3. 轨道式塔式起重机的布置

这类起重机械通常设置在沿建筑物长向布置的轨道上，可以在轨道上移动，从而扩大了起重机的服务范围。按起重机的回转方式一般有：上回转式和下回转式等。其布置位置取决于建筑物的平面形状、尺寸、构件重量、起重机的性能以及四周的施工场地条件等因素。其平面布置方案通常采用以下四种，如图 5-17 所示。

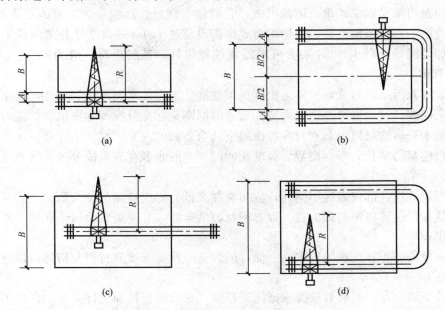

图 5-17　轨道式塔式起重机平面布置方案
(a) 单侧布置；(b) 双侧布置；(c) 跨内单行布置；(d) 跨内环形布置

（1）单侧布置。当建筑物宽度较小，可在场地较宽的一面沿建筑物的长向布置，其优点是轨道长度较短，并有较宽的场地堆放材料和构件。起重机起重半径 R 应满足下式要求：

$$R \geqslant B + A \tag{5-29}$$

式中　　R ——塔式起重机的最大回转半径，m；

　　　　B ——建筑物平面的最大宽度，m；

　　　　A ——塔轨中心线至外墙外边线的距离，m。

一般当无阳台时，$A =$ 安全网宽度＋安全网外侧至轨道中心线距离；

当有阳台时，$A =$ 阳台宽度＋安全网宽度＋安全网外侧至轨道中心线距离。

（2）双侧布置（或环形布置）。当建筑物较宽，构件重量较重时，可采用双侧布置（或环形布置）。起重机起重半径 R 应满足下式要求：

$$R \geqslant \frac{B}{2} + A \tag{5-30}$$

（3）跨内单行布置。当建筑物周围场地狭窄，或建筑物较宽，构件较重时，采用跨内单行布置。起重机起重半径应满足下式要求：

$$R \geqslant \frac{B}{2} \qquad\qquad (5\text{-}31)$$

（4）跨内环形布置。当建筑物较宽，采用跨内单行布置不能满足构件吊装要求，且不可能跨外布置时，应选择跨内环形布置。

4. 井架或龙门架的布置

井架和龙门架是固定式垂直运输机械，它的稳定性好、运输量大，是施工中最常用的，也是最为简便的垂直运输机械，采用附着式可搭设超过 100m 的高度。井架内设吊盘（也可在吊盘下加设混凝土料斗），井架上可视需要设置拔杆，其起重量一般为 0.5～1.5t，回转半径可达 10m。

井字架或龙门架的布置，主要是根据机械性能，工程的平面形状和尺寸，流水段划分情况，材料来向和已有运输道路情况而定。布置的原则是，充分发挥起重机械的能力，并使地面和楼面的水平运输最短。布置时应考虑以下几个方面的因素。

（1）当建筑物呈长条形，层数、高度相同时，一般布置在流水段分界处或长度方向居中位置。

（2）当建筑物各部位高度不同时，应布置在高低分界线较高部位一侧。

（3）其布置位置以窗口处为宜，以方便材料的运输，并避免砌墙留槎和减少井架拆除后的修补工作。

（4）一般考虑布置在现场较宽的一面，因为这一面便于堆放材料和构件，以达到缩短运距的要求。

（5）井字架、龙门架的数量要根据施工进度，提升的材料和构件数量，台班工作效率等因素计算确定，其服务范围一般为 50～60m。

（6）卷扬机应设置安全作业棚，其位置不应距起重机械太近，以便操作人员的视线能看到整个升降过程，一般要求此距离大于建筑物高度，水平距外脚手架 3m 以上。

（7）井架应立在外脚手架之外并有一定距离为宜，一般为 5～6m。

（8）缆风绳设置，高度在 15m 以下时设一道，15m 以上时每增高 10m 增设一道，宜用钢丝绳，并与地面夹角成 45°，当附着于建筑物时可不设缆风绳。

5. 建筑施工电梯的布置

建筑施工电梯（亦称施工升降机或外用电梯）是高层建筑施工中运输施工人员及建筑器材的主要垂直运输设施，它附着在建筑物外墙或其他结构部位上，随建筑物升高，架设高度可达 200m 以上。

在确定建筑施工电梯的位置时，应考虑便利施工人员上下和物料集散；由电梯口至各施工处的平均距离应最短；便于安装附墙装置；接近电源，有良好的夜间照明。

6. 混凝土泵和泵车的布置

在高层建筑施工中，混凝土的垂直运输量十分巨大，通常采用泵送方法进行。混凝土泵是在压力推动下沿管道输送混凝土的一种设备，它能一次连续完成水平运输和垂直运输，配以布料杆或布料机还可以有效地进行布料和浇筑。在泵送混凝土的施工中，混凝土泵和泵车的停放布置是一个关键，不仅影响混凝土输送管的配置，同时也影响到泵送混凝土的施工能否按质按量完成，其布置通常考虑如下几个方面。

（1）混凝土泵设置处的场地应平整坚实，具有重车行走条件，且有足够的场地、道路畅通，使供料调车方便。

（2）混凝土泵应尽量靠近浇筑地点，以减少管道的长度以及混凝土泵送压力。

（3）其停放位置接近排水设施，供水、供电方便，便于泵车清洗。

（4）混凝土泵作业范围内，不得有障碍物、高压电线，同时要有防范高空坠物的措施，保障作业安全。

（5）当高层建筑采用接力泵泵送混凝土时，其设置位置应使上、下泵的输送能力匹配，同时应验算其楼面结构部位的承载力，必要时采取加固措施。

（二）搅拌站、加工厂及各种材料、构件、堆场或仓库的布置

搅拌站、加工厂及各种材料、构件的堆场或仓库的位置应尽量靠近使用地点或在塔式起重机服务范围之内，同时应尽量靠近施工道路，便于运输和装卸。

1. 搅拌站的布置

搅拌站主要指混凝土搅拌机和砂浆搅拌机，其型号、规格、数量在施工方案中予以确定。其布置通常考虑如下几个方面。

（1）搅拌站应尽可能布置在垂直运输机械附近，以减少混凝土及砂浆的水平运距。当选择为塔吊运输方案时，混凝土搅拌机的出料斗（车）应在塔吊的服务范围之内，可以直接挂钩起吊。

（2）搅拌站应布置在道路附近，便于砂石进场及拌和物的运输。

（3）搅拌站应有后台上料的场地，以布置水泥、砂、石等搅拌所用材料的堆场。

（4）有特大体积混凝土施工时，搅拌站尽可能靠近使用地点。

（5）搅拌站四周应设排水沟，使得清洗机械的污水排走，避免现场积水。

（6）混凝土搅拌机每台所需面积为 $25m^2$ 左右，冬期施工时，考虑保温与供热设施等面积为 $50m^2$ 左右；砂浆搅拌机每台所需面积为 $15m^2$ 左右，冬期施工时面积为 $30m^2$ 左右。

2. 加工厂的布置

（1）木材、钢筋、水电卫安装等加工棚宜设置于建筑物四周稍远处，并有相应的材料及成品堆场。

（2）石灰及淋灰池可根据情况布置在砂浆搅拌机附近。并注意当地的主导风向，通常布置在场地的下风口的位置。

（3）木工间、电焊间、沥青熬制间等易燃或有明火的现场加工棚，要离开易燃易爆物品仓库，布置在施工现场的下风向，并通入给排水管道，附近应设有灭火器、砂箱或消防水池等设施。

3. 仓库的布置

在布置仓库位置时，首先应根据仓库放置的材料以及施工进度计划对该材料的需求量计算仓库所需的面积。其次按材料的性质以及使用情况考虑仓库的位置。现场常设仓库的布置要点如下：

（1）水泥仓库要考虑防止水泥受潮，应选择地势较高、排水方便的地方，同时应尽量靠近搅拌机；

（2）各种易燃、易爆物品或有毒物品的仓库，如各种油漆、油料、亚硝酸钠、装饰材料等，应与其他物品隔开存放，室内应有较好的通风条件，存量不宜过多，应根据施工进度有

计划的进出。仓库内禁止火种进入并配有灭火设备。

（3）木材、钢筋及水电器材等仓库，应与加工棚结合布置，以便就近取材加工。

4. 材料堆场的布置

各种材料堆场的面积应根据施工进度计划对材料的需用量的大小、使用时间的长短、供应与运输情况等计算确定。布置时应遵循的一般原则是：先用先堆，后用后堆；先堆主体施工材料，后堆装饰施工材料；堆场应尽量靠近使用地点，并尽量布置在塔吊服务范围内；堆场交通方便，便于材料的装卸。如砂石尽可能布置在搅拌机后台附近，并按不同粒径规格分别堆放。

在基坑边堆放的材料时，应设定与基坑边的安全距离，一般不小于 0.5m，必要时应对基坑边坡稳定性进行验算，防止塌方事故；围墙边堆放砂、石、石灰等散状材料时，应做高度限制，防止挤倒围墙造成意外伤害；楼层堆物，应规定其数量、位置，防止压断楼板造成坠落事故。

5. 预制构件的布置

预制构件的堆放位置应根据吊装方案，大型构件一般需布置在起重机械服务范围内，堆放数量应根据施工进度、运输能力和施工条件等因素确定，实行分期分批配套进场，吊完一层楼（或一个施工段）再进场一批构件，以节省堆放面积。

（三）运输道路的布置

施工现场应优先利用永久性道路，或先建永久性道路的路基，作为道路使用，在工程竣工前再铺路面。运输道路应按现场各种设施的需要进行布置，既要考虑各种施工设施的需要，如材料堆场、加工棚、仓库等设施，还要考虑各种生活性设施，如办公室、食堂、宿舍等设施。施工道路应畅通无阻。为此，运输道路一般应围绕拟建建筑物布置成环形，道路每隔一定距离要设置一个回车场。道路的路面宽度根据通行要求确定，如为单车道其宽度一般不小于 3.5m；如为双车道其宽度一般应大于 6m。道路两侧应结合地形设置排水沟，沟深不小于 0.4m，底宽不小于 0.3m。对施工道路的其他要求详见施工总进度计划一章。

（四）行政管理及文化生活临时设施布置

建筑施工临时设施主要包括：办公室、宿舍、工人休息室、食堂、开水房、厕所、门卫等，布置时首先应计算各种临时设施所需的建筑面积，其次应考虑使用方便，有利于生产、安全防火和劳动保护等要求。临时设施应尽可能采用活动式结构或就地取材设置，应充分考虑使用建设单位提供的原有的建筑设施，以节省临时设施费用。通常情况下，办公室应靠近施工现场，与工地出入口联系方便；工人休息室应尽量靠近工人作业区，宿舍应布置在安全的上风向位置，门卫及收发室应布置在出入口处，以方便对外交往和联系。其他布置要求参见第六章施工组织总设计相关内容。

（五）施工给排水管网的布置

1. 施工给水管网的布置

现场用水包括：施工用水、安全消防用水以及生活用水等。布置时首先进行用水量的计算和设计。布置要点如下：

（1）施工给水管网的设计计算，主要包括：用水量计算（包括生产用水、机械用水、生活用水、消防用水等）以及给水管径的确定。根据实践经验，面积在 5000～10 000m² 的单位工程施工给水总管直径一般为 110mm，支管直径一般为 25～40mm。然后进行给水管网的布置，主要包括：水源选择、取水设施、储水设施、配水布置等。

（2）施工用的临时给水管，应尽量由建设单位的干管接入，或直接由城市给水管网接入。布置现场管网时，应力求管网总长度最短，且方便现场其他设施的布置。管线可暗铺，也可明铺，视当时的气温条件和使用期限的长短而定。其布置形式有环形、枝形、混合式三种。

（3）给水管网应按防火要求布置消防栓，消防水管的直径一般不小于 100mm，消防栓应沿道路布置，距路边不大于 2m，距建筑物外墙不应小于 5m，也不应大于 25m，消防栓的间距不应超过 120m，且应设有明显的标志，周围 3m 以内不准堆放建筑材料。

（4）高层建筑施工给水系统应设置蓄水池和加压泵，以满足高空用水的需求。

2. 施工排水管网的布置

施工现场排水包括：施工用水排除、生活用水排除、地表水排除、地下水排除等。其布置要点如下：

（1）当单位工程属于群体工程之一时，现场排水系统将在施工组织总设计中考虑，若是单独一个工程时，应单独考虑，通常与城市排水管网相结合。

（2）为排除地面水和地下水，应及时修通永久性下水道，并结合现场地形在建筑物周围设置排泄地面水和地下水的沟渠。

（3）在山坡地施工时，应设有拦截山水下泻的沟渠和排泄通道，防止冲毁在建工程和各种设施。

（六）施工供电线路的布置

（1）单位工程施工用电，要与建设项目施工用电综合考虑，在全工地性施工平面中安排。如属于独立的单位工程，要先计算出施工用电总量（包括电动机用电量、电焊机用电量、室内和室外照明电量等），并选择相应变压器，然后计算导线截面积，并确定供电网形式。

（2）为了维修方便，施工现场一般采用架空配电线路，并尽量使其线路最短。要求现场架空线与施工建筑物水平距离不小于 1m，线与地面距离不小于 4m，跨越建筑物或临时设施时，垂直距离不小于 2.5m，线间距不小于 0.3m。

（3）现场线路应尽量架设在道路的一侧，且尽量保持线路水平，以免电杆受力不均，在低压线路中，电杆间距应为 25～40m，分支线及引入线均应由电杆处接出，不得在两杆之间接线。

（4）线路应布置在起重机的回转半径之外。否则应搭设防护栏，其高度要超过线路 2m，机械运转时还应采取相应措施，以确保安全。现场机械较多时，可采用埋地电缆，以减少互相干扰。

（5）变压器应远离交通要道口处，布置在现场边缘高压线接入处，离地应大于 3m，四周设有高度大于 1.7m 的铁丝网防护栏，并用明显标志。

需注意的是建筑施工是一个复杂多变的生产过程，不同的工程性质和不同的施工阶段，各有不同的施工特点和要求，对现场所需的各种施工设备，也各有不同的内容和要求。各种施工机械、材料、构件等随着工程的进展而逐渐进场，又随着工程的进展而不断消耗、变动。因此，在整个施工过程中，工地上的实际布置情况是动态变化的。因而，对于大型建筑工程、施工期限较长或建筑工地较为狭窄的工程，为了把各施工阶段工地上的合理布置情况反映出来，需要结合实际按不同的施工阶段设计几张施工平面图。如一般中小型工程只要设计绘制主体结构施工阶段的施工平面图即可；高层建筑施工一般应分别设计绘制地基与基础施工阶段、主体施工阶段、装饰装修施工阶段的施工平面图；单层工业厂房施工一般应设计绘制预制施工阶段和结构吊装阶段的施工平面图。

五、施工现场平面布置图的绘制

经上述各设计步骤，分别确定了施工现场平面布置的相关内容。在此基础上，结合具体工程的特点和各项条件，全面考虑、统筹安排，正确处理各项设计内容的相互联系和相互制约关系，初排施工平面图布置方案。然后，对布置方案进行技术经济的优化分析，以确定出最佳布置方案。必要时用草图设计多个不同的布置方案，进行多方案的平面布置分析，以选择平面布置合理、施工费用较低的平面布置方案，作为正式施工平面方案。依据该布置方案，绘制施工平面布置图。绘制施工平面布置图的基本要求是：表达内容完整，比例准确，图例规范，线条粗细分明、标准，字迹端正，图面整洁、美观。绘制施工平面布置图的一般步骤为：

1. 确定图幅的大小和绘图比例

图幅大小和绘图比例应根据工地大小及布置的内容多少来确定。图幅一般可选用 1 号图纸或 2 号图纸，比例一般采用 1：200 或 1：500。

2. 合理地规划和设计图面

绘制施工平面图，应以拟建单位工程为中心，突出其位置，其他各项设施围绕拟建工程设置。同时应表达现场周边的环境与现状（例如原有的道路、建筑物、构筑物等），并要留出一定的图面绘制指北针、图例和标注文字说明等的位置。为此，对整个图面应统一规划设计。

3. 绘制建筑总平面图中的有关内容

依据拟建工程的施工总平面图，将现场测量的方格网、现场内外原有的和拟建的建筑物、构筑物和运输道路等其他设施按比例准确地绘制在图面上。

4. 绘制为施工服务的各种临时设施

根据施工平面布置要求和面积计算的结果，将所确定的施工道路、仓库、堆场、加工厂、施工机械、搅拌站等的位置、尺寸和水电管网的布置按比例准确地绘制在施工平面图上。

5. 绘制其他辅助性内容

按规范规定的线型、线条、图例等对草图进行加工，标上图例、比例、指北针等，并做必要的文字说明，则成为正式的施工平面图。

施工现场平面布置图中常用图例见表 5-15～表 5-21。

表 5-15　　　　　　　　　**施工现场平面布置图常用图例（地形及控制点）**

序号	名称	图例	序号	名称	图例
1	室内标高	151.00(±0.00) ▽	2	室外标高	● 143.00 ▼143.00

续表

序号	名称	图例	序号	名称	图例
3	原有建筑		9	土堤、土堆	
4	窑洞：地上、地下		10	坑穴	
5	蒙古包		11	现有永久公路	
6	坟地、有树坟地		12	拟建永久道路	
7	钻孔	钻	13	施工用临时道路	
8	高等线：基本的、补助的	6			

表 5-16 　　施工现场平面布置图常用图例（建筑、构筑物）

序号	名称	图例	序号	名称	图例
1	新建建筑物	8	7	工地内的分区线	
2	将来拟建建筑物		8	烟囱	
3	临时房屋：密闭式、敞棚式		9	水塔	
4	实体围墙及大门		10	测量坐标	X105.00 Y425.00
5	通透围墙及大门		11	建筑坐标	A105.00 B425.00
6	建筑工地界线				

表 5-17　　施工现场平面布置图常用图例（材料、构件堆场）

序号	名称	图例	序号	名称	图例
1	散状材料临时露天场地		13	钢结构场	
2	其他材料露天堆场或露天作业场		14	屋面板存放场	
3	施工期间利用的永久堆场		15	砌块存放场	
4	土堆		16	墙板存放场	
5	砂堆		17	一般构件存放场	
6	砾石、碎石堆		18	原木堆场	
7	块石堆		19	锯材堆场	
8	砖堆		20	细木成品场	
9	钢筋堆场		21	粗木成品场	
10	型钢堆场	L I C	22	矿渣、灰渣堆	
11	铁管堆场		23	废料堆场	
12	钢筋成品场		24	脚手、模板堆场	

表 5-18　　施工现场平面布置图常用图例（动力设施）

序号	名称	图例	序号	名称	图例
1	临时水塔		6	加压站	
2	临时水池		7	原有的上水管线	— · — · — · —
3	贮水池		8	临时给水管线	— S — S —
4	永久井		9	给水阀门（水嘴）	
5	临时井		10	支管接管位置	— S

序号	名称	图例	序号	名称	图例
11	消防栓（原有）		26	变电站	$\wedge$
12	消防栓（临时）		27	变压器	
13	消防栓		28	投光灯	
14	原有上下水井		29	电杆	
15	拟建上下水井		30	现有高压 6kV 线路	$—WW_6—WW_6—$
16	临时上下水井		31	施工期间利用的永久高压 6kV 线路	$— LWW_6 — LWW_6 —$
17	原有排水管线	$— I — I —$	32	临时高压 3～5kV 线路	$— W_{3.5} — W_{3.5} —$
18	临时排水管线	$— P —$	33	现有低压线路	$— LVV—LVV—$
19	临时排水沟		34	施工期间利用的永久低压线路	$— LVV — LVV —$
20	原有化粪池		35	临时低压线路	$— V — V —$
21	拟建化粪池		36	电话线	$— · O — · O — ·$
22	水源		37	现有暖气管道	$— T — T —$
23	电源		38	临时暖气管道	$— Z —$
24	总降压变电站	M	39	空压机站	
25	发电站		40	临时压缩空气管道	$—VS—$

表 5-19　　　　　　　　　施工现场平面布置图常用图例（施工机械）

序号	名称	图例	序号	名称	图例
1	塔轨		13	推土机	
2	塔吊			挖土机：正铲	
3	井架			反铲	
4	门架		14	抓铲	
5	卷扬机			拉铲	
6	履带式起重机		15	铲运机	
7	汽车式起重机		16	混凝土搅拌机	
8	缆式起重机		17	灰浆搅拌机	
9	铁路式起重机		18	洗石机	
10	皮带运输机		19	打桩机	
11	外用电梯		20	水泵	
12	少先吊		21	圆锯	

表 5-20　　　　　　　　　施工现场平面布置图常用图例（其他）

序号	名称	图例	序号	名称	图例
1	脚手架		4	沥青锅	
2	壁板插放架		5	避雷针	
3	淋灰池	灰			

表 5-21 施工现场平面布置图常用图例（绿化）

序号	名称	图例	序号	名称	图例
1	常绿针叶树		7	竹类	
2	落叶针叶树		8	花卉	
3	常绿阔叶乔木		9	草坪	
4	落叶阔叶乔木		10	花坛	
5	常绿阔叶灌木		11	绿篱	
6	落叶阔叶灌木		12	植草砖铺地	

六、基于 BIM 的三维场地布置方法

1. 拟建建筑物平面图导入

实施过程主要在 Autocad 和 Revit 两个软件中实现。在 CAD 图纸中，可利用设计单位提供的总平面图进行图纸清理，如图 5-18 所示，为地基基础和主体结构阶段和装修阶段布置图做准备。

2. 建立 BIM 模型

根据 CAD 图纸建立 BIM 模型。为了提高软件操作的流畅性，对各建筑物进行单独建模，再统一链接到中心文件中。图 5-19 为建立的 BIM 模型。

3. 基础阶段定位临时设施位置

根据平面图规划，定位临时办公场地、确定施工机械类型，将具有参数信息的施工机械模型导入，建立与建筑物的平面、空间关系。在布置临时道路时，要充分考虑重型车辆的转弯安全半径。还可以利用 Revit 软件，生成施工总平面布置图及三维模型图。如方案后续增减或者调整临时设施，图纸会自动关联调整。某工程主体阶段的场地布置如图5-20所示。

4. 主体结构施工阶段布置

主体结构施工过程相对于基础施工，主要需考虑塔吊的位置和覆盖半径，塔吊的安装与拆卸路径，人货电梯位置与材料堆场的位置关系。通过三维立体的方式，使表达更直观，在空间上发现不合理之处。通过 BIM 三维可视化技术，直观的了解建筑物的具体造型，在塔吊布置上，可以兼顾覆盖范围、扶墙设置、拆除路径，避免因对建筑物形体不熟悉而导致布

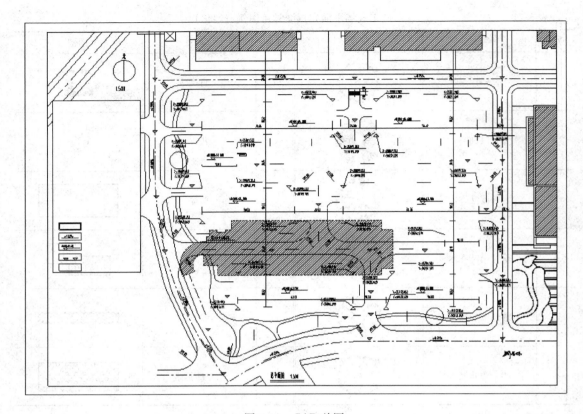

图 5-18　CAD 总图

图 5-19　建立 BIM 模型

置失误。某工程主体阶段的场地布置如图 5-21 所示。

　　5. 装修结构施工阶段布置

　　装修阶段的场地布置需要考虑总图标高等因素，需要对场地进行修改或重新绘制，并要根据总图规划进行适当的绿化布置。同时考虑到装修施工等要求，在现场要拆除塔吊等设

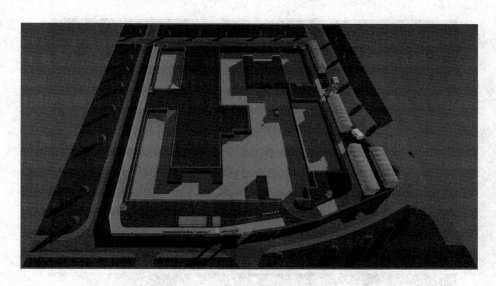

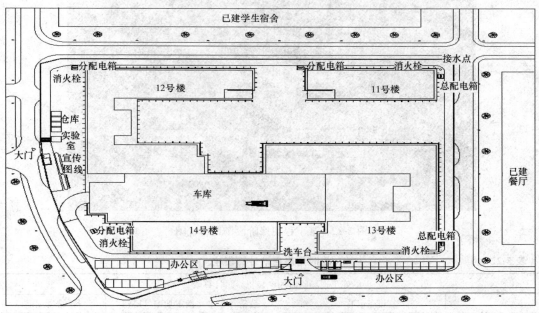

图 5-20　某工程主体阶段场地布置

施，要布置干混砂浆等设施。某工程装修阶段的场地布置如图 5-22 所示。

6. 参数化统计

通过 BIM 技术，可对现场所有施工机械进行有效管控。在布置施工机械时，将机械准确的信息记录在模型中，通过统计信息，确定临时用电所需数据。在机械设备管理中，可以将模型的信息与管理数据相结合，提高数据的准确性，并形成数据库，为后续项目提供信息支持。利用 Revit 明细表功能，统计不同类型设备清单，通过参数化特点，动态调整设备的数量及参数，统计信息实时自动更新，再将数据导入到软件中进行临电计算，见表5-22。

图 5-21　主体阶段场地布置图

图 5-22　某工程装修阶段场地布置图

表 5-22　　　　　　　　　　　　　临时用电自动计算表格

施工现场临时用电装机容量计算表

	设备名称	数量	额定功率（kW）	K（需要系数）
电动机设备	冲击成孔桩机	26	55	0.6
	泥浆泵	26	22	
	清水泵	26	7.5	
	双轴搅拌桩机	2	90	
	钢筋弯曲机			
	闪光对焊机			
	钢筋切断机			
	电锯			
	搅拌机			
	其他电动机			
	全部动力设备的总功率为$\sum P$	80	2377	

施工现场临时用电装机容量计算表

	设备名称	数量	额定功率（kW）	K（需要系数）
电焊机	电焊机			0.6
	电焊机设备总计		0	
临设生活用电	电灯			0.8
	电脑			
	热水器			
	蒸饭箱			
	电饭煲			
	临时生活电总计	0	0	
现场照明用电	镝灯			1
	太阳灯			
	低压电灯			
	现场照明电总计	0	0	
动力用电总量∑P机			2053.728	kVA
照明用电总量			0	kVA
现场装机总容量不小于			2053.728	kVA

七、施工现场平面设计的技术经济分析

单位工程施工现场平面布置依据其布置要求、现场条件以及工程特点等因素，其布置可形成多个不同的布置方案，为从中选出最经济、最合理的施工平面布置方案，同时也为检验布置方案的质量，应对施工平面布置方案进行技术经济分析比较，常用指标如下：

1. 施工用地面积和施工占地系数

$$施工占地系数 = \frac{施工占地面积(m^2)}{建筑面积(m^2)} \times 100\% \tag{5-32}$$

2. 施工场地利用率

$$施工场地利用率 = \frac{施工设施占地面积(m^2)}{施工用地面积(m^2)} \times 100\% \tag{5-33}$$

3. 临时设施投资率

$$临时设施投资率 = \frac{临时设施费用总和(元)}{工程总造价(元)} \times 100\% \tag{5-34}$$

第八节 主要施工管理计划

施工管理计划应包括进度管理计划、质量管理计划、安全管理计划、环境管理计划、成本管理计划以及其他管理计划等内容。各项管理计划的制订应根据工程项目的特点有所侧重。

一、进度管理计划

建设工程项目施工进度管理应按照建设工程项目施工的技术规律和合理的施工顺序，保证各工序在时间上和空间上顺利衔接。

1. 进度管理计划内容

（1）对建设工程项目施工进度计划进行逐级分解，通过阶段性目标的实现保证最终工期目标的完成；

（2）建立施工进度管理的组织机构并明确职责，制订相应管理制度；

（3）针对不同施工阶段的特点，制订进度管理的相应措施，包括施工组织措施、技术措施和合同措施等；

（4）建立施工进度动态管理机制，及时纠正施工过程中的进度偏差，并制订特殊情况下的赶工措施；

（5）根据建设工程项目周边环境特点，制订相应的协调措施，减少外部因素对施工进度的影响。

2. 进度目标的确定

进度和工期有着密切的关系，进度管理的总目标与工期目标是一致的，进度的拖延最终表现为工期的拖延，进度管理常体现在对工期的计划和控制上。

进度管理的最终目标是确保建设工程项目按预定的时间或提前交付使用，进度管理的主要对象是建设工期。进度管理的首要任务是确定建设工程项目的进度目标。

（1）进度目标的确定会受到建设工程项目总目标的制约，必须服从和服务于建设工程项目进度总目标。

（2）确定建设工程项目进度目标时，必须综合考虑项目的成本目标、质量目标等目标系统，并进行动态平衡，保证建设工程项目目标系统的整体优化。

（3）确定建设工程项目进度目标时，要充分考虑外部环境系统的影响。

二、质量管理计划

质量管理计划可参照 GB/T 19001《质量管理体系—要求》，在施工单位质量管理体系的框架内编制。

1. 质量管理计划内容

（1）按照建设工程项目具体要求确定质量目标并进行目标分解，质量目标应具有可测量性；

（2）建立建设工程项目质量管理的组织机构并明确职责；

（3）制订符合建设工程项目特点的技术保障和资源保障措施，通过可靠的预防控制措施，保证质量目标的实现；

（4）建立质量过程检查制度，并对质量事故的处理做出相应规定。

2. 质量目标的制订要求

质量目标是建设工程项目在质量方面追求的目的，是项目组织实现"满足顾客要求，增强顾客满意"的具体落实。也是评价质量管理体系有效性的重要指标。

（1）质量目标应与质量方针保持一致。

（2）质量目标应予以分解和展开。质量目标必须分解到组织中与质量管理体系有关的各职能部门和层次，并转化为各自的工作任务。

（3）质量目标应使质量持续改进、顾客满意。

（4）质量目标具有可测量性。为使质量方针得以实现，质量目标应具有可测量性。

三、安全管理计划

安全管理计划可参照 GB/T 28001《职业健康安全管理体系规范》，在施工单位安全管理体系的框架内编制。

1. 安全管理计划内容

（1）确定建设工程项目重要危险源，制订项目职业健康安全管理目标。

（2）建立有管理层次的建设工程项目安全管理组织机构并明确职责。

（3）根据建设工程项目特点，进行职业健康安全方面的资源配置。

（4）建立具有针对性的安全生产管理制度和职工安全教育培训制度。

（5）针对建设工程项目重要危险源，制订相应的安全技术措施；对达到一定规模的危险性较大的分部（分项）工程和特殊工种的作业应制订专项安全技术措施的编制计划。

（6）根据季节、气候的变化，制订相应的季节性安全施工措施。

（7）建立现场安全检查制度，并对安全事故的处理做出相应规定。

（8）现场安全管理应符合国家和地方政府部门的要求。

2. 安全目标的制订要求

安全目标是实施安全控制所要达到的各项具体指标，是安全控制的努力方向。建设工程项目实施前，必须制订安全目标，并形成文件。

（1）安全目标应与企业的安全方针、安全目标协调一致。

（2）安全目标应明确、具体，具有针对性。

（3）安全目标应层层分解，具有可操作性。

（4）安全目标应可测量考核。

四、环境管理计划

环境管理计划可参照 GB/T 24001《环境管理体系要求及使用指南》，在施工单位环境管理体系的框架内编制。

1. 环境管理计划内容

（1）确定建设工程项目重要环境因素，制订建设工程项目环境管理目标；

（2）建立建设工程项目环境管理的组织机构并明确职责；

（3）根据建设工程项目特点，进行环境保护方面的资源配置；

（4）制订现场环境保护的控制措施；

（5）建立现场环境检查制度，并对环境事故的处理做出相应规定

（6）现场环境管理应符合国家和地方政府部门的要求。

2. 环境管理的要求

（1）规范施工现场的场容，保持作业环境的整洁卫生；

（2）减少施工对周围居民和环境的影响；

（3）采取有效措施对有害污染物进行防治，保护人类生存环境；

（4）科学组织施工，使施工有序进行，保证职工的安全和身体健康。

五、成本管理计划

成本管理计划应以建设工程项目施工预算和施工进度计划为依据编制。

1. 成本管理计划内容

（1）根据建设工程项目施工预算，制订建设工程项目施工成本目标；

（2）根据施工进度计划，对建设工程项目施工成本目标进行阶段分解；

（3）建立施工成本管理的组织机构并明确职责，制订相应管理制度；

（4）采取合理的技术、组织和合同等措施，控制施工成本；

（5）确定科学的成本分析方法，制订必要的纠偏措施和风险控制措施；

（6）必须正确处理成本与进度、质量、安全和环境等之间的关系。

2. 成本控制的原则

建设工程项目成本管理实质是一种目标管理，最终目标是低成本、高质量、短工期，而低成本是三大目标的核心和基础。目标成本管理是现代企业经营管理的重要组成部分，是市场竞争的需要，使企业挖掘内部潜力，不断降低产品成本，提高企业整体工作质量的需要，是衡量企业在一定时期内成本管理水平的依据。成本控制一般应遵循以下原则：

（1）成本最低化原则。成本控制的根本目的，在于通过成本管理的各种手段，不断降低建设工程项目的成本，以达到可能实现最低目标成本的要求。

（2）全面成本控制的原则。这是指全企业、全员和全过程的管理，也称"三全"管理。

（3）动态控制原则。建设工程项目是一次性的，其成本控制应强调事中控制，及时发现成本偏差，实现动态控制。

（4）目标管理原则。目标管理的内容包括：目标的设定与分解，目标的责任到位和执行，检查目标的执行结果，评价目标和修正目标，形成目标管理的计划、实施、检查、处理循环，即 PDCA 循环。

（5）责、权、利相结合的原则。在建设工程项目实施过程中，项目经理部各部门既有成本控制的责任，又享有成本控制的权利，并实行有奖有罚，做到责、权、利相结合。

六、其他管理计划

其他管理计划包括绿色施工管理计划、防火保安管理计划、合同管理计划、组织协调管理计划、创优质工程管理计划、质量保修管理计划以及对施工现场人力资源、施工机具、材料设备等生产要素的管理计划等。

在编制其他管理计划时，可根据建设工程项目的特点和复杂程度加以取舍。

各项管理计划的内容应有目标，有组织机构，有资源配置，有管理制度和技术、组织措施等。

第九节　单位工程施工组织设计实例

一、编制依据

1. 业主提供的文件

（1）工程招标文件；

（2）工程招标答疑；

（3）业主提供的综合学生公寓工程设计方案。

2. 相关规范

（1）国家现行的设计、施工和验收的有关规范、规程、图集和规定：

（2）国家及省、市现行的安全生产、文明施工及环保等有关规定。

3. 公司相关文件

（1）ISO 9001 质量管理体系《质量管理手册》及《程序文件》；

（2）ISO 14001 环境管理体系《环保管理手册》及《程序文件》；

（3）OHSMS 18001 职业健康安全管理体系《职业健康安全管理手册》及《程序文件》；

（4）《土建作业指导书》；

（5）《安装作业指导书》；

（6）《质量通病防治措施》；

（7）项目管理文件、管理制度等。

4. 部分参考资料

（1）《建筑工程施工手册》；

（2）《建筑工程质量通病防治手册》；

（3）《建设工程质量管理条例实施细则》。

5. 现场踏勘情况

整个工程位于山东省某市山师东路某大学东校区院内，北临次干道，东临校学生操场，西临主干道，南临学生宿舍区。现场需拆除现有建筑以及移除树木，因此不具备三通一平条件。

二、工程概况及特征

（一）工程概况

综合学生公寓工程位于山师东路某大学东校区院内，建设单位为山东某大学，设计单位为山东省某设计研究院。整个工程用地为 L 形，东西长边为 157m，南北短边长 134m。整个建筑物东西长 82.4m，南北长 114.8m，总建筑面积约 59 439.5m^2。其中一标段为 R 轴～Y 轴及 1/4 轴～16 轴交 2/H 轴～Q 轴的建筑部分，包括北主楼及附楼和东裙楼，建筑面积 30 648m^2。其中主楼地下一层，地上十七层，建筑总高度 61.45m；附楼地下一层，地上二层；东裙楼地上三层，局部二层。工程设计使用年限 50 年，防水等级二级，耐火等级为一级。

本施工组织设计以一标段为对象编制的。

（二）建筑结构概述

本工程为全现浇钢筋混凝土结构，北主楼为桩筏基础、上部框架剪力墙结构，桩采用钻孔灌注桩，附楼为桩承台筏板基础、上部框架结构，东裙楼为独立基础、上部框架结构，工程抗震设防烈度为六度，框架梁柱抗震等级均为四级，剪力墙抗震等级为三级。钢筋强度等级分别为 HPB300、HRB335、HRB400 级。桩采用 C30 混凝土，主楼基础及 1～8 层混凝土强度等级 C40，9～12 层混凝土强度等级 C35，13 层及以上结构混凝土强度等级 C30，东裙楼混凝土强度等级 C35。填充墙±0.000 以下为 M10 水泥砂浆砌黄河泥沙烧结砖，以上为 M5 混合砂浆砌加气混凝土砌块，其中外墙填充墙采用防水型加气混凝土砌块。

外墙面为涂料及面砖墙面，室内顶棚、墙面涂刷白色乳胶漆，彩色釉面防滑地砖楼地面。屋面为 PVC 卷材防水保温隔气屋面，上人屋面铺地砖，汽车库或自行车库上部为种植屋面，部分为铺广场砖停车屋面。木门门面刷亚光清漆，外门窗均采用铝合金。

（三）工程建设特征

本工程施工分项多、技术要求高、体量大、场地有限等客观条件，且工程工期只有 420 多天，因此工程工期十分紧张、任务繁重。在施工中如何科学有效组织管理，制订确保质量、工期、安全文明施工的技术组织措施又节约造价，是工程的重中之重。为此，公司将本工程列为公司工作重点，组建由集团公司有关领导挂帅的工程现场指挥部，配备齐全有力、经验丰富的项目管理班子，保质保量按时向业主学校上交一份满意的答卷。

本工程位于山东某大学东校区院内，四周围环境优美，北侧、西侧为市区主要交通道路，车流量大；南侧为学生宿舍。在施工过程中应加强对周围环境的保护，"治污、控噪、防尘"是该工程的又一难关。

本工程施工历经两个冬期、一个雨季，合理有效的季节性施工措施是保证工程质量、节约成本的关键。

根据公司的施工经验，土建和安装相互配合的好坏是制约工程工期和质量的重要因素，公司将组建工程指挥部，土建安装工程由一支队伍承担，在项目经理的统一协调下组织生产，这样就可免除配合中容易出现的问题。

针对上述施工特点，公司从工期安排、质量要求、协调配合及沟通等各方面提出了相应解决措施，详见施工组织设计的相关内容。

三、施工部署及施工方案

（一）施工目标

质量目标：确保优良。

工期目标：2005 年 11 月 30 日开工，2007 年 2 月 1 日竣工，总日历天数 429 天，比招标要求工期提前 3 天。

安全文明施工目标：确保重大伤亡事故率为零，一般事故率控制在 1.5％以内，达到市级安全文明工地标准。

环保目标：将污染降到最低，与现场有关的几大环保要素均达到国家及省市环保法规规定的标准。

（二）施工安排

1. 桩基及土石方

因按招标开工日期，工程从开工到春节仅有 60 天，如先进行挖土施工，桩基可能不能在节前完成，节后再挖运桩间土将增加机械的进出场次数，对道路等环境的污染也随之增加，为此经研究，为缩短工期、保护环境，本工程先施工桩基再挖土。

桩基础施工由专业施工队承担。本标段选用 6 台钻机同时施工，计划于春节前完成桩基施工。主楼因桩量多分布密，因此由西到东分成 4 段安排 4 台钻机同时施工；北二层附房桩量较少分布疏，因此由西到东安排 2 台钻机同时施工。因钻机用电量较大，因此施工时采取现场配备发电机组发电结合甲方供电的用电模式，确保工程顺利进行。

基础土方挖运由专业施工队承担。根据工程实际情况，挖土顺序从西向东开挖，施工时采用两台挖掘机（美国卡特 1.2m³ 容量）挖土，20 台斯泰尔（载重 20t）自卸车运土，其中运输车辆在运距 10km 的情况下，每部车每天能外运土石方 200m³。土方挖完后，采用钢筋网喷射混凝土支护技术对基坑四周边坡进行支护。为了施工安全、降低造价，经充分考虑工程的挖方、填方量，现场预留约 4000m³ 好土作为工程回填土备用，存放在整个工程用地的南侧，防止回填时外购土方。

基础验收合格后，进行地下室外防水，随之进行回填。回填素土选用现场存土，灰土采用商品灰土。回填土均采用蛙式打夯机分层夯实。

2. 基础、主体结构

土方开挖完成时，立即设置一台 55m 臂长的 QTZ-80 塔吊作为垂直水平运输设备。主楼施工至六层时即搭设双笼施工电梯作为辅助运输使用。主体施工时，为了保工程质量、加快进度特在施工面采用一台混凝土布料机进行混凝土的浇筑。砌体施工搭设两个 2m×2m 的临时上料平台倒替上料，室内用双轮小推车水平运输。

根据工程Ⅰ型、Ⅱ型后浇带的分布，主楼四周与附房连接处附房结构上留置Ⅱ型后浇带，主楼及附房中部⑦轴东侧留置Ⅰ型后浇带，因此结合上部结构将基础及主体施工分成三个阶段，每阶段由西向东组织施工流水。第一阶段附房及主楼基础：本阶段按照Ⅰ型、Ⅱ型后浇带分成五个施工段，第一段为主楼西段，第二段为主楼东段，第三段为附房西段，第四段为附房东段，第五段为 12 轴以东的地下部分。第二阶段附房及主楼一、二层，按照Ⅰ型、Ⅱ型后浇带分成四个施工段，第一段为主楼西段，第二段为主楼东段，第三段为附房西段，第四段为附房东段。第三阶段主楼 3～17 层，按照Ⅰ型后浇带分成两个施工段，第一段为主楼西段，第二段为主楼东段。每层段均采用整支整浇方法，先绑扎柱子及剪力墙钢筋，然后支设柱墙模板及现浇板模板，再绑扎现浇板钢筋，最后整体浇筑混凝土。

钢筋现场加工，由于工程工期紧、基础及主体结构用钢量大，因此设置 2 套钢筋直螺纹镦粗机及剥肋滚丝机、2 台钢筋切断机、2 台钢筋弯曲机共两套钢筋加工机械进行钢筋加工。混凝土模板全部采用竹胶板面层，钢木混合支撑。混凝土全部采用预拌商品混凝土，混凝土输送泵泵送施工工艺。砌体构造柱、圈梁等零星混凝土采用现场搅拌。

外脚手架分成两部分，裙楼及附房采用落地双排钢管脚手架，主楼主体外脚手架采用悬挑双排钢管脚手架，从主楼三层顶板预留Φ16 拉接钢筋，用［20 槽钢挑出。脚手架采用φ48 钢管及配套扣件、连接件，密目式安全网全封闭施工。填充墙砌筑采用工具式脚手架。填充墙砌筑从下至上逐层施工，构造柱等零星混凝土工程穿插进行施工。

安装工程预留预埋与土建紧密配合、穿插进行。

3. 装饰装修阶段

各装饰装修分项提前计划，协助业主提前定案，为节约工期创造条件。主体结构备案后即进行装饰装修施工。装饰装修施工分成外墙、屋面、内抹灰、内镶贴四条主线平行施工，外墙完成后拆除脚手架，再施工室内地面，以减少成品破坏造成的损失，最后施工油漆涂料及室外工程。各专业、各工种在项目部统一协调下合理穿插，配合紧凑。装饰装修用内脚手架采用工具式脚手架，外脚手架采用结构施工时采用的外脚手架。

4. 东裙楼施工

东裙楼结构较简单，与主楼结构不相连，如与主楼一同施工，将难以布置现场的钢筋堆放、加工区，因此安排其在主楼主体基本完工后再安排施工。施工时利用主楼的塔吊作为垂直运输设备。

5. 临设部分

本工程计划于 2006 年春节前安排 50 人完成临设施工,春节后工人可立即进驻并展开工作。

(三)施工顺序

1. 施工主流程图

该工程的主要施工工序流程如图 5-23 所示。

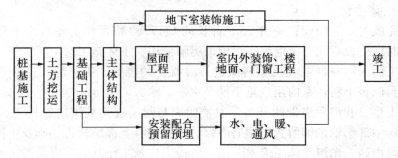

图 5-23 工程施工主流程图

2. 施工顺序

根据建设单位要求及工程具体情况,总体本着先地下后地上,先结构,后装饰,先土建后设备的原则进行施工。在施工中针对具体情况及时调整施工顺序,上道工序的完成要为下道工序创造施工条件,下道工序施工要能保证上道工序的完整不受损坏,以减少不必要的返工浪费,确保工程质量。

(四)主要施工管理措施

1. 质量管理措施

(1)建立质量管理体系,配备专职质检员,树立质量为主的观念。

(2)严格执行强制性标准,加强过程控制,成立三方检查验收小组,严格按设计及建筑质量验收规范及工艺标准进行验收。

(3)制订本工程保优质量计划,对质量目标进行细化分解,严格按 ISO 9001 国际质量管理体系相应《质量手册》及《程序文件》的要求执行。

2. 安全管理措施

(1)成立有主要领导参加的安全生产领导小组,调配责任心强的干部任专职安全检查员。

(2)加强人员安全培训,提高全员安全意识。对所有施工人员均进行上岗前的安全培训,组织学习上级颁发的文件法规。

(3)严格按安全操作规程施工。

3. 施工队伍管理措施

本工程采用总承包管理模式,公司按照多年来积累的成功的总承包管理经验以及国际惯例来运作和管理该工程项目,形成以项目经理负责制为核心,以项目合同管理和成本控制为主要内容,以科学的系统管理和先进技术为手段的总承包管理机制。同时,项目经理部在公司总部领导下充分发挥企业的整体优势,按照具有本公司特色的项目管理模式,高效组合优化社会生产各要素,形成以全面质量管理为中心环节,以专业管理和计算机辅助管理相结合的科学化管理体制,从而,保证实现公司的质量方针和质量目标及对业主的合同承诺。

4. 合同管理

(1)认真学习与业主签订的合同文本,全面理解合同,在工程实施中,以合同为依据,自始至终贯彻执行到整个总承包施工管理全过程。

（2）以合同为依据，编制施工组织设计，项目总工程师签发后具体实施。

（3）主要以经济手段对工程进行控制。合同签订前对分包方从材料质量到工人的素质、资质等级等各方面进行全面考察，确保重要生产要素的质量。

5．工期管理

（1）编制施工总进度网络计划，以此有效地对工程进度计划进行控制。

（2）编制工程分阶段实施计划（施工准备计划、劳动力进场计划、施工机具设备进场计划、材料进场计划等），以此对材料及劳力进行控制。

（3）编制分项工程进度计划、月进度计划、周进度计划，以此对工程的形象进度进行控制。

6．方案控制

（1）编制详细的专项工程施工方案并对各个分部分项工程在施工前进行交底，报请业主、监理审批同意后实施。加强施工方案的权威性和严肃性，杜绝施工的随意性。

（2）作为总承包单位，公司将全力协助业主及设计师做好设计的完善与优化工作，以确保工程质量，满足业主的预定要求。

7．对各专业队伍的协调及指令

（1）定期与专业施工单位召开协调会，解决生产过程中发生的问题和存在的困难，检查各分包单位每周计划完成情况及部署下周施工生产计划。

（2）现场管理人员每天召开生产例会，协商解决当天生产过程中发生的问题，对第二天的生产作业作出安排。

（3）施工过程中各类业务联系，除必要口头通知外，项目部均将以书面的形式，及时发给各分包方执行。

（4）对业主指定分包商的服务进行控制协调。

总之，公司将全面担负起总承包的责任，与建设单位紧密配合、积极沟通，统一管理各个施工队伍，确保每一个分项工程的安全、质量和进度，最终达到整个工程的工期和质量目标。

（五）新技术、新材料、新工艺、新设备的应用

针对本工程特点，在本工程的施工中，采用或建议采用下列"四新"技术。

（1）在混凝土中应用粒化高炉矿渣粉（S95级）代替部分水泥，不仅可以改善混凝土亚微观结构，提高粗骨料与砂浆之间的界面强度，而且可填充混凝土内部的毛细管，起到增强和密实的作用。另一方面可以代替水泥30%～40%。在砌筑和部分抹灰砂浆亦将掺加粉煤灰，不仅可以提高其和易性，改善使用性能，而且能够提高观感质量。

（2）采用钢筋焊接网技术。该技术是以冷轧带肋钢筋或冷拔光面钢筋为母材，在工厂的专用焊接设备上生产加工而成的网片或网卷，用于钢筋混凝土楼板结构，以取代传统的人工绑扎。应用焊接网可提高工程质量，缩短工期，降低钢材消耗和工程成本。

（3）粗直径钢筋连接技术。在本工程中直径超过18mm的钢筋连接，建议采用滚轧直螺纹连接技术。滚轧直螺纹接头是用滚轧机床将钢筋端部滚轧成特定螺距的螺纹与相应的直螺纹连接套筒连接成一体，使两端钢筋端面接触后定位、自锁的接头。其力学性能完全能满足标准中规定的性能要求。

（4）新型防水材料和塑料管应用。新型防水材料具有强度高、延性大、高弹、轻质、耐老化等良好性能，在建筑防水工程中的应用比重日益提高。

（5）计算机应用和管理技术。公司已应用的工艺控制软件有试验室数据的自动采集，模板和脚手架的 CAD 设计等。目前下大力推广的工艺软件有：施工组织设计的编制、工程图纸管理、竣工图纸绘制、设计图纸现场 CAD 放样等技术。公司已应用的管理软件有招标报价、工程造价、网络计划编制、财务和会计管理、统计计划、文档资料等单项应用软件。目前企业局域网已初步建成，推广 Intranet（企业内部信息网）技术，使企业的经营管理部门和工程项目达到信息资源共享，提高企业的决策能力和管理水平。

（6）采用 M9 混凝土养护剂。该技术具有养护效果好，20d 自动脱落，不影响装修的特点，节水效果良好。

（7）消防管道 $DN \geqslant 80$ 采用卡箍式连接，卡箍式连接快捷、拆装简便、经久耐用，从长远来看可以使总体成本降低到最低程度，是一种应该大力推广应用的消防管道连接方式。该连接方式外形美观，不破坏镀锌层，具有一定的末端承载能力，有效保证使用。

四、主要分部、分项工程施工方法（土建部分）

（一）工程测量

工程开工前，对场区水准点、定位点使用经纬仪进行轴线测量，DS3 水准仪进行高程及水平测量，50m、5m 钢卷尺进行距离及高程测量。复查后报业主和设计批准后，方可施工。施工阶段测量工作由专人负责，并上报阶段测量报告。

1. 轴线控制网测设

平面控制先从整体考虑，遵循先整体、后局部，高精度控制低精度的原则，采用经纬仪，根据建筑物的规划定点位置，由规划部门指定的控制点引测建筑物的主控轴线控制网，建立统一的轴线控制网。主控轴线控制网至少由纵横两条以上主轴线组成。控制点选在通视条件良好、安全、易保护的地方，并布设控制网平面图，距基坑约 2.0m 外，在建筑物外围车辆碾压不着和人为不易碰撞的地方，埋设轴线控制桩，控制桩由 C20 混凝土内埋设刻有十字槽的短钢筋制成，并用砌砖围护，上盖钢筋混凝土盖板，并用红油漆做好标记。该工程的定位轴线的测设采取外引外控的方法进行。

2. 基础平面轴线投测

根据基坑边上的轴线控制桩，将经纬仪架设在控制桩位上，经对中、整平后，后视同一方向桩（轴线标志），将所需的轴线投测到施工的平面层上，投测的纵横线各不得少于 2 条，以此做角度、距离的校核。校核无误后，方可放出其他相应的设计轴线及细部线。施工过程中，轴线测设完后，进行自检。自检合格后由项目测量专业人员进行专检，合格后向监理报验。自检时，重点检查轴线间距、纵横线交角，保证几何关系正确。

3. ±0.000 以上部分轴线校测

±0.000 以上结构施工时，轴线的测设使用经纬仪，并采取辅助轴线天顶准直法进行。具体方法为：在楼内设 4 个轴线控制点。在底层设四个控制点，这四个点处分别埋设 $10 \times 150mm \times 150mm$ 铁件高出板顶 10~20mm。钢板通过锚固筋与顶板筋焊牢，钢板片下用混凝土灌实抹平，但不能覆盖钢板面。严禁在控制桩 $1m^2$ 范围内堆放钢筋、模板、钢管等杂物，严禁任何人用任何物体砸、撬钢板片。底层板施工完后放线经复核无误时，放出四条辅助轴线，并在预埋铁件上用钢针刻划出辅助轴线标志作为轴线控制点。在施工上一层楼板时，于这四个点处预留 300mm×300mm 的洞。轴线投测时，将激光经纬仪分别架在底层板埋件上对准控制点，将相应的各点投射到预留洞上覆盖的无色透明有机玻璃上，复核无误后，依此为准进行楼层放线。

4. ±0.000 以上部分标高传递

场内测设的水准点，间隔一段时间联测一次，检测后的数据成果必须做分析，保证水准点使用的准确性。在首层平面向上传递标高的位置布设基本传递高程点，用水准仪往返测，测设合格后，用红色油漆标记"△"，并在旁边标注建筑标高，以红"△"上顶线为标高基准，同一层平面内红"△"不少于三个，红"△"设在同一水平高度。在施测各层标高时，后视其中的两个红"△"上顶线以做校核。各层标高传递均利用首层红"△"上顶线为标高基准，用检定合格的钢尺向上引测，并在校测层标记红"△"，校核合格后，方可在该层施测。

5. 沉降观测

根据设计要求，本工程有沉降观测，施工中每完成一层测读一次，以后每月一次，竣工后每季度一次，竣工一年后每半年一次，直至沉降稳定为止。具体观测项目及监测方法将根据设计具体要求而定。

（二）桩基础

1. 概述

桩基采用直径为 600mm 钻孔灌注桩，持力层为中风化闪长岩，桩端进入中风化闪长岩不少于 2D（D 为桩直径），桩长根据地质情况按实确定，有效桩长：不少于 7.50m。桩身全部采用 C30 混凝土。钢筋采用 HPB300、HRB335 级钢，主筋伸入承台不小于 40d，桩纵筋保护层厚度 50mm。

2. 主要施工工艺流程

（1）灌注桩施工工艺流程，如图 5-24 所示。

（2）钻孔施工工艺要求。

1）施工准备：设置泥浆循环系统，根据现场情况挖设泥浆池，其规格为 3.00m×3.00m×2.00m。为保障现场的清洁和换浆的及时性，并在适当位置设集浆池，容量以不小于 50m³ 为准。

2）成孔方法。

① 采用三翼钻头全面钻进，一次性成孔，视地层情况，施工时要采用与之相对应的钻进技术参数，一般中速轻压钻进。

② 正常钻进时孔内的泥浆比重不大于 1.1，排出口的泥浆比重不大于 1.25。

③ 钻进中，应丈量准钻具，钻杆和机高，并记录好每次加尺的钻杆长度，严格控制好孔深。

④ 钻进施工过程中，随时用测斜仪校正钻杆，并严格检验钻机底盘的稳定性，以确保桩孔的垂直偏差不大大于 1%。

⑤ 成孔达到设计深度后，技术人员丈量机上余尺，并校核钻杆、钻具长度，确认合格后，方可停钻。

3）清孔。

① 钻孔达到设计深度后立即清孔，清孔方法是将钻具提离孔底 0.10m 左右，进行清孔换浆工作，必要时可间断开机慢转速回转，但上部钢丝绳要求吊紧，不能进尺，原位回转，

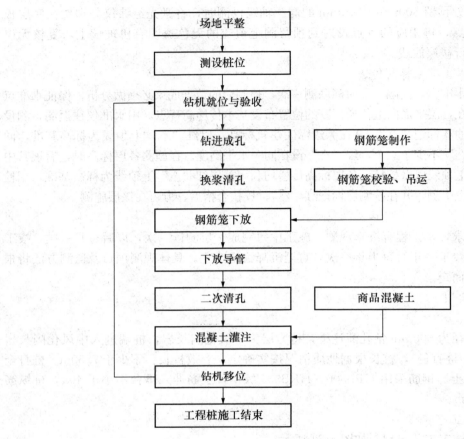

图 5-24　灌注桩施工工艺流程

彻底清孔。

② 待返回泥浆比重在 1.15~1.25 之间时，清孔换浆工作即可认为符合要求，即可提钻。

③ 提钻后桩孔经验收合格后，立即下放钢筋笼。

④ 下放钢筋笼、导管完毕后，应随即转入二次清孔工作，待灌注混凝土准备工作一切就绪后，停止冲孔，检查验收孔底沉渣，孔底沉渣厚度不大于 30cm 时确认合格，然后立即进行混凝土灌注工作。

4）成孔检测：

① 孔深：用测绳测量钻孔深度。

② 钻孔直径：用挤扩装置入孔过程中检验，如挤扩装置下放入孔较顺利，说明钻孔直径符合要求；否则不符合要求。

③ 钻孔垂直度：挤扩装置入孔过程中检验，若钻孔垂直度偏差较大，挤扩装置不能自然下入孔底。

④ 孔底沉渣：灌注混凝土前，测量钻孔深度，控制孔底沉渣小于 30cm。

⑤ 孔内泥浆：灌注混凝土前，对孔口流出的泥浆进行检测，控制泥浆相对密度为 1.15~1.25。

（3）钢筋笼制作与安放。

1）钢筋笼制作：制作钢筋笼所用钢材必须有厂方质量证明，并经取样试验合格后方可使用。钢筋笼制作前应对焊缝进行试验，合格后方可进行操作施工。钢筋笼主筋采用单面搭接焊，焊接长度 $10d$，箍筋与主筋焊接形成连接，螺旋筋与主筋采用点焊方式连接。钢筋笼设计导正垫块（架）3 组，每组 4 块（架）沿钢筋笼纵向均匀分布。

钢筋笼规格按设计要求进行制作，成笼后允许偏差应符合下列规定：

主筋间距：$\pm 10mm$；绕筋间距：$\pm 20mm$；钢筋笼直径：$\pm 10mm$；钢筋笼长度：$\pm 50mm$。

2）钢筋笼安放：钢筋笼经验收合格后，即进行吊装就位工作。

① 钢筋笼吊运时要同时起吊三点，三点位置设在钢筋笼四等份处，并严禁拖地。

② 钢筋笼竖起后要对准孔口，不得倾斜，入孔以后定向徐徐下放，不得左右旋转，严禁起高猛落，若遇阻碍应停止下放，查明原因处理后再行下放。

③ 钢筋笼下入孔后，采用上吊下压的方式进行固定，以防跑笼或上浮。

④ 经技术人员检查验收认为合格后，立即下放导管。

（4）混凝土灌注。

1）混凝土灌注前，要先下放导管，导管下放的数量、顺序严格按技术人员的要求进行。

2）导管在桩孔内要居中，要求导管口距孔底高度保持在 300～500mm。

3）开始灌注前，以活塞做前导，将混凝土与泥浆隔开。

4）每根桩第一次灌注结束后，必须检查初灌量是否达到埋管深度不小于 0.80m 的要求，同时注意检查导管是否漏浆，发现问题及时处理。

5）灌注工作一旦开始，应连续不断，徐徐灌入，直至灌注高度达到设计要求为止。灌注中要及时将混凝土中夹杂的大块物件检出，以防卡管。

6）灌注中应适时拆卸导管，每次拆卸导管长度不超过 4.5m，并应控制导管埋深在 2.00～6.00m，同时，在拆卸导管时，提升速度不宜过快，且保持导管位置居中，以防止碰挂钢筋上浮。

7）每根桩控制最后一次灌注量，以保证灌注高度比设计桩顶标高的高度高出 0.6m 但不超过 1.00m。

8）混凝土灌注过程中要做好详细记录，绘制混凝土灌注曲线。

9）每根桩做标准试块一组，在标准条件下养护，28d 后送试验室进行试验。

10）灌注结束后，清洗设备，整顿现场，技术人员及时将该桩资料整理齐全，以备归档，机台人员则搬迁钻机，准备下一个桩孔的施工工作。

（三）基础土石方工程

1. 主楼及附楼土石方

主楼为混凝土灌注桩筏板基础，附楼为混凝土灌注桩承台筏板基础，经研究采用先打桩、再挖土至设计标高的方法。

（1）挖土。开挖均采用机械大开挖，基础土方施工由专业施工队伍承担。开挖、运输均采用挖掘机与自卸汽车配合。放线抄平与人工挖土密切配合，防止出现超挖，避免扰动原状土。

基坑施工过程严禁泡水浸槽，施工现场设计排水沟进行有组织排水，对现场施工道路及坑边进行必要的硬化,在基坑四周设 20cm 水泥砂浆砖砌挡水围沿。

(2) 支护。

1) 基坑边坡支护设计施工。基坑开挖上边线距轴线 3.4m,基坑开挖下边线距轴线 1.0m,基坑开挖放坡按 1:0.4,基坑开挖深度约 6.0m,边坡放坡距离为 2.4m。

2) 挂网锚喷支护设计。由于现场条件限制,基坑开挖无自然放坡开挖条件,需采用挂网锚喷支护措施,同时又能防止雨水及地表水浸泡地基。

由于未见该工程地质勘察报告,该工程具体基坑支护设计根据该工程勘察报告做相应调整。

边坡上边坡无重要建筑物,可采用放坡开挖,基坑边坡按 1:0.4 放坡,边坡采用钢筋网喷射混凝土护坡。

① 钢筋网设计:挖土后,人工修坡,削除浮土,全部裸露新鲜坡面。钢筋网采用Φ6.5 @250×250 双向布置,现场绑扎成型,网距土面 3~5cm。

② 喷混凝土:混凝土强度等级 C20,按照配合比,根据风压及时调整水量和喷射口与墙面的距离,喷混凝土厚度平均 50~80mm。

(3) 施工工艺。主要施工工艺要求:

1) 修坡:边坡机械挖土应尽量平整,挖土后立即进行人工修坡,削除浮土,尽量避免对边坡稳定原状土体的挠动。

2) 绑扎钢筋网:钢筋网绑扎均匀,搭接处弯勾并错开,搭接长度满足设计要求和有关规范规定的要求。

3) 喷射混凝土:按照配合比,根据风压及时调整水量和喷射口与坡面的距离,以保证喷射混凝土与坡面的密实性。喷射混凝土时既不能水量过大造成混凝土顺坡下流,也不能水量过小出现粉尘。

喷射混凝土的配合比为:水泥:砂:碎石=1:2.5:1.5(强度等级相当于 C20)。

2. 回填土工程

基础验收完并清除基础范围内的杂土后,即开始回填施工,根据设计要求,基础外 500mm 范围内回填三七灰土,其他部位回填素土,压实系数大于 0.95。

(1) 三七灰土回填。

1) 灰土采用商品灰土。

2) 灰土虚铺厚度 250~300mm,使用蛙式打夯机,不少于三遍夯实。

3) 灰土不得隔夜使用。

(2) 素土回填工程。

1) 回填土前应检验其含水量是否在控制范围内。如含水量偏高,采用翻松、晾晒、均匀掺入干土或换土等措施;如含水量偏低,采用预先洒水润湿等措施。

2) 回填时分层铺摊和夯实。蛙式打夯机每层虚铺厚度为 250~300mm,每层至少夯打三遍。

(四) 钢筋工程

本工程钢筋强度等级分别为 HPB300、HRB335、HRB400 级。按抗震要求,柱箍筋端头应弯成 135°,平直长度不小于 10d(d 为箍筋直径)。采取集中统一配料,在现场加工棚内用机械加工制成半成品,分类垫高堆放,并挂牌标识清楚,钢筋的现场内水平运输采用平板车，钢筋的楼层垂直和水平运输采用塔吊。钢筋运至所需部位，采用人工绑扎成型并办理隐蔽验收手续后方可支模。钢筋规格、型号未经设计许可，严禁替代。

每批钢筋进场后，首先要核对质量证明书是否与钢筋料牌相符，经外观检查验收合格的每批钢筋按规范规定取样做机械性能试验，合格后方准使用。严禁使用再生钢材及劣质产品。

1. 钢筋连接

根据设计要求，钢筋的接头形式有电弧焊连接、机械连接和绑扎连接，机械连接有包括等强直螺纹连接和纵向钢筋的等强对接焊。钢筋接头的位置，同构件同区段内的钢筋接头的数量，必须符合设计规定和规范要求。

（1）电弧焊连接。选择具有结构简单、价格低廉、保养维修方便等优点的交流电焊机为主要设备。焊条选择 E43××、E50××、E55××级，具体按设计要求根据搭接钢筋规格选用。焊接时应先将钢筋预弯，使两钢筋的轴线位于同一直线上，用两点加以固定，再进行施焊。

1）电弧焊操作要求和注意事项：

① 钢筋焊接前，须清除焊件表面上的铁锈、熔渣及其他杂质，对氧割的钢筋应清除毛刺残渣。

② 搭接焊优先采用双面焊，操作有困难时，才可采用单面焊。焊缝长度，双面焊≥5d单面焊≥10d，焊缝高≥5d。

③ 电弧焊的焊条应保持干燥，如焊条受潮或进行坡口焊时，焊条必须先行烘干，一般在 100～350℃下烘 1～3h。

④ 负温条件下进行Ⅱ、Ⅲ级钢筋焊接时，应加大焊接电流（宜较夏季增大 10%～15%），减慢焊接速度，使焊件减小温度梯度并延缓冷却。同时从焊件中部起弧，逐步向端部运弧，或在中间先焊一段短焊缝，以便使焊件预热，减小温度梯度。

2）电弧焊连接质量要求：

① 焊缝外观表面应均匀平顺，无裂缝、夹渣、明显咬肉、凹陷、焊瘤和气孔等缺陷，焊缝尺寸应符合有关规定。

② 机械性能试验。钢筋电弧焊接头施焊前，应用相同材料、焊接条件和参数，制作三个抗拉试件，试验结果大于该类级别钢筋的抗拉强度时，才可正式施焊。

（2）直螺纹连接。钢筋直螺纹连接技术，具有直接、快捷，机械加工质量易保证、强度高、安全可靠，可预制、可全天候施工，无起火爆炸危险、无环境污染，机械连接不需现场供电设备，大大减少了能源的消耗。根据设计要求本工程采用等强镦粗直螺纹连接。

① 工艺流程：下料→钢筋端部镦粗→在镦粗段上切削直螺纹→利用连接套筒对接钢筋。

② 下料：钢筋下料端应平直，允许有少量偏差，已能镦出合格头型为准。

③ 钢筋端部镦粗：镦粗机通过调节油压表调整镦头压力，镦粗压力根据厂家提供的压力值进行调整。在每批钢筋进场加工前，做镦头试验，以镦粗合格为标准，调整最佳镦粗压力和压缩量，镦头不合格时应进行二次镦头。

④ 套丝：在合格的镦头上用专门的车床套丝机进行套丝。

⑤ 利用普通管钳扳手拧紧，以便将连接套筒锁定，防止丝头退出连接套筒，也可消除

丝头和套筒之间的间隙。检查套筒两端的外露丝扣不宜超过一个完整扣。

（3）钢筋绑扎。钢筋绑扎用20♯～22♯铁丝按照设计及规范规定的最小搭接长度将钢筋接头绑扎在一起。

① 基础钢筋绑扎：地梁钢筋绑扎必须架空进行，施工时须先搭设支承排架，排架采用普通脚手钢管，立杆支承在地梁两侧，按间距1800mm设置，且布置剪力撑，确保排架稳固。钢筋布置必须正对下面地梁槽，箍筋应在排架上或钢筋上做好位置线，确保间距正确，绑扎完成后先要进行自检及监理验收，合格后方可放入地梁槽，放入前还必须放好底部及两侧保护垫块，为保证地梁筋平整、顺直地放入，放入过程中必须做到缓慢地进行，并观察下放过程位移情况，及时纠正，确保位置正确。

柱插筋绑扎前将轴线投设在上、下皮钢筋上，检查无误后在上、下皮钢筋上电焊固定箍筋，竖向插筋位置正确后将插筋与箍筋固定。

② 柱钢筋绑扎：按图纸要求间距，计算好每根柱箍筋数量，先将箍筋都套在下层伸出的待接筋上，然后接长绑扎柱子钢筋。立好后，用粉笔划出箍筋间距，然后将已套好的箍筋往上移动，由上往下采用缠扣绑扎。箍筋与主筋垂直，箍筋与主筋交点全数绑扎，箍筋的接头（即弯钩叠合处）沿柱子竖向交错布置。柱顶、梁柱交接等处箍筋加密区间距按设计要求加密。

③ 梁钢筋绑扎：先在主梁模板上按图纸划好箍筋的间距。

主筋先穿好箍筋，按已画好的间距逐个分开，固定弯起筋和主筋，穿次梁弯起筋和主筋并套好箍筋，放主梁架立筋、次梁架立筋，将梁底主筋与箍筋绑住，绑架立筋（架立筋与箍筋用套扣法绑扎），再绑主筋。弯起筋和负弯矩钢筋位置要准确，梁与柱交接处，梁钢筋锚入柱内长度应符合设计要求。主次梁同时配合进行，在主筋下设置垫块，以保证主筋保护层的厚度。

梁主筋双排时，用短钢筋垫在两层钢筋之间满足钢筋排距要求。

④ 板钢筋绑扎：先清扫模板上锯末、碎木、电线管头等杂物。用粉笔在模板上划好主筋、分布筋间距，先摆受力主筋，后放分布筋，预埋件、电线管、预留孔等及时配合安装。钢筋搭接处，应在中心和两端按规定用铁丝扎牢。

绑扎一般用顺扣或八字扣，除外围两根筋的相交点应全部绑扎外，其余各点可隔点交错绑扎（双向板相交点须全部绑扎）。如板为双层钢筋，两层筋之间须加钢筋马凳，以确保上部钢筋的位置。负弯矩钢筋的每个扣均要绑扎，最后垫钢筋马凳。

⑤ 墙钢筋绑扎：底板、楼板混凝土上放线经检查验收无误后，每道墙先绑2～4根竖筋，并画好分档标志，然后于下部及齐胸处绑两根横筋定位，并在横筋上画好分档标志，然后绑其余竖筋，最后绑其余横筋。

墙筋应逐点绑扎，其搭接长度位置要符合设计和规范要求。搭接处应在中心和两端用铁丝绑牢。

在双排钢筋外侧绑扎砂浆垫块，以保证保护层的厚度。

为保证门窗洞口标高位置正确，在洞口竖筋上划标高线。洞口要按设计要求加绑附加钢筋。门洞口上下梁两端锚入墙内长度要符合设计要求。

各节点的抗震构造钢筋及锚固长度均应按设计要求进行绑扎。

配合其他工种安装预埋铁管件，预留洞口的位置、标高均应符合设计要求。

⑥ 楼梯钢筋绑扎：在楼梯段底模上画主筋和分布筋的位置线。

根据设计图纸主筋、分布筋的方向，先摆放主筋后摆放分布筋，主筋和分布筋的每个交点均绑扎，先绑梁后绑板筋，且板筋要锚固到梁内。

2. 钢筋保护层厚度的控制

（1）独立基础底板下部受力钢筋，采用高标号水泥砂浆垫块纵横间距不大于 1000mm，予以控制保护层厚度。

（2）柱钢筋采用定位卡控制保护层厚度，分设在柱子的下部、中部和上部。

（3）梁、板下部受力筋，采用高标号水泥砂浆垫块控制保护层厚度，楼板纵横间距 800mm 设一个，呈梅花形布置。

（4）剪力墙钢筋采用定位卡控制保护层厚度，纵横间距 800mm 设 1 个，呈梅花形布置。

（5）楼板上层筋和悬臂构件的受力钢筋，其保护层采用 $\phi 12$ 通长钢筋马凳予以控制，马凳的数量和刚度应保证受力筋不变形、不移位。混凝土浇筑时铺设通长垫板，严禁人员踩踏钢筋致使上层筋保护层不符要求。

（五）模板工程

本工程模板采用竹胶板面层，钢木混合支撑体系。

1. 基础模板

独立柱基础采用竹胶板组合施工。

柱的模板下方利用柱筋焊钢筋限位。

柱子模板采用竹胶合板模板和 50×100 方木组成，并配制订型梁、柱、节点模板。框架柱模板分列进行支设。框架柱模板采用 12♯ 槽钢为柱箍，$\phi 48$ 钢管支撑系统。每列两端的一根柱模板先进行校正加固，列中柱模采用依端柱为准拉线尺量逐一校正和加固的方法。

柱支模时应在模板底部留好 20cm 高清扫孔，混凝土浇筑前必须清理柱底部杂物后封闭，防止夹渣。模板使用前必须涂脱模剂，每次拆下后清洗干净。

柱模板的安装采用槽钢卡具加 $\phi 14$ 对拉螺栓交叉固定，上下间距 500mm。梁、柱节点，模板单设卡具控制采取在柱最下部二箍筋的四角点焊短筋法。

模板安装前必须涂刷隔离剂，模板必须平整，模板安装后，缝隙应用水泥砂浆填补嵌实，不允许减少斜撑和剪刀撑及对拉螺杆位置和数量。

模板工程的施工要按有关规定及施工图的要求严格执行，偏差值不得超过验收标准中的各项规定，并以此作为验收依据，做好技术复核工作。

2. 主体工程模板

（1）柱模板。柱模板采用竹胶合板模板和 50×100 方木组成，并配制订型梁、柱、节点模板。框架柱模板分列进行支设。框架柱模板采用 12♯ 槽钢为柱箍，$\phi 48$ 钢管支撑系统。每列两端的一根柱模板先进行校正加固，列中柱模采用依端柱为准拉线尺量逐一校正和加固的方法。

柱支模时应在模板底部留好 20cm 高清扫孔，混凝土浇筑前必须清理柱底部杂物后封闭，防止夹渣。模板使用前必须涂脱模剂，每次拆下后清洗干净。

柱模板的安装采用槽钢卡具加 $\phi 14$ 对拉螺栓交叉固定，上下间距 500mm。梁、柱节点，模板单设卡具控制采取在柱最下部二箍筋的四角点焊短筋法。

柱模板支撑断面，如图 5-25 所示。

（2）梁模板。梁模板采用竹胶板模板，$\phi48$ 钢管脚手架支撑系统。梁支柱采用双排，支柱的间距应由模板设计规定，一般情况下，采用双支柱，间距以 $60\sim100$cm 为宜。支柱横撑上面垫 50×100 方木，支柱中间或下边加剪刀撑和水平拉杆。

按设计标高调整支柱的标高，然后安装梁底板，并拉线找直，梁底板应起拱，当梁跨度超过 4m 时，梁底板按设计要求起拱。如设计无要求时起拱高度宜为全跨长度的 $1/1000\sim3/1000$。

绑扎梁钢筋，经检查合格后并清除杂物，安装侧模板，两侧模板与底板拼接牢固。

梁侧模采用 50×100 木方和 $\phi48$ 钢管固定。竖龙骨间距应由模板设计规定。当梁高度超过 60cm 时，加穿梁螺栓加固。

梁模板支撑断面，如图 5-26 所示。

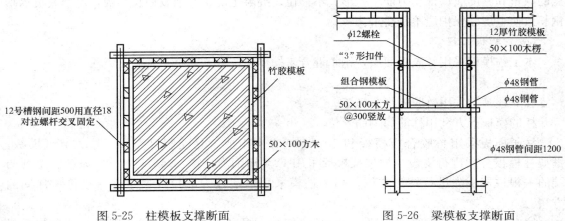

图 5-25   柱模板支撑断面   图 5-26   梁模板支撑断面

（3）楼板模板。楼板的模板以覆面竹胶合板为主。采用满堂 $\phi48$ 钢管脚手架支撑体系。钢管架子立杆纵横间距不大于 1000mm，立杆下端应设扫地杆，水平杆间距不大于 1500mm，并按规定设置剪刀撑。顶部水平承力杆上按 @600 布设钢管并用卡扣固紧，垂直该层钢管铺设通长 $50\sim60$mm 方木，间距不大于 0.4m，在其上按要求铺钉竹胶板，接缝应密实。钢管立柱的布置在竹胶模板的接缝处。跨度等于或大于 4m 的构件模板应起拱，起拱高度为跨度的 $1/1000\sim3/1000$。

铺竹胶合板模板：可从一侧开始铺，竹胶合板模板应用铁钉固定，在拼缝处可用窄尺寸的拼缝模板或木方代替，但均应拼缝严密。

平台板铺完后，均用水平仪测量模板标高，进行校正。

标高校完后，支柱之间应加水平拉杆。根据支柱高度决定水平拉杆设几道。一般情况下离地面 $20\sim30$cm 处一道，往上纵横方向每隔 1.6m 左右一道，并应经常检查，保证完整牢固。

（4）楼梯模板。楼梯采用竹胶板模板，$\phi48$ 钢管或方木支撑系统，安装采取架空支模工艺。

（5）墙模板。墙模板采用竹胶合板模板，对拉螺栓采用 $\phi12$ 圆钢间距 400mm 布置（地下室外墙模板对拉螺栓中间焊接 3mm 厚 100mm$\times$100mm 的止水环），外侧设 40mm$\times$

40mm×20mm 小方木，拆模后将小方木剔出，用同配合比砂浆补平。

模板支撑采用满堂φ48钢管脚手架。钢管纵向间距800mm，横向间距800mm。保证钢管水平拉杆与扫地杆不少于三道连接，三根立杆之间设斜拉撑，以确保脚手架的整体稳定性，所有钢管立杆根部均设垫座或通长木板。

墙体模板施工前应仔细检查预埋件，预留洞口及门窗位置的准确性，以免遗漏，同时加强模板的稳定性检查，尤其是洞口处的支模，防止移位。

模板安装前必须涂刷隔离剂，模板必须平整，模板安装后，缝隙应用水泥砂浆填补嵌实，不允许减少斜撑和剪刀撑及对拉螺杆位置和数量。

模板工程的施工要按有关规定及施工图的要求严格执行，偏差值不得超过验收标准中的各项规定，并以此作为验收依据，做好技术复核工作。

3. 模板隔离剂

为了确保本工程结构混凝土的质量，所用钢模板全部采用M73化学脱模剂，竹胶合板模板使用专用脱模剂。

4. 拆模时间

侧模：在混凝土强度能保证混凝土表面棱角不因拆除模板而受损后，方可拆除，本工程的侧模拆模时间控制在浇筑36h以后。

底模的拆除时间应以同条件试块的强度是否达到设计及规范要求为依据。

（1）柱模板拆除：柱模板应优先考虑整体拆除，便于整体转移后，重复进行整体安装。

柱模板拆除时，先拆掉柱模斜拉杆或斜支撑，再卸掉柱箍，再把连接每片柱模板的U形卡拆掉，然后用撬棍轻轻撬动模板，使模板与混凝土脱离。

柱模板拆除时混凝土强度能保证其表面及楞角不因拆除模板受损时，方可拆除。

（2）楼板、梁模板拆除：应根据同条件试块试压强度按规范要求拆除底模。悬挑构件必须达到100%强度且尚需待其上部结构施工完毕后才能拆除底模及支撑。

应先拆梁侧帮模，再拆除楼板模板，楼板模板拆模先拆掉水平拉杆，然后拆除楼板模板支柱。

用钩子将模板钩下，等该段的模板全部脱模后，集中运出，集中堆放。

若有穿墙螺栓时先拆掉穿墙螺栓和梁托架，再拆除梁底模。

（3）注意事项：

1）楼梯段底模板拆除前应在下梯段踏步上放置50mm×100mm两块木料垫护，保证平台模拆除下坠时不碰坏踏步棱角。

2）在拆模过程中，如发现有影响结构安全时，应停止拆模，并报告技术负责人研究处理后，再进行拆除。

3）已拆除模板及其支架的结构应当混凝土强度达到设计强度后，才允许承受全部计算荷载，当施工荷载大于设计荷载时，应加设临时支撑。

（六）混凝土工程

混凝土以混凝土泵运输为主，塔吊配专用料斗运输为辅，混凝土入模后采用机械振捣密实。

1. 混凝土浇筑与振捣的一般要求

浇筑混凝土时应分段分层连续进行，每层浇筑高度应根据结构特点、钢筋疏密确定，一一般分层高度为振捣器作用部分长度的 1.25 倍，最大不超过 50cm。

使用插入式振捣器应快插慢拔，插点要均匀排列，逐点移动，顺序进行，不得遗漏，做到均匀振实。移动间距不大于振捣棒作用半径的 1.5 倍（一般为 30～40cm）。振捣上一层时应插入下层 5cm，以消除两层间的接缝。平板振动器的移动间距，应能保证振动器的平板覆盖已振实部分边缘。

浇筑混凝土应连续进行。如必须间歇，其间歇时间应尽量缩短，并应在前层混凝土初凝之前，将次层混凝土浇筑完毕。间歇的最长时间应按所用水泥品种及混凝土凝结条件确定，一般超过 2h 时，应按施工缝处理。

浇筑混凝土时应经常观察模板、钢筋、预留孔洞、预埋件和插筋等有无移动、变形或堵塞情况，发现问题应立即停止浇灌，并应在已浇筑的混凝土凝结前修整完好。

（1）基础混凝土。

浇捣时派专人负责看筋、看模。

严格控制标高，钢筋上控制标高的红油漆布置间距 3000mm×3000mm。

为防止混凝土表面的收缩裂缝，混凝土浇捣平整后用刮尺刮平，待混凝土收水后用木抹抹平。

为降低混凝土内部与表面的温差，防止裂缝，用麻袋进行覆盖养护。

对节点钢筋较密部位，要加强振捣：采用插入式振动器由底部向上振捣，间距小于500mm，混凝土分层浇捣厚度不宜超过 300～400mm，对于钢筋密集部位、洞口下部要加强振捣并派专人用木锤拍击模板。

混凝土浇捣完成后及时做好养护工作，表面上不准集中堆物，以防混凝土出现裂缝。按要求做好坍落度试验及试块制作、养护。

（2）主体结构混凝土。

浇筑板的虚铺厚度应略大于板厚，用平板振捣器垂直浇筑方向来回振捣，并用铁插尺检查混凝土厚度，振捣完毕后用长木抹子抹平。施工缝处或有预埋件及插筋处用木抹子找平。浇筑板混凝土时不允许用振捣棒铺摊混凝土。

1）柱混凝土的浇筑。

柱混凝土浇筑前，底部应填以 5～10cm 厚与混凝土配合比相同的砂浆或减半石子混凝土。

浇筑时，不得发生离析现象。墙、柱高在 3m 之内，可在顶部直接下料浇筑，超过 3m 时应采取措施，可用串筒或在模板侧面开门子洞装斜溜槽分段浇筑。每段的高度不得超过2m，每段浇筑后将门子洞封实，并用钢箍箍牢。

浇筑时，布料设备的出口离模板内侧面不应小于 50mm，且不得向模板内侧面直冲布料，也不得直冲钢筋骨架。

混凝土应分层浇筑振捣，使用插入式振捣器时每层厚度不大于 50cm，振捣棒不得触动钢筋和预埋件。除上面振捣外，下面要有人随时敲打模板。

柱在与梁板整体浇筑时，应在柱浇筑完毕后停歇 1～1.5h，使其获得初步沉实，再继续浇筑。

2）梁、板混凝土浇筑。

有主次梁的楼板宜顺着次梁方向浇筑。肋形楼板的梁板应同时浇筑，浇筑方法应由一端开始用"赶浆法"，即先将梁根据梁高分层浇筑成阶梯形，当达到板底位置时再与板的混凝土一起浇筑，随着阶梯形不断延长，梁板混凝土浇筑连续向前推进。

浇筑板的虚铺厚度应略大于板厚，用平板振捣器垂直浇筑方向来回振捣，厚板可用插入式振捣器顺着浇筑方向拖拉振捣，并用铁插尺检查混凝土厚度，振捣完毕后用长木抹子抹平。施工缝处或有预埋件及插筋处用木抹子找平。浇筑板混凝土时不允许用振捣棒铺摊混凝土。

和板连成整体的大断面梁允许单独浇筑，其施工缝应留在板底以下 2～3cm 处。浇捣时，浇筑与振捣必须紧密配合，第一层下料慢些，梁底充分振实后，再下二层料。用"赶浆法"保持水泥浆沿梁底包裹石子向前推进，每层均应振实后再下料，梁底及梁帮部位要注意振实，振捣时不得触动钢筋及预埋件。浇筑梁板混凝土，不得在同一处连续布料，应在 2～3m 范围内水平移动布料，且宜垂直于模板布料。

3）楼梯混凝土浇筑。

楼梯段混凝土自下而上浇筑，先振实底板混凝土，达到踏步位置时再与踏步混凝土一起浇捣，不断连续向上推进，并随时用木抹子将踏步上表面抹平。

施工缝：楼梯混凝土宜连续浇筑完，多层楼梯的施工缝应留置在每层第一楼梯段跨中三分之一的范围内，且与梯板垂直。

4）混凝土养护。

混凝土浇筑完毕后，覆盖塑料布浇水养护，浇水次数应能保持混凝土处于湿润状态。柱、梁的立面，采取在混凝土表面涂刷养护剂进行养护、外包塑料布。

5）施工缝的留置与处理。

①施工缝的留置。

施工缝位置：楼层梁板，原则上不留施工缝，如必须留置时，单向板宜留在平行于板的短边的任何位置，有主次梁的板宜留在次梁跨度的中间三分之一范围内。双向板必须留施工缝时，其位置须经设计单位同意。

主梁不宜留设施工缝，次梁的施工缝留在跨中 1/3 范围内。与板连成整体的大截面梁，施工缝留在板底面以下 20～30mm 处。悬臂梁必须留施工缝时，必须经设计单位同意。

施工缝的表面应与梁轴线或板面垂直，不得留斜槎。施工缝宜用木板或钢丝网挡牢。

②施工缝的处理。

施工缝处须待已浇筑混凝土的抗压强度不小于 1.2MPa 时，才允许继续浇筑，在继续浇筑混凝土前，应先将混凝土表面松动的石子和浮尘等杂物清除干净，提前一天浇水充分湿润，浇筑混凝土前先注入 30～50mm 厚与混凝土内成分相同的水泥砂浆，接缝处的混凝土应仔细振捣密实。

2. 底板大体积混凝土施工方案

本工程底板强度等级 C40，主楼底板厚 1.5m、长 79.2m、宽 16.3m，北附楼底板厚 0.5m、长约 98m、宽 19.2m，属典型的大体积混凝土。本工程的关键在于控制由于温差变化引起的温度裂缝，这种裂缝如果不加以控制，有可能发展为贯通的结构裂缝，破坏结构安全。

混凝土浇筑后，混凝土因水泥水化热升温而达到的最高温度，等于混凝土入模温度与水泥水化热引起的混凝土温升峰值之和。从国内外有关资料，结合我集团公司施工经验，我们认为，混凝土内部最高温度值与表面温度之差应控制在 25℃ 之内，最大不超过 30℃，即可控制混凝土表面不产生裂缝。

（1）降低水泥水化热的措施：

底板混凝土强度等级为 C40，属较高强度。按照常规配制混凝土，水泥用量偏大，水泥水化热随之加大，与大体积混凝土控制温升的要求相矛盾。为此，本工程混凝土配合比设计采取以下措施。

1）选择低热水泥，根据我们的经验，C40 混凝土可以用 42.5 矿渣水泥配制，其水化热远低于 52.5 水泥或 42.5 普通硅酸盐水泥。

2）降低水泥用量，通过合理设计、认真施工，减小 σ 值，调整砂率和砂石级配，从而降低水泥用量。

3）掺加磨细粉煤灰，等量替代部分水泥。

4）掺加高效减水剂，降低水灰比。

5）考虑利用混凝土 60d、90d 强度。

6）掺加膨胀剂抵消混凝土早期收缩和将来温度变化的影响。

7）延长混凝土凝固时间，通过缓凝使水化热曲线趋于平缓，降低水化热峰值。同时缓凝时间还应满足混凝土运输和浇筑的要求。

8）因是向下泵送，坍落度应适当减小，相应的混凝土水灰比也可降低。

（2）施工准备：

1）正式施工前，由各搅拌站提供试配配比，经我集团中心实验室复核后，统一确定正式配比。开盘前必须具备正式配比。

2）开盘前，由项目部、监理、业主共同巡视各搅拌站，检查水泥、砂石、粉煤灰、外加剂的准备情况，数量、品种、质量是否符合要求。对不符合要求的搅拌站，暂停供货资格。

3）检查边坡支护、马道是否安全可靠，供电线路（尤其是临时线路）是否符合用电安全要求。

4）所有机械进行试运转，检查有无故障隐患。

5）与气象部门联系，混凝土浇筑应无影响施工的恶劣天气。

6）由技术负责人向作业班组长全面交底，详细说明操作要求和可能发生问题的处理措施。

7）降水系统应运转良好，地下水位应保持在基坑面 300mm 以下。

8）调查行车路线有无大型集会、重要活动等影响交通的事件。

9）明确各岗位职责，成文上墙。

（3）混凝土浇筑：混凝土分段连续浇筑，不留施工缝。

1）浇筑时从一端向另一端推进的方法，见施工段划分示意图。

2）由于使用泵送混凝土，坍落度大，流动性好，采用斜面分层布料施工法："一个坡度，分层浇筑，循序渐进，一次到顶"。振捣时从浇筑层的下端逐渐上移。

3）分层高度为振捣器作用部分长度的 1.25 倍，最大不超过 500mm。

4）使用插入式振捣器振实，表面用平板振捣器找平。

使用插入式振捣器应快插慢拔，插点要均匀排列，逐点移动，顺序进行，不得遗漏，做到均匀振实。移动间距不大于振捣棒作用半径的 1.5 倍（一般为 300～400mm）。振捣上一层时应插入下层 50mm，以消除两层间的接缝。

平板振动器的移动间距，应能保证振动器的平板覆盖已振实部分边缘。

5）浇筑混凝土应连续进行。如必须间歇，其间歇时间应尽量缩短，并应在前层混凝土凝结之前，将次层混凝浇筑完毕。间歇的最长时间应按所用水泥品种及混凝土凝结条件确定，一般超过 2h 时，应按施工缝处理。

浇筑混凝土时应经常观察模板、钢筋、预留孔洞、预埋件和插筋等有无移动、变形或堵塞情况，发现问题应立即停止浇灌，并应在已浇筑的混凝土凝结前修整完好。

6）钢筋较密时，浇筑混凝土宜用小直径振捣棒振捣。

7）浇筑至顶面时，混凝土的虚铺厚度应略大于结构厚度，用平板振捣器垂直浇筑方向来回振捣，也可用插入式振捣器顺浇筑方向拖拉振捣，并用铁插尺检查混凝土厚度，振捣完毕后用长木抹子抹平。浇筑时不允许用振捣棒铺摊混凝土。

（4）泌水的排除：由于混凝土水泥用量较大，且浇筑量大，浇筑过程中将产生大量泌水。若不及时排除，将影响混凝土水灰比，导致强度降低，且大量泌水会影响作业条件，故必须及时排除。

在底板四周预留 4 个 500mm×500mm×500mm 的集水坑。混凝土浇筑时，泌水自然流淌至集水坑内，及时用污水泵抽走。

（5）后浇带处理：后浇带按照设计要求进行留置和处理。

1）后浇带留置。

① 根据工程Ⅰ型、Ⅱ型后浇带的分布，主楼四周与附房连接处附房结构上留置Ⅱ型后浇带，主楼及附房中部⑦轴东侧留置Ⅰ型后浇带。

② 用"快易收口网"设置后浇带。该产品以钢板冲压成密布毛刺孔洞的带肋结构，钢筋可穿过孔洞，带肋结构使其不依赖支撑即可自立（需附加部分支撑钢筋）。毛刺结构使接茬部位不经处理即能够满足规范要求。

2）后浇带保护。混凝土终凝后，在后浇带上满铺（废旧）模板，并在其上铺筑 100mm 混凝土板，进行封闭。

（6）裂缝预防：控制裂缝出现，是大体积混凝土施工的关键，本工程将采取以下措施。

1）合理优化配合比，降低水化热。

2）调整水化热曲线，使之趋于平缓。

在混凝土中掺加缓凝剂或使用具有良好缓凝作用的减水剂，延长混凝土凝固时间，通过缓凝使水化热曲线趋于平缓，降低水化热峰值。同时缓凝时间还应满足混凝土运输和浇筑的要求。

目前，华迪、建科院、建材院的减水剂均具有缓凝效果，可根据试配结果选用。

3）掺加膨胀剂，抵消部分收缩应力。

在混凝土中掺加适量膨胀剂，使混凝土当量温差降低时，抵消部分收缩应力。同时，掺加膨胀剂也是超长结构构造要求。

对膨胀剂的选用，应以试配结果为依据。注意选用早期膨胀效果好的产品。个别产品有后期收缩的问题，应慎用。

4）混凝土浇筑至顶面后，首先用长刮杠找平，除去表面浮浆，然后撒洗净石子，用平板振动器振实。表面抹平搓毛不少于两遍。

（七）砌体工程

±0.000 以下填充墙为 M10 水泥砂浆砌黄河泥沙烧结砖，以上为 M5 混合砂浆砌加气混凝土砌块。

1. 黄河泥沙烧结砖

（1）施工准备。

砖：黄河泥沙烧结砖，进场后检查出厂合格证。

水泥：采用 42.5 普通硅酸盐水泥。

砂子：中砂含泥量不超过 5%，使用前用 5mm 孔径的筛子过筛。

（2）作业条件。

弹好墙身线、轴线，根据现场砖的实际规格尺寸，再弹出门窗洞口的位置线，经检验符合设计图纸的尺寸要求，办完验线手续。

按标高标好皮数杆，皮数杆的间距以 15～20m 为宜，并办理预检手续。

砂浆由试验室做好试配，准备好试模 6 块一组。

（3）操作工艺。

1）砂浆搅拌。砂浆配合比应由试验确定。计量精度：水泥为 ±2%，砂控制在 ±5% 以内。宜采用机械搅拌，搅拌时间不少于 1.5min。

2）采用满丁满顺砌法。

3）砌筑时必须双面挂线。如果长墙几个人使用一根通线，中间应设几个支线点，小线要拉紧，每层砖都要穿线看平，使水平缝均匀一致，平直通顺。

4）砌砖。砌砖宜采用一铲灰、一块砖、一挤揉的"三一"砌砖法，砌砖一定要做到"上跟线，下跟棱，左右相邻要对平"。水平灰缝厚度和竖向灰缝宽度一般为 10mm，但不应小于 8mm，也不应大于 12mm。砌筑砂浆应随搅拌随使用，必须在 3h 内用完，不得使用过夜砂浆。

2. 加气混凝土砌块墙

（1）施工准备。

1）材料。

加气混凝土砌块：按设计要求提前到厂家订货。

水泥：普通硅酸盐或矿渣硅酸水泥。

砂：中砂，含泥量不超过 5%，使用前过 5mm 孔径的筛。

其他：混凝土块、木砖、锚固铁板（75mm×50mm×2mm）、φ6 钢筋铁扒钉等。

2）作业条件。

砌筑加气砼砌块的层段经结构验收后，在结构墙柱上弹好 +500mm 标高水平线。弹好墙身门口位置线，在结构墙柱上弹好加气砼砌块墙立边线。

砌筑前一天，应预先将砌加气砼砌块墙与原结构相接处，洒水湿润以保证砌体黏结。

（2）操作工艺。

1）基层清理。

砌筑加气混凝土砌块墙部位的楼地面，剔除高出撂底面的凝结灰浆，并清扫干净。

2）砌加气混凝土砌块。

砌筑前按实地尺寸和砌块规格尺寸进行排列摆块，不够整块的可以锯裁成需要的规格，但不得小于砌块长度的 1/3。最下一层砌块的灰缝大于 20mm 时，用细石混凝土找平铺砌，采用 M5 混合砂浆，满铺满挤砌筑，上下十字错缝，转角处相互咬砌搭接，每隔 2 皮砌块钉扒钉一个，梅花形错开。

砌块与混凝土墙柱的相结处。必须预留拉结筋，竖向间距为 500mm，压埋 2Φ6 钢筋，两端伸入墙内不小于 1000mm，铺砌时将拉结筋理直，铺平。墙顶与楼板或梁底留 2～4cm 用砂浆塞实，外塞防腐木砖。

3）砌块与门口连接。

采用后塞口时，将预制好埋有木砖或铁件的混凝土砌块，按洞口高度在 2m 以内每边砌筑三块，洞口高度大于 2m 时砌四块。混凝土块四周的砂浆要饱满，如门框木料为黄花松，每侧应砌筑四个混凝土块。安装门框时用手钻在边框预先钻出钉孔，然后用钉子与混凝土块内的木砖钉牢。

当洞口宽度大于 30cm 时，上口须做钢筋混凝土过梁。

砌块与楼板（或梁底）的连接：当楼板或梁底不预留拉结筋时，先在砌块与楼板接触面抹粘结砂浆（下层水平灰缝仍用混合砂浆），每砌完一块用小木楔在砌块上皮贴楼板底（梁底）与砌块楔牢，将黏结砂浆塞实，灰缝刮平。

（3）质量标准。

参见施工质量验收规范，此处略。

（4）成品保护。

门窗安装后施工时，应将门口框两侧 300～600mm 范围钉铁皮保护。防止推车撞损。

砌块在运输过程轻装轻放，计算好各房间的用量，分别码放整齐。

搭拆脚手架时不要碰坏已砌墙体和门窗口角。

落地砂浆及时清除，以免与地面粘结，影响下道工序施工。

剔凿设备孔、槽时不得硬凿，如有松动必须处理补强。

（5）应注意的质量问题。

碎块上墙影响强度：砌筑时断裂块应经加工粘成规格材后，方可使用。碎小块未经加工不允许上墙砌筑。

墙顶与板梁底部的连接不好：砌筑前没留拉结筋，砌筑时又不采取粘结措施，影响墙体的稳定性。施工时应按工艺要求做到连接牢靠。

拉结钢筋不符合规定，造成砌体不稳定：拉结筋应按规定预留，其间距视砌块灰缝而定，但不大于 500mm。

灰缝不匀：灰缝大小不一致，砌筑时不挂线。

为了避免加气混凝土砌块与混凝土接触处出现裂缝，在加气混凝土砌块与混凝土接触处设置宽 20cm 钢丝网。

排块及局部做法不合理，影响墙稳定：砌筑时不按规定预排砌块，构造不合理。

（八）防水工程

本工程防水做法按如下考虑：屋面防水为 PVC 卷材防水和聚氨酯涂膜防水两道防水；卫生间为聚氨酯涂膜防水；地下室侧墙及顶板为 SBS 防水。

1. PVC 卷材防水施工

采用满粘法施工。

（1）施工工艺。

1）基层清理：基层必须干净、干燥，表面不能有酥松、蜂窝、麻面、积灰和污垢。

2）铺贴前在未涂胶的基层表面排好尺寸，弹出标准线，为铺好卷材创造条件。

3）铺贴卷材时，先将卷材摊在干净、平整的基层上清扫干净，用长把滚刷蘸CX404胶均匀涂刷在卷材表面，但卷材接头部位应空出10cm不涂胶，刷胶厚度要均匀，不得有漏底或凝聚胶块存在，当CX404胶基本干燥后手感不粘时，用原来卷卷材用的纸筒再卷起来，卷时要求端头平整，不得卷成竹筒状，并要防止带入砂粒、尘土和杂物。

4）当基层底胶干燥后，在其表面涂刷CX404胶，涂刷时要用力适当，不要在一处反复涂刷，防止粘起底胶，形成凝聚块，影响铺贴质量；复杂部位可用毛刷均匀涂刷，用力要均匀，涂胶后手感不粘时，开始铺贴卷材。

5）铺贴时将已涂刷好CX404（黏结剂）胶预先卷好的卷材，穿入φ30，长1.5m的锹把或铁管，由二人抬起，将卷材一端黏结固定，然后沿弹好的标准线向另一端铺贴，依次顺序边对线边铺贴；或将已涂好胶的卷材，按上述方法推着向后铺贴。无论采用哪种方法均不得拉伸卷材，防止出现皱折。

铺贴卷材时要减少阴阳角和大面积的接头。

铺贴平面与立面相连接的卷材，应由下向上进行，使卷材紧贴阴角，不得有空鼓或粘贴不牢等现象。

6）排除空气，每铺完一张卷材，应立即用干净的长把滚刷从卷材的一端开始在卷材的横方向顺序用力滚压一遍，以便将空气彻底排出。

7）滚压，为使卷材粘贴牢固，在排除空气后，用30kg重，30cm长外包橡皮的铁棍滚压一遍。

8）卷材的搭接长度，长边不应小于100mm，短边不应小于150mm。上下两层和相邻两幅卷材的接缝应错开，上下层卷材不得相互垂直铺贴。在立面与平面转角处，卷材的接缝应留在平面上距立面不小于600mm处。

9）在所有转角处均应铺贴附加层，附加层可用两层同样的卷材或一层抗拉强度较高的卷材铺贴。

（2）接头处理。

1）在未刷CX404胶的长、短边各10cm处，每隔1m左右用CX404胶涂一下，在其基本干燥后，将接头翻开临时固定。

2）卷材接头用丁基黏结剂黏结，先将A、B两组份材料，按1∶1的（重量比）配合搅拌均匀，用毛刷均匀涂刷在翻开的接头表面，待其干燥30min后（常温15min左右），即可进行黏合，从一端开始用手一边压合一边挤出空气；粘贴好的搭接处，不允许有皱折、气泡等缺陷，然后用铁棍滚压一遍，凡遇有卷材重叠三层的部位，必须用聚氨酯嵌缝膏填密封严。

3）卷材末端收头。

为使卷材收头粘结牢固，防止翘边和渗漏，用聚氨酯嵌缝膏等密封材料封闭严密。防水层铺贴不得在雨天、大风天施工。

（3）地下防水层做法。

地下防水层采用外防水外贴法施工，应先铺贴平面，后铺贴立面，平立面交接处，应交叉搭接；自平面折向立面的卷材与永久性保护墙接触的部位，应用沥青胶结材料紧密贴严；与临时性保护墙或需防水结构的模板接触的部位，应临时贴附在该墙上或模板上。

需防水的结构完成后，铺贴立面卷材之前，应先将接槎部位的各层卷材揭开，并将其表面清理干净。如卷材有局部损伤，应进行修补后方可继续施工，此处卷材应有错槎接缝，上层卷材盖过下层卷材不应小于 150mm。

（4）质量标准。

参见施工质量验收规范，此处略。

（5）应注意的质量问题。

1）空鼓：卷材防水层空鼓，发生在找平层与卷材之间，且多在卷材的接缝处，其原因是防水层中存有水分，找平层不干，含水率过大，空气排除不彻底，卷材没有粘贴牢固；或刷胶厚薄不均，厚度不够，压的不实，使卷材起鼓，施工中应控制基层的含水率，并应把好各道工序的操作关。

2）渗漏：渗漏发生在穿过地面管根、雨水口、伸缩缝和卷材搭接处等部位。伸缩缝未断开，产生防水层撕裂；其他部位由于黏结不牢，卷材松动或衬垫材料不严，有空鼓等；接槎处漏水原因是甩出的卷材未保护好，或基层清理不干净，卷材搭接长度不够等；施工中应加强检查，严格执行工艺标准和认真操作。

2. 聚氨酯涂膜

（1）施工作业条件。

1）基层平整、牢固、干净、无积水，基层含水率不超过 20％，且必须达到厂家要求。

2）阴阳角处做成圆弧或钝角。

3）不得在雨、雪天及五级以上大风天进行施工。

（2）施工工艺。

平板：基层清理→细部处理→滚涂 0.2mm 厚防潮涂料（12h 后）→第一道涂刷 PU（12h 后）→第二道涂刷 PU（12h 后）→第三道涂刷 PU（12h 后）→达到设计厚度后检验。

阴阳角部位：基层清理→滚涂 0.2mm 厚防潮涂料（12h 后）→第一道涂刷 PU 加0.2mm 厚聚酯无纺布（12h 后）→第二涂刷无纺布表面 PU（12h 后）→第三道涂刷 PU（12h 后）→达到计厚度后检验。

1）基层处理。

施工前，必须将基底清理干净，铲除基层表面的突起物，彻底清除灰尘杂物及油污锈迹等。不平整的地方用沥青基聚氨酯加水泥浆抹平。

2）配料：甲料与乙料各一桶倒入搅拌桶内搅拌，直至均匀。

3）涂覆：第一道涂刷潮湿基层处理涂料，干后将已配好的沥青基聚氨酯涂膜防水材料用滚子滚涂，涂滚时不得有流坠、起皮、漏涂等现象。涂滚后涂层干固时间约为 12h。下层施工时上层必须已干固。防潮涂料用量 0.3kg/m²，防水材料用量 4.5kg/m²，每道涂刷 1kg/m²，厚度 0.7mm。配好的材料需在 1h 内用完。

4）基层涂刷需干燥 4～5d。聚氨酯涂布前应先涂刷基层处理剂，经 12～24h 干燥后（随环境温度而定）方可进行涂膜防水施工。平板采用滚涂方法，施工要求同墙体。配好的涂料应在 30min 内使用完，配料时可根据现场情况加适量的甲苯调整黏度，甲苯掺入量不得大于物料总量的 10％。在现场灰砂较大或大风天时，应对施工后的涂膜进行遮挡保护，以免涂膜中混入大量灰砂影响黏结。施工所用刮涂工具为橡胶刮板。

5）检查：施工后，认真检查各部位，发现问题及时修复，合格后办理隐检手续。

（3）质量标准。

1）材料进场时必须有出厂合格证，质量认证书，并立即按规定复试，合格后方可施工。

2）防水层水平施工缝、阴阳角处、管根部等做法必须符合施工规范规定。

3）防水基层要牢固、平整、表面洁净，阴阳角处呈圆弧形或钝角。

4）防水层无损伤，空鼓等缺陷。

5）防水层施工厚度达到设计要求。

（4）成品保护。

1）防水保护层施工前注意防水层的保护，严防施工机具把防水层破坏。

2）施工人员不准穿钉鞋进入现场，以防破坏防水层。

3）做好的防水层上不准堆放杂物。

（5）安全文明措施。

1）进入现场必须戴好安全帽，高空作业，必须系好安全带。

2）操作人员严禁在施工现场吸烟，现场备好灭火器。

3）操作人员必须持证上岗。

4）严禁酒后作业。

5）对施工现场各种防护装置和安全标志不得随意挪动或拆除。

6）文明施工，做到工完料净场地清。

7）环保施工要求：必须严格按照济南市关于建筑工地的环保要求，对施工现场进行管理。

3.SBS 卷材防水

（1）铺贴方法（热熔法）。用火焰喷枪对准卷材地面和基层均匀加热，待表面沥青开始熔化并呈黑色光亮状态时，边烘烤边铺贴卷材，并用压辊压实。同时注意调节火焰大小和速度，使沥青温度保持在 200～250℃之间。施工完毕后，再用冷粘剂对搭接边进行密封处理。

（2）搭接处理。长边搭接宽度≥100mm，短边搭接≥150mm，同时粘贴均匀，不漏熔或漏涂，应有少量多余的热熔沥青或冷粘剂，挤出并形成条状。

（3）施工注意事项。

1）铺贴防水层的基层表面，应将尘土，杂物清扫干净，表面残留的灰浆硬块及突出部分应清除干净，不得有空鼓，开裂及起砂、脱皮等缺陷。

2）基层表面应保持干燥，含水率应不大于 9％；并要平整、牢固，阴阳角处应做成圆弧或钝角，弧度要符合有关规范要求及设计要求（圆弧半径不小于 50mm）。基层当含水率不符合有关要求时，不得进行防水层施工。

3）防水层所用的卷材、基层处理剂等，均属易燃物品存放，操作应远离火源，并不得在阴暗处存放，防止发生意外。

4）刷冷底子油。铺贴 SBS 前要刷冷底子油，冷底子油一般用与卷材防水相匹配的成品油。涂刷要均匀，不得有漏底现象。刷完油要经相关人员验收，符合有关要求方准许进行下一步工序。

（4）检查验收。施工完毕后要进行彻底检查，确保防水而无鼓泡、皱折、脱落和大的起壳现象，做到平整美观从而保证卷材的防水寿命。在有条件的情况下，应进行蓄水试验。认真执行专项自检制度，前道工序不符合要求严禁进行下一道工序。

1）铺贴前在未涂冷底子油的基层表面排好尺寸，弹出标准线，为铺好卷材创造条件。

2）铺贴卷材时，用原来卷卷材用的纸筒再卷起来，卷时要求端头平整，不得卷成竹筒状，并要防止带入砂粒、尘土和杂物。

3）当基层底胶干燥后，经检查均匀，且手感不粘时，开始铺贴卷材。

4）铺贴时沿弹好的标准线向另一端铺贴，依次顺序边对线边铺贴，防止出现皱折。铺贴卷材时要减少阴阳角和大面积的接头。

铺贴平面与立面相连接的卷材，应由下向上进行，使卷材紧贴阴角，不得有空鼓或粘贴不牢等现象。

5）排除空气，每铺完一张卷材，应立即用干净的长把滚刷从卷材的一端开始在卷材的横方向顺序用力滚压一遍，以便将空气彻底排出。

6）滚压，为使卷材粘贴牢固，在排除空气后，用 30kg 重，30cm 长外包橡皮的铁棍滚压一遍。

7）卷材的搭接，相邻两幅卷材的接缝应错开，上下层卷材不得相互垂直铺贴。在立面与平面转角处，卷材的接缝应留在平面上距立面不小于 600mm 处。

8）在所有转角处均铺贴附加层，附加层可用两层同样的卷材或一层抗拉强度较高的卷材。附加层搭接长度要符合有关设计要求和规范规程要求。

9）卷材末端收头，为使卷材收头黏结牢固，防止翘边和渗漏，用油膏等密封材料封闭严密。

（5）成品保护。已铺贴好的卷材防水层，应及时采取保护措施，不得损坏，以免造成后患。穿过屋面等处的管根，不得损伤和变位。

（九）屋面工程

本工程屋面类型有水泥砖保护层上人屋面、非上人屋面、细石混凝土防水屋面。

1. 屋面找平层

（1）材料及要求：所用材料的质量、技术性能必须符合设计要求和施工及验收规范的规定。

（2）主要机具：

机械：砂浆搅拌机。

工具：运料手推车、铁锹、铁抹子、水平刮杠、水平尺、沥青锅、炒盘、压滚、烙铁。

（3）作业条件：各种穿过屋面的预埋管件、女儿墙、伸缩缝等根部，应按设计施工图及规范要求处理好。

根据设计要求的标高、坡度，找好规矩并弹线。

施工找平层时应将原表面清理干净，进行处理，有利于基层与平屋顶的结合。

（4）操作工艺：

1）工艺流程：

基层清理→管根封堵→标高坡度弹线→洒水湿润→施工找平层→养护→验收

基层清理：将结构层、保温层上表面的松散杂物散杂物清扫干净，凸出基层表面的灰渣等粘结杂物要铲平，不影响找平层的有效厚度。

管根封堵：大面积做找平层前，应先将出屋面的管根、变形缝、墙根部处理好。

2）抹水泥砂浆找平层：

洒水湿润：抹找平水泥砂浆前，应适者当洒水湿润基层表面，主要是利于基层与找平层的结合，但不可洒水过量，以免影响找平层表面的干燥，防水层施工后窝住水气，使防水层产生空鼓。洒水达到以基层和找平层能牢固结合为度。

贴点标高、冲筋：本工程屋面结构找坡，铺抹找平砂浆时，先按流水方向以间距1~2m冲筋，并设置找平层分格缝，宽度一般为20mm，并且将缝与保温层连通，分格缝最大间距为6m。

铺装水泥砂浆：按分格块装灰、铺平、用刮扛靠冲筋条刮平，找坡后用木抹子搓平，铁抹子压光。待浮水消失后，人踏上去有脚印但不下陷为度，再用铁抹子压第二遍即可交活。找平层水泥砂浆一般配合比为1：3，拌和稠度控制在7cm。

养护：找平层抹平、压实以后24h可浇水养护，一般养护期为7d，经干燥后铺设防水层。

（5）施工安全及环境保护措施：

出入口、洞、坑、沟等处，要设盖板，或围栏、安全网。

刮大风和下雨天，避免在屋面上施工找平层。

搅拌机进入现场时应对其进行全面检查和维护保养。使用时应经常检查其运行情况，在对其维修、保养过程中产生的废油、废弃物应回收处置，禁止将污物排到现场。

搅拌机附近应设置沉淀池，废水经沉淀后方可排入市政管网或用于洒水除尘。具备条件时，应在搅拌设备上安装除尘装置。

（6）施工注意事项：

找平层起砂：水泥砂浆找平层施工养护不好，使找平层早期脱水；砂浆拌和加水过多，影响成品强度；抹压时机不对，过晚破坏了水泥硬化；过早踩踏破坏了表面养护硬度。施工中注意配合比，控制加水量，掌握抹压时间，成品不能过早上人。

找平层空鼓、开裂：基层表面清理不干净，水泥砂浆找干层施工前未用水湿润好，造成空鼓；应重视基层清理，认真施工结合层工序，注意压实。由于砂子过细、水泥砂浆级配不好、找平层厚薄不均、养护不够，均可造成找平层开裂；注意使用符合要求的砂料，保温层平整度应严格控制，保证找平层的厚度基本一致，加强成品养护，防止表面开裂。

2. 屋面保温层施工

保温层做法暂按100mm厚憎水膨胀珍珠岩块岩保温层。

（1）施工准备。

1）材料及要求：材料的密度、导热系数等技术性能，必须符合设计要求和施工及验收规范的规定，应有试验资料。

2）主要机具：

机动机具：搅拌机。

工具：水平尺、手推车、木拍子等。

（2）作业条件。

铺设保温材料的基层（结构层）施工完以后，先进行细部处理，处理点抹入水泥砂浆，经检查验收合格，方可铺设保温材料。

防水层施工时应先将表面清扫干净，且要求干燥、平整，不得有松散、开裂、空鼓等缺陷；隔气层的构造做法必须符合设计要求和施工及验收规范的规定。

穿过结构的管根部位，应用细石混凝土填塞密实，以使管子固定。

保温材料运输、存放应注意保护，防止损坏和受潮。

（3）操作工艺。

1）工艺流程：基层清理→弹线找平→管根固定→隔气层施工→保温层铺设→抹找平层。

2）基层清理：应将杂物、灰尘清理干净。

3）弹线找坡：本工程屋面为结构找坡。

4）隔气层施工：涂刷均匀无漏刷。

5）保温板铺设：

粘结铺设板块状保温层时，板块状保温材料用沥青胶结料平粘在屋面找坡基层上。

（4）施工注意事项。

保温层功能不良：保温材料导热系数、含水量等原因；施工选用的材料应达到技术标准，保证保温的功能效果。

铺设厚度不均匀，铺设时不认真操作。应拉线找平，铺顺平整，操作中应避免材料在屋面上堆积二次倒运。

保温层边角处质量问题：边线不直，边槎不齐整。

板块保温材料贴不实：影响保温，防水效果，造成找平层裂缝。应严格达到规范和验评标准，严格验收管理。

3. 屋面细石混凝土防水层施工

（1）材料及要求：所用材料的质量、技术性能必须符合设计要求和施工及验收规范的规定。

（2）主要机具：

机械：混凝土搅拌机或砂浆搅拌机。

工具：运料手推车、平板振动器、钢筋切断和弯钩工具、铁锹、铁抹子、水平刮杠、水平尺、分格缝木条和边模。

（3）作业条件：各种穿过屋面的预埋管件、女儿墙、伸缩缝等根部，应按设计施工图及规范要求处理好。

根据设计要求的标高、坡度，找好规矩并弹线（包括天沟、檐沟的坡度）。

施工屋面细石混凝土防水层时应将原表面清理干净，进行处理，有利于基层与平屋顶的结合。

（4）操作工艺。

1）工艺流程。

基层清理→管根封堵→标高坡度弹线→洒水湿润→细石混凝土防水层施工→养护→验收。

2）施工注意事项。

基层清理：将结构层上表面的松散杂物散杂物清扫干净，凸出基层表面的灰渣等粘结杂物要铲平，不影响混凝土的有效厚度。

管根封堵：大面积做混凝土防水层前，应先将小屋面的管根、变形缝、墙根部处理好。

钢筋网片应处于混凝土防水层的中部，并在钢筋网片的下部放置符合图纸及规范要求厚度的保护层垫块。

养护：混凝土防水层抹平、压实以后24h可浇水养护，一般养护期为7d，经干燥后铺设防水层。

（十）后浇带施工

本工程有两种后浇带。钢筋配置及搭接必须严格按照设计要求施工。第一种考虑温度及收缩引起的收缩，施工时梁中钢筋不断开，板中钢筋断开，并在60d即上部结构完成后于气温较低之时或与原浇筑温度相同时浇筑。此后浇带在主楼中间一条。

第二种考虑沉降差时，在墙、梁（包括基础梁）及板（包括基础底板）中的钢筋应断开，并相互伸出一个搭接长度，浇筑前基础梁及上部主次梁中的纵筋必须焊接，施工时梁中钢筋不断开，板中钢筋断开，同时增设附加钢筋，其数量不小于原钢筋面积的一半，此后浇带在主楼结构完成，隔墙砌筑完毕及沉降观测稳定后再浇筑。沿主楼四周设置。

1. 预防外界水侵入底板后浇带内的措施

（1）为防止外界雨水从侧墙外流入后浇带内，在后浇带两端侧墙处各增设临时挡水砖墙，砌筑高度高于地下室底板高度，墙两侧抹防水砂浆。

（2）为防止地下室底板施工积水流向后浇带，在带宽两侧各 50cm 处用砂浆垒起宽 5cm、高 3～4cm 的挡水带。

2. 保持后浇带清洁

为防止杂物落入后浇带内，给以后清理带来困难，底板混凝土浇筑完毕后，用 1000mm×2100mm 木模板封盖表面，并在后浇带两侧用砂浆垒起挡水带，这样也可有效阻止施工用水携带污物流入带内。在四周用临时栏杆或围护砌体维护，能防止施工过程中钢筋被污染，保证钢筋不被踩踏。

3. 后浇带内积水、污物处理

施工过程中，后浇带内难免积水落污，在后浇带两端靠近后浇带处设积水坑，后浇带底部用防水砂浆抹出 1% 坡度，其坡向积水坑。在积水坑处设抽水泵，将坑内积水抽至市政排水沟内。

4. 后浇带混凝土施工注意事项

（1）后浇带在底板施工前要用钢板网封堵。

（2）底板后浇带封闭前，应重新凿毛，浇水冲刷干净并保持湿润。

（3）由于后浇带具有伸缩缝作用，设计底板钢筋在后浇带内留有接头，其接头采用电弧焊。施工时应检查每个焊接接头，按规范和设计要求平整钢筋。

（4）后浇带内混凝土浇筑由一端向另一端推进，将带内残留积水挤压到有抽水泵的一端，用抽水泵抽去。后浇带混凝土应按设计要求采用微膨胀混凝土浇筑，以提高其抗渗性能。混凝土中宜掺入早强剂，施工前先做试配比，拌制要认真配料，精心浇捣密实后还要注意浇水养护。但这种水泥水化放热速度很快，混凝土表面水分蒸发速度也非常迅速，早期易产生塑性收缩裂缝，故需重视早期养护工作。

（5）后浇带跨内的梁板在后浇混凝土浇筑前，两侧结构长期处于悬臂状态，在施工期间本跨内的模板和支撑不能拆除，必须待后浇带混凝土强度达到设计值的 75% 以后，按由上往下顺序拆除。

（十一）脚手架工程

脚手架是工程施工不可缺少工具，脚手架所用的材料均选用经安检追认可靠的合格产品，并按规定要求进行搭设。

1. 脚手架材料的选用

（1）钢管。钢管采用外径 48mm，壁厚 3.5mm 的焊接钢管，钢管材质宜使用力学性能适中，稳定的 Q235 钢，其材质应符合 GB/T 700—2006《碳素结构钢》的相应规定。用于立杆、大横杆、剪刀撑和斜杆的长度宜为 4～6mm，便于人工操作，根据实际需要，小横杆长度宜在 1.2～1.3m，钢管严禁使用有明显变形、裂纹、压扁和严重锈蚀的钢管。本工程所有外脚手架的钢管均外涂防锈漆，并定期复涂，以保证外观形象。

（2）扣件。扣件应符合 GB/T 9440—2010《可锻铸铁件》的规定，应与钢管吻合，机械性能不低于 KJ33—8 的可锻铸铁制造，扣件的附件所用的材料应符合 GB/T 700—2006《碳素结构钢》中 Q235 钢的规定，螺纹均应符合 GB/T 196—2003《普通螺纹　基本尺寸》的规定，扣件严禁使用不合格、无出厂合格证、表面裂纹、变形、锈蚀的扣件，扣件活动部位应能灵活转动，夹紧钢管时，开口处的最小距离应不小于 5mm。

（3）脚手板。脚手板采用杉木或松木，厚度 5mm，宽度为 200～250mm，板不得有腐朽、劈裂和严重变形。若采用钢脚手板，须用 2～3mm 厚的Ⅰ级钢板压制而成，厚度 50mm 的钢制脚手板。

（4）安全网。安全网采用经国家指定监督检验部门鉴定许可生产的产品，同时应具备监督部门批量验证和工厂检验合格证。安全网力学性能应符合 GB 5725—2009《安全网》的规定，进入现场后应对安全网进行模拟"砂包冲击试验"。

2. 落地式脚手架

（1）构造要求。纵向水平杆应水平设置，长度不宜小于跨度，其接头应用对接扣件连接，两根相邻纵向水平杆的接头不应设置在同步、同跨内，两个相邻接头应错开的距离不小于 500mm，且各接头中心距立柱轴线的距离应小于 1/3 跨度。如采用搭接，搭接长度不应小于 1m。且用不少于 3 个旋转扣件固定。

当使用冲压钢板、木、竹串片脚手板时，双排脚手架的横向水平杆的两端应用直角扣件固定在纵向水平杆上。

木、竹串片脚手板应采用三支点承重，当长度小于 2m 时可两支点承重，但应两端固定。宜平铺对接，对接处距横向水平杆的轴线应大于 100mm 且小于 150mm。

立柱均应设置标准底座，应设置纵、横向扫地杆，用直角扣件固定在立柱上，纵向扫地杆轴线距底座下皮不应大于 200mm。立柱接头除顶层可用搭接外，其余均必须用对接扣件连接，对接扣件应交错布置，两根相邻立柱接头应在同步内，左右两个相邻接头在高度方向应至少错开 500mm。且各对接头中心距纵向水平杆轴线小于 1/3 步距。搭接时搭接长度不小于 1m，至少用 2 个旋转扣件固定，扣件间距不小于 800mm。立柱顶端应高出女儿墙 1m，高出檐口 1.5m。双立柱中副立柱的高度不应低于 3 步，钢管长度不小于 6m。

立柱必须用连墙件与建筑物连接，连墙件间距应根据规范规定确定，如当脚手架高度小于等于 50m 时，连墙件的垂直间距和水平间距均应小于等于 6m。

每个连墙件抗风荷载的最大面积应小于 40m²。连墙件宜靠近中心节点设置，偏离的最大距离应小于 300mm。连墙件需从底步第一根纵向水平杆处开始设置，可采用梭形、方形、矩形布置。非封闭脚手架的两端必须设连墙件，其垂直间距不大于建筑物层高，亦不超过 4m（2 步）。

脚手架的地基标高应高于自然地坪 100～150mm，架基不得有积水。

（2）搭设要求。

为保证脚手架在搭设过程中的稳定性，必须按施工组织设计中规定的搭设顺序进行搭设。脚手架必须配合施工进度搭设，一次搭设高度不应超过相邻连墙件以上两步。每搭完一步脚手架后，应按规定校正立柱的垂直度、步距、柱距和排距。

在地面平整、排水畅通后，铺设厚度不小于 40mrn，长度不少于 2 跨的木垫板，然后于其上放底座。

搭设立柱时,不同规格的钢管严禁混合使用。底部立杆需用不同长度的钢管,使相邻两根立柱的对接扣件错开至少 500mm。竖第一节立柱时,每 6 跨临时设一根抛撑,待连墙件安装后再拆除。搭至有连墙件处时,应立即设置连墙件。

对于纵向水平杆的搭设,除满足构造要求外,对于封闭型外脚手架的同一步纵向水平杆,必须四周交圈,用直角扣件与内外角柱固定,纵向水平杆应用直角扣件固定在立柱内侧。

连墙件、剪刀撑、横向斜撑、抛撑都需按构造要求搭设,剪刀撑、横向斜撑的下端需落地,支承在垫块或垫板上。当横向斜撑妨碍操作时,可临时解除一步架的横向斜撑,用后必须及时补上。

扣件规格必须与钢管外径相同。螺栓拧紧扭力矩不应小于 40N·m,也不大于 60N·m。

在六级及六级以上大风和雾、雨天应停止脚手架搭拆作业。脚手架外侧应有防护措施、以防坠物伤人。脚手架不应在高、低压线下方搭设。

(3) 钢管脚手架搭设要点。

1) 脚手架搭设范围内地基要夯实找平,做好排水处理,若地基地质良好,立杆底座可以直接置于实土上;如地基土质不好,则须在底座下垫以木板或垫块。

2) 脚手架各杆件的间距和布置应按施工方案的规定进行搭设,其具体要求是:

① 立杆垂直度偏差不得大于架高的 1/200,相邻两根立杆的接头应错开 50cm,并力求不在同一步内,顶端冒出脚手板面,不得大于 12cm。

② 横杆在每一面脚手架范围的纵向水平高低差不宜超过 3cm,同一步外横杆的接头应相互错开,不宜在同一跨间内。

③ 剪刀撑的搭设是将一根外杆扣接在立杆上,另一根斜杆扣接在横杆的伸出部分,这样可以避免两根斜杆相交时把钢管别弯,斜杆两端扣件与立杆节点的距离不宜大于 20cm,最下面的斜杆与立杆的连接点离地面不宜大于 50cm 以保证架子的稳定性。

④ 脚手架各杆件相交伸出端头,均应大于 10cm,防止杆件滑脱。

⑤ 扣件的安装及注意事项:连接横杆的对接扣件,开口应朝架子内侧,螺栓向上,避免开口朝上,以防雨水进入。装螺栓时应注意将根部放正和保持适当的拧紧程度。

未尽事宜严格按照 JGJ 130—2011《建筑施工扣件式钢管脚手架安全技术规范》执行。

3. 悬挑式脚手架

本工程主楼 17 层,采用悬挑式脚手架。

(1) 构造要求。

1) 斜撑立杆底部固定必须牢固。

2) 斜撑立杆除必须满足间距要求外,中间还应设置大横杆,增加斜撑立杆的刚度。

3) 外挑杆件与建筑结构连接必须牢固。

4) 悬挑梁或悬挑架应为型钢或定型桁架,外端须能可调或用钢丝绳斜拉连接。

5) 高层建筑施工分段搭设的悬挑脚手架必须有设计计算书,并经上级审批等。悬挑脚手架必须按现行国家的搭设和验收标准进行搭设卸拆。

6) 严格按 JGJ 130—2011《建筑施工扣件式钢管脚手架安全技术规范》施工。

(2) 脚手架形式。

根据本工程的特点和设计要求，挑架的悬挑梁采用 1 根 [20 槽钢，长度 4.0m，在平台端部（剪力墙根部）位置预埋 2Φ16 吊环，间隔 1200mm，用 φ48 钢管来固定钢丝绳，用于限制钢丝绳位置，在上层梁或墙顶预埋 1Φ22 钢筋吊环，并与水平面呈 63°～75°，以便钢丝绳穿越。槽钢上侧外端焊 2 根 φ25×100 的钢筋，间距为 800mm，方便钢管的插入，挑架与外墙间距为 350mm。在每面挑架两端的两跨设置剪刀撑，中间每隔 12～15m 设置剪刀撑。脚手架步距 1.8m，纵距 1.5m，立杆横距 0.8m，十步架为一挑排，即六层一挑，从三层开始起挑。假设脚手架操作层为三步架，非操作层架为七步架。为将脚手架偏心荷载转为轴心荷载，相邻步架大横杆交替在立杆内外侧。操作层的外侧必须设置护栏，中距 800mm，另外加设挡脚板，高度为 200～250mm，外架的外侧立杆要高出本层顶操作面 1200mm 的护身高度，底部用密目兜底包住，外侧挂好密目安全网。为保证挑架的稳定，挑架与结构采取可靠的连接，每条架按两跨，通过剪力墙的对拉孔，用 φ6.5 钢筋与挑架连接。

4. 脚手架的使用和安全管理

建筑脚手架在搭设使用和拆除中要严格实行安全管理，防止和减少事故的发生。

（1）在使用过程中不得任意拆除必不可少的构件和连墙件，不得在脚手架作业面超载。

（2）作业层满铺脚手板（或竹笆），架面与墙之间用脚手板（或竹笆）盖严。

（3）施工人员在作业层操作时，不得用力过猛，致使身体失去平衡，不得集中多人搬运重物。

（4）施工人员必须戴好安全带、安全帽，严禁酒后作业，禁止在架子上休息和上下攀登。

（5）专职安全员、架子工工长必须经常对脚手架进行检查。

（十二）装饰装修工程

1. 抹灰工程

（1）材料准备。

水泥：PO 32.5R。

砂子：中砂，使用前应过 5mm 孔径筛子。

石灰膏：应用块状生石灰淋制，淋制时必须用孔径不大于 3mm×3mm 的筛过滤，并贮存在沉淀池中。熟化时间，常温下一般不少于 15d；用于罩面时，不应少于 30d。使用时，石灰膏内不得含有未熟化的颗粒和其他杂质。

界面剂。

（2）作业条件。

1）必须经过有关部门进行结构工程验收，合格后方可进行抹灰工程。

2）抹灰前，应检查门窗框位置是否正确，与墙连接是否牢固。连接处缝隙应用 1∶3∶6 水泥混合砂浆分层嵌塞，使其塞缝密实；门口设铁皮保护。

3）应将过梁、梁垫、圈梁及柱等表面凸出部分剔平，对蜂窝、麻面、露筋等应剔到实处，刷素水泥浆一道（内掺水重 30% 的界面剂）紧跟用 1∶3 水泥砂浆分层补平；脚手眼应堵严，外露钢筋头、铅丝头等要剔除干净，窗台砖应补齐，内隔墙与楼板、梁底等交接处应用斜砖砌严。

4）管道穿越墙洞和楼板应及时安放套管，并用 1∶3 水泥砂浆或细石混凝土填嵌密实；电线管、消火栓箱，配电箱安装完毕，并将背后露明部分应钉好铅丝网，接线盒用纸堵严。

5）木制配件安装完毕，并做好防腐，防锈工作。

6）砌块等基体表面的灰尘，污垢和油渍等应清除干净，并洒水湿润。

7）根据室内高度和抹灰现场的具体情况，提前钉搭好抹灰操作用的高凳和架子，现搭架子要离开墙面及墙角 200～250mm，以利操作。

8）室内抹灰大面积施工前应先做样板间，经鉴定合格和确定施工方案后再安排正式施工。

9）屋面防水工程完工前进行室内抹灰施工时，必须采取防护措施。

（3）操作工艺。

1）墙面应用细管自上而下浇水湿透，一般在抹灰前一天进行，并保潮不少于 48h。

2）吊直、套方找规矩贴灰饼：根据基层表面平整垂直情况，经检查后确定抹灰厚度，墙面凹度较大时要分层操作，用线锤、方尺，拉近线等方法贴灰饼，用托线板找正垂直，下灰饼也作为踢脚板依据，灰饼宜用 1：3 水泥砂浆做成 5cm 见方，水平距离约为 1.2～1.5m 左右。

3）墙面冲筋：根据灰饼用抹灰层相同的水泥砂浆冲筋，冲筋的根数应根据房间的高度来决定，筋宽约 5cm 左右。

4）做护角：根据灰饼和冲筋，首先应把门窗口角和墙面、柱面阳角抹出水泥护角，用 1：3 水泥砂浆打底，用 1：2 水泥砂浆做成暗护角，高度不应低于 2m，每侧宽 5cm。在抹护角同时分两遍抹好门窗口边及旋脸底子灰，如门窗口边宽度小于 100mm 时也可在做水泥护角时一次完成。

5）抹水泥窗台板：先将窗台板顶层清理于净，把碰坏的修整好，用水浇透，然后用细石混凝土铺实，厚度 6cm。次日再刷界面剂一道，紧跟抹 1：2.5 水泥砂浆面层，压实压光，浇水养护 2～3d，下口要求平直，不得有毛刺。

6）抹底灰：提前一天把墙面浇透，然后在混凝土墙湿润的情况下，先刷界面剂一道，根据设计要求分层分遍抹，用大杠刮平找直，木抹子搓平搓毛。

7）抹中层砂浆：抹灰后紧跟第二遍，接着用大杠刮平找直，用木抹子搓平。然后用托线板全面检查中层灰是否垂直、平整、阴阳角是否方正垂直，管后与阴角交接处，墙面与顶板交接处是否平整、光滑。踢脚板、水泥墙裙上口和管道背后等应及时清理干净。

8）抹水泥踢脚：刷界面剂一道，紧跟抹 1：3 水泥砂浆底层，表面用木抹子搓毛，面层用 1：2.5 水泥砂浆压光，凸出抹灰墙面 5～8mm。

9）抹罩面灰：待中层灰约六、七成干时，即可开始抹罩面灰，按照先上后下的顺序进行，再赶光压实，然后用钢抹子压一遍，最后顺抹子纹压光。

（4）质量标准。

参见施工验收规范，此处略。

（5）成品保护。

1）抹灰前必须事先把门窗框与墙连接处的缝隙用水泥砂浆嵌塞实；门口应钉设铁皮或木板保护。

2）推车或搬东西时注意不要碰坏口角和墙面。

3）拆除脚手架时要轻拆轻放，不要损坏门窗和口角。

4）抹灰层凝结硬化前应防止快干、水冲、撞击、振动和挤压，以保证灰层有足够强度。

5）要注意保护好地面、地漏，禁止在地面上拌灰。

2. 楼地面工程

本工程招标范围内楼地面做法为：水泥砂浆楼地面、地砖楼地面。

（1）水泥砂浆地面。

1）施工准备。

① 垫层的基底情况、标高尺寸均经过检查并办完隐、预检手续。

② 大面积地面垫层应分区段进行浇筑，分区段应结合变形缝位置，在不同材料的地面面层的连接处和设备基础的位置等划分。在分缝处钉上水平桩。

③ 埋在垫层中的暖卫、电气等各种设备管线均已安装完毕，并经有关方面验收。

④ 校核混凝土配合比，检查后台磅秤，并进行开盘交底。准备好混凝土试模。

2）材料。

水泥：应采用 32.5R 以上硅酸盐水泥、普通硅酸盐和矿渣硅酸盐水泥，并严禁混用不同品种不同标号的水泥。

砂：中砂或粗砂，过 8mm 孔径筛子，含泥量不大于 3％。

3）作业条件。

① 水泥砂浆地面施工前应弹好＋50cm 水平标高线。

② 室内门框和楼地面预埋件等项目均应施工完毕并办好检查手续。

③ 各种立管和套管的孔洞周边位置应用豆石混凝土灌好修严。

④ 有垫层的地面应做好垫层，地漏处找好泛水及标高。

⑤ 地而施工前应做好屋面防水层或防雨措施。

⑥ 当水泥砂浆面层因埋设管线出现局部厚度减薄时，应按要求做防止面层开裂的处理后，方可施工面层。

4）操作工艺。

① 清理基层：将地面基层、地墙相交的墙面、踢脚板处的粘杂物清理干净，影响面层的突出部位剔除平整。

② 洒水湿润：在施工前一天洒水湿润基层。

③ 抹踢脚板：有墙面抹灰层的踢脚板，底层砂浆和面层砂浆分两次抹成，无墙面抹灰层的只抹面层砂浆。

踢脚板抹底层水泥砂浆：清理基层，洒水湿润后，按标高线向下量尺至踢脚板标高，拉通线确定底灰厚度，套方贴灰饼，抹 1∶3 水泥砂浆，刮板刮平，木抹子搓平整，扫毛浇水养护。

踢脚板抹面层砂浆：底层砂浆抹好，硬化后，拉线粘贴靠尺板，抹 1∶2 水泥砂浆，抹子压抹上灰后用刮板紧贴靠尺垂直地面刮平，用铁抹子压光，阴阳角、踢脚板上口，用角抹子溜直压光。

④ 刷素水泥浆结合层：宜刷 1∶0.5 水泥浆，也可在垫层或楼板基层上均匀洒水后，再洒水泥面，经扫涂形成均匀的水泥浆黏结层，随刷随铺水泥砂浆。

⑤ 冲筋贴灰饼：根据＋50cm 标高水平线，在地面四周做灰饼，应控制面层厚度不小于2cm，大房间应相距 1.5～2m 增加冲筋。如有地漏和有坡度要求的地面，应按设计要求做泛水和坡度。

⑥ 铺水泥砂浆压头遍：紧跟贴灰饼冲筋铺水泥砂浆，配合比宜为水泥∶砂＝1∶2，稠

度不应大于 3.5cm，强度等级不应小于 M15，用木抹子赶铺拍实，木杠按贴饼和冲筋标高刮平，木抹子搓平，待反水后略撒 1：1 干水泥砂子面，吸水后铁抹溜平。如有分格的地面，经分格弹线或拉线，用劈缝溜子开缝，溜压至平、直、光，面层部分分格缝应与混凝土垫层的伸缩缝相应对齐。上述操作均在水泥砂浆初凝前进行。

⑦ 第二遍压光：在压平头遍之后，水泥砂浆凝结，人踩上去有脚印但不下陷时，用铁抹子压第二遍。要求不漏压，平而出光。有分格的地面压过后应用溜缝抹子溜压，做到缝边光直，缝隙明细。

⑧ 第三遍压光：水泥砂浆终凝前进行第三遍压光，人踩上稍有脚印，抹子抹上去不再有纹时，用铁抹子把第二遍压光留下抹子纹压平、压实、压光，达到交活的程度。

⑨ 养护：地面压光交活后 24h，宜封压湿粉煤灰养护或铺锯末洒水养护并保持湿润，养护时间不少于 15d。养护期间不允许压重物和碰撞，当面层的抗压强度达到 5MPa 以上时方可上人行走。

5）质量标准。

参见施工验收规范，此处略。

6）成品保护。

① 在已浇筑的混凝土强度达到 1.2MPa 以后，方准在其上走动人员和进行上部施工。

② 在施工中，应保护好暖卫、电气等设备暗管，以及所立的门口，不得碰撞。

③ 垫层内应根据设计要求预留孔洞或安置固定地面与楼面镶边连接件所用的锚栓（件）和木砖，以免后来剔凿。

④ 在有防水层的基层上施工时，必须认真保护好防水层，严禁小车腿和铁锹等硬物砸碰防水层。发现有碰坏处，一定修补合格后再进行面层施工。

7）应注意的质量问题。

混凝土不密实：主要由于漏振和振捣不实，或配合比不准及操作不当造成。

表面不平标高不准：水平标志的线或橛不准，操作时未认真找平或没有用大杠刮平。

不规则裂缝：由于垫层面积过大没有分断块或暖气沟盖板上没浇筑混凝土，而产生的收缩所致，也可能是基土不均匀沉陷，或地下管线太多，造成垫层厚薄不均匀而裂缝。

（2）地砖楼地面：（略）。

3. 其他装饰分项工程

该工程项目的装饰工程，除上述抹灰工程、楼地面工程以外，尚有饰面板（或砖）镶贴工程、涂饰工程、门窗安装等多项装饰装修分项工程，在此，由于篇幅的关系不一一列举。

五、主要分部、分项工程施工方法（安装部分）

（略）

六、施工进度计划

1. 进度安排

根据工程实际情况，桩基施工春节前必须完成，基础工程考虑冬期施工，计划 42d 完成，一、二层结构计划 14d 完成，八至十七层结构基本处于雨季施工，主体结构计划 99d 完成，基本保持五天一层的施工速度。

2. 施工进度计划网络图和横道图

施工进度计划网络图如图 5-27 所示，施工进度计划横道图如图 5-28 所示。

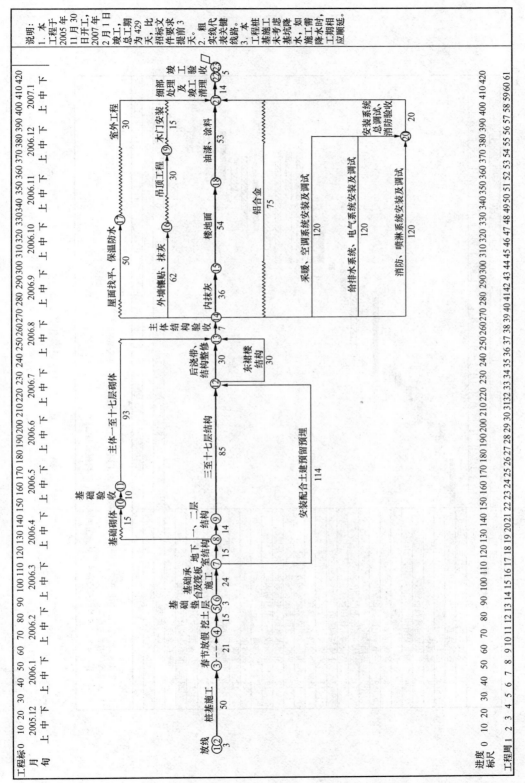

图 5-27 施工进度计划网络图

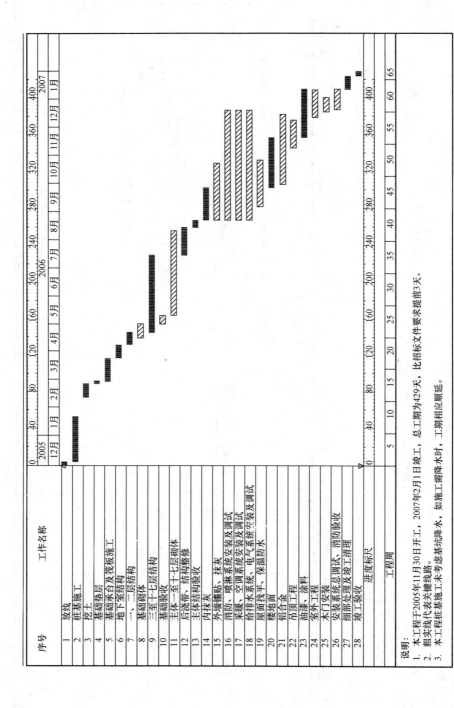

图 5-28 施工进度计划横道图

说明:
1. 本工程于2005年11月30日开工,2007年2月1日竣工,总工期为429天,比招标文件要求提前3天。
2. 粗实线代表关键线路。
3. 本工程桩基施工未考虑基坑降水,如施工需降水时,工期相应顺延。

七、施工准备与资源配置计划

(一) 主要劳动力配置计划

1. 主要劳动力配置计划表

根据招标文件要求和本工程特点,本工程桩基施工安排专业施工人员 70 人,基础到主体阶段劳力逐步安排各个工种劳力,使峰值劳力达到 340 人,装饰装修阶段工种较多,峰值劳力将达到 230 人,劳动力用量计划情况编制见表 5-23。

表 5-23　　　　　　　　　　　　劳动力配置计划表

工种	按工程施工阶段投入劳动力情况						
	桩基施工	土方施工	基础工程	一、二层	二层以上	装饰工程	竣工清理
普通工	18	40	20	20	20	30	80
混凝土工	20		50	50	40	20	
木工			80	80	100	20	
瓦工			40	40	40	30	
钢筋工	20		60	65	55		
抹灰工						80	
架子工			20	20	25	20	
电焊工	10		20	25	15	6	
机修工	3	3	2	2	2	2	
电工	2	2	15	20	20	30	
管工			15	20	20	30	
油漆工						120	
合计	73	45	322	342	337	388	80

2. 劳力安排

根据工程特点及对我公司配套队伍的考察,我公司决定选择拥有丰富类似工程经验的南通施工队伍作为本工程的施工队伍。该队伍工人素质高,队伍机构稳定,劳力充足,不受农忙季节和节假日的影响,能够确保工程质量和施工的连续性。该施工队伍善打硬仗,一定会圆满完成本工程的施工任务。

(二) 主要施工机具设备型号及数量

1. 施工机械

根据工程特点选用相应的施工机械,施工时根据工程进度计划安排进场,设备基础根据设备要求选用图集。主要施工机具和设备表略。

2. 测量设备

根据测量内容选用相应的测量仪器和工具,测量仪器和工具选用表略。

(三) 材料供应计划

为确保本工程材料及时供应,公司决定由材料处统一部署,实行垂直管理,保证该工程所需材料的供应。同时,根据甲方要求选择采用供货能力强、信誉度高的材料厂家。

1. 混凝土

主体结构混凝土采用商品混凝土,本工程混凝土拟使用山东某混凝土有限公司的商品混凝土,并将山东某混凝土有限公司作为商品混凝土备选单位,公司与以上各家混凝土保持良好业务关系,随叫随到,保证混凝土的及时供应。

圈梁、构造柱和零星工程等小型构件使用的混凝土采用现场搅拌,我集团与山东水泥厂及多家砂石供应商保持着长期的合作关系，上述单位质量情况稳定，供货能力极强，随叫随到，可以确保工程建设所需混凝土原材的连续供应。

现场配备一台混凝土搅拌机进行搅拌，可以保证现场少量混凝土的使用。

2. 钢材

钢材拟从山东某钢铁公司总公司进货，该公司是在国内外具备较强竞争实力的特大型钢铁联合企业，钢材质量稳定，具有年产钢材 230 万吨的能力，并与我公司有多年的业务合作关系。

3. 水泥

水泥拟从山东水泥厂进货，山东水泥厂是国内外知名的企业公司，与公司有着多年的合作关系，供货能力雄厚，信誉好。另外，如在水泥紧张的市场情况下，公司内部材料处有调剂 2000 吨水泥的能力。

4. 木材

木材拟从公司木材厂进货，其常年经销东北比优质木材，年经营能力在 100 000m³ 以上，平时库存木材 5000m³ 左右，能确保木材供应。

5. 砌块

山东某新型建筑材厂是一家年生产加气混凝土砌块 10 万 m³ 以上的大型砌块生产基地，连续三年被评为济南市重合同守信用单位，该厂与我公司有良好的合作关系，砌块供应不存在问题。

6. 主材、地材进场时间表

（略）。

八、现场施工平面布置

本工程位于山东某大学东校区院内，周围环境优美，北侧、西侧为市区主要道路，车流量大；南侧为学生宿舍。在施工过程中加强对周围环境的保护，给学校师生和周围居民，创造一个良好的学习、生活环境，是平面布置应着重考虑的问题。

（一）施工平面布置

针对现场及工程情况，结合工程进度要求，本着科学合理地利用一切可利用空间、减少施工用地、减少场内运输费用等的要求，将现场分成施工区、生活区，施工区分成材料堆放区、加工区和施工作业区，生活区分成办公区和宿舍区。根据相关要求及本工程特点，土石方结束后，施工现场全部硬化。同时按照公司执行的 ISO 14001 环境管理体系、OHSMS 18001 职业健康安全管理体系标准化管理。

大门采用我公司标准大门，位于现场东侧中间，进入大门北侧为办公区、南侧为宿舍区，向内南侧为加工区，北侧为材料、半成品堆放。办公区包含甲方、监理、施工方的办公室、会议室、休息活动室、餐厅等，为二层彩板房，工人全部住在宿舍区。另外在大门口处设置进出车辆刷车台，以减少车辆对校园及道路的环境污染。

地基与基础工程施工阶段平面布置图，如图 5-29 所示。

主体工程施工阶段平面布置图，如图 5-30 所示。

装饰装修工程施工阶段平面布置图，如图 5-31 所示。

（二）临时设施

临时设施项目及面积一览表，见表 5-24。

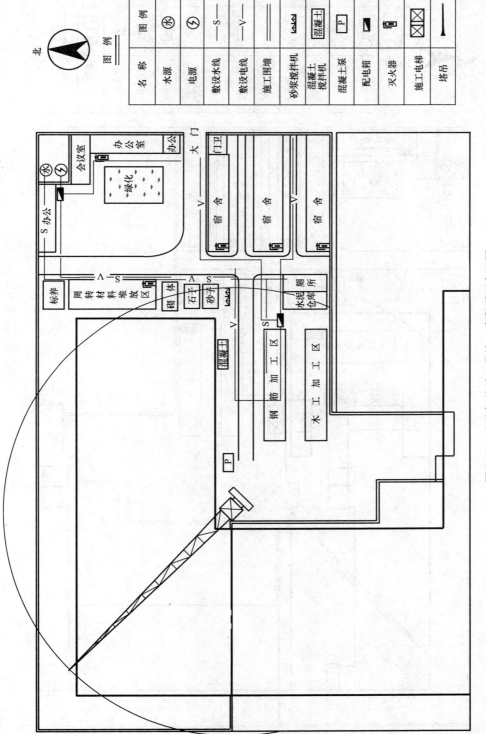

图 5-29 地基与基础工程施工阶段平面布置图

图例	名称
⊛	水源
⚡	电源
—S—	敷设水线
—V—	敷设电线
═══	施工围墙
┗┛	砂浆搅拌机
混凝土	混凝土搅拌机
P	混凝土泵
◣	配电箱
☐	灭火器
⊠	施工电梯
╱	塔吊

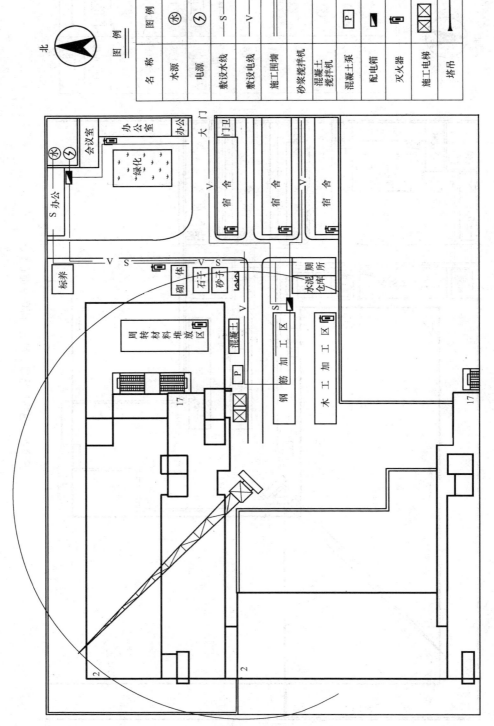

图 5-30　主体工程施工阶段平面布置图

名称	图例
水源	水
电源	电
敷设水线	——S——
敷设电线	——V——
施工围墙	════
砂浆搅拌机	
混凝土搅拌机	
混凝土泵	P
配电箱	
灭火器	
施工电梯	⊠
塔吊	

北

图例

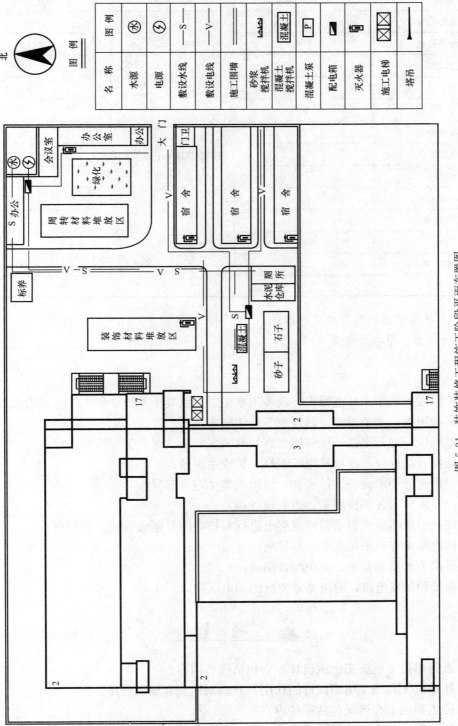

图 例	名 称
㊍	水源
⑤	电源
—S—	敷设水线
—V—	敷设电线
══	施工围墙
▨	砂浆搅拌机
混凝土	混凝土搅拌机
P	混凝土泵
◪	配电箱
🧯	灭火器
⊠	施工电梯
⊥	塔吊

图 5-31 装饰装修工程施工阶段平面布置图

表 5-24 临时设施项目及面积一览表

用途	面积（m²）	位置	使用时间（d）
甲方办公室	40		429
工地办公室	100		429
会议室	40		429
警卫室	10		429
厕所	40		429
标准养护室	6		350
水泥库	40	布置位置见平面布置图	400
木工棚	40		300
钢筋加工棚	80		300
工人宿舍	600		420
食堂	40		420
职工浴室	40		400
合计	1076		

（三）水电用量计划及节水节电措施

1. 现场用水、用电量计算

（略）。

2. 节水节电措施

本工程混凝土采用商品混凝土，现场用水主要为混凝土养护、砌体等施工用水及生活用水，为了节约用水，避免浪费，制订如下具体措施。

（1）现场设一处蓄水池，缓解用水高峰时的水紧缺，保证工程顺利进行；

（2）悬挂各类标牌，现场杜绝长明灯、长流水现象；

（3）对用电、用水设备进行检查、维护，避免跑冒滴漏；

（4）设专人负责各部位用水、用电设备；

（5）现浇板用喷雾式洒水器对混凝土进行养护，同时覆盖毛毯、塑料布；

（6）柱混凝土养护采用混凝土养护液；

（7）采用节水型水龙头，避免跑冒滴漏；

（8）现场预备发电机，解决紧急情况的用电问题。

习 题

1. 什么是单位工程施工组织设计？它包括哪些内容？

2. 试述单位工程施工组织设计的作用及其编制依据和编制程序。

3. 单位工程的工程概况包括哪些内容？

4. 单位工程施工方案包括哪些内容？

5. 什么是单位工程施工起点流向？

6. 确定施工顺序应遵守的基本原则有哪些？

7. 试述多层砖混结构建筑物的施工顺序。

8. 试述多层框架结构建筑物的施工顺序。

9. 试述装配式厂房的施工顺序。

10. 选择施工方法和施工机械应注意哪些问题？

11. 试述施工技术组织措施的主要内容。

12. 编制单位工程施工进度计划的作用和依据有哪些？

13. 试述单位工程施工进度计划的编制程序。

14. 在施工进度计划中划分施工项目有哪些要求？

15. 工程量计算应注意什么问题？

16. 如何确定一个施工项目需要的劳动工日数或机械台班数？

17. 怎样确定完成一个施工项目的延续时间？

18. 如何初排施工进度？怎样进行施工进度计划的检查与调整？

19. 资源需要量计划有哪些？

20. 单位工程施工平面图一般包括哪些主要内容？其设计原则是什么？

21. 试述单位工程施工平面图的设计步骤。

22. 试述塔式起重机的布置要求。

23. 搅拌站、加工厂、材料堆场的布置要求有哪些？

24. 试述施工道路的布置要求。

25. 试述临时供水、供电设施的布置要求。

26. 收集一份单位工程施工组织设计。

第六章　施工组织总设计

第一节　概　述

施工组织总设计是以若干单位工程组成的群体工程或特大型项目为主要对象编制的施工组织设计，对整个项目的施工过程起统筹规划、重点控制的作用，用以规划和指导整个建设项目施工全过程各项施工活动的全局性、综合性和控制性技术经济性文件。其目的是对整个建设项目或群体工程的施工活动进行通盘考虑，全面规划，总体控制。施工组织总设计一般是在初步设计或扩大初步设计被批准后，由工程总承包公司或大型工程项目经理部（或工程建设指挥部）的总工程师主持，会同建设、设计和分包单位的工程技术人员进行编制的。

一、施工组织总设计的作用

施工组织总设计的作用主要表现在：

（1）从全局出发，为整个建设项目的施工阶段做出全面的战略部署。

（2）为评价整个建设项目或群体工程从设计到施工各项方案的可行性和经济合理性提供依据。

（3）为业主或建设单位编制基本建设计划提供依据。

（4）为施工单位编制生产计划和单位工程施工组织设计提供依据。

（5）为做好各项施工准备工作，保证各项资源供应提供依据。

（6）为组织全工地性施工提供科学方案和实施步骤。

二、施工组织总设计的编制依据

为了保证施工组织总设计编制工作顺利进行，提高其编制水平和质量，使施工组织总设计能够密切结合工程实际情况，充分发挥其指导施工、控制施工的作用，在编制施工组织总设计时，通常应搜集和准备以下资料作为编制的依据。

（1）与工程建设有关的法律、法规和文件；

（2）国家现行有关标准和技术经济指标；

（3）工程所在地区行政主管部门的批准文件，建设单位对施工的要求；

（4）工程施工合同或招标投标文件；

（5）工程设计文件；

（6）工程施工范围内的现场条件，工程地质及水文地质、气象等自然条件；

（7）与工程有关的资源供应情况；

（8）施工企业的生产能力、机具设备状况、技术水平等；

（9）其他相关资料。

三、施工组织总设计的编制内容

根据建设项目和群体工程的工程性质、建设规模、建筑结构的特点、施工的复杂程度、工期要求及施工条件等各方面的因素不同，施工组织总设计的内容、要求和编制的深度也有所不同，但通常情况下，施工组织总设计一般由如下主要内容构成：工程概况、总体施工部署、施工总进度计划、总体施工准备与主要资源配置计划、主要施工方法、施工总平面图布置及主要施工管理计划等。

四、施工组织总设计的编制原则

施工组织设计的编制必须遵循工程建设程序，并应符合下列原则：

（1）符合施工合同或招标文件中有关工程进度、质量、安全、环境保护、造价等方面的要求。

（2）积极开发、使用新技术和新工艺，推广应用新材料和新设备。

（3）坚持科学的施工程序和合理的施工顺序，采用流水施工和网络计划等方法，科学配置资源，合理布置现场，采取季节性施工措施，实现均衡施工，达到合理的经济技术指标。

（4）采取技术和管理措施，推广建筑节能和绿色施工。

（5）与质量、环境和职业健康安全三个管理体系有效结合。

五、施工组织总设计编制程序

施工组织总设计的编制程序，是根据施工组织总设计编制的各项内容相互关系以及编制的基本原则确定的，其编制的程序如图 6-1 所示。

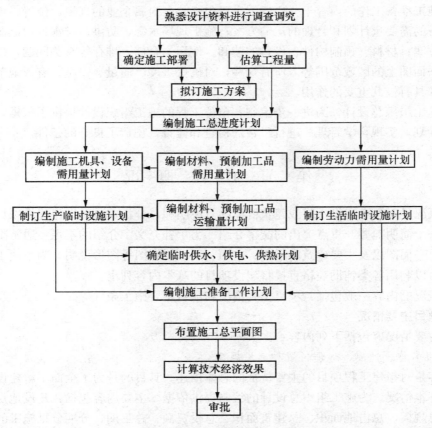

图 6-1 施工组织总设计编制程序

由上图表示的施工组织总设计编制程序可以看出：

（1）施工组织总设计，首先是从战略全局出发，对建设地区的自然条件和技术经济指标情况，进行深入细致地调查研究，对工程特点和施工要求，进行全面系统的分析研究，从而找出主要矛盾，发现薄弱环节，以便在确定施工部署时，拟订出相应的技术措施和解决问题的方法，及早克服和清除施工中的障碍，避免造成损失和浪费。

（2）根据工程特点和生产工艺流程，合理安排施工总进度计划，确保施工能均衡、连续、有节奏进行，确保建设项目能分期分批投入生产、交付使用，充分发挥投资效益。

（3）根据施工总进度计划，提出建设资金、国拨物资、成套设备分年度需要量，对勘察、设计、施工、设备、材料供应各部门的工作，提出协调和配合的具体时间和要求；对所需图纸、技术资料、劳动力、施工机械、建筑材料、设备、加工品、运输能力等提出分年度供需计划。这些对保证建设项目施工总进度的实现，无疑是思想、技术、物质的可靠基础。

（4）为了保证施工总进度计划的实现，对各项单位工程、各道工序等，都要结合工程特点和具体施工条件，科学选择施工机械，采用有效的施工方法，制订机械化、工厂化生产计划，合理选择冬雨季施工的技术措施，确定主要工种工程施工的流水方案。对一些新结构、新技术、新工艺、新材料具有特殊要求的工程项目，更要做好必要的技术准备工作，提前进行科学研究和技术攻关，以达到节省劳力、降低成本、缩短工期的综合经济效益。

（5）做好全面施工准备工作，是编制施工组织总设计的重要内容，也是搞好施工全过程的前提。施工准备工作的内容十分广泛，主要包括：各附属企业的规模、位置、投资；制订材料、设备的需要量计划和合理的运输方案；施工现场水源、防洪、排水、通讯、道路、供电等具体方案；材料、预制构件、设备的装卸、倒运、仓储、堆存等有关问题；生产、生活基地在总平面图上的区域范围等。所有这些，对确保进度、质量、安全，有效地节约暂设工程费用，都具有极其重要的作用。

（6）施工组织总设计，为进一步编制各单位工程的施工组织设计提供了依据，也为制订施工作业计划，实现科学管理、进行经常的检查和监督，创造了良好的条件。

第二节 工 程 概 况

工程概况是对整个建设项目或建筑群体的总说明和总分析，是对拟建建设项目或建筑群体所做的一个简明扼要、重点突出的文字介绍。为了补充文字介绍的不足，通常附有建设项目设计的总平面图以及主要建筑的平面、立面、剖面示意图等图形说明。为了使工程概况清晰明了，可以利用各类辅助表格直接将建设项目的基本内容列出。

工程概况的内容一般包括：项目主要情况和项目主要施工条件等。

一、项目主要情况

项目主要情况应包括下列内容：

1. 项目名称、性质、地理位置和建设规模

该内容是对拟建工程项目的主要特征的总体描述。其目的是为了全面了解建设项目或建筑群体的基本情况，为施工组织总设计的编制提供依据。主要内容包括：建设地点、工程性质、建设总规模、总占地面积、总建筑面积、总投资额、总工期、分期分批施工的项目和施工期限；各种管线和道路铺设的长度和要求；主要建筑和设备安装工程的工作量或设备安装吨位；生产工艺流程和工艺特点；建筑结构类型与特点以及新技术与新材料的要求和应用等情况；建筑总平面布置（包括竖向设计、房屋定位坐标和标高等）；主要工程工种的工程量

等各项内容。为了更清晰地反映这些内容，通常采用附图或表格等不同形式予以说明，见表 6-1 和表 6-2。

表 6-1 建筑安装工程项目一览表

序号	工程名称	建筑面积（m²）	建筑层数	建筑结构	建安工程量（万元）		设备安装工程量（t 或件）
					土建	安装	
	合计						

表 6-2 主要建筑物和构筑物一览表

序号	工程名称	建筑结构类型			占地面积（m²）	建筑面积（m²）	建筑层数	建筑体积（m³）
		基础	主体	屋面				

2. 项目的建设、勘察、设计和监理等相关单位的情况

主要说明：建设工程项目或建筑群体的建设、勘察、设计、监理、总承包和分包等各单位的名称、组织结构、情况简介等内容；提出对参与该建设工程项目施工企业的生产能力、技术装备水平、施工管理水平、市场竞争能力和企业的经济指标等各项的基本要求。

3. 项目设计概况

主要说明：建设工程项目的总体布局、建设工程项目设计思想、建设工程项目设计依据、与周围环境的协调关系以及建筑结构类型与特点、新技术与新材料的要求和应用等内容。

4. 项目承包范围及主要分包工程范围

主要说明：建设工程项目的分期建设计划、标段划分范围、项目总承包和分包范围等内容。

5. 施工合同或招标文件对项目施工的重点要求

主要说明：建设工程项目对新技术与新材料的要求；明确施工合同或招标文件特殊条款的基本要求以及对项目施工的重点要求等内容。

6. 其他应说明的情况

二、项目主要施工条件

项目主要施工条件是确定施工方案、拟订施工方法的依据，是编制施工组织总设计的重要条件。项目主要施工条件应包括下列内容：

1. 项目建设地点气象状况

项目建设地点气象状况主要包括：年平均气温、最高气温、最低气温、冰冻期、年降雨量、风力、风向等气象情况。

2. 项目施工区域地形和工程水文地质状况

项目施工区域地形和工程水文地质状况主要包括：地形、地貌、工程地质和水文地质

（如常年地下水位、最高或最低地下水位）等地质水文情况。

3. 项目施工区域地上、地下管线及相邻的地上、地下建（构）筑物情况

这主要包括：建设工程项目施工区域内原有地上、地下管线布置位置以及可利用条件；新建地上、地下管线布置位置和特殊要求等情况；建设工程项目施工区域内以及相邻的原有的地上、地下建（构）筑物位置、可利用条件等情况；可作为临时设施用的宿舍、食堂、办公、生产用房的现有建筑物数量。

4. 与项目施工有关的道路、河流等状况

这主要包括：与项目施工有关的道路、河流等的现状；需要整修、拓宽的特殊道路以及与周围地方资源供给地的距离等情况；河流宽度、流水量以及对施工的影响情况。

5. 当地建筑材料、设备供应和交通运输等服务能力状况

这主要是指当地建筑材料（如土料、石料、水泥掺合料、砂、砖瓦等）的数量、质量、规格、产地、价格等资料；当地建筑企业的资质、技术人员、机械化水平、施工特长等情况；与建设工程项目有关的当地预制构件厂生产能力、技术水平等情况；与建设工程项目有关的当地安装设备生产、供应能力、运输要求等情况；当地交通运输的主管部门、运输能力、能提供建设工程项目的运输力量、计划运输的道路及线路情况等。

6. 当地供电、供水、供热和通信能力状况

当地供电、供水、供热和通信能力状况主要包括水、电、暖、煤气供应条件，机械的能源（如柴油、汽油）的供应情况，其他动力条件，通信、信息、有线电视情况等。

7. 其他与施工有关的主要因素

其他与施工有关的主要因素还有如当地能招募的民工数量，需在工地居住的人数；邻近医疗单位至工地距离及能否为施工服务；周围有无有害气体和污染企业；地方疾病情况；少数民族地区的风俗习惯等。

另外，对于项目建设能够产生一定影响的其他内容也应进行必要的说明，如有关该建设工程项目的决议和协议；政府各相关主管部门以及建设工程项目的建设单位对该建设工程项目或建筑群体的相关要求；分期分批建设的要求以及各单项工程或单位工程设计图纸提供的阶段划分和时间安排；土地征用范围、数量以及民居或其他地上和地下物搬迁时间等。

第三节　总体施工部署

总体施工部署是施工组织总设计中的中心环节，是对整个建设工程项目全局做出统筹规划和全面安排。总体施工部署主要是解决影响建设工程项目全局的重大战略问题，是对整个建设工程项目带有全局性的总体规划。对于建设工程项目或群体建筑而言，总体施工部署在时间和空间上主要体现为施工总进度计划和施工总平面图。为此，总体施工部署是否得当将直接影响施工进度、质量和成本三大指标，是建设工程项目各项指标能否顺利实现的关键。

由于建设工程项目的性质、规模、客观条件不同，总体施工部署的内容和侧重点也各不相同。因此，在进行总体施工部署时，应对具体情况进行具体分析，按照工期定额、总工期、合同工期的要求，事先制订出必须遵循的基本原则，做出切实可行的总体施工宏观部署。

总体施工部署主要包括：

（1）施工组织总设计应对项目总体施工做出下列宏观部署：

1）确定项目施工总目标，包括进度、质量、安全、环境和成本等目标；

2）根据项目施工总目标的要求，确定项目分阶段（期）交付的计划；

3）确定项目分阶段（期）施工的合理顺序及空间组织。

（2）对于项目施工的重点和难点应进行简要分析。

（3）总承包单位应明确项目管理组织机构形式，并宜采用框图的形式表示。

（4）对于项目施工中开发和使用的新技术、新工艺应做出部署。

（5）对主要分包项目施工单位的资质和能力应提出明确要求。

一、项目总体施工的宏观部署

建设工程项目通常是由若干个相对独立投产或交付使用的子系统组成；如大型工业项目有主体生产系统、辅助生产系统和附属生产系统之分，住宅小区有居住建筑、服务性建筑和附属性建筑之分；可以根据项目施工总目标的要求，将建设工程项目划分为分期（分批）投产或交付使用的独立交工系统；在保证工期的前提下，实行分期分批建设，既可使各具体项目迅速建成，尽早投入使用，又可在全局上实现施工的连续性和均衡性，减少暂设工程数量，降低工程成本。

项目总体施工的宏观部署，就是根据建设工程项目或建筑群体总目标的要求，对整个建设工程项目或建筑群体从全局出发进行统筹规划，确定建设工程项目或建筑群体分期分批施工的合理开展程序。它关系到整个建设工程项目能否顺利实施、迅速投产或使用的关键。在进行项目总体施工宏观部署时，应主要考虑以下几点：

1. 在保证工期要求的前提下，实行分期分批配套施工

建设工程项目的建设工期是施工以及其他各项工作的时间总目标，对于大中型、总工期较长的建设工程项目，在满足工期要求的前提下，合理地确定分期分批施工的项目和开展程序，科学地划分独立施工和交工工程，使建设工程项目中相对独立的具体工程实行分期分批建设并进行合理的搭接，既可在全局上实现施工的连续性、均衡性，减少暂设工程数量、降低工程成本，又可使各独立的单项工程迅速建成，尽早投入使用，及早发挥投资效益。至于如何进行分期分批施工，各期（批）工程包含哪些工程项目，则要根据生产工艺要求，建设单位（或业主）的要求，工程规模大小和施工难易程度，资金、技术资料等多项因素，由建设单位（或业主）或由建设单位（或业主）牵头会同各相关单位（如建设监理、设计、施工等单位）共同研究确定。

对于小型或大型建设工程项目的某个系统，由于工期较短、规模较小或生产工艺的要求，一般不进行分期分批施工，应采取一次性建成投产。

2. 统筹安排各类施工项目，既要保证重点，又要兼顾其他

为保证建设工程项目或建筑群体按既定目标分期分批投产使用，在安排建设工程项目施工先后顺序时，应按照各建设工程项目的重要程度，统筹安排各类建设工程项目施工，既要保证重点建设工程项目，又要兼顾其他建设工程项目。通常情况下，应优先安排如下建设工程项目。

（1）按生产工艺要求，必须先期投入生产或起主导性作用的建设工程项目。

（2）工程量大、施工难度大、施工工期长的建设工程项目。

（3）为保证建设工程项目施工顺利进行而必需的工程项目，如运输系统、动力系统等。

（4）生产上或生活上需先期使用的建设工程项目，如机修、车床、办公楼及部分家属宿舍等；又如教学区域建设的教学楼、学生宿舍、食堂等。

（5）施工过程中使用的项目。如钢筋加工厂、木材加工厂、各种预制构件加工厂、混凝土搅拌站、采砂（石）场等附属企业及其他为施工服务的临时设施。

其他建设工程项目主要是指在建设工程项目或建筑群体中工程量小、工期短、施工难度不大或不急于使用的辅助建设工程项目，一般应考虑与优先安排的建设工程项目配合施工，作为平衡项目穿插在主体工程项目施工中进行。

3. 遵循施工程序和施工顺序

施工程序和施工顺序是建筑物在生产过程中，互相制约的施工阶段或施工工序在施工组织上必须加以明确、而又不可调整的安排。建筑施工活动由于建筑产品的固定性，必须在同一场地上进行，如果没有前一阶段的工作，后一阶段就不能进行。在施工过程中，即使它们之间交错搭接地进行，也必须遵守一定的顺序。在施工组织总设计中，虽然不必像单位工程施工组织设计那样写得比较详细，但也要对某些较特殊项目的施工程序或施工顺序作为重点安排对象列出，以引起足够重视。

通常情况下，建设工程项目或建筑群体工程的施工都应遵循"先地下、后地上"，"先深、后浅"，"先主体、后围护"，"先结构、后装修"，"先土建、后设备"的基本原则；在安排道路、管线等工程项目施工时，一般还应遵循"先场内、后场外"，"先全场、后单项"，以及场外工程"由远而近"、场内工程"先主干、后分支"的原则。

4. 考虑施工区域内各工程项目的施工条件

考虑施工现场的总平面布置，尽量避免各工程项目互相间的干扰，节约施工场地，减少场内的二次搬运，使施工现场有组织、有计划地文明施工。

考虑各类物资、设备和技术力量等的供应与安排，合理利用各类资源，促进各工程项目均衡施工。

考虑其他施工条件的影响，如交通运输、供水、供电等条件以及已完成并投入生产或使用的建设工程项目与在建工程项目的关系等条件。

5. 注意季节对施工的影响

不同季节对施工有时会产生很大的影响，它不仅影响施工进度，而且还影响工程质量和投资效益，在确定工程开展程序时，应合理地安排冬、雨季施工项目，充分做好冬、雨季施工项目的施工准备工作。如土方工程和深基础工程施工，一般应避开雨季，最好安排在当地的枯水期进行施工，这样，既防止了雨水或地表水对施工的影响，又避免了地下水对施工造成的影响；又如寒冷地区的工程施工，最好在入冬时转入室内作业或进行设备安装作业，避免露天湿作业。

二、建设项目管理组织机构

建设工程项目管理组织机构形式应根据施工项目的规模、复杂程度、专业特点、人员素质和地域范围确定。大中型项目宜设置矩阵式项目管理组织，远离企业管理层的大中型项目宜设置事业部式项目管理组织，小型项目宜设置直线职能式项目管理组织。

1. 建设项目结构分解

一个建设项目或一个建筑群体都有其建设的目标，为实现其目标，建设项目必然要由多个单项工程或单位工程组合形成，通常称为建设项目结构，图6-2所示为某软件园建设项目结构图，它清晰明了地反映了该建设项目的组成以及各项目间的相互关系。在确定了建设项目结构后，也同时可确定建设项目的施工任务组成。

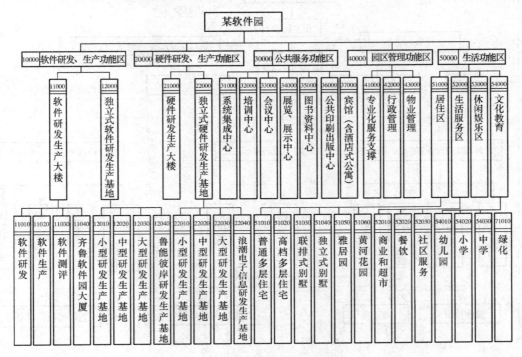

图 6-2 某软件园建设项目结构图

2. 建设项目组织结构

为保证建设项目各项目标的实现，必须按建设项目的组织结构层层进行有组织的目标控制和管理，这是建设项目目标能否顺利实现的决定性因素。为此，建设项目在全面实施之前，应根据建设项目的性质、规模、建设阶段的不同，选择不同的组织结构形式以适应项目管理的需要。组织结构形式的选择应考虑有利于项目目标的实现、有利于决策的执行、有利于信息的沟通。根据组织结构形式和例行性工作确定部门和岗位以及他们的职责与职权。如图6-3所示，为某软件园项目管理组织结构图，它明确地反映了项目管理的组织结构以及各组成部门和各工作人员的组织关系。

3. 施工任务划分

由于整个建设项目或建筑群体一般是分期分批配套施工的，为方便建设项目目标管理以及工程施工的招标与投标和工程任务的承包与分包，必须按施工开展程序和主要工程项目的施工方案和施工方法划分施工任务。通常将整个建设项目或建筑群体划分成：单项工程、单位工程、分部工程、分项工程分别施工、分别竣工交付使用。施工任务应按照整个建设项目或建筑群体的工程划分方式，考虑其可以独立施工的性质以及施工队伍之间的协调，在保证质量、工期的前提下，有利于降低施工成本的原则进行划分。如可以以整个建设项目中一个或几个单位工程为一个施工任务段来划分任务，也可以以各个单位工程中共同具有的工种类型来划分施工任务。

根据任务划分的成果，充分考虑各分包队伍可以提供的资源情况，确定综合的或专业化

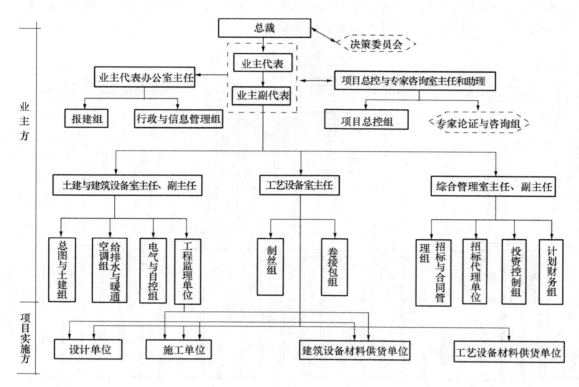

图 6-3　某建设项目组织结构图

的施工队组，确定总包、分包关系；明确各施工队组之间的分工与协作关系；明确各施工单位分期分批施工的主攻项目、穿插施工项目及其施工期限。

4. 组织分工

根据建设项目划分的项目管理组织结构，对建设项目实施的各阶段的费用（投资或成本）控制、进度控制、质量控制、合同管理、信息管理和组织与协调等管理任务进行详细的分解，分别确定其职能单位、部门和管理人员所承担的项目管理任务，并用建设项目管理职能分工表的形式列出，见表6-3，以便参照执行，从而使建设项目各管理职能单位、部门和管理人员分工明确，责任清楚，执行得力，保证建设项目各项管理目标顺利实现。

表 6-3　　　　　　　　　某项目管理职能分工一览表（示例）

序号	任务		业主方	项目管理方	工程监理方
	设 计 阶 段				
1	审批	获得政府有关部门的各项审批	执行		
2		确定投资、进度、质量目标	决策、检查	筹划、检查	筹划、执行
3	发包与合同管理	确定设计发包模式	决策	筹划、执行	
4		选择总包设计单位	决策、执行	筹划	
5		选择分包设计单位	决策、检查	筹划、执行、检查	筹划、检查
6		确定施工发包模式	决策	筹划、执行	筹划、执行

续表

序号	任务		业主方	项目管理方	工程监理方
	设　计　阶　段				
7	进度	设计进度目标规划	决策、检查	筹划、执行	
8		设计进度目标控制	决策、检查	筹划、执行、检查	
9	投资	投资目标分解	决策、检查	筹划、执行	
10		设计阶段投资控制	决策、检查	筹划、执行	
11	质量	设计质量控制	决策、检查	筹划、执行	
12		设计认可与批准	决策、执行	筹划、检查	
	招　标　阶　段				
13	发包	招标、评标	决策、检查	筹划、执行	筹划、执行
14		选择施工总承包单位	决策、执行	筹划、执行	筹划、执行
15		选择施工分包单位	决策	筹划、执行	筹划、执行、检查
16		合同签订	决策、执行	筹划	筹划
17	进度	施工进度目标规划	决策、检查	筹划、检查	筹划、执行
18		项目采购进度规划	决策、检查	筹划、检查	筹划、执行
19		项目采购进度控制	决策、检查	筹划、执行、检查	筹划、执行、检查
20	投资	招标阶段投资控制	决策、检查	筹划、执行、检查	
21	质量	制订材料设备质量标准	决策	筹划、检查	筹划、执行、检查

第四节　施工总进度计划

施工总进度计划是以拟建工程项目的概算时间或交付使用时间为目标，对施工现场各施工活动在时间上所做的控制性时间安排。是各项施工任务在工期上的具体体现。编制施工总进度计划就是根据建设项目总体施工部署的安排进行，对全工地性的所有工程项目做出时间上的安排。其内容主要包括：估算主要工程项目的工程量；确定各单项工程或单位工程的施工期限，确定各单项工程或单位工程的开、竣工时间及其相互穿插搭接的时间关系，编制施工总进度计划表等。其作用主要是确定各施工项目及其主要工种工程、施工准备工作和全工地性工程的施工期限及其开工和竣工的日期；确定建筑施工现场上劳动力、材料、成品、半成品、施工机械的需要数量和调配情况；确定现场临时设施的数量、水电供应数量和能源、交通的需要数量等。因此，正确地编制施工总进度计划是保证各工程项目以及整个建设项目按期交付使用，充分发挥投资效益，降低建筑工程成本的重要条件。

一、施工总进度计划的编制依据和编制原则

1. 施工总进度计划的编制依据

（1）建设项目的初步设计或扩大初步设计。

（2）建设项目相关的概（预）算指标、劳动（时间）定额、工期定额以及相关的技术资料。

（3）施工组织的规划设计和合同规定的施工进度要求。

（4）建设项目的组织结构，施工部署，主要工程项目的施工方案和施工方法以及其他相关的资料。

（5）建设地区的调查报告以及类似建设项目的建设经验资料等。

2. 施工总进度计划的编制原则

（1）合理安排各工程项目的施工顺序，恰当配置劳动力、物资、施工机械等，确保拟建工程在规定的工期内以最少的资金消耗量按期完工，并能迅速地发挥投资效益。

（2）合理组织施工，使建设项目的施工连续、均衡、有节奏，从而加快施工速度，降低工程成本。

（3）着眼于保证质量、节约费用的原则，科学地安排全年各季节的施工任务，尽力实现全年施工的连续性和均衡性，避免出现突击赶工增加施工费用的现象。

二、施工总进度计划编制的步骤和方法

根据施工部署中建设项目分期分批投产顺序，将每一个单项工程或单位工程的分项工程分别列出，在控制的期限内进行分项工程的具体的时间安排，从而形成施工总进度计划。在编制的过程中由于编制单位或编制人员的经验不同，编制的施工总进度计划可能略有不同，但其编制的步骤和方法基本相同，通常按下列步骤和方法进行编制。

（一）列出拟建建设项目工程项目一览表并计算工程量

根据建设项目或建筑群体的施工部署，按主要工程项目的开展程序，分别列出拟建建设项目中主要工程项目和主要工程工种一览表。由于施工总进度计划主要起控制性作用，因此项目划分不宜过细，一些附属项目、辅助工程、临时设施可以合并列出，然后估算列表中各主要项目的工程量。计算工程量的目的是了确定施工方案和主要的施工、运输、机械安装方法，初步规划主要工程项目的流水施工组织方式，估算各主要工程项目的完成时间，计算劳动力、物资的需要量等。因此，工程量只需粗略地计算即可。

由于是编制施工总进度计划，工程量计算不必过于详细、精确。因此，可根据初步设计（或扩大初步设计）图纸及有关定额手册进行计算。常采用的定额、资料有以下几种：

1. 万元、十万元投资工程量，劳动力、材料消耗扩大指标

这类定额，规定了某一种结构类型的建筑物，每万元或每十万元投资中劳动力、主要建筑材料等消耗数量。对照设计图纸中的结构类型，即可求得拟建工程项目各单位工程和主要工程工种所需要的劳动力和主要建筑材料消耗数量。

2. 概算指标或扩大结构定额

这两种定额都是在预算定额基础上的进一步扩大。概算指标是以建筑物每一百立方米体积为单位；扩大结构定额则以 $100m^2$ 为单位。在查定额时，首先查阅与本建筑物结构类型、跨度、高度相类似的部分；然后查出这种建筑物按定额单位所需的劳动力和材料消耗数量。

3. 标准设计或已建成的类似建筑物、构筑物的资料

如拟建建设项目较特殊上述几种定额中没有资料，或缺乏上述几种定额时，可采用标准设计或已建成的类似建筑物实际所消耗的劳动力及材料，加以类推，按比例估算。但是和拟建工程完全相同的已建工程是比较少见的，因此在采用已建成工程的资料时，可根据设计图纸与预算定额加以折算、调整。这种方法由于估算简单、快捷，故实际工程中较常使用。

除主要建筑物外，还必须计算主要的全工地性工程的工程量，如场地平整，道路、地下

管线的长度等,这些可以根据建筑总平面图来量测、计算。

将按上述方法计算出的工程量填入统一的工程量汇总表中,见表 6-4。

表 6-4　　　　　　　　　　　　工程项目工程量一览表

工程类别	工程项目名称	结构类型	建筑面积	幢数	概算投资	分项工程工程量							
						场地平整	土方工程	…	砖石工程	混凝土工程	…	装饰抹灰	…
			1000m²	个	万元	1000m²	1000m³		1000m³	1000m³		1000m²	
A 全工地性工程													
B 主体工程													
C 辅助工程													
D 永久住宅													
E 临时设施													
合计													

(二) 确定各单位工程的施工期限

对于已签订工程合同的建设项目,单位工程的施工期限可根据合同工期来确定。但通常情况下在进行施工总进度计划设计时,建设项目或建筑群体工程项目尚没有签订工程合同,此时,各单位工程的施工期限可根据当地的工期定额来确定。由于建筑工程施工受许多因素制约,如建筑类型、结构特征、工程规模,施工场地的水文、地质、地形、气象条件以及周围环境,施工单位的施工技术、管理水平、施工方法、机械化施工程度、劳动力及施工物资供应情况等,致使各单位工程的施工工期有很大的差异,仅依据工期定额不能真实确定各单位工程的施工期限。为此,各单位工程的施工工期必须根据拟建工程项目的特点、现场的具体条件、施工单位的实际情况,并参考类似工程的施工经验综合考虑加以确定。

(三) 确定各单位工程的开竣工时间和相互搭接关系

根据施工部署所确定的总施工期限、施工程序和各工程的控制期限及搭接关系,以及上述确定的各单位工程的施工期限,就可以具体确定建设项目中每一个单位工程的开工和竣工时间。通过对各主要单位工程项目的工期进行计算分析,具体安排各主要单位工程项目的开工、竣工的时间和搭接施工时间,其他工程项目根据其施工条件穿插确定其具体的施工时间。在具体进行安排时,通常应考虑以下各主要因素:

1. 分清主次,保证重点,兼顾一般

在安排进度计划时,要分清主次、抓住重点,同一时期施工的项目不宜过多,以免分散有限的人力、物力或造成施工现场的混乱,使单位工程施工降低工效。对于工程量大、工期长、要求质量高、施工难度大的工程,或对其他工程施工影响大的工程,对整个建设项目顺利完成起关键性作用的工程,应优先安排。同时,为保证建设项目在预期限定的工期内完工,对其他工程项目的安排也要考虑周全,适时穿插施工。

2. 满足连续、均衡施工要求

科学合理的施工总进度计划,应尽量使各工种施工人员、施工机械在全工地内连续施工,使劳动力、施工机具和物资消耗在施工全过程中达到均衡,以利于劳动力的调配、材料的供应和充分利用临时设施。为此,可以对建设项目中的主要工程项目组织大流水施工方式,预留部分调节工程项目,如宿舍、办公楼、附属或辅助车间以及临时设施等,穿插在主要工程项目的流水施工中。

3. 满足生产工艺的要求

生产工艺是串联各建筑物施工的主动脉,要根据生产工艺的要求,确定分期分批的实施方案,合理安排各个主要单位工程的施工顺序,使土建、设备安装、试生产(运转)实现"一条龙",以缩短建设工期,及早发挥投资效益。

4. 考虑施工总平面空间的布置

建设项目的建筑总平面设计,应在满足有关规范要求的前提下,使各建筑物的布置尽量紧凑,这样可以减少占地面积,缩短场内各种道路、管线的长度,降低工程造价。尤其是工业建设项目,由于要考虑生产工艺流程的要求,各建筑物间距较小,平面布置相对比较密集,这样必将导致在进行建筑施工时现场狭窄,使场内运输、材料和构件堆放、设备组装、施工机械布置等施工活动产生困难。要解决这一问题,除采取一定的技术措施外,还可对相邻各单位工程的开工时间和施工顺序予以适当调整。

5. 全面考虑各种条件限制

在确定各单位工程开竣工时间和相互搭接关系时,还要考虑到各种客观条件对建筑施工的限制和影响,如施工企业的技术和管理水平,各种材料和机械设备的供应情况,设计单位提供施工图纸时间,各年度建设投资额多少以及当地的气候、周围环境和季节变化等限制和影响因素。为此,在编制施工总进度计划时应全面考虑到施工中遇到的困难和问题,保证施工总进度计划有适当的调整余地。

(四) 编制施工总进度计划

由于施工总进度计划主要是全局性的控制进度计划,不必要搞得过细,过细使工程项目内容繁杂,反而不利于对施工中的变化进行调整,一般只列到单位工程和全工地性的工程。在施工总进度计划中,通常以单位工程或分部工程的名称作为工程项目名称。其时间一般按月来划分,对跨年度工程项目,第一年可按月,以后可按季划分。

施工总进度计划可以用横道图表达,也可以用网络计划技术,即网络图表达。工程实践证明,用有时间坐标的网络图表达施工总进度计划,比横道图法表达更加直观、逻辑关系明确,并能应用电子计算机对施工总进度计划进行编制、调整、优化、统计资源消耗数量、绘制并输出各种数据和图表,因此,在现代的建筑施工组织中得到了广泛的应用。

施工总进度计划的绘制方法:按照施工部署中的工程开展程序,首先排列各单位工程或分部工程项目等主要工程项目;依据各主要工程项目的计算工期确定其开、竣工时间以及各工程项目间的搭接时间,形成施工总进度计划的初步方案。然后,对其进行综合平衡和调整。具体调整的方法是:将同一时期各项工程的工作量叠加在一起,用一定比例绘制在施工总进度计划的底部,即可得出建设项目资源需要量动态曲线。若动态曲线上出现较大峰值或低谷,可以进行必要的调整与修正,使各个时间的工作量尽量达到均衡,形成正式的施工总进度计划。

对于经调整与修正后的施工总进度计划，也不是固定不变的。在建设项目的实施过程中，也可随着施工的进展情况，对不适宜的部分及时进行必要的调整；对于跨年度的建设项目，还应根据年度基本建设投资的实际情况以及施工进度、施工条件等因素，对施工总进度计划进行必要的调整和修改。

施工总进度计划表和主要工程项目流水施工进度计划表，见表 6-5 和表 6-6。

表 6-5 施工总进度计划表

序号	工程项目名称	结构类型	建筑面积 m²	工作量		施工日期	三季度			四季度			一季度			二季度		
				单位	数量		7	8	9	10	11	12	1	2	3	4	5	6
1	纺织车间																	
2	定型车间																	
…	…																	

表 6-6 主要工程项目流水施工进度计划表

序号	工程项目名称	工程量		施工机械			劳动力			施工延续时间	×月	×月	×月	×月	…
		单位	数量	机械名称	台班数量	机械数量	工种名称	总工日数	平均人数						
1															
2															
…															

第五节　总体施工准备与主要资源配置计划

按照施工总进度计划的要求编制总体施工准备计划和主要资源配置计划。作为施工组织总设计的重要组成部分，总体施工准备计划和主要资源配置计划是建设项目能否顺利实施的基础，是建设单位和施工企业进行施工准备、安排技术力量、选择劳动力、确定各项资源配置的重要依据。

一、总体施工准备

总体施工准备主要包括：技术准备、现场准备和资金准备等。根据建设项目开展的程序、总进度计划和主要工程项目的施工方案和施工方法，编制施工项目全场性的施工准备工作计划，以满足建设项目分阶段（期）施工的需要。

各项计划和工程项目的各项目标能否顺利实现，很大程度上取决于相应的准备工作能否及时开始和按时完成。因此，施工准备工作是各项施工任务顺利实施的重要基础（关于施工准备工作的详细内容，参见本书第四章相应内容）。为此，在其他各项计划形成后，依据施工总进度计划、各项资源需要量计划等各项计划，以及施工部署和施工方案等施工条件，编制施工准备工作进度计划，作为落实各项施工准备工作依据。为了保障施工准备工作的进度，必须加强建设单位、设计单位和施工单位之间的协调工作，密切配合，建立健全施工准备工作的责任制度和检查制度，使施工准备工作有领导、有组织、有计划和分期分批地进行。施工准备工作进度计划见表 6-7。

表 6-7　　　　　　　　　　　　　　主要施工准备工作计划一览表

序号	项目	施工准备工作内容	负责单位	负责人	涉及单位	起止日期		备注
						月　日	月　日	
1								
...								

二、"七通一平"规划

"七通一平"是指在施工场地范围内，开通施工场地与城乡公共道路的通道以及施工场地内的主要道路、接通施工现场用水、用电、电信、蒸汽、煤气、施工现场排水及排污、平整施工场地等各项工作的总称。这是工程项目开工前的重要施工准备工作，是单位工程开工的必备条件之一。为此，在施工组织总设计中应做出规划，有计划、有步骤地分阶段进行。此项工作一般由建设单位或业主完成，也可根据施工总承包合同的约定，委托承包人办理。因此，此项内容的粗细应根据实际情况来编制。如对于一些中小型的建设项目一般要求"三通一平"即可，即水、电、路通，场地平整。

1. 平整场地的规划

做好施工场地的平整工作，既有利于拟建工程、道路、管线等的定位放线，又便于材料、构配件的运输与堆放。平整场地的规划就是在场地平整前，确定场地平整与基坑（槽）开挖的施工顺序，确定场地的设计标高，计算挖、填土方量，进行土方调配等。

场地平整与基坑（槽）开挖的施工顺序，通常有三种不同情况：

（1）对场地挖、填土方量较大的工地，可先平整场地，后开挖基坑。这样，可为土方机械提供较大的工作面，使其充分发挥工作效能，减少与其他工作的相互干扰。

（2）对较平坦的场地，可先开挖基坑，待基础施工后再平整场地。这样可减少土方的重复挖填，加快建筑物的施工进度。

（3）当工期紧迫或场地地形复杂时，可按照现场施工的具体条件和施工组织的要求，划分施工区，施工时，可平整某区场地后，随即开挖该区的基坑，或开挖某区的基坑，并做完基础后，在进行该区的场地平整。

进行土方调配，是根据实际情况对整个场地挖方的土方利用和堆弃以及填方所用土方的取得进行综合协调处理。应尽可能做到挖填方平衡、以挖补填、就近调运，最大限度地降低挖、填、运的土方总量，节约施工费用。

2. 施工道路的规划

首先开通施工场地与城乡公共道路的通道，然后根据各种仓库、堆场、加工厂、搅拌站等的位置，本着尽量避免或减少施工物资的二次转运、尽量利用拟建的永久性道路为施工服务的原则，确定场内主要道路，以便节约运输费用。为了不损坏永久性道路的路面和加速运输道路的开通速度，可先做永久性道路的路基，作为临时道路使用，待拟建工程完工前再做路面,以便节约临时设施费用。

3. 施工现场用水、排水规划

施工现场用水一般包括施工用水、生活用水和消防用水三个部分。现场临时供水管网的铺设,既要方便施工,又要节约费用,要充分地利用原有或拟建的永久性供水系统为施工服务,并接通至各用水地点。

施工现场排水系统的规划也是十分重要的,特别是在雨量大、雨季长的地区。尤其在土方工程和基础工程施工阶段,要充分考虑排水系统的建立。为了节省费用,可充分利用永久性排水系统。在山区施工时,还必须重视施工现场的防洪问题,并相应设置截水沟、排水沟、挡水坝等防洪设施。

4. 施工现场用电的规划

施工现场用电主要包括:施工机械、设备等动力用电和施工现场室内外照明用电两大部分。要充分考虑施工临时用电与原有或拟建工程永久性用电相结合。在电力系统供电能力范围内,应与供电部门联系获得电源或要求增容;在电力系统供电能力不足或不能供给电力时,则应考虑部分或全部自行发电。从供电系统的高压供电网中引接电源时,所配置的各种变电设施、配电线路及其布置均要符合安全用电管理规定的要求。

另外,施工中如需要通热、通气、通电信等,也应在施工组织总设计中妥善考虑,本着不影响工程进度和质量、费用最少的原则进行规划布置。为使施工准备工作计划,规划周全,应及早动手,为正式施工奠定良好的基础。

三、主要资源配置计划

施工总进度计划编制完成后,就可以编制各种主要资源配置计划。主要资源配置计划应包括:劳动力配置计划和物资配置计划等。该计划主要包括:综合劳动力及主要工种劳动力计划,构件、半成品及主要建筑材料需要量计划,主要机具、设备需要量计划以及大型临时设施需要量计划等。上述各项计划是做好劳动力、施工机械和机具、各类物资以及临时设施等各项内容的供应、平衡、调度、落实的依据。

(一)劳动力配置计划

劳动力配置计划应按照各工程项目工程量,并根据总进度计划,参照概(预)算定额或者有关资料确定。目前施工企业在管理体制上已普遍实行管理层和劳务作业层的两层分离,合理的劳动力配置计划可减少劳务作业人员不必要的进、退场或避免窝工状态,进而节约施工成本。

劳动力配置计划应包括下列内容:

(1)确定各施工阶段(期)的总用工量;

(2)根据施工总进度计划确定各施工阶段(期)的劳动力配置计划。

劳动力配置计划的编制,首先根据工程量汇总表中列出的各个建筑物各主要工种的工程量,根据施工承包单位自有的施工定额或其他类似工程的资料,通过计算便可得到各个建筑物各主要工种的劳动量工日数;然后再根据总进度计划表中各单位工程中各主要工种的持续时间,计算出各单位工程各工种在某段时间里平均劳动力数量。在总进度计划表中,沿横坐标方向将某一工种同一时间在各单位工程上的平均用工数叠加起来,表示在纵坐标上,按横坐标把它们连成曲线,即为某工种的劳动力配置动态曲线图。其他各主要工种也用同样方法绘成曲线图,从而可根据劳动力配置曲线图,列出主要工种劳动力需要量计划表,见表6-8。

将各主要工种劳动力需要量曲线图在时间上叠加，就可得到整个建设工程项目的劳动力配置曲线图和劳动力配置计划表，见表 6-9。

表 6-8　　　　　　　　　　劳动力需要量计划表

序号	工程名称	工种名称	施工高峰需要人数	20××年				20××年				现有人数	多余（＋）不足（一）
				一季	二季	三季	四季	一季	二季	三季	四季		
1													
2													
	劳动力动态曲线												

表 6-9　　　　　　　　　　劳动力配置计划一览表

序号	工种名称	劳动量	工业建筑及全工地性工程							居住建筑		仓库、加工厂等临时性建筑	20××年				20××年			
			工业建筑			道路	铁路	上下水道	电气工程	其他	永久性	临时性		一季度	二季度	三季度	四季度	一季度	二季度	三季度	四季度
			主厂房	辅助	附属																
1	钢筋工																				
2	木工																				
3	瓦工																				
4	管道工																				
…	…																				

（二）资源配置计划

资源配置计划应根据总体施工部署和施工总进度计划确定主要物资的计划总量及进、退场时间。物资配置计划是组织建筑工程施工所需各种物资进、退场的依据，科学合理的物资配置计划既可保证工程建设的顺利进行，又可降低工程成本。

物资配置计划应包括下列内容：

（1）根据施工总进度计划确定主要工程材料和设备的配置计划；

（2）根据总体施工部署和施工总进度计划确定主要周转材料和施工机具的配置计划。

1. 主要工程材料及预制加工品配置计划

主要工程材料及预制加工品配置计划是组织材料和预制品加工、订货、运输、确定堆场和仓库面积的依据。它是根据施工图纸、总体施工部署和施工总进度计划编制的。

根据各工种工程量汇总表所列各建筑物或构筑物的工程量，查对施工定额相应子项或参照已建类似工程资料，计算出所需工程材料、预制构件和加工品等的需用量；然后根据施工总进度计划，大致计算出各项资源在各个季度（或月份）的需要量，依据施工现场、交通运输、市场供应能力等情况，编制出建设工程项目各阶段的主要材料、预制构件加工品配置计划及运输计划。主要工程材料配置计划的计算过程和计算结果通常列表汇总表达，常用表格形式见表 6-10～表 6-12。

表 6-10 主要工程材料需要量计划表

材料名称 工程名称	主要工程材料						
	钢板（t）	钢筋（t）	木材（m²）	水泥（m²）	砂子（m²）	石子（m²）	…

表 6-11 主要工程材料及预制加工品配置计划表

序号	材料或预制 加工品名称	规格	单位	需要量				配置计划						
				合计	正式 工程	大型临 时设施	施工 措施	20××年				20××年		
								一季	二季	三季	四季	一季	二季	…
1														
…														

表 6-12 主要工程材料及预制加工品运输计划表

序号	材料或预制 加工品名称	单位	数量	折合 吨数	运距（km）			运输量 （t·km）	分类运输量（t·km）			备注
					装货点	卸货点	距离		公路	铁路	航运	

2. 主要工程施工机具、设备配置计划

主要施工机具、设备，如挖土机、起重机械等，其配置计划的编制通常是根据总体施工部署、施工方案以及施工总进度计划，主要工种工程量和主要工程材料、预制加工品运输量计划，参考机械化施工资料选定相应的施工机具、设备，套用机械产量定额计算其需要量。辅助机械和运输机具可以根据主要施工机械的性能、数量、主辅机械匹配比例以及运输量来确定，或根据建筑安装工程每 10 万元扩大概算指标求得。主要施工机具、设备配置计划除应用于组织机械的供应外，还可以作为施工用电容量和停放场地面积的计算依据。主要施工机具、设备配置计划见表 6-13。

表 6-13 主要施工机具、设备需要量计划表

序号	工程名称	机具设备 名称	规格 型号	电动机 功率	需要数量			解决 办法	配置计划				
					单位	数量	现有		200×年				200×年
									一季	二季	三季	四季	一季
1													
…													

3. 大型临时设施配置计划

大型临时设施应本着尽量利用已有或拟建工程为工程施工服务的原则，按照总体施工部署和各种资源配置计划，认真进行暂设工程的设计，确定一切生产和生活临时设施的需要量，并编制大型临时设施配置计划表，见表 6-14。

表 6-14 大型临时设施配置计划表

序号	项目名称	需要量		利用现有建筑	利用拟建永久建筑	新建	单价(元/m²)	造价(万元)	占地(m²)	修建时间	备注
		单位	数量								
1											
...											

第六节 主 要 施 工 方 法

施工组织总设计应对建设工程项目涉及的单位(子单位)工程和主要分部(分项)工程所采用的施工方法进行简要说明。对脚手架工程、起重吊装工程、临时用水用电工程、季节性施工等专项工程所采用的施工方法应进行简要说明。

一个建设项目或建筑群体中的主要工程项目是指那些工程量大、技术复杂、施工难度大、工期长、对整个建设项目的完成起着关键作用的单项工程或单位工程，以及对建设项目全局有重大影响的分部分项工程，如供施工使用的全场性的特殊工程或大跨度结构、深基础施工、钢管混凝土、大型预应力施工等新技术、新结构、新工艺、新材料的特殊工程。

一、拟订施工方案

拟订施工方案是针对上述主要工程项目的施工组织或施工技术方面的基本问题提出原则性的解决方案。其内容主要包括：确定主要的施工方法、施工工艺流程，选择主要的施工机械，划分施工段，提出施工技术组织措施等。其内容和深度与单位工程施工组织设计中的要求是不同的，它只需原则性地提出施工方案，如采用何种施工方法；哪些构件采用现浇；哪些构件采用预制；是现场就地预制，还是在构件预制厂加工生产；构件吊装时采用什么机械；准备采用什么新工艺、新技术等，即对涉及全局性的一些问题拟订出施工方案。

拟订全场范围内供施工使用的特殊工程的施工方案，是根据拟订的主要工程项目施工方案，确定具体的施工用工程的施工方案。如采石（砂）场、木材加工场、各种构件加工场、混凝土搅拌站、施工道路或铁路、公路运输专线等施工附属工程及其他为施工服务的临时设施工程的施工方案。

二、选择施工方法

选择施工方法是指选择那些工程量大、占用时间长、对工程质量和工期起着关键作用的主要工种工程的施工方法。如土石方、基础、砌体、脚手架、模板、钢筋、混凝土、结构安装、防潮防水、装饰、垂直运输、管道安装、设备安装等工种工程。在选择主要工种工程的施工方法时，应根据建设项目的特点、当地或施工企业的具体情况，尽可能地采用技术先进、经济合理、切实可行的工业化与机械化施工方法。在各工种工程施工方法的具体选择时，一定要从整个项目角度入手，从全局考虑各具体工程采用的施工方法。如对于工程项目类似的、距离较近的各单体工程可以统一安排，采用相同的施工方法，合理组织工程间流水施工，从而提高生产效率。

要因地制宜，采取工厂预制和现场预制相结合的方针，逐步提高建筑施工工业化和专业化的水平。为此，应妥善安排钢筋混凝土构件、木制品加工、混凝土搅拌、金属构件加工以及沙石等成品与半成品材料的生产与加工。其安排的要点如下：

（1）充分利用本系统或本地区的永久性预制加工厂生产大量的标准构件，如楼面和屋面板、吊车梁、连系梁、柱、砌块、墙板、门窗、金属结构、铁件等。

（2）当本系统或本地区缺少永久性预制加工厂，或其生产能力不能满足需要时，可考虑设置现场临时性预制加工厂，并确定其设置位置和生产规模。

（3）对于大型的预制构件，如单层工业厂房施工中的柱、屋架、托架、天窗架、吊车梁等构件，一般应在现场就地预制，以免运输困难或增加运输费用。

总之，以上安排要因工程制宜、因地制宜，采取工厂预制和现场预制相结合的措施，经分析比较后选定工厂化施工方案，并编制预制构件加工品生产和供应计划表，见表6-15。

表 6-15 预制构件加工品生产和供应计划表

序号	工程名称	构件或半成品名称	规格	标准图号	需要量		加工单位	加工时间	使用日期	备注
					单位	数量				

三、确定施工工艺流程

确定施工工艺流程是根据上述主要工种工程所选择的具体施工方法，参照有关的施工工艺标准和操作规程，对特殊工程的施工确定其具体的施工工艺流程。如大模板、滑升模板、大跨度结构工程、深基础工程施工、大型预应力工程施工等特殊工程。见图6-4所示为某高层建筑剪力墙结构工程项目施工方法中，剪力墙大模板施工工艺流程图。

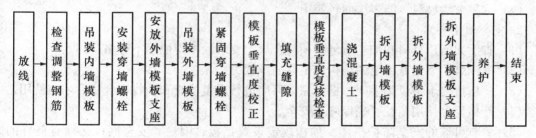

放线 → 检查调整钢筋 → 吊装内墙模板 → 安装穿墙螺栓 → 安放外墙模板支座 → 吊装外墙模板 → 紧固穿墙螺栓 → 模板垂直度校正 → 填充缝隙 → 模板垂直度复核检查 → 浇混凝土 → 拆内墙模板 → 拆外墙模板 → 拆外墙模板支座 → 养护 → 结束

图 6-4 剪力墙大模板施工工艺流程图

四、施工机械的选择

建设工程项目的机械化施工是加快施工进度、提高施工质量、实现施工现场文明施工的重要前提，为此，必须努力提高施工机械化程度。在确定主要工种工程施工方法时，应尽量考虑机械化施工，努力扩大机械化施工的范围。但要注意选择施工机械时应充分考虑其可能性、实用性及经济合理性，要在充分利用并发挥现有机械的基础上，针对施工中的薄弱环节，在条件许可的情况下，尽量制订出配套的机械施工方案。购置新型的高效能施工机械，以提高机械化施工的水平和生产效率。在确定机械化施工方案时应注意如下几点：

（1）所选主导施工机械的类型、性能和数量既能满足工程施工的需要，又能充分发挥其效能，并尽量安排同一机械在几个项目上实现综合流水作业，减少其拆、装、运的次数和相关费用。

（2）各种辅助机械或运输工具应与主导机械的生产能力协调配套，以充分发挥主导机械效率为目标。如土方工程在采用汽车运土时,汽车的载重量应为挖土机斗容量的整倍数,汽车的数量应保证挖土机连续工作。

(3) 在同一工地上,应力求使建筑机械的种类和型号尽可能少一些,以利于机械管理和维修。尽量使用一机多能的施工机械,提高机械使用效率,降低机械使用费用。

(4) 工程量大而集中的施工项目,应选用大型的施工机械;施工面大而又比较分散的施工项目,则应选用移动灵活的中小型施工机械。

(5) 机械选择应考虑充分发挥施工单位现有机械的能力,当本单位的机械能力不能满足工程需要时,则应根据工程需要购置或租赁所需机械。

总之,所选机械化施工总方案应是在生产上适用、技术上先进和经济上合理的。

五、脚手架的选择

脚手架是建筑施工中重要的临时设施,是施工现场为安全防护、工人操作以及解决楼层间少量垂直和水平运输而搭设的支架,选择与使用是否合适,不但直接影响施工作业的顺利进行和安全,而且也关系到工程质量、施工进度和企业经济效益的提高,因而是建筑施工技术措施中最重要的环节之一。

脚手架的种类很多,选择时应根据其搭设位置、用途、建筑物的类型与高度以及现有脚手架的情况而定。

1. 基本要求

(1) 脚手架应满足工人操作、材料堆放和运输的要求;

(2) 坚固稳定,安全可靠;

(3) 搭拆简单,搬移方便;

(4) 尽量节约材料,能多次周转使用。

2. 安全使用要求

(1) 脚手架所用材料和加工质量必须符合规定要求,不得使用不合格产品。

(2) 确保脚手架具有稳定的结构和足够的承载力。

(3) 严格按要求搭设脚手架,搭设完毕后应进行质量检查和验收,合格后才能使用。

(4) 严格控制使用荷载,确保施工安全。

(5) 要有可靠的安全防护措施。如按规定设置挡板、围栏和安全网;必须有良好的防电、避雷装置及接地装置。

(6) 6级以上大风、大雪、大雨、大雾天气下应暂停在脚手架上作业。

(7) 因故闲置一段时间或因发生大风、大雨雪等灾害性天气后,重新使用脚手架时,必须认真检查加固后才能使用。

六、季节性施工

建筑工程施工绝大多数工作是露天作业,因此,季节对施工生产的影响较大,特别是冬雨季。为按期、保质完成施工任务,必须采取有效的措施,合理安排冬雨期施工。

1. 冬期施工的原则

为保证冬期施工的质量,在选择分项工程具体施工方法和拟订施工措施时,必须遵循如下原则:

(1) 能可靠保证工程施工的质量;

(2) 经济合理,使增加的措施费用最少;

（3）所需的热源及技术措施材料有可靠的来源，并使消耗的能源最少；

（4）工期能满足规定要求。

2. 冬期施工方案

（1）根据冬期施工项目、部位，明确冬期施工中的重点及进度计划安排；

（2）根据冬期施工项目、部位，列出冬期施工方法及执行的国家技术标准文件；

（3）热源、设备计划及供应部署；

（4）施工材料计划进场数量及供应部署；

（5）劳动力供应计划；

（6）工程质量控制要点；

（7）施工安全生产及消防要点。

3. 雨季施工的要求

（1）根据雨季施工的特点，将不宜在雨季施工的分项工程提前或拖后安排。对必须在雨季施工的工程项目制订有效的措施，进行突击施工；

（2）合理进行施工安排。做到晴天抓紧室外工作，雨天安排室内工作；

（3）密切注意气象预报，做好抗台防汛等准备工作；

（4）施工现场的道路、设施必须做到排水畅通，尽量做到雨停水干；

（5）做好原材料、成品、半成品的防雨工作；

（6）备足排水需用的水泵及有关器材。

第七节 施工总平面布置

施工总平面布置是对拟建工程项目施工现场的总体平面布局，用以表示全工地在施工期间所需各项设施和永久性建筑之间的合理布局关系。它是施工部署在施工空间上的反映，对指导现场进行有组织、有计划的文明施工，节约施工用地，减少场内运输，避免相互干扰，降低工程费用具有重大的意义。施工总平面设计是按照施工部署、施工方案和施工总进度的要求，对拟建的建筑物、施工用临时房屋建筑、临时加工预制厂、材料仓库与堆场、临时用水电管线、交通运输道路等，在施工现场上进行合理的、周密的规划和布置，并用图纸的形式将其表达出来。

建设工程项目的施工过程，是一个动态管理过程，现场上的实际情况随时会发生变化。对于大型建设工程项目，由于施工期限长或场地所限，必须多次周转使用场地，所以，有时应按照几个阶段布置施工总平面图，如基础施工阶段平面布置、主体结构施工阶段平面布置等。对于新开辟地区，还应有建筑区域规划图，其内容主要包括：地形地貌、建筑生产企业、地方材料产地、居民村落、临时生活区位置，以及铁路、公路、码头和全区域水电管线位置等。

绘制施工总平面布置图的比例，一般常用 1∶1000 或 1∶2000。

一、施工总平面设计依据

施工总平面设计的主要依据包括：

（1）建设工程项目的总平面图、区域规划图、地形图、竖向设计图、建设工程项目范围内一切相关的已有和拟建的各种地上、地下的设施和管线位置图。

（2）建设工程项目的施工部署、主要建筑物的施工方案和施工总进度计划等技术资料。

（3）建设地区的自然条件、技术经济条件和社会环境调查报告等。

（4）各种建筑材料及预制加工品需要量计划、劳动力需要量计划、主要机具、设备需要量计划等各种资源需要量计划表以及各种资源的供应情况及运输方式，以便规划工地内部的仓储场地和运输路线。

（5）各种生产、生活用临时设施一览表，以便规划各种加工厂、仓库以及其他临时设施的设置位置、数量和外轮廓尺寸。

（6）建设工程项目施工征地的范围，水、电、暖、气等接入位置和容量等情况。建设工程项目的安全施工及防火等标准和相应的经济技术措施等。

二、施工总平面图设计原则

施工总平面图设计，是一项综合性的规划问题，它涉及因素繁杂。要想得到一个令人满意的施工总平面图设计，必须通过多方案比较和认真计算分析。为此，在绘制施工总平面图时应当遵循下列原则：

（1）平面布置科学合理，施工场地占用面积少。在保证施工现场各项施工过程顺利进行的前提下，施工场区布置要紧凑，尽量减少施工用地，特别要注意不占或少占农田，不挤占城镇交通道路。

（2）合理组织运输，减少二次搬运。尽量使各种机械、仓库、加工厂靠近使用地点，力求建筑材料直接运达施工地点，减少场内的二次搬运和场内的运输距离，降低运输费用，并保障运输的方便和通畅。

（3）施工区域的划分和场地的临时占用应符合总体施工部署和施工流程的要求，减少相互干扰。合理划分整个施工场区，按各工程项目的开展程序和用地范围，明确划分各工程项目的施工作业区，尽量减少各工程项目和各专业工种之间的相互干扰。

（4）充分利用既有建（构）筑物和既有设施为工程项目施工服务，降低临时设施的建造费用。在满足施工要求的条件下，各种临时设施的布置应方便生产和生活，并尽量降低临时设施费用。为此，要尽量利用永久性建筑物和设施为施工服务。如利用已有的永久性建筑物或有计划地先建几幢建筑、上下水构筑物、部分管线、电力网等永久性建筑物或设施。对于工地内将被拆除的旧建筑物，也可酌情暂缓拆除加以利用。对于必须建造的临时建筑物，应尽量采用可拆卸式，以便多次使用，减少一次投资费用。

（5）临时设施应方便生产和生活，办公区、生活区和生产区宜分离设置。临时设施的布置，应便利于施工管理及工人的生产和生活，使工人至施工作业区域的距离最近，往返时间最少；在生活区范围内应考虑设置文教、卫生、体育等福利设施；办公用房应靠近施工现场，以利于全面指挥。

（6）符合节能、环保、安全和消防等要求。施工场地的总体布置要考虑到洪水、风向等自然因素的影响。同时，要满足劳动保护和安全生产等方面的要求。对于可燃性的材料仓库、加工厂等，必须满足防火安全规范要求的距离。例如，木材加工厂、锻工场与施工对象之间的距离均不得小于50m。为保证生产安全，施工现场应按照防火要求设置消防站及必要的消防设施。

（7）遵守当地主管部门和建设单位关于施工现场安全文明施工的相关规定。

三、施工总平面图设计内容

施工总平面布置应包括下列内容：

（1）建设工程项目施工用地范围内的地形状况。主要包括：原有的地形图和等高线；建筑红线、永久性及半永久性测量放线用水准点和标志点（坐标点、高程点、沉降观测点等）测量的基准点；特殊图例、方向标志，比例尺等。

（2）全部拟建的建（构）筑物和其他设施的位置。主要包括：一切原有的、拟建的和拆除的地上、地下建筑物、构筑物、铁路、道路和各种管线等。

（3）建设工程项目施工用地范围内的加工设施、运输设施、存储设施、供电设施、供水供热设施、排水排污设施、临时施工道路和办公、生活用房等。主要包括：各种建筑材料、成品、半成品以及预制构件的仓库和主要堆场；各种加工厂、搅拌站以及动力站等；临时的和永久的水源、电源、暖气、变压器、给排水管线和动力供电线路及设施等；机械站、车库、大型机械的位置；取土、堆土及弃土的位置；行政管理用办公室、临时宿舍及文化生活福利建筑等。

（4）施工现场必备的安全、消防、保卫和环境保护等设施。

（5）相邻的地上、地下既有建（构）筑物及相关环境。

四、施工总平面图设计步骤与方法

根据施工总平面布置图的基本内容，其设计步骤为：引入场外交通道路→布置仓库和材料堆场→布置加工厂和搅拌站→布置场内运输道路→布置全场性垂直运输机械→布置行政、生活等临时房屋→布置临时水、电管网和其他动力设施→绘制正式施工总平面图。

（一）引入场外交通道路

引入场外交通道路是指将建设地区的交通运输方式或交通主干线引入施工场区的入口处。在进行施工总平面图设计时，首先应从研究大宗材料、成品、半成品、机械、设备等进入工地的运输方式着手，考虑其进入工地的方式。通常情况下主要材料进入工地的方式不外乎铁路、公路和水路。

1. 铁路运输

如主要物资和设备由铁路运入施工场地时，应首先考虑铁路线由何处引入工地和如何布置外部线路问题。一般对于大型工业企业，厂区内通常设有永久性铁路专用线，施工时可以考虑提前修建，以便为施工服务。但是，有时这种铁路专用线路要铺入工地中部，严重影响场内施工的运输和安全，因此，在现场布置时，注意铁路线对施工区域的影响，尽量使铁路线路设置在场地的一侧或两侧，或者使其成为施工区域的划分线。当然，铁路线路也未必一次性建成，可以先将铁路线建到进入施工现场的入口处，设立临时站台，再用汽车进行场内运输。这样铁路线不会对施工产生太大的影响。

如果修建施工用临时铁路，首先确定铁路起点和进场位置。一般铁路临时线宜由工地的一侧或两侧引入，以更好地为施工服务。只有在大型工地划分成若干个施工区域时，才考虑将铁路引入工地中部的方案，以防影响工地的内部运输，对施工造成不利的影响。

引入铁路时，要注意铁路的转弯半径和竖向设计的要求。因为，标准宽轨铁路的特点是转弯半径大、坡度限制严。通常要求纵坡小于 3%，平面曲率半径大于 300m，路基宽度不小于 3.5m。另外，如专用铁路线的修建时间较长，影响施工准备时，也可安排建设前期以公路运输为主，逐渐转向以铁路运输为主。

2. 水路运输

如主要物资和设备由水路运入施工场地时，要考虑充分利用原有码头的吞吐能力。原有码头能力不足时，可增设新码头或改造原码头，卸货码头数量不少于两个，其宽应大于2.5m，并可考虑在码头附近布置主要加工厂和转运仓库。

3. 公路运输

如主要物资和设备由公路运入施工场地时，因公路线路布置的灵活性较大，则应先将场内仓库或加工厂布置在最合理、最经济的地方，并由此布置场内运输道路和安排与场外主干公路相接位置，进出工地应布置两个以上出入口。场内干线宜采用双车道环形布置，环行道路的各段尽量设计成直线段，以便提高车速，宽度不小于6m；次要道路可用单车道支线布置，宽度不小于3.5m，每隔一定距离设会车或调车的地方，道路末端应设置回车场地。道路的主要技术标准、转弯曲线半径及路面种类，见表6-16～表6-18。

表 6-16   临时道路主要技术标准

指标名称	单　位	技　术　标　准
设计车速	km/h	≤20
路基宽度	m	双车道6～6.5；单车道4～4.5；困难地段3.5
路面宽度	m	双车道5～5.5；单车道3～3.5
平面曲线最小半径	m	平原、丘陵地区20；山区15；回头弯道12
最大纵坡	%	平原地区6；丘陵地区8；山区11
纵坡最短长度	m	平原地区100；山区50
桥面宽度	m	木桥4～4.5
桥涵载重等级	t	木桥涵7.8～10.4（汽6t～汽8t）

表 6-17   最小允许曲线半径表

车辆类型	路面内侧最小曲线半径（m）		
	无拖车	有一辆拖车	有两辆拖车
三轮汽车	6	—	—
一般二轴载重汽车：单车道	9	12	15
双车道	7	—	—
三轴载重汽车、重型载重汽车	12	15	18
超重型载重汽车	15	18	21

表 6-18   临时道路路面种类和厚度表

路面种类	特点及使用条件	路基土	路面厚度（m）	材料配合比
级配砾石路面	雨天照常通车，可通行较多车辆，但材料级配要求严	砂质土	10～15	体积比： 黏土：砂：石子：1：0.7：3.5 重量比： 1. 面层：黏土13%～15%，砂石料85%～87% 2. 底层：黏土10%，砂石混合料90%
		黏质土或黄土	14～18	

路面种类	特点及使用条件	路基土	路面厚度（m）	材料配合比
碎（砾）石路面	雨天照常通车，碎（砾）石本身含土较多，不加砂	砂质土	10～18	碎（砾）石＞65％，当地土含量≤35％
		黏质土或黄土	15～20	
碎砖路面	可维持雨天通车，通行车辆较少	砂质土	13～15	垫层：砂或炉渣 4～5cm
		砂质土或黄土	15～18	底层：7～10cm 碎砖 面层：2～5cm 碎砖
炉渣或矿渣路面	雨天可通车，通行车少附近有此材料	一般土	10～15	炉渣或矿渣 75％，当地土 25％
		土较松软	15～30	
砂路面	雨天停车，通行车少，附近不产石，只有砂	砂质土	15～20	粗砂 50％，细砂、粉砂和黏质土 50％
		黏质土	15～30	
风化石屑路面	雨天不通车，通行车少，附近有石料	一般土	10～15	石屑 90％，黏土 10％
石灰土路面	雨天停车，通行车少，附近产石灰	一般土	10～13	石灰 10％，当地土 90％

（二）仓库与材料堆场的布置

仓库与材料堆场的布置通常考虑设置在运输方便、位置适中、运距较短并且平坦、宽敞、安全防火的地方，并应区别不同材料、设备和运输方式来设置。

当采用铁路运输时，大宗材料仓库和堆场通常沿铁路线靠近工地一侧布置，并且不宜设置在弯道外或坡道上。同时要留有足够的装卸前线，否则，必须在附近设置转运仓库。

当采用水路运输时，一般应在码头附近设置转运仓库，以缩短船只在码头上的停留时间。

当采用公路运输时，仓库的布置较灵活。此时，应尽量利用永久性仓库，中心仓库一般布置在工地中央或靠近使用的地方，也可以布置在靠近于外部交通连接处；一般材料仓库应邻近公路和施工地区布置；钢筋、木材仓库应布置在其加工厂附近；水泥库、砂石堆场则布置在搅拌站附近；砖、瓦和预制构件等直接使用的材料应该直接布置在施工对象附近，并在垂直运输机械的工作范围内，以免二次搬运；油库、氧气库和电石库等危险品仓库宜布置在僻静、安全之处。工业项目还应考虑主要生产设备的仓库（或放置场地），笨重设备应尽量放在车间附近，其他设备仓库可布置在外围或其他空地上，一般应与建筑材料仓库分开设置。

（三）加工厂和搅拌站的布置

各种加工厂和搅拌站的布置，应以方便使用、安全防火、运输费用最少、不影响建筑安装工程施工的正常进行为原则。各种加工厂宜集中布置在同一个地区，一般多处于工地边缘，并应与相应的仓库或材料堆场布置在同一范围内。这样，既便于各种加工材料的直接使用和管理，又能集中铺设道路、动力管线及给排水管网，从而降低施工费用。

混凝土搅拌站的布置一般采用集中、分散、集中与分散相结合三种方式。当运输条件较好时，以采用集中布置方式较好；当运输条件较差时，则以分散布置在使用地点或垂直运输设备等附近为宜。对于混凝土使用较分散或运输距离较远的情况，也可采用现场集中配料、混凝土搅拌运输车运输的方式。一般当砂、石等材料由铁路或水路运入，而且现场又有足够的混凝土输送设备时，宜采用集中布置方式；由汽车运输时，也可采用分散或集中和分散相结合的方式。若利用城市的商品混凝土搅拌站供应混凝土，只需考虑其供应能力和运输设备是否能够满足要求，并注意及时进行联系订货即可，施工场地可以不考虑布置混凝土搅拌站。

砂浆搅拌站通常采用分散或靠近单位工程施工位置就近布置的方式。

在布置各类搅拌站时，其位置应尽量布置在施工场地的下风向的空地，尽可能地距离生活、办公等临时设施远一点；同时搅拌站的附近要有足够的空地以布置砂石堆场，并与施工场地的运输道路相结合，以方便材料的进出。

预制件加工厂尽量利用建设地区永久性加工厂。只有其生产能力不能满足工程需要或使用费用太高时，才考虑现场设置临时预制构件加工厂，其位置最好布置在建设场地中的空闲地带上。

钢筋加工厂可集中或分散布置，视工地具体情况而定。对于需冷加工、对焊、点焊钢筋骨架和大片钢筋网时，宜采用集中布置方式，并考虑与预制构件加工厂相邻；对于小型加工、小批量生产和利用简单机具就能成型的钢筋加工，通常就近设置钢筋加工棚进行钢筋加工。

木材加工厂设置与否、是集中还是分散设置、设置规模应视具体情况而定。如建设地区无可利用的木材加工厂，而锯材、标准门窗、标准模板等加工量又很大时，则宜集中布置木材联合加工厂。对于非标准件的加工与模板修理工作等，可分散在工地附近设置临时加工棚进行加工。

金属结构、锻工、电焊和机修车间等，由于其在生产上联系密切，应尽可能布置在一起。对于产生有害气体和易造成环境污染的加工厂，如沥青、生石灰熟化、石棉加工厂等，应设置在现场的下风向，且不危害当地居民的位置。

（四）场内运输道路的布置

根据加工厂、仓库、材料堆场以及各施工项目的相对位置，充分考虑和研究各类材料和机械设备的运转情况和规律，区分主要道路和次要道路的关系，结合临时性运输路线和永久性道路的布局，进行场内运输道路的规划。场内运输道路的规划布置一般应注意以下几点：

1. 合理规划道路，确定主次关系

工地内部运输道路的布置，要把仓库、加工厂及各施工点贯穿起来，要尽可能利用原有道路或充分利用拟建的永久性道路，并研究货物周转运行图，以明确各段道路上的运输负担，区别主要道路和次要道路。规划这些道路时，要保证运输车辆的安全行驶，保证场内运输畅通，尽量避免临时道路与铁路道轨和塔吊道轨交叉。

2. 合理规划道路与地下管线的施工程序

在道路修筑时，若地下管网的图纸尚未出全，必须采取先施工道路后施工管网的顺序时，道路应尽量布置在无管网地区或扩建工程范围地段上，以免开挖管道沟时破坏路面。

3. 选择合理的路面结构

临时道路的路面结构，应当根据运输情况和运输工具的不同而确定。一般场外与省、市公路相连的干线，因其以后会成为永久性道路，因此一开始就建成混凝土路面；场区内的干线和施工机械行驶路线，最好采用碎石级配路面，场内支线一般为土路或砂石路，以利修补。场内道路如利用拟建的永久性道路系统时，可提前修建路基及简单路面供施工使用。

（五）临时性建筑的布置

为行政与生活福利设置的临时性建筑主要包括：行政管理和辅助生产用房（如办公室、警卫室、消防站、汽车库以及修理车间等）、居住用房（如职工宿舍、招待所等）、生活福利用房（如文化活动中心、学校、托儿所、图书馆、浴室、理发室、开水房、商店、食堂、邮亭、医务所等）。

对于各种生活与行政管理用房应尽量利用建设单位提供的生活基地或现场附近的其他永久性建筑，不足部分另行修建临时建筑物，对于工地附近社会可以提供相应服务的，如学校、托儿所、图书馆、招待所等，也可不设此类用房。临时性建筑物的设计，应遵循经济、适用、装拆方便的原则，并根据当地的气候条件、工期长短确定其建筑结构形式。

全工地性行政管理用房一般设在整个工地入口处，以便对外联系，也可设在工地中部，便于工地管理。现场办公室应靠近施工地点。工人用的福利设施应设置在工人较集中的地方或工人必经之路。生活基地应设在场外，一般距工地500～1000m为宜，并避免设在低洼潮湿，有烟尘和有害身心健康的地方。食堂应尽量设在生活区，也可布置在工地与生活区之间。

（六）工地供水的布置

工地上临时供水的布置应尽量利用或接上永久性给水系统。当有可以利用的水源时，可以将水从场外直接接入工地；当无可利用的水源时，可以利用地上水或地下水，并设置抽水设备和加压设备等（如简易水塔、水池或加压泵），以便储水和提高水压。临时水池、水塔应设在地势较高处。水源解决后，沿主要干道布置干管，然后与使用点接通。

施工现场供水管网有环状、枝状和混合式三种形式。

环状管网是管道干线围绕施工对象周圈布置的给水方式。这种管网供水可靠性强，当管网某处发生故障时，仍能保障供水不断，但这种布置的管线长，造价高。它适用于对供水的可靠性要求高的建设项目或重要的用水区域。

枝状管网是一条或若干条干线，从干线到各使用点使用支线联结的一种方式。这种管网的供水可靠性差，但管线短，造价低，适用于一般中小型建设项目。

混合式管网是主要用水区及供水干管采用环状管网，其他用水区和支管采用枝状管网的一种综合供水方式，它结合了上述两种布置方式的优点，一般适用于大型建设工程和对消防要求高的地区。

建设工程项目实施中，究竟用何种方式，主要由建筑物及使用点的情况及供水需要而定。

工地上给排水系统沿主要干道布置，有明铺与暗铺两种。由于暗铺是埋在地下，不会影响地面上的交通运输，因此采用较多，但要增加铺设费用。寒冷地区冬期施工时，暗铺的供水管应埋设在冰冻线以下。暗管布置应与土方的场地平整和永久性给排水系统统一规划布置。明铺是置于地面上，其供水管应视情况采取保暖防冻措施。

另外，根据工程防火要求，应设立消防站，一般应设置在交通畅通，距易燃材料和建筑物（如木材、仓库等）较近的地方，并须有通畅的出口和消防车通道。其他布置要求参见第五章单位工程施工组织设计中相关内容。

（七）工地供电的布置

工地临时供电包括动力用电和照明用电。当工地附近现有电源能满足需要时，可以将电从外面直接接入工地，并沿主要干道布置主线。当采用高压电时，在高压电引入处需设置临时总变电站和变压器，尽量避免高压线路穿越工地。当工地附近没有电源或能力不足时，就需考虑临时发电设备，临时发电设备应设置在工地中心或工地中心附近。

另外，由于变电所受供电半径的限制，所以在大型工地上，往往不只设一个变电所，而是分别设若干个。这样，当一处发生故障时，不致影响其他地区。

临时输电干线沿主要干道布置成环形线路。

五、绘制施工总平面布置图

施工总平面图设计虽然要分别经过以上各设计步骤，但各设计步骤并不是截然分割各自孤立的、一次性的。施工现场平面布置是一个系统工程，必须结合具体工程的特点和各项条件，全面考虑、统筹安排，正确处理各项内容的相互联系和相互制约的关系，精心设计，反复修改，亦可利用施工平面设计的一些优化计算方法进行优化设计，才能得到一个较好的布置方案；有时还要设计出多个不同的布置方案，并通过分析比较后方可确定出最佳布置方案。然后绘制正式施工总平面图，其绘图的具体步骤为：

1. 确定图幅的大小和绘图比例

图幅大小和绘图比例应根据工地大小及布置的内容多少来确定。图幅一般可选用1号图纸或2号图纸，比例一般采用1：1000或1：2000。

2. 合理地规划和设计图面

施工总平面图除了要反映施工现场的平面布置外，还要反映现场周围的环境与施工现场的现状（例如原有的道路、建筑物、构筑物等），并要留出一定的图面绘制指北针、图例和标注文字说明等。为此，需对整个图纸进行合理的规划，使各表达的内容布图得当，清晰明了。

3. 绘制建筑总平面图中的有关内容

将现场测量的方格网、现场内外原有的和拟建的建筑物、构筑物和运输道路等其他设施按比例准确地绘制在图面上。

4. 绘制为施工服务的各种临时设施

根据施工平面布置要求和面积计算的结果，将所确定的施工道路、仓库堆场、加工厂、施工机械、搅拌站等的位置、尺寸和水电管网等的布置，按选定的比例准确地绘制在施工平面图上。

5. 绘制其他辅助性内容

按规范规定的线型、线条、图例等对草图进行加工，标上图例、比例、指北针等，并做必要的文字说明，则成为正式的施工总平面图。施工平面图中常用图例见表5-15。

绘制施工总平面图的要求是：比例准确，图例规范，线条粗细分明、标准，字迹端正，图面整洁、美观。

第八节 技术经济评价指标

施工组织总设计编制过程中或编制完成后，需对其进行技术经济分析评价，以便对设计方案进行必要的改进或进行多方案的优化选择。

一、技术经济评价的目的

技术经济评价的目的是：论证施工组织设计所选择的施工部署、施工方案、施工方法以及各种进度安排在技术上是否可行，在经济上是否合理，通过科学的计算和分析比较，选择技术经济效果最佳的方案，为不断改进和提高施工组织设计水平提供依据，为寻求增产节约途径和提高经济效益提供信息。因此，施工组织设计的编制不是套用固定的格式，"闭门造车"一次就可以完成的。它是通过项目部所有成员，在调查资料的基础上，对各种可行方案经过技术经济论证后确定的。

二、技术经济评价的基本要求

（1）技术经济评价应对建设项目进行全面系统的分析。在对施工组织总设计进行技术经济评价时，不能仅局限于某一工程、某一施工方法或某一施工单位的经济评价，而应将整个建设项目为系统，要以整个建设项目的施工过程为评价对象，以整个建设项目如期交工为目标，对施工的技术方法、组织方法及经济效果进行分析，对需要与可能进行分析，对施工的具体环节及全过程进行分析。

（2）做技术经济分析时应抓住施工部署、施工总进度计划和施工总平面图三大重点，并据此建立技术经济分析指标体系。

（3）在做技术经济分析时，要将定性方法和定量方法相结合。定性方法可以充分发挥人的主观能动性，尤其是对于某些大型建设项目，没有相关的经验可参考，充分发挥人的积极性和创造性尤为重要。定量方法是应用数学模型，通过定量计算，为决策者提供决策的依据。在做定量分析时，应对主要指标、辅助指标和综合指标区别对待。

（4）技术经济分析应以设计方案的要求、有关的国家规范和各项规定以及工程的实际需要为依据。

三、技术经济评价的指标

技术经济评价的指标一般常包括：施工工期，劳动生产率，工程质量指标，施工安全保障，成本降低程度，施工机械化水平，预制化施工水平，三大材节约百分比，临时工程费用比例以及施工现场的综合利用等。

1. 施工工期

施工工期是指建设项目从正式工程开工到全部投产使用为止的持续时间。通常计算的相关指标有：

（1）施工准备期。指从施工准备开始到主要工程项目开工的全部时间。

（2）部分投产期。指从主要工程项目开工到第一批工程项目投产使用的全部时间。

（3）单位工程工期。指建筑群中各单位工程从开工到竣工的全部时间。

2. 劳动生产率

劳动生产率通常计算的相关指标有：

（1）全员劳动生产率：

$$全员劳动生产率[元/(人·年)] = \frac{报告期年度完成工作量}{报告期年度全体职工平均数} \quad (6-1)$$

（2）单位产品劳动消耗量：

$$单位产品劳动消耗量 = \frac{完成该工程的全部劳动工日数}{工程总量} \times 100\% \quad (6-2)$$

（3）劳动力不均衡系数：

$$劳动力不均衡系数 = \frac{施工期高峰人数}{施工期每天平均施工人数} \qquad (6\text{-}3)$$

3. 工程质量指标

工程质量指标主要说明建设项目或各组成的单位工程的工程质量应达到的质量等级水平。如合格或某级政府部门的奖励等。

4. 施工安全保障

$$工伤事故频率 = \frac{工伤事故人次数}{全年职工平均人数} \times 100\% \qquad (6\text{-}4)$$

5. 成本降低程度

（1）成本降低额：

$$成本降低额 = 承包成本 - 计划成本 \qquad (6\text{-}5)$$

（2）成本降低率：

$$成本降低率 = \frac{成本降低额}{工程承包成本额} \times 100\% \qquad (6\text{-}6)$$

6. 施工机械化水平

（1）施工机械化程度：

$$施工机械化程度 = \frac{机械化施工完成的工程量}{总工程量} \qquad (6\text{-}7)$$

（2）施工机械完好率：

$$施工机械完好率 = \frac{计划内机械设备完好台日数}{计划内机械设备制度台日数} \times 100\% \qquad (6\text{-}8)$$

（3）施工机械利用率：

$$施工机械利用率 = \frac{计划内机械设备工作台日数}{计划内机械设备制度台日数} \times 100\% \qquad (6\text{-}9)$$

7. 预制化施工水平

$$预制化施工程度 = \frac{工厂或现场预制的工作量}{总工作量} \qquad (6\text{-}10)$$

8. 三大材节约百分比

$$某种材料计划节约率 = \frac{某种材料计划节约量}{某种材料的预算用量} \times 100\% \qquad (6\text{-}11)$$

9. 临时工程费用比例

$$临时工程费用比例 = \frac{全部临时工程费用}{建筑安装工程总值} \qquad (6\text{-}12)$$

10. 施工现场的综合利用

$$施工现场的综合利用系数 = \frac{临时设施及材料堆场占地面积}{施工现场占地总面积 - 所有拟建物占地面积} \qquad (6\text{-}13)$$

第九节　施工组织总设计实例

一、工程概况

本工程位于三环路南侧，工程项目占地 4.86 万 m²，建筑面积 16 万 m²。集休闲、购物、旅居为一体的大型综合性公共建筑，其中宾馆建筑作为建筑群的主体工程，位于场地的中轴线上，西侧为大型商场，邻接东三环干线，办公、公寓楼位于东侧，北面为建筑群的主出入口，建筑群体的总平面布置，如图6-5所示。

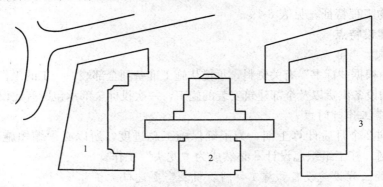

图6-5 建设项目平面布置图
1—大型商场；2—宾馆；3—办公、公寓楼

宾馆建筑为钢筋混凝土框架剪力墙结构，建筑面积58 924m²，地上18层，高54.5m，地下3层，深15.18m，1～3层为各种宴会厅、会议厅和服务厅；顶层设有游泳池和康乐设施，可以通过穹形玻璃屋面在54m高处眺望，观赏本市风光；标准层设客房499套；宾馆尚有北侧的一层裙房和南侧的二层裙房，各项设施齐全，宾馆建筑的剖面图，如图6-6所示。

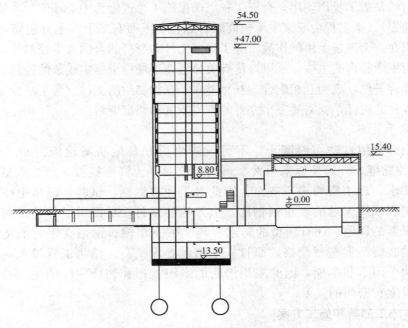

图6-6 宾馆建筑剖面图

大型商场和办公、公寓楼为钢筋混凝土框架剪力墙结构。商场地上6层，地下1层，建筑面积45 784m²。商场首层和地下室设有不同风味的餐厅7个和自选市场；2～5层均为未加分隔的大型售货区，有少量办公用房；6层设有900 m²的商品展览室和职工食堂等。

办公、公寓楼地上8层，地下1层，建筑面积48 283m²。作为建筑群体的有机组成部分，它是宾馆功能的延续和扩展，为客户提供成套完整的居住和服务设施。地下车库在整个旅馆北侧，有东、西两个出入口，建筑面积6694m²，可停246辆车（另地上可停191辆车）。

主要建筑物工程特征，见表6-19。

二、工程建设特点

1. 工程承包

由总承包商根据"标书"有关资料，承揽从施工准备到全部竣、交工的工作，即从工程设计、各项设施的设备供货以及全部建筑安装的施工，一次投标全部承包所有建设工作内容。

2. 施工准备工作时间短

从签订合同2个月后计算工期。为了确保施工总进度，所以必须缩短施工准备工作时间，这样，编制《施工组织总设计》必然成为"龙头"工作。

3. 有大量的工程设施设备和施工材料、机具需要进口

工程设施的设备几乎100%从国外进口，而施工材料除大部分土建材料由国内供应外，绝大部分的装修材料和彩色挂板的材料、部件以及一部分特殊的中小型施工机具都要从国外进口，而且从货源选择到材料送批（未经批准的各类材料不准进场）、订货、运输等要有一个相当长的过程，加上标书资料比较粗略，要不断地进行调整补充，因此，如果没有一个完整的材料管理体系，就会影响整个施工进度。

4. 确保施工总进度是中心环节

建设的目的是为了投产使用，合资工程以确保施工总进度为中心环节（当然确保工程质量是必然的前提）。本工程由三家主承包商联合总包，下面有二十多家分包商，把这么多的施工单位组织在一个现场上协同作战，除了标书文件和严密的合同文本控制外，是以"施工总进度"作为生产管理的主线。所以，待有关分包商进场后根据主线条的控制，再来排列有关分包商的综合进度，成为互相配合、互相遵守、互相制约的文件。为了减少今后工作中的纠纷和分清各自的责任，就需要一个完善的管理制度和档案资料。

5. 新技术项目多

地下室全部采用自防水混凝土，不另设防水层和其他防漏设施。如主楼地下室长124m，不设伸缩缝。外墙装修采用大型预制彩色混凝土饰面挂板，而且数量很大，对制作和安装的要求，标书资料尚不齐全，因此必须经过试制、试验，以从中探索合理的施工方案。本工程采用大量的新Ⅲ级钢筋，上万吨的钢材，对组织供货和采用先进的焊接措施等都带来新的课题。还有新型的防水材料（带有铝箔、铜箔夹层的油毡）也属首次采用。很多精装修不但选材严格，而且施工精度要求很高。结构工程量大，施工周期较长，要经历两个雨季和冬期，因此采用严密的组织管理和切合实际的施工技术措施，对保证施工总进度有密切的关系。

三、总体施工部署和施工方案

1. 土方开挖与回填

根据地质勘察资料，静止地下水位埋置较深，但旅馆基础底板以上有三层滞水层，而渗透系数较小，故一般降水方法不易取得理想的效果，所以原则上采用放坡大开挖、明沟和集水井排水的方案，即土方开挖时，沿基坑周边挖好排水沟和集水井，做好抽水工作。仅旅馆深基础部分北侧东段约90m长范围内采用灌注护坡桩。

表 6-19

主要建筑物工程特征表

序号	工程项目	建筑面积(m²)	层数地下	层数地上	高度(m)檐高	高度(m)最高	高度(m)最低	结构形式	基础	楼层	内墙	外墙	屋面	建筑功能	其他
1	旅馆	88 924	3	18	47.40	54.50	−15.18	现浇钢筋混凝土框架剪力墙		钢筋混凝土肋形梁板，最大柱网8.40mm×8.55m		现浇钢筋混凝土墙，玻璃幕墙面		自然间585间，客房499套及多种公用、技术服务和供应设施	1～5层为梁柱体系，标准层为剪力墙体系
	南裙房		1	2	17.00	17.00	−6.75		箱基、自防水混凝土加止水带	钢筋混凝土肋形梁板，最大柱网8.40m×8.40m		钢筋混凝土墙面，玻璃幕墙面、裙房全部采用天然花岗石饰板		厨房、餐厅、咖啡馆、多功能厅、会议室等	舞厅采用跨度为25.2m钢桁架屋盖
	北裙房		1	1	4.90	8.60	−5.06		片筏基础，设部分夹层，自防水混凝土加止水带	地下层为车库，上层为钢筋混凝土梁板，最大柱网8.40m×8.40m	剪力墙为现浇钢筋混凝土，其余大部分为现浇钢筋混凝土空心砖		钢筋混凝土梁板，部分为钢-铝桁架玻璃屋面、嵌有铝箔(铜箔)的沥青防水卷材屋面	中央入口大厅，另有服务及管理用房	入口大厅上部为钢-铝桁架轻型屋盖
2	商店	45 784	1	6	24.10	27.50	−7.00			钢筋混凝土梁板，柱网9.60m，主梁9.60m，次梁网格3.20m				餐厅、货厅、超级市场、商品展室、仓库、办公用房等	
3	办公/公寓楼	48 283	1	8	25.57	32.90	−7.87			钢筋混凝土梁板，外立面柱距9.60m，内柱距6.40m		现浇钢筋混凝土，玻璃幕墙面		由办公楼及公寓两部分组成，另有服务中心、俱乐部等	
4	地下停车场	8694	1				−5.06		箱基、混凝土自防水加止水带	钢筋混凝土梁板，主梁8.60m，次梁间距2.34m，柱网柱距7.30m×8.00m				246辆汽车的停车场，一个卸货区	

宾馆工程土方开挖，如图 6-7 和图 6-8 所示。

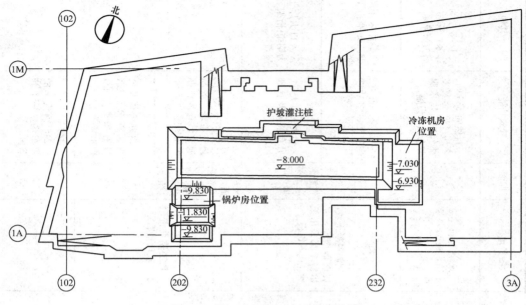

图 6-7　第一次和第二次土方开挖图

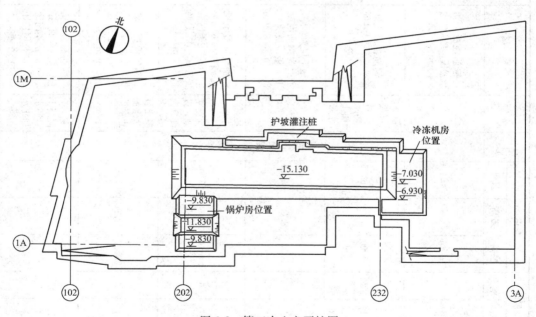

图 6-8　第三次土方开挖图

第一次挖土，现场整个开挖范围均挖至-4.00m；第二次挖土，旅馆深基础和锅炉房、冷冻机房部分挖至-8.00m 或设计标高，此时，施工灌注护坡桩；第三次挖土，旅馆深基础部分挖至设计标高-15.13m。考虑到地质情况恐有变异，特别是邻近亮马河，可能影响地下水位的变化，因此，要求做好轻型井点降水的准备，作为应急措施。

采用机械开挖，若土层潮湿，含水量大，挖掘机和车辆运输行驶困难，可加垫 30~

50cm 厚夹砂石。

为解决旅馆深基础和裙房基础之间可能产生的沉降差异，在采用护坡桩的部位，护坡桩顶部距裙房基础底板底部标高位置至少不得小于 2m。

护坡桩沿基础边线 2m 布置，桩径 0.4m，机械成孔，现场浇筑。按双排梅花式排列，排距 0.8m，桩距 1.2m，锚杆间距 1.8m，仰角 40°和 50°交错排列。护坡桩由某地下工程公司施工，将另做详细的施工方案。

本工程土方开挖量 28.17 万 m^3，回填量 3.7 万 m^3，需弃土约 24.5 万 m^3。现场无存土条件，开挖时，土方将运至某砖厂卸土区，将符合于回填土质量的弃土另行堆放，以供回填之用。

由于采用大开挖，故部分地下结构将设置在回填土上，这样对回填土的质量要求极高（不低于原土容积密度的 95%）。故在回填前必须测定土源土方的最佳含水率和采用合适的夯实机械，同时加强对回填土质量的检查，不能疏忽，以确保基础工程质量。

2. 锚桩施工

锅炉房、冷冻机房基础底标高以下，设直径 400 现浇钢筋混凝土锚桩（基坑抗浮力锚桩），桩长为 7、12、23m 三种，共 230 根，拟与旅馆地下室结构同时施工。采用机械成孔，泥浆护壁成型，压浆浇筑混凝土。锚桩由某地下工程公司施工，将另制订详细施工方案。

3. 钢筋混凝土工程

（1）大体积混凝土。

所有地下室均采用自防水混凝土，在设计上不设伸缩缝，不另设防水层和其他防漏措施。基础底板均属大体积混凝土。为防止因温度应力产生裂缝，宜采用低发热量水泥，选择合理的配合比，分层浇筑，加强养护。施工前必须另制订详细的施工措施方案。

自防水混凝土，根据选定的原材料，由实验室进行级配试验，以确定配合比，因此，要求砂、石、水泥的货源要稳定，以确保配合比的正确性。

（2）流水段的划分和施工缝处理。

三个单位工程的主体结构实行多段小流水施工，并设置施工缝。旅馆高层部分的流水施工段，原则上按照施工图中后浇施工缝的设置来划分。为了确保地下室不产生渗漏，结构止水带和施工缝止水带的设置要严格按图施工，在施工中不得破坏或任意移位。

（3）后浇混凝土。

1）箱形基础按规程设置后浇施工缝，为不同高度的建筑产生不均匀下沉而设置的其他后浇施工缝均需按规程规定，在顶板浇筑完成后至少相隔两周，待混凝土体积变化及结构沉降趋于稳定，再予以浇筑；混凝土必须提高一个等级。

2）因钢筋设置较密，后浇带清理困难，故后浇施工缝设置后要专门予以保护，免使杂质进入。即使如此，在浇筑后浇带之前，仍应将钢筋沾污部分及其他杂物清除干净。

（4）混凝土运输。

1）混凝土由集中搅拌站供应，以专门为本工程服务而设置的场外搅拌站为主，本市市建公司商品混凝土搅拌站为辅。每个搅拌站的供应能力为 50m^3/h。

2）混凝土运输由搅拌车运至现场，再用混凝土泵输送至浇筑地点。若混凝土泵不够时，则采用混凝土吊斗，以塔吊做垂直水平运输。

（5）混凝土浇筑。

大体积混凝土必须按设计（或施工方案）规定进行分块浇筑，必须一次连续浇筑完成，不能留施工缝。浇筑前必须制订方案，将垂直、水平运输方法、浇筑顺序、分层厚度、初终凝时间的控制、混凝土供应的确定等做出详细规定，以免产生人为的施工缝。

（6）钢筋。

1）钢筋由某公司联合厂加工成型，配套供应到现场。在现场设小型加工车间，以供应少量和零星填平补齐部分。

2）钢筋接头 $\phi25$ 以上均采用气压焊接，以便节约钢筋和加快工期。由于数量庞大，约有二十多万个接头，要组织专业焊接队伍，便于充分发挥设备和人员的作用。

（7）模板。

1）本工程采用中建某公司生产的墙模模板体系，剪力墙用模数化大型组合钢模板；楼板结构采用配套的独立式钢支撑或门式组合架、空腹工字钢木组合梁和胶合板模板。筒体（楼梯间、电梯井）用爬升模板。

2）有较多的整片墙面，要一次成活，为了确保墙面平整度，所以不能用小钢模拼接。

3）主楼有大量剪力墙，标书要求采用抹灰，为了减少大量湿作业和缩短工期，拟采用大型组合钢模板，面板以胶合板面板为主。

4. 脚手架

（1）结构施工阶段，宾馆高层部分用挑脚手架，其他部分采用双排钢管脚手架。

（2）整个脚手架方案，应同装修阶段的外挂板、玻璃幕墙、内部装修等相互协调，并进行必要的结构设计计算。

5. 预制彩色混凝土外挂板

三个栋号的外装修除局部采用天然花岗石外，其他采用大型彩色混凝土预制外挂板，约1万多块，2万多 m²，这种数量庞大、单件面积较大（一般约 2m²/块）的预制挂板，在制作过程中如何保证几何尺寸和色泽均匀，以及安装过程中对锚件的固定、脚手架的选择、吊装机具的采用等均应考虑周全，尤其是挂板是最终的外装修饰面，它的好坏将影响整个建筑群的整体观感，因此，必须十分重视施工技术措施，施工挂贴前，应制定完整的施工方案，并应重视施工交底工作。

（1）制作方面。由某公司联合厂承担该项预制任务，在已有的固定加工场地施工。

1）混凝土配合比（包括颜料的掺和）由承包方提供原材料，经试验后，由业主、设计、监理等共同确认。

2）模板采用钢底模，侧模采用角钢或槽钢。

3）采用反打法和低流动性混凝土，设立专用搅拌站供料。砂石必须一次进料和清洗，以便保证色彩均匀性。

4）达到一定强度后用机械打磨，斜边部分用手工打磨。

5）表面保护薄膜层的涂刷，待成膜材料订货到达后，根据厂方规定的产品施工和质量等方面的要求进行施工。

（2）现场安装。

1）脚手架的搭设必须与玻璃幕墙的安装和室内装修的施工互相配合，所以，外脚手架的固定不能穿墙、穿窗，必须采用由业主方推荐的脚手架与墙体固定的特殊构件。主楼六层以下的脚手架采用双杆立柱。

2）锚件的设置必须准确，因此，须采用特殊的钻孔设备，可以打穿密布的钢筋。

3）大量的标准板（一般为 $2m^2$/块）可以采用屋面小型平台吊装就位。部分可用塔吊、汽车吊就位。

6. 屋面工程

屋面工程基本分两大类：一是建筑物屋顶部分；二是地下室顶部的防水（上面覆土再绿化，对防水材料有特殊要求）。

屋面防水材料根据国外标准，采用玻纤胎、聚酯胎、玻纤加铝箔、玻纤加铜箔等胎体。卷材采用的沥青经氧化催化并加高分子材料改性。其材料的生产和施工要求，均要遵循相应的规范规定。

施工方法：

（1）处理好基层及做好找坡。

（2）铺贴卷材按设计要求进行分层，依操作规程规定的方法，用喷灯热熔，并要有足够的搭接长度和宽度。

（3）特殊部位（落水口、伸缩缝、泛水等）是容易产生渗漏的薄弱环节，要严格按设计要求进行预埋和铺贴，不得遗漏及疏忽。

7. 钢结构

三栋建筑物均有钢结构，以宾馆建筑为最多，南裙房有大跨度的宴会厅，主楼穹顶结构较复杂，北裙房的入口处造型及结构均较奇特，采用的钢结构构件多，节点处理复杂。

钢结构拟委托外加工，装吊可以利用结构施工时的塔吊，不足部分可用汽车吊辅助。

8. 装饰部分

本工程的粗细装修量很大，即使是粗装修的抹灰，在宾馆标准客房间要采用水平、垂直套方以保证阴阳角平直，也属高精度要求。其他如大开间的预制水磨石铺设、铝合金吊顶、石膏板和矿棉板吊顶、铝合金幕墙和铝合金窗、墙纸、地毯、瓷砖墙面、缸砖地面、花岗石墙面、地面等施工，由于量大、面广而且采用新材料多，故于施工前必须制定施工操作方案，报请业主、设计、监理等单位以及主管部门批准后执行。

9. 设备安装部分

该工程项目设备安装复杂，内容繁多，如电气、采暖、通风、空调、给排水、通讯等多项安装工程项目。设备安装施工前，必须有针对性地制定相应的施工方案，待审查通过后执行。

10. 季节性施工措施

（1）冬期施工。

1）本工程开工正值冬施期，土方开挖时为防止受冻，基底要加以遮盖。回填土不准使用冻土，在每层夯实后必须用草垫覆盖保温，尽量避免严冬时节回填土的施工。

2）混凝土和砂浆采用热水搅拌，加早强抗冻剂，并提高混凝土入模温度。下雪前把砂石遮盖，防止冰雪进入。

3）柱、梁、板、墙新浇筑混凝土采用电热毯保温，加强混凝土测温工作。

（2）雨季施工。

1）对临时道路和排水明沟要经常维修和疏通，以保证通行和排水，特别在雨季时要有专人和班组进行养护。

2）经常巡视土方边坡的变化，防止塌方伤人；基坑的排水沟、集水井要清理好，以便及时排除积水。

3）保证排水设备的完好，并要有一定的储备，以保证暴雨后能在较短的时间内排除积水。

4）塔吊、脚手架等高耸设施要设避雷装置并防止其基础下沉。

四、施工总进度计划

全部工程由结构、装修、机电、室外（管网、道路、园林绿化）四大部分组成。而结构工程由于施工周期长，加上工期要求和工作面的限制，因而势必全面开花，所以是整个总进度计划中的主导控制工程。

宾馆建筑工程是建筑群的主体，它基础深、楼层高、新技术项目多、机电设备新颖而量多、施工复杂、精装修工程量大、施工交叉面从立体到平面非常之广，所以是三个建筑物中施工周期最长的一个。因此，突出保证宾馆建筑工程的进度是总进度计划安排中的主导项目。

施工组织总进度计划安排：

（1）2001年以宾馆深基础为重点，全面完成宾馆、大型商场、办公、公寓楼的地下工程和锅炉房、冷冻机房的地下工程，从第三季度起逐步转入主体结构的施工。

（2）2002年主体结构施工全面展开，其中办公、公寓楼将于年底封顶，同时三项工程均插入粗装修作业，机电设备安装工作也配合进行。室外管网四季开工。

（3）2003年初商场结构封顶，宾馆上半年封顶，全面进行粗装修和机电设备安装的施工；室外管网、道路基本完成，园林部分完成。

（4）2004年春全部竣工。

宾馆建筑工程施工总进度计划，如图6-9所示。

五、总体施工准备

由于合同规定，在签订合同2个月后就计算正式工期，工程就不可避免地在边准备、边设计、边施工中进行。因此，施工前的准备工作十分紧张而且必须抓紧，正因为如此，必须十分重视施工前的准备工作，批准的初步设计和标书文件、商定的施工总进度、现场的条件和环境的配合都是进行施工准备的依据。施工准备工作分下列几个方面进行：

1. 规划、设计工作

由于机电的分包商尚未进场（机电的分包商还承担该项目的设计工作），所以编制施工组织总设计时，以土建结构为总控制框架，在总平面布置图的基础上进行大型临时设施的施工设计。为了及早开工，编制三个栋号的地下室施工方案；紧接着编制单位工程施工组织设计、测量方案的确定和混凝土配合比的设计（特别是大体积自防水混凝土的配合比）；制订适合本工程特点的各项管理制度等。

2. 资料审查

组织有关人员熟悉标书资料和合同文本，与设计单位商定设计图纸的交付进度。核查标书工程量，熟悉标书中的施工技术要求（包括主要的、特种材料的性能要求）。对即将施工的图纸进行会审。

旅馆施工总进度计划

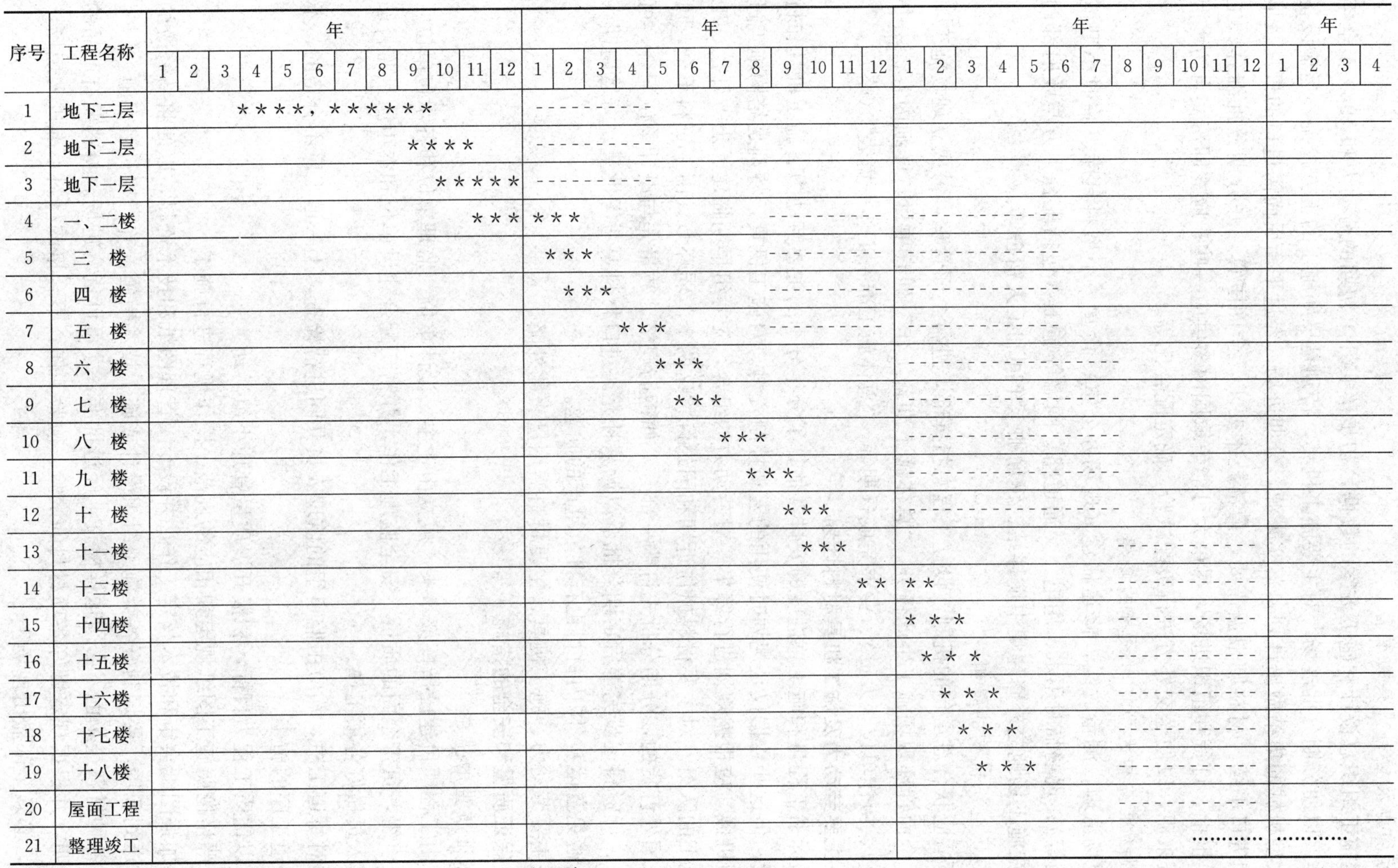

序号	工程名称	年	年	年	年
		1 2 3 4 5 6 7 8 9 10 11 12	1 2 3 4 5 6 7 8 9 10 11 12	1 2 3 4 5 6 7 8 9 10 11 12	1 2 3 4
1	地下三层	＊＊＊＊,＊＊＊＊＊＊			
2	地下二层	＊＊＊＊＊			
3	地下一层	＊＊＊＊＊＊			
4	一、二楼	＊＊＊＊ ＊＊＊			
5	三楼	＊＊＊ ＊＊＊			
6	四楼	＊＊＊ ＊＊＊			
7	五楼	＊＊＊ ＊＊＊			
8	六楼	＊＊＊ ＊＊＊			
9	七楼	＊＊＊ ＊＊＊			
10	八楼	＊＊＊ ＊＊＊			
11	九楼	＊＊＊ ＊＊＊			
12	十楼	＊＊＊ ＊＊＊			
13	十一楼	＊＊＊ ＊＊＊			
14	十二楼	＊＊ ＊＊			
15	十四楼	＊＊ ＊＊＊			
16	十五楼	＊＊ ＊＊＊			
17	十六楼	＊＊＊ ＊＊＊			
18	十七楼	＊＊＊ ＊＊＊			
19	十八楼	＊＊＊ ＊＊＊			
20	屋面工程				
21	整理竣工		⋯⋯	⋯⋯	⋯⋯

注 结构工程：＊＊＊；装饰或屋面工程：——————；整理竣工：⋯⋯。

图6-9 宾馆建筑施工组织总进度计划

3. 劳动力及材料机具的准备

根据施工组织总设计和施工方案的数据，初步落实开工初期的劳动力和 1989 年全年的宏观安排，以便分期分批进场。对主要施工机具，特别是早期施工的土方挖掘、运输设备和塔吊等大型机械的集结做出计划，落实来源，分期进场；经过平衡后尚需进口的机具及早办理订货和进口手续。材料则根据需要，摸清技术要求，全面匡算，并分期分批细算、主询价、送样报批、订货和组织进场，尽最大可能争取国内多供应一些；应立即落实自防水混凝土的砂石来源，以便送交外方进行级配试验，确定配合比等。

4. 现场准备和大型临时设施的修建

如现场清理，测量放线，修建临建（现场办公室、食堂、小型料具库、临时小型搅拌站、浴厕等）；现场临时用水、用电、交通道路、围墙等施工（包括配合甲方与政府部门的联系）；在施工场地之外修建集中搅拌站、钢筋加工车间和工人宿舍等。

5. 现场组织机构的筹组

为了适应联合总承包的机制，设立工程总指挥部，进行全面管理，另成立现场施工项目经理部，全面管理现场施工生产任务。"总体施工准备工作"列有项目、详细内容、主办单位（人员）、协作单位（人员）、要求完成日期等，"总体施工准备工作一览表"（略）。

六、主要劳动力及施工机具材料计划

根据标书工程量和施工总进度的安排，估算了分年分季的主要劳动力、施工机具和材料的需要量，但这些数据仅是规划时使用的宏观控制资料。对施工机具，特别是结构施工过程中的大型机械，应根据规划进行筹集。对劳动力的组合，先筹组早期临建、土方开挖、地下室结构施工的队组。对主要材料抓住近期和国外订货这两个薄弱环节。由于资料不全，可先将需要从国外订货的，分期分批先订购一部分，如钢筋规格、数量先与设计单位配合，可预订一部分，待资料逐步完善后定期分批予以调整补充。进口材料要考虑批量、海运周期（尽量减少或避免空运），国内材料也有批量生产的问题。

有关主要劳动力、施工机具、主要材料需用量表此处略。

七、保证质量和安全的措施

1. 保证质量的措施

（1）由工程项目建设指挥部牵头，成立由业主、设计单位、监理单位和各承包单位联合成立的监审组，负责全面的质量、安全监理工作，并密切配合建设单位和本市质量监督站的现场监理人员做好各项工作。

（2）对每道工序，均应由监审组的监理人员共同进行检查，上一道工序不合格的，不准进行下一道工序的施工。

（3）以优质工程为目标，积极开展质量管理小组活动。

（4）严格按照施工图纸规定和相应的规范、操作规程进行施工。

（5）加强图纸会审和技术核定工作，并设专人管理图纸和技术资料，以便将新修改的再版图及时送到现场。要编制好各类施工组织设计或施工技术措施，并严格付诸实施。

（6）各种材料进场前，必须送样检查，经过批准，才可订货、进场。材料要有产品的出厂合格证明，并根据规定做好各项材料的试验、检验工作，不合格的材料不准进入现场，如已进入的，必须全部撤出现场。

2．安全措施

（1）联合承包商成立安全监督组，管理各施工单位（包括各分包商）的施工安全事宜。项目经理部亦专门设立安全管理机构进行各项安全监督工作。并应落实到人。

（2）所有施工技术措施必须要有安全技术措施，在施工过程中加强检查，督促执行。在施工前要进行安全技术交底。

（3）完善和维护好各类安全设施和消防设施。对锅炉房、配电房等都要派专人值班。本工程的东、南、北三面均有架空的高压线通过以及邻近建筑物和施工用塔吊，高压线下并设有大量临时建筑，因此必须做出严格规定，高压线下不准有明火，对塔吊的使用和保护要严格管理。

八、施工总平面图规划

工程占地约 5 公顷，因有大量地下室和地下停车场同时施工，因此现场施工用地十分紧张，可利用的场地只有红线外特征的 6000m² 场地和 3000m 以外的一块租用地；现场东、南、北三面均有高压线通过：西侧建设单位已修建了临时办公用房。

1．临时设施

（1）现场南侧设旅馆、商场栋号施工用的临时办公用房、工具房、小型材料库等，因设置在高压线下，必须注意安全。

（2）联合承包商的办公用房设在西侧，为两层建筑，采用钢筋混凝土盒子结构。土建施工单位的职工食堂、锅炉房、浴池等也设在西侧，为一般砖混结构。

（3）混凝土供应设集中搅拌站，以本市某公司商品混凝土供应站为辅。钢筋由本市某公司联合厂加工后运至现场。

现场设小型钢筋加工车间和小型混凝土搅拌站，做次要的垫层混凝土等填平补齐之用。

（4）在现场设置临时建筑约 4400m²，其中，办公用房约 500m²，食堂约 1000m²，锅炉、开水房、浴厕等约 520m²，各种料具库棚 1900m²，木工车间、配电间等 480m²。除办公、食堂、浴厕等有特殊要求外，其余的结构一般都采用砖墙石棉瓦顶。

2．交通道路

（1）现场设临时环形道，宽 6m，砂卵石垫层，泥结碎石路面，路旁设排水沟。宾馆与办公、公寓楼之间设一条南北向的临时道路，在地下车库顶板完工后通车使用。

（2）临时出入口均设在场地北侧，共三处，其中西出入口因紧靠城市交通的东三环十字路口，仅通行通勤车和人员，另两个出入口可通行材料、半成品、设备运输车辆。

3．塔吊设置

在主体结构的全面施工阶段，拟设置 9 台塔吊。因场地条件限制，致使部分塔吊将设置在已施工的工程底板上。场地东、南、北三面均有高压线通过，所以塔吊臂宜用较短的，即使这样，具体安排时仍要注意起重臂与高压线之间的安全距离，有特殊情况时，应采取专门措施。

4．供水、供电

（1）场地两端已接好 $\phi100$ 的供水管一处，另建设单位正在申请另一 $\phi200$ 的供水点。

（2）估算总用水量 16～18L/s，布置 $\phi150$ 的环形管；为了满足消防用水要求，其余管也采用 $\phi100$ 的水管。

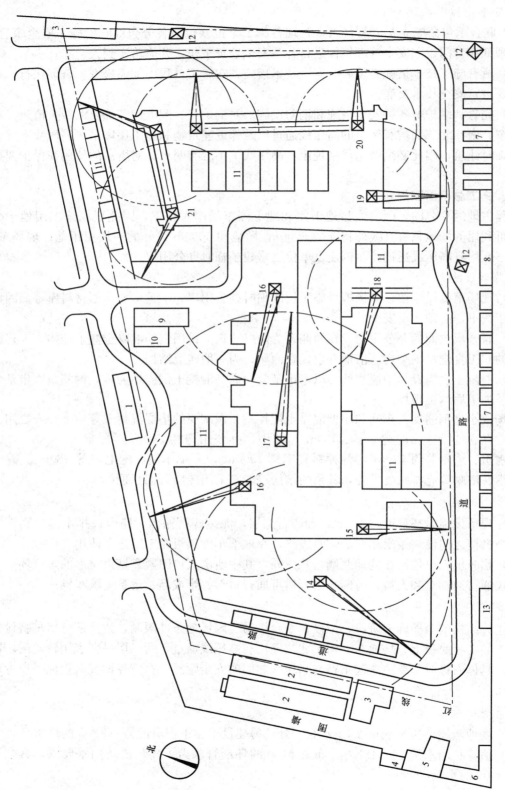

图 6-10　主体结构施工阶段平面布置图

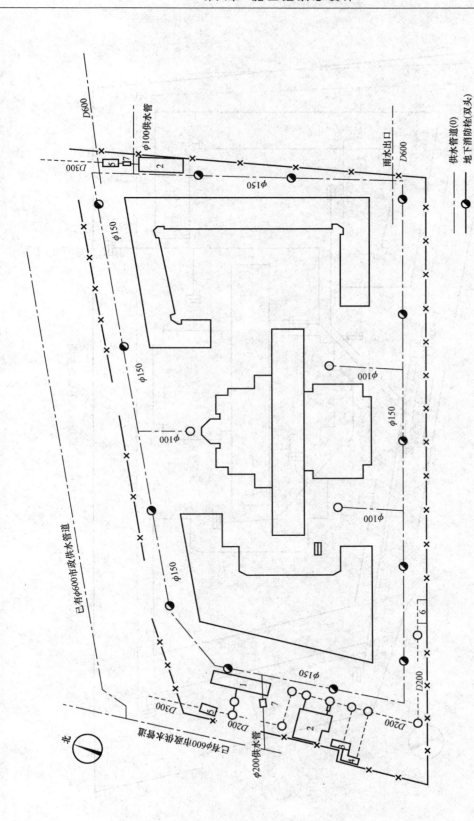

图 6-11　现场供电平面布置图

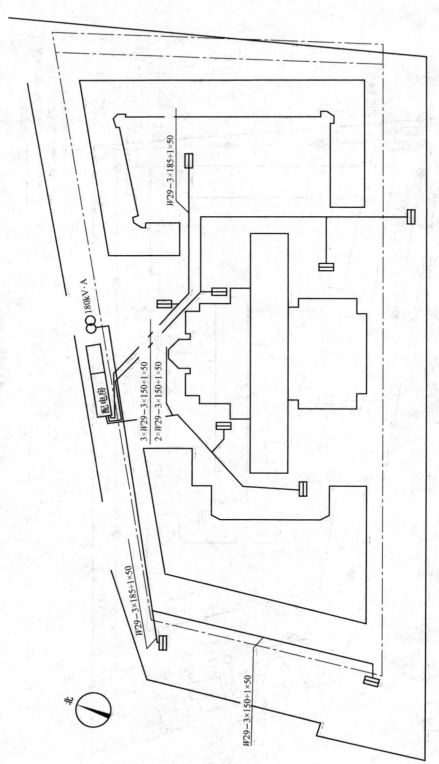

图 6-12 现场供水平面布置图

（3）估计主体结构施工阶段用电是高峰，约 800kW。目前建设单位已提供 1 台 180kV·A 和 2 台 500kV·A 的变压器，在北侧中部红线外设置临时配电间，可以满足要求。全部采用埋地电缆，干线选用 150mm^2 和 185mm^2 的铜芯聚氯乙烯铠装电缆。

（4）为防止突然停电，造成施工事故，在现场设置柴油发电机 2 台（1 台为 225kV·A，另一台为 275kV·A）。

主体结构施工阶段平面布置图，如图 6-10 所示，现场供电平面布置图，如图 6-11 所示，现场供水平面布置图，如图 6-12 所示。

习　题

1. 什么是施工组织总设计？包括哪些内容？
2. 施工组织总设计的作用和编制依据有哪些？
3. 施工组织总设计的编制原则有哪些？
4. 施工部署的内容有哪些？
5. 简述施工总进度计划的编制步骤。
6. 简述全场性暂设工程有哪些？它们是如何确定的？
7. 简述施工总平面图设计应遵循的原则。
8. 简述施工总平面图包含的内容．设计方法和步骤。
9. 施工组织总设计的技术经济评价指标有哪些？
10. 收集一份施工组织总设计。

第七章　建设项目施工设施规划

第一节　概　　述

一、施工设施分类

1. 生产性设施

（1）工地加工设施；

（2）工地运输组织和设施；

（3）工地储存设施；

（4）工地供水设施；

（5）工地供电设施；

（6）工地通信设施。

2. 生活性设施

（1）行政管理用房屋；

（2）居住用房屋；

（3）文化活动用房屋。

二、施工设施的结构

施工所用房屋有活动式和固定式两类。活动式房屋可分为装配式房屋和帐篷两种；固定式房屋又可分为竹木结构、砖木结构和砌体结构三种，它们要根据使用期长短和建设地区条件确定。当使用期限较短时，宜采用简易结构，如油毡或铁皮屋面的竹木结构；当使用期限较长时，宜采用瓦屋面的砖木或砖石结构。

三、施工设施建筑设计要求

（1）密切结合施工现场状况，统筹安排各项施工设施，使其布局合理、使用方便，并要做到：既要满足生产需要，也要方便职工上下班；尽量使其靠近现有或将要修建的正式或临时道路；不要占据正式工程的位置，以及取土或弃土场地；对于可能发生洪水、泥石流或滑坡等自然灾害的地区，必须有防护设施，以防患于未然。

（2）施工设施要紧凑布置，尽量节约用地，充分利用山地、荒地或空地，不占或少占农田。

（3）尽量利用施工现场及其附近已有建筑物，以及准备拆除但可暂时利用的建筑物，尽可能提前修建可以利用的永久性工程。

（4）对于必须修建的施工设施，应本着经济实用原则，充分利用地方性材料和旧料，并尽量设计成可重复使用的活动式房屋。

（5）施工设施要符合安全和防火要求。

第二节　生产性设施规划

一、工地加工设施规划

工地加工设施主要有：混凝土搅拌站和混凝土构件加工场，以及钢筋加工场和金属结构加工场等。布置时应尽量靠近使用地点或在起重机服务范围以内，并考虑运输和装卸料的方便。

这些加工场占地面积大小取决于：加工设备尺寸、工艺流程、设施的建筑设计，以及安全和防火方面的要求，通常可参照表 7-1～表 7-3 有关经验指标加以确定。

表 7-1　　　　　工地作业棚面积指标参考表

序号	名　称	单位	建筑面积（m²）	备　注
1	木工作业棚	每人	2	占地为建筑面积 2～3 倍
2	电锯房（34′～36′圆锯 1 台）	每座	80	
3	电锯房（小圆锯 1 台）	每座	40	
4	钢筋作业棚	每人	3	占地为建筑面积 3～4 倍
5	卷扬机棚	每台	6～12	
6	搅拌棚	每座	10～18	
7	烘炉房	每座	30～40	
8	焊工房	每座	20～40	
9	电工房	每座	15	
10	白铁工房	每座	20	
11	油漆工房	每座	20	
12	机、钳工房	每座	20	
13	立式锅炉房	每台	5～10	
14	发电机房	每千瓦	0.2～0.3	
15	水泵房	每台	3～8	
16	空压机房（移动式）	每台	18～30	
17	空压机房（固定式）	每台	9～15	

表 7-2　　　　　临时加工场面积指标参考表

序号	加工场名称	年产量单位	年产量数量	单位产量所需建筑面积	占地总面积（m²）	备注
1	混凝土搅拌站	m³	3200	0.022（m²/m³）		400L 搅拌站 2 台
		m³	4800	0.021（m²/m³）		400L 搅拌站 3 台
		m³	6400	0.020（m²/m³）		400L 搅拌站 4 台
2	临时性混凝土预制场	m³	1000	0.25（m²/m³）	2000	生产屋面板和中小型梁柱板等，配有蒸养设施
		m³	2000	0.20（m²/m³）	3000	
		m³	3000	0.15（m²/m³）	4000	
		m³	4000	0.125（m²/m³）	小于 6000	
3	半永久性混凝土预制厂	m³	3000	0.6（m²/m³）	9000～12000	
		m³	5000	0.4（m²/m³）	12000～15000	
		m³	10000	0.3（m²/m³）	15000～20000	
4	木材加工厂	m³	15000	0.0244（m²/m³）	1800～3600	进行原木、木方加工
		m³	24000	0.0199（m²/m³）	2200～4800	
		m³	30000	0.0181（m²/m³）	3000～5500	

续表

序号	加工场名称	年产量		单位产量所需建筑面积	占地总面积 (m²)	备注
		单位	数量			
4	综合木工加工厂	m³	200	0.30 (m²/m³)	100	加工门窗、模板、地板、屋架等
		m³	500	0.25 (m²/m³)	200	
		m³	1000	0.20 (m²/m³)	300	
		m³	2000	0.15 (m²/m³)	420	
	粗木加工厂	m³	5000	0.12 (m²/m³)	1350	加工屋架、模板
		m³	10000	0.10 (m²/m³)	2500	
		m³	15000	0.09 (m²/m³)	3750	
		m³	20000	0.08 (m²/m³)	4800	
	细木加工厂	m³	5	0.0140 (m²/m³)	7000	加工门窗、地板
		m³	10	0.0114 (m²/m³)	10000	
		m³	15	0.0106 (m²/m³)	14000	
	钢筋加工厂	t	200	0.35 (m²/t)	280~560	加工、成型、焊接
		t	500	0.25 (m²/t)	380~750	
		t	1000	0.20 (m²/t)	400~800	
		t	2000	0.15 (m²/t)	450~900	
5	现场钢筋调直加工拉直场 卷扬机棚冷拉场 时效场			所需场地（长×宽） 70~80m×3~4m 15~20（m²) 40~60m×3~4m 30~40m×6~8m		包括材料和成品堆放
	钢筋对焊 对焊场地 对焊棚			所需场地（长×宽） 30~40m×4~5m 15~24（m²)		包括材料和成品堆放
	钢筋冷加工 冷拔剪断机冷轧机 弯曲机 ∮12 以下 弯曲机 ∮40 以下			所需场地（m²/台） 40~50 30~40 50~60 60~70		按一批加工数量计算
6	金属结构加工（包括一般铁件）			所需场地（m²/t） 年产 500t 为 10 年产 1000t 为 8 年产 2000t 为 6 年产 3000t 为 5		按一批加工数量计算
7	石灰消化	贮灰池 淋灰池 淋灰槽		5×3=15（m²) 4×3=12（m²) 3×2=6（m²)		每两个贮灰池配一个淋灰池
8	沥青锅场地			20~24（m²)		台班产量 1~1.5t/台

表 7-3　　　　　　　现场作业棚所需面积参考指标

序号	名称	单位	面积（m²)	备注
1	木工作业棚	m²/人	2	占地为建筑面积 2~3 倍
2	电锯房	m²	80	86~92cm 圆锯 1 台
3	电锯房	m²	40	小圆锯 1 台

续表

序号	名称	单位	面积（m²）	备注
4	钢筋作业棚	m²/人	3	占地为建筑面积3～4倍
5	搅拌棚	m²/台	10～18	
6	卷扬机棚	m²/台	6～12	
7	烘炉房	m²	30～40	
8	焊工房	m²	20～40	
9	电工房	m²	15	
10	白铁工房	m²	20	
11	油漆工房	m²	20	
12	机、钳工修理房	m²	20	
13	立式锅炉房	m²/台	5～10	
14	发电机房	m²/kW	0.2～0.3	
15	水泵房	m²/台	3～8	
16	空压机房（移动式）	m²/台	18～30	
	空压机房（固定式）	m²/台	9～15	

1. 混凝土搅拌站的布置

混凝土搅拌站的布置一般采用集中、分散、集中与分散相结合三种方式。当运输条件较好时，以采用集中布置方式较好；当运输条件较差时，则以分散布置在使用地点或垂直运输设备等附近为宜。对于混凝土使用较分散或运输距离较远的情况，也可采用现场集中配料、混凝土搅拌运输车运输的方式。一般当砂、石等材料由铁路或水路运入，而且现场又有足够的混凝土输送设备时，宜采用集中布置方式；由汽车运输时，也可采用分散或集中和分散相结合的方式。若利用城市的商品混凝土搅拌站供应混凝土，只需考虑其供应能力和运输设备是否能够满足要求，并注意及时进行联系订货即可，施工场地可以不考虑布置混凝土搅拌站。

2. 砂浆搅拌站的布置

砂浆搅拌站通常采用分散或靠近单位工程施工位置就近布置的方式。

在布置各类搅拌站时，其位置应尽量布置在施工场地的下风向的空地，尽可能地距离生活、办公等临时设施远一点；同时搅拌站的附近要有足够的空地以布置砂石堆场和上料，附近能布置水泥库（罐），并与施工场地的运输道路相结合，以方便材料的进出。搅拌站四周应有排水沟，以便将清洗机械的污水排走，避免现场积水。

3. 预制件加工厂的布置

预制件加工厂尽量利用建设地区永久性加工厂。只有其生产能力不能满足工程需要或使用费用太高时，才考虑现场设置临时预制构件加工厂，其位置最好布置在建设场地中的空闲地带上。

钢筋加工厂可集中或分散布置，视工地具体情况而定。对于需冷加工、对焊、点焊钢筋骨架和大片钢筋网时，宜采用集中布置方式，并考虑与预制构件加工厂相邻；对于小型加工、小批量生产和利用简单机具就能成型的钢筋加工，通常就近设置钢筋加工棚进行钢筋加工。

木材加工厂设置与否、是集中还是分散设置、设置规模应视具体情况而定。如建设地区无可利用的木材加工厂，而锯材、标准门窗、标准模板等加工量又很大时，则宜集中布置木材联合加工厂。对于非标准件的加工与模板修理工作等，可分散在工地附近设置临时加工棚进行加工。

金属结构、锻工、电焊和机修车间等，由于其在生产上联系密切，应尽可能布置在一起。对于产生有害气体和易造成环境污染的加工厂，如沥青、生石灰熟化、石棉加工厂等，应设置在现场的下风向，且不危害当地居民的位置。

二、工地储存设施规划

（一）工地储存设施的类型

工地储存设施可分为露天堆场和仓库两类。仓库又包括半封闭式库棚和封闭式库房两种类型。通常仓库按使用功能可分为：

1. 转运仓库

它是指设置在火车站或码头等处的货物周转仓库。

2. 中心仓库

它是贮存整个建设项目所需材料和贵重材料，以及需要再行整理配套材料的仓库，也称总仓库。中心仓库要设在施工现场附近或供应区域中心位置。

3. 现场仓库

它是专为某个单项工程服务的仓库，一般将其设在工程项目施工现场的合理位置。

4. 加工场仓库

它是专为某个加工场储存材料、半成品和构件的仓库，一般宜就近设置。

（二）工地储存设施规划

1. 确定储存设施型式

在确定工地贮存设施型式时，要根据所储存材料的贵重程度和性质，分别采用露天堆场、库棚或仓库三种型式。

2. 确定材料贮备量

（1）经常使用的材料，如砖、瓦、砂和石，以及水泥和钢筋等材料，可按式（7-1）确定。其中大宗地方性材料，如砂、石和砖等，当采用汽车运输时，可适当减少贮备天数，这样可以减少堆场面积。

$$q_1 = \frac{nQ_1K_1}{T} \tag{7-1}$$

式中　q_1——某种材料的储备量；

　　　n——某种材料储备期定额，详见表7-4；

　　　Q_1——某种材料总需要量；

　　　K_1——某种材料使用不均衡系数，详见表7-4；

　　　T——相关施工项目总工日数。

（2）不经常使用的材料，如型钢和钢管等，要按其年或季确定储存量，分别按式（7-2）确定：

$$q_2 = K_2 Q_2 \tag{7-2}$$

式中　q_2——某种材料储存量；

　　　K_2——某种材料储存系数（0.2～0.4）；

　　　Q_2——某种材料最高年或季需用量。

表 7-4　　　　　　　　　　　　确定仓库面积有关系数表

序号	材料及半成品	单位	储存天数 (n)	不均衡系数 (K_1)	每平方米储存定额 (P)	有效利用系数 (K_3)	仓库类别	备 注
1	水泥	t	30～60	1.3～1.5	1.5～1.9	0.65	封闭式	堆高 10～12（袋）
2	生石灰	t	30	1.4	1.7	0.7	棚	堆高 2（m）
3	砂子（人工堆放）	m³	15～30	1.4	1.5	0.7	露天	堆高 1～1.5（m）
4	砂子（机械堆放）	m³	15～30	1.4	2.5～3	0.8	露天	堆高 2.5～3（m）
5	石子（人工堆放）	m³	15～30	1.5	1.5	0.7	露天	堆高 1～1.5（m）
6	石子（机械堆放）	m³	15～30	1.5	2.5～3	0.8	露天	堆高 2.5～3（m）
7	块石	m³	15～30	1.5	10	0.7	露天	堆高 1.0（m）
8	预制槽型板	m²	30～60	1.3	0.2～0.3	0.6	露天	堆高（千袋）
9	梁	m²	30～60	1.3	1.5	0.6	露天	堆高 1～1.5（m）
10	柱	m³	30～60	1.3	1.2	0.6	露天	堆高 1.2～1.5（m）
11	钢筋（直筋）	t	30～60	1.4	2.5	0.6	露天	占全部钢精80%，堆高 0.5（m）
12	钢筋（盘筋）	t	30～60	1.4	0.9	0.6	封闭库、棚	占全部钢精20%，堆高 1（m）
13	钢筋成品	t	10～20	1.5	0.07～0.1	0.6	露天	
14	型钢	t	45	1.4	1.5	0.6	露天	堆高 0.5（m）
15	金属结构	t	30	1.4	0.2～0.3	0.6	露天	
16	原木	m³	30～60	1.4	1.3～1.5	0.6	露天	堆高 2（m）
17	成材	m³	30～45	1.4	0.7～0.8	0.5	露天	堆高 1（m）
18	废木材	m²	15～20	1.2	0.3～0.4	0.5	露天	占锯木量10%～15%
19	门窗扇	m²	30	1.2	45	0.6	露天	堆高 2（m）
20	门窗框	m²	30	1.2	20	0.6	露天	堆高 2（m）
21	木屋架	m²	30	1.2	0.6	0.6	露天	
22	木模板	m²	10～15	1.4	4～6	0.6	露天	
23	模板整理	m²	10～15	1.2	1.5	0.65	露天	
24	砖	千块	15～30	1.2	0.7～0.8	0.6	露天	堆高 1.5～1.6（m）
25	泡沫混凝土制件	m³	30	1.2	1	0.7	露天	堆高 1（m）

3. 确定仓库面积

当未确定出材料储存量时，可按公式估算仓库面积；当已经确定出材料储存量时，可按式（7-3）、式（7-4）计算仓库面积：

$$F_1 = \varphi n \tag{7-3}$$

$$F_2 = \frac{q_i}{PK_3} \tag{7-4}$$

式中　F_1——某种材料仓库面积估算值，m^2；

　　　φ——某种材料仓库面积估算系数，详见表 7-5；

　　　m——某种材料仓库面积估算基数，详见表 7-5；

　　　F_2——某种材料仓库面积计算值；

　　　q_i——某种材料储存量；

　　　P——某种材料每平方米储存数量，详见表 7-5；

　　　K_3——某种材料仓库面积利用系数，详见表 7-5。

表 7-5　　　　　　　　　　　　　　估算仓库面积参考资料表

序号	名称	计算基数（m）	单位	系数（φ）
1	仓库（综合）	按每平均全员人数（工地）	m^2/人	0.7～0.8
2	水泥库	按当年水泥用量的 40%～50%	m^2/t	0.7
3	其他仓库	按当年工作量	m^2/万元	1～1.5
4	五金杂品库	按年建安工作量	m^2/万元	0.1～0.2
5	五金杂品库	按年平均在建建筑面积	m^2/100m^2	0.5～1.0
6	土建工具库	按高峰年（季）平均全员数	m^2/人	0.1～0.2
7	水暖器材库	按年平均在建建筑面积	m^2/100m^2	0.2～0.4
8	电气器材库	按年平均在建建筑面积	m^2/100m^2	0.3～0.5
9	化工油漆危险品库	按年建安工作量	m^2/100m^2	0.05～0.1
10	三大工具堆场 （脚手、跳板、模板）	按年平均在建建筑面积 按年建安工作量	m^2/万元	1～2 0.3～0.5

4. 确定仓库结构型式

仓库建筑结构型式，要根据施工工期和当地条件，认真考虑储存材料的性质和贵重程度，选择适宜的建筑结构型式，并应尽量利用永久性建筑物，减少临时性建筑面积。

5. 确定储存设施的位置

（1）仓库应位于地势较高的位置，并有宽敞平坦的场地，同时仓库应位于干燥地带，避免潮湿低洼地区，并靠近使用地点，如水泥仓库布置在靠近搅拌机的地方。

（2）预制构件应布置在起重机械服务范围之内。

（3）砂、石尽可能布置在搅拌机后台附近，不同粒经规格应分别堆放。

（4）石灰堆场、淋灰池的位置应靠近搅拌站，并设在下风向。

（5）储存设施的位置应交通运输方便，尽可能连通铁路或公路。

（6）要符合安全和防火要求，易燃材料仓库应布置在施工项目下风向的位置。

三、工地运输组织和道路规划

（一）工地运输组织

工地运输分为垂直运输和水平运输。

1. 工地水平运输的方式及特点

工地运输的方式有铁路运输、水路运输、汽车运输和马车运输等。

（1）铁路运输。铁路运输具有运输量大、运距长、不受自然条件限制的特点，但其投资大，筑路技术要求高，只有在拟建工程需要铺设永久性铁路专用线或者建筑工地需要从国家铁路上运输大量物料（年运输量在 20 万 t 以上者），方可采用铁路运输。

（2）水路运输。水路运输是最经济的一种运输方式，在可能条件下，应尽量采用水路运输。采用水运时应注意与工地内部运输配合，码头上通常要有转运仓库和卸货装备，同时还要考虑洪水、枯水期对运输的影响。

（3）汽车运输。汽车运输是目前应用最广泛的一种运输方式，其优点是机动性大，操作灵活，行驶速度快，适合各类道路和物料，可直接运到使用地点，汽车运输特别适合于货运量不大，货源分散或地形复杂不宜于铺设轨道，以及城市和工业区内的运输。

（4）马车运输。马车运输适宜于较短距离（3～5km）运送大量货物，具有使用灵活，对道路要求较低，费用也较低廉的特点。马车运输不宜用于城市的施工项目。

2. 工地水平运输的组织

（1）确定运输量。运输总量按工程的实际需要量来确定。同时还应考虑每日的最大运输量以及各种运输工具的最大运输密度。每日货运量可按式（7-5）计算：

$$q = \frac{\sum Q_i L_i K}{T} \tag{7-5}$$

式中　q——日货运量，t·km；

　　Q_i——每种货物需要总量；

　　L_i——每种货物从发货地点到存储地点的距离；

　　T——有关施工项目的施工总工日；

　　K——运输工作不均衡系数，铁路可取 1.5，汽车可取 1.2。

（2）确定运输的方式。工地运输方式有铁路运输、公路运输、水路运输等方式。选择运输方式，必须考虑各种因素的影响，如材料的性质、运输量的大小、超重、超高、超大、超宽设备及构件的形状尺寸、运距和期限、现有机械设备、利用永久性道路的可能性、现场及场外道路的地形、地质及水文自然条件。在有几种运输方案可供选择时，应进行全面的技术经济分析比较，确定最合适的运输方式。

（3）确定运输工具的数量。运输方式确定后，就可计算运输工具的需要量。每一工作台班内所需的运输工具数量可用式（7-6）计算：

$$n = \frac{q}{cbK_1} \tag{7-6}$$

式中　n——运输工具数量；

　　q——每日货运量；

　　c——运输工具的台班生产率；

　　b——每日的工作班次；

　　K_1——运输工具使用不均衡系数。对于汽车可取 1.6～0.81，马车可取 1.5，拖拉机可取 1.65。

3. 垂直运输机械的布置

垂直运输机械的位置直接影响仓库、搅拌站、各种材料和构件等位置及道路和水、电线路的布置等，因此，它的布置是施工现场全局的中心环节，在单位工程施工平面图设计时必须首先确定。

由于各种起重机械的性能不同,其机械的布置位置亦不相同。

(1) 塔式起重机的布置:塔式起重机可分为固定式、轨道式、附着式和内爬式四种。

1) 轨道式可沿轨道两侧全幅作业范围进行吊装,是一种集起重、垂直提升、水平输送三种功能为一体的机械设备。一般沿建筑物长向布置,其位置尺寸取决于建筑物的平面形状、尺寸、构件重量、起重机的性能及四周的施工场地条件等。

2) 固定式和附着式塔式起重机不需铺设轨道,宜将其布置在需吊装材料和构件堆场一侧,要求材料和构件在起重机的服务半径之内。内爬式起重机布置在建筑物的中间,通常设置在电梯井内。

3) 在确定塔式起重机服务范围时,最好将建筑物平面尺寸包括在塔式起重机服务范围内,以保证各种构件与材料直接送到建筑物的设计部位上,尽可能不出现死角,如果实在无法避免出现死角,则要求死角越小越好,同时在死角上应不出现吊装最重、最高的预制构件。并且在确定吊装方案时,提出具体的技术和安全措施,以保证这部分死角的构件顺利安装。有时将塔吊和龙门架同时使用,以解决这一问题,但要确保塔吊回转时不能有碰撞的可能,确保施工安全。

此外,在确定塔吊服务范围时应考虑有较宽的施工用地,以便安排构件堆放,搅拌设备出料斗能直接挂钩后起吊,主要施工道路也宜安排在塔吊服务范围内。

(2) 自行杆式起重机械:自行杆式起重机械分履带式、轮胎式和汽车式三种起重机。它一般专做构件装卸和起吊各种构件之用。适用于装配式单层工业厂房主体结构的吊装;亦可用于混合结构大梁等较重构件的吊装。其吊装的开行路线及停机位置主要取决于建筑物的平面布置、构件重量、吊装高度和吊装方法等。

(3) 井架、龙门架等固定式垂直运输机械:固定式垂直运输工具(井架、龙门架)的布置,主要根据机械性能、工程的平面形状和尺寸、施工段划分情况、材料来向和已有运输道路等情况而定。布置的原则是充分发挥起重机械的能力,并使地面和楼面的水平运距最小。布置时应考虑以下几个方面:

1) 当工程各部位的高度相同时,应布置在施工段的分界线附近;

2) 当工程各部位的高度不同时,应布置在高低分界线较高部位一侧;

3) 井架、龙门架的位置以布置在窗口处为宜,以避免砌墙留槎和减少井架拆除后的修补工作;

4) 井架、龙门架的数量要根据施工进度、垂直提升的构件和材料数量、台班工作效率等因素计算确定,其服务范围一般为 50~60m;

5) 卷扬机的位置不应距离起重机械太近,以便司机的视线能够看到整个升降过程。一般要求此距离大于建筑物的高度,水平距外脚手架 3m 以上;

6) 井架应立在外脚手架之外并有一定距离为宜,一般 5~6m。

(4) 外用施工电梯:外用施工电梯是一种安装于建筑物外部,施工期间用于运送施工人员及建筑器材的垂直运输机械。它是高层建筑施工不可缺少的关键设备之一。

在确定外用施工电梯的位置时,应考虑便利施工人员上下和物料集散。由电梯口至各施工处的平均距离应最近;便于安装附墙装置;接近电源,有良好的夜间照明。

(5) 混凝土泵和泵车:高层建筑施工中,混凝土的垂直运输量十分巨大,通常采用泵送方法进行。混凝土泵是在压力推动下沿管道输送混凝土的一种设备，它能一次连续完成水平运输和垂直运输，配以布料杆或布料机还可以有效地进行布料和浇筑。混凝土泵布置时宜考虑设置在场地平整、道路畅通、供料方便、且距离浇筑地点近，便于配管，排水、供水、供电方便的地方，并且在混凝土泵作用范围内不得有高压线。

（二）运输道路规划

工地运输道路应尽可能利用永久性道路，或先修永久性道路路基并铺设简易路面，主要道路应布置成环形，次要道路可布置成单行线，但应有回车场。要尽量避免与铁路交叉；公路两侧应设有排水沟；场内主要道路要设置两个以上的进出口，以保证运输道路畅通。

现场内临时道路技术要求和临时路面种类和厚度如表 7-6、表 7-7 所示。

四、工地供水设施规划

建筑工地临时供水主要包括生产用水、生活用水和消防用水三种。

（一）确定工地用水量

生产用水包括工程施工用水、施工机械用水。生活用水包括施工现场生活用水和生活区用水。

表 7-6 　　　　　　　　　　　　　　临时道路路面种类和厚度

路面种类	特点及使用条件	路基土壤	路面厚度（cm）	材料配合比
级配砾石路面	雨天照常通车，可行较多车辆，但材料级配要求严格	砂质土	10～15	体积比：黏土：砂：石＝1：0.7：3.5 重量比：1. 面层：黏土 13%～15%，砂石料 85%～87% 2. 底层：黏土 10%，砂石混合料 90%
		黏质土或黄土	14～18	
碎（砾）石路面	雨天照常通车，碎（砾）石本身含土较多，不加砂	砂质土	10～18	碎（砾）石＞65%，当地土含量≤35%
		砂质土或黄土	15～20	
碎砖路面	可维持雨天通车，通行车辆较少	砂质土	13～15	垫层：砂或炉渣 4～5cm 底层：7～10cm 面层：2～5cm
		黏质土或黄土	15～8	
炉渣或矿渣路面	可维持雨天通车，通行车辆较少，当附近有此项材料可利用时	一般土	10～15	炉渣或矿渣 75%，当地土 25%
		较松软时	15～30	
砂土路面	雨天停车，通行车辆较少，附近不产石料而只有砂时	砂质土	15～20	粗砂 50%，细砂、粉砂和黏质土±50%
		黏质土	15～30	
风化石屑路面	雨天不通车，通行车辆较少，附近有石屑可利用	一般土	10～15	石屑 90%，黏土±10%
石灰土路面	雨天停车，通行车辆较少，附近产石灰时	一般土	10～13	石灰 10%，当地土±90%

表 7-7 简易道路技术要求表

指标名称	单 位	技 术 标 准
设计车速	km/h	≤20
路基宽度	m	双车道 6～6.5；单车道 4.4～5；困难地段 3.5
路面宽度	m	双车道 5～5.5；单车道 3～3.5
平面曲线最小半径	m	平原、丘陵地区 20；山区 15；回头弯道 12
最大纵坡	%	平原地区 6；丘陵地区 8；山区 11
纵坡最短长度	m	平原地区 100；山区 50
桥面宽度	m	木桥 4～4.5
桥梁载重等级	t	木桥及涵 7.8～10.4（汽—6～汽—8）

1. 工程施工用水量

工程施工用水量用式（7-7）计算：

$$q_1 = K_1 \sum \frac{Q_1 N_1}{T_1 b} \times \frac{K_2}{8 \times 3600} \tag{7-7}$$

式中　q_1——施工工程用水量，L/s；

　　　K_1——未预见的施工用水系数，1.05～1.15；

　　　Q_1——年（季）度工程量（以实物计量单位表示）；

　　　N_1——施工用水定额，见表 7-8；

　　　T_1——年季度有效工作日，天；

　　　b——每天工作班次；

　　　K_2——用水不均衡系数，见表 7-9。

表 7-8 施工用水参考定额（N_1）

序号	用 水 对 象	单位	耗水量 N_1（L）	备 注
1	浇筑混凝土全部用水	m³	1700～2400	
2	搅拌普通混凝土	m³	250	实测数据
3	搅拌轻质混凝土	m³	300～350	
4	搅拌泡沫混凝土	m³	300～400	
5	搅拌热混凝土	m³	300～350	
6	混凝土养护（自然养护）	m³	200～400	
7	混凝土养护（蒸汽养护）	m³	500～700	
8	冲洗模板	m³	5	
9	搅拌机清洗	台班	600	实测数据
10	人工冲洗石子	m³	1000	
11	机械冲洗石子	m³	600	
12	洗砂	m³	1000	
13	砌砖工程全部用水	m³	150～250	
14	砌石工程全部用水	m³	50～80	

续表

序号	用 水 对 象	单位	耗水量 N_1（L）	备 注
15	粉刷工程全部用水	m³	30	
16	砌耐火砖砌体	m³	100～150	包括砂浆搅拌
17	洗砖	千块	200～250	
18	洗硅酸盐砌块	m³	300～350	
19	抹面	m³	4～6	不包括调治用水，找平层同
20	楼地面	m³	190	
21	搅拌砂浆	m³	300	
22	石灰消化	t	3000	

表 7-9　　　　　　　　　　　施工用水不均衡系数

	用水名称	系数		用水名称	系数
K_2	施工工程用水	1.5	K_4	动力设备	1.05～1.10
	生产企业用水	1.25	K_5	施工现场生活用水	1.30～1.50
K_3	施工机械、运输机械	2.00	K_6	居民区生活用水	2.00～2.50

2. 施工机械用水量

施工机械用水量用式（7-8）计算：

$$q_2 = K_1 \sum Q_2 N_2 \frac{K_3}{8 \times 3600} \tag{7-8}$$

式中　q_2——施工机械用水量，L/s；

　　　K_1——未预见的施工用水系数，1.05～1.15；

　　　Q_2——同种机械台数，台；

　　　N_2——施工机械用水定额，见表 7-10；

　　　K_3——施工机械用水不均衡系数，见表 7-9。

表 7-10　　　　　　　　　　施工机械用水参考定额（N_2）

序号	用水对象	单位	耗水量 N_2（L）	备 注
1	内燃挖土机	L/（台·m³）	200～300	以斗容量（m³）计
2	内燃起重机	L/（台班·t）	15～18	以起重量（t）计
3	蒸汽起重机	L/（台班·t）	300～400	以起重量（t）计
4	蒸汽打桩机	L/（台班·t）	1000～1200	以锤重量（t）计
5	蒸汽压路机	L/（台班·t）	100～150	以压路机能力（t）计
6	内燃压路机	L/（台班·t）	12～15	以压路机能力（t）计
7	拖拉机	L/（昼夜·t）	200～300	
8	汽车	L/（昼夜·t）	400～700	
9	标准轨蒸汽机车	L/（昼夜·t）	10000～20000	
10	窄轨蒸汽机车	L/（昼夜·t）	4000～7000	

序号	用水对象	单位	耗水量 N_2（L）	备注
11	空气压缩机	L/［台班·（m³/min）］	40~80	以压缩空气机排气量 m³/min 计
12	内燃机动力装置（直流水）	L/（台班·kW）	120~300	
13	内燃机动力装置（循环水）	L/（台班·kW）	25~40	
14	锅驼机	L/（台班·kW）	80~160	不利用凝结水
15	锅炉	L/（h·t）	1000	以小时蒸发量计
16	锅炉	L/（h·m²）	15~30	以受热面积计
17	点焊机 25 型	L/h	100	实测数据
	50 型	L/h	150~200	实测数据
	75 型	L/h	250~350	
18	冷拔机	L/h	300	
19	对焊机	L/h	300	
20	凿岩机 01—30（CM—56）	L/min	3	
	01—45（TN—4）	L/min	5	
	01—35（KIIM—4）	L/min	8	
	YQ—100	L/min	8~12	

3. 施工现场生活用水量

施工现场生活用水量用式（7-9）计算：

$$q_3 = \frac{P_1 N_3 K_4}{b \times 8 \times 3600} \tag{7-9}$$

式中　q_3——施工现场生活用水量，L/s；

P_1——施工现场高峰期生活人数，人；

N_3——施工现场生活用水定额，参见表 7-11；

K_4——施工现场生活用水不均衡系数；

b——每天工作班次。

表 7-11 　　　　　　　　　**生活用水量参考定额（N_3）**

序号	用水对象	单位	耗水量	备注
1	工地全部生活用水	L/（人·日）	100~120	
2	生活用水（生活饮用）	L/（人·日）	25~30	
3	食堂	L/（人·日）	15~20	
4	浴室（淋浴）	L/（人·次）	50	
5	淋浴带大池	L/（人·次）	30~50	
6	洗衣	L/人	30~35	
7	理发室	L/（人·次）	15	
8	小学校	L/（人·日）	12~15	

序号	用水对象	单位	耗水量	备注
9	幼儿园托儿所	L/（人·日）	75～90	
10	医院	L/（病床·日）	100～150	

4. 生活区生活用水量

生活区生活用水量用式（7-10）计算：

$$q_4 = \frac{P_2 N_4 K_5}{24 \times 3600} \tag{7-10}$$

式中　q_4——生活区生活用水量，L/s；

P_2——生活区居民人数，人；

N_4——生活区昼夜全部用水定额，参见表 7-11；

K_4——生活区用水不均衡系数。

5. 消防用水量 q_5

建筑工地消防用水量应根据工地大小，各种房屋、构筑物的结构性质和层数以及防火等级等确定。生活区消防用水量则根据居民人数确定，详见表 7-12。

表 7-12　　　　消防用水量

序号	用水名称	火灾同时发生次数	单位	用水量
1	居民区消防用水			
	5000 人以内	一次	L/s	10
	10000 人以内	二次	L/s	10～15
	25000 人以内	二次	L/s	15～20
	施工现场消防用水			
	施工现场在 25hm² 以内	一次	L/s	10～15
	每增加 25hm²			5

6. 总用水量

（1）当 $(q_1 + q_2 + q_3 + q_4) \leqslant q_5$ 时，则

$$Q = q_5 + \frac{1}{2}(q_1 + q_2 + q_3 + q_4) \tag{7-11}$$

（2）当 $(q_1 + q_2 + q_3 + q_4) > q_5$ 时，则

$$Q = q_1 + q_2 + q_3 + q_4 \tag{7-12}$$

（3）当工地面积小于 5 万 m²，并且 $q_1 + q_2 + q_3 + q_4 < q_5$ 时，则

$$Q = q_5 \tag{7-13}$$

最后计算的用水总量，还应增加 10%，以补偿不可避免的水管渗漏损失。

（二）选择水源

建筑工地临时供水水源，有管道供水和天然水源两种。应尽可能利用现场附近已有供水管道，只有在工地附近没有现成的供水管道或现成给水管道无法使用以及给水管道供水量难以满足使用要求时，才使用江河、水库、泉水、井水等天然水源。选择水源时应注意下列因素：

（1）水量充沛可靠；

（2）生活饮用水、生产用水的水质，应符合要求；

（3）与农业、水利综合利用；

（4）取水、输水、净水设施要安全、可靠、经济；

（5）施工、运转、管理和维护方便。

（三）确定供水系统

临时供水系统可由取水设施、净水设施、贮水构筑物（水塔及蓄水池）输水管和配水管线综合而成。

1. 确定取水设施

取水设施一般由进水装置、进水管和水泵组成。取水口距河底（或井底）一般 $0.25\sim0.9\mathrm{m}$。给水工程所用水泵有离心泵、隔膜泵及活塞泵三种。所选用的水泵应具有足够的抽水能力和扬程。水泵具有的扬程经计算确定。

（1）将水送至水塔时的扬程见式（7-14）。

$$H_\mathrm{p} = (Z_\mathrm{t} - Z_\mathrm{p}) + H_\mathrm{t} + \alpha + \sum h' + h_\mathrm{s} \tag{7-14}$$

式中　H_p——水泵所需扬程，m；

　　　Z_t——水塔处的地面标高，m；

　　　Z_p——泵轴中线的标高，m；

　　　H_t——水塔高度，m；

　　　α——水塔的水箱高度，m；

　　　$\sum h'$——从泵站到水塔间的水头损失，m；

　　　h_s——水泵的吸水高度，m。

（2）将水直接送到用户时其扬程见式（7-15）。

$$H_\mathrm{p} = (Z_\mathrm{y} - Z_\mathrm{p}) + H_\mathrm{y} + \sum h' + h_\mathrm{s} \tag{7-15}$$

式中　H_y——供水对象最大标高处必须具有的自由水头，一般为 $8\sim10\mathrm{m}$；

　　　Z_y——供水对象的最大标高，m。

2. 确定贮水构筑物

一般有水池、水塔或水箱。在临时供水时，如水泵房不能连续抽水，则需设置贮水构筑物。其容量以每小时消防用水决定，但不得少于 $10\sim20\mathrm{m}^3$。贮水构筑物（水塔）高度与供水范围、供水对象位置及水塔本身的位置有关，可用式（7-16）确定：

$$H_\mathrm{t} = (Z_\mathrm{y} - Z_\mathrm{t}) + H_\mathrm{y} + h \tag{7-16}$$

式中符号意义同以上各式。

3. 确定供水管径

在计算出工地的总需水量后，可计算出管径，见式（7-17）：

$$D = \sqrt{\frac{4Q \times 1000}{\pi v}} \tag{7-17}$$

式中　D——配水管内径，mm；

　　　Q——用水量，L/s；

　　　v——管网中水的流速，m/s，见表 7-13。

4. 选择管材

临时给水管道，根据管道尺寸和压力大小进行选择，一般干管为钢管或铸铁管，支管为钢管。

（四）供水管网平面布置

布置临时管网的原则是在保证满足各生产点、生活区及消防用水的要求下，管道铺设得越短越好。同时还应考虑在施工期间各段管网应具有移动的可能性。

（1）尽量利用现有永久性管网，或利用拟建项目的永久性管网。

表 7-13　　　　临时水管经济流速表

管径	流速	
	正常时间	消防时间
支管 $D<0.10$	2	
生产消防管道 $D=0.1\sim0.3m$	1.3	>3.0
生产消防管道 >0.3m	1.5～1.7	2.5
生产用水管道 >0.3m	1.5～2.5	3.0

（2）临时供水管网布置应与场地平整统一规划，避免因挖土使管道暴露甚至被挖断，或被深埋于地下。

（3）用水量要估算准确并留有一定余地，以免因施工情况变动造成供水不足，以致影响施工现场生产和生活。

（4）供水管网布置要方便使用。通常供水管网有环状、枝状和混合式三种布置方式，可根据建筑物、使用地点和供水需要，分别采用适宜的方式。

临时给水管网常采用枝状管网，因为这种管网管线短、造价低，但供水可靠性差，若在管网中某一点发生局部故障，则有断水之威胁。从保证连续供水的观点看，环状管网最可靠，但其管线长、造价高、管材消耗大。混合式可以兼有上述两种管网的优点，总管采用环状，支管采用枝状。这样对主要用水地点保证有可靠的供水条件，这一点对消防要求高的地区（例如木材加工区、易燃材料仓库生活区等）尤为重要。

（5）临时给水管的铺设可以采用明管或暗管。一般采用暗管较为合适，它既不妨碍施工，又不影响运输工作。对于严寒地区及需要过冬的水管应埋在冰冻线以下，明管部分应考虑防寒保温的措施。在非严寒地区或工期较短的工程可考虑采用明管。临时管线不要布置在拟建的永久性建筑物或室外管沟处，以免这些项目开工时，切断了水源，影响施工用水。

五、工地供电设施规划

建筑工地临时供电设施规划包括：确定工地用电量、选择电源、确定变压器、供电线路空间布置及确定导线截面积。

1. 确定工地用电量

施工现场用电量大体上分为动力用电量和照明用电量两类。在计算用电量时，应考虑以下几点：

（1）全工地使用的电力机械设备、工具和照明的用电功率；

（2）施工总进度计划中，施工高峰期同时用电数量；

（3）各种电力设备的利用情况。

总用电量可按式（7-18）计算：

$$P = (1.05\sim1.10)\left(K_1\frac{\sum P_1}{\cos\varphi} + K_2\sum P_2 + K_3\sum P_3 + K_4\sum P_4\right) \qquad (7\text{-}18)$$

式中　　　　P——供电设备总需要容量，kVA；

　　　　　　P_1——电动机额定功率，kW；

P_2——电焊机额定功率，kVA；

P_3——室内照明容量，kW；

P_4——室外照明容量，kW；

$\cos\varphi$——电动机的平均功率因数（施工现场最高为 $0.75\sim0.78$，一般为 $0.65\sim0.75$）；

K_1、K_2、K_3、K_4——需要系数，见表 7-14。

单班施工时，最大用电负荷量以动力用电量为准，不考虑照明用电。各类机械设备以及室外照明用电可参考有关定额。

2. 选择电源

选择临时供电电源，通常有如下几种方案：

（1）完全由工地附近的电力系统供电，包括在全面开工之前把永久性供电外线工程作好，设置变电站。

（2）工地附近的电力系统能供应一部分，工地尚需要增设临时电站以补充不足。

表 7-14　　　　需要系数 K 值表

用电名称	数量	需要系数		备注
		K	数值	
电动机	3～10 台	K_1	0.7	如施工中需用电热时，应将其用电量计算进去。为使计算接近实际，式中各项用电根据不同性质分别计算
	11～30 台		0.6	
	30 台以上		0.5	
加工厂动力设备			0.5	
电焊机	3～10 台	K_2	0.6	
	10 台以上		0.5	
室内照明		K_3	0.8	
室外照明		K_4	1.0	

（3）利用附近的高压电网，申请临时加设配电变压器。

（4）工地处于新开发地区，没有电力系统时，完全由自备临时电站供给。

采取何种方案，须根据工程实际，经过分析比较后确定。

通常将附近的高压电，经设在工地的变压器降压后，引入工地。

3. 确定变压器输出功率

变压器功率可由式（7-19）计算：

$$P = K\left(\frac{\sum P_{\max}}{\cos\varphi}\right) \tag{7-19}$$

式中　P——变压器输出功率，kVA；

　　　K——功率损失系数，取 1.5；

　$\sum P_{\max}$——各施工区最大计算负荷，kW；

　$\cos\varphi$——功率因数。

根据计算所得容量，从变压器产品目录中选用略大于该功率的变压器。

4. 确定配电导线截面积

配电导线要正常工作，必须具有足够的力学强度、耐受最大电流通过所产生的热量并且使得电压损失在允许范围内，因此，选择配电导线有以下三种方法：

（1）按机械强度确定。导线必须具有足够的机械强度以防止受拉或机械损伤而折断。在各种不同敷设方式下，导线按机械强度要求所必需的最小截面可参考有关资料。

（2）按允许电流强度选择。导线必须能承受负荷电流长时间通过所引起的温度升高。

1) 三相四线制线路上的电流强度可按式（7-20）计算：

$$I = \frac{P}{\sqrt{3} \cdot U \cdot \cos\varphi} \tag{7-20}$$

式中　I——电流强度，A；

　　　P——功率，W；

　　　U——电压，V；

　　$\cos\varphi$——功率因数，临时电网取 $0.7 \sim 0.75$。

2) 二线制线路的电流强度可按式（7-21）计算：

$$I = \frac{P}{U \cdot \cos\varphi} \tag{7-21}$$

式中符号意义同式（7-20）。

（3）按容许电压降确定。

导线上引起的电压降必须限制在一定限度内。配电导线的截面可用式（7-22）计算：

$$S = \frac{\sum P \cdot L}{U \cdot \varepsilon \cdot 100} \tag{7-22}$$

式中　S——导线截面积，mm^2；

　　　P——负荷电功率或线路输送的电功率，kW；

　　　L——送电路的距离，m；

　　　C——系数，视导线材料、送电电压及配电方式而定；

　　　ε——容许的相对电压降（即线路的电压损失百分比）。照明电路中容许电压降不应超过 $2.5\% \sim 5\%$；电动机的电压降不超过 $\pm 5\%$。

所选用的导线截面积应同时满足式（7-20）、式（7-21）和式（7-22）的要求，即以求得的三个截面积中最大者为准，从导线的产品目录中选用线芯。通常先根据负荷电流的大小选择导线截面，然后再以机械强度和允许电压降进行复核。

5. 配电线路的布置

配电线路的布置与给水管网相似，也是分为环状、枝状及混合式三种。其优缺点与给水管网相似。工地电力网，一般 $3 \sim 10kV$ 的高压线路采用环状；380/220 伏的低压线采用枝状。

为架设方便，并可保证电线的完整，以便重复使用，建筑工地上一般采用架空线路。在跨越主要道路时则应改用电缆。多数架空线装设在间距为 $25 \sim 40m$ 的木杆上，离道路路面或建筑物的距离不应小于 $6m$，离铁路轨顶的距离不应小于 $7.5m$。临时低压电缆埋设于沟中，或者吊在电杆支承的钢索上，这种方式比较经济，但使用时应充分考虑到施工的安全。

六、工地通信设施规划

通信设施可分为：有线通信设施和无线通信设施两类。有线通信设施如：有线电话和传真机等；无线通信设施如：移动电话，对讲机，手机和电报等。

一般大型施工项目可安装内部电话，这有利于内部各部门之间的相互联系；其与外部联系，可安装外部电话；工地办公室与施工现场之间、建筑物（或构筑物）高层施工与地面之间，可采用对讲机联系；有条件的施工项目可设置移动电话等设施。

第三节　生活性设施规划

一、生活性设施规划的步骤

(1) 确定使用生活设施的人数；

(2) 确定生活设施的修建项目和建筑面积；

(3) 选择生活设施结构形式；

(4) 确定生活设施平面位置。

二、确定使用人数

(一) 确定职工人数

1. 直接生产工人

它包括直接参加施工的建筑和安装工人。

2. 辅助生产工人

它包括机械维修工人、运输及仓库管理人员，以及动力设施的管理人员等。

3. 其他生产人员

它包括脱离岗位学习和病休六个月以上的人员，以及企业内部科技人员和学徒工。

4. 非生产人员

它包括行政管理人员和服务人员等。

(二) 确定职工家属人数

职工家属人数与建设工期长短有关，也与建筑工地位置远近有关。一般应以调查统计数据作为规划临时住房的依据。如果没有现成资料，家属人数可按职工人数的 $10\%\sim30\%$ 估算。

(三) 确定生活设施建筑面积

生活设施使用人数确定以后，可根据式 (7-23) 确定生活设施所需建筑面积：

$$S = N \cdot P \tag{7-23}$$

式中　P——建筑面积指标，如表 7-15 所示；

　　　S——生活设施建筑面积，m^2；

　　　N——生活设施使用人数。

表 7-15　　　　　　　　　　生活设施建筑面积参考指标表

序号	临时房屋名称	指标使用方法	参考指标（m^2/人）
1	办公室	按使用人数	$3\sim4$
2	宿舍	按高峰年（季）平均职工人数	$2.5\sim3.5$
(1)	单层通铺	（扣除不在工地住宿人数）	$2.5\sim3$
(2)	双层床		$2.0\sim2.5$
(3)	单层床		$3.5\sim4$
3	家属宿舍		$16\sim25m^2$/户
4	食堂	按高峰年平均使用人数	$0.5\sim0.8$
5	食堂兼礼堂	按高峰年平均使用人数	$0.6\sim0.9$

续表

序号	临时房屋名称	指标使用方法	参考指标（m²／人）
6	其他合计	按高峰年平均使用人数	0.5～0.6
（1）	医务室	按高峰年平均使用人数	0.05～0.07
（2）	浴室	按高峰年平均使用人数	0.07～0.10
（3）	理发	按高峰年平均使用人数	0.01～0.03
（4）	浴室兼理发	按高峰年平均使用人数	0.08～0.10
（5）	俱乐部	按高峰年平均使用人数	0.10
（6）	小卖店	按高峰年平均使用人数	0.03
（7）	招待所	按高峰年平均使用人数	0.06
（8）	托儿所	按高峰年平均使用人数	0.03～0.06
（9）	子弟小学	按高峰年平均使用人数	0.06～0.08
（10）	其他公用	按高峰年平均使用人数	0.05～0.10
7	现场小型设施		
（1）	开水房		10～40
（2）	厕所	按高峰年平均使用人数	0.02～0.07
（3）	工人休息室	按高峰年平均使用人数	0.15

三、生活设施平面布置

（1）尽量利用附近已有建筑物或新建成的永久性建筑物为施工服务，其不足部分再修建一些临时建筑物。

（2）在考虑当地气候条件和工期长短的前提下，要本着节约、适用和装拆方便原则，可分别选择帐篷、活动房或简易房屋等结构型式。

（3）为方便职工使用，其食堂、浴室和诊所可设在工地内部；而传达室、办公室和汽车库可设在工地内部或其毗邻地带；职工宿舍可设在工地内部或附近地区，尽量减少上下班时间；小卖部可设在生活区或工人上、下班经过的地方。

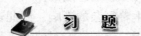

习　题

1. 建设项目施工设施包括哪些类型？
2. 施工工地加工设施规划的影响因素有哪些？
3. 简述建设项目施工工地存储设施规划的主要内容。
4. 工地运输方式选择的影响因素有哪些？
5. 如何确定工地运输工具的数量？
6. 如何确定工程施工用水量和施工机械用水量？
7. 工地临时供水系统由哪些设施构成？
8. 简述建筑工地临时供电设施规划的内容。
9. 简述建筑工地生活设施规划的主要内容。

第八章 施 工 进 度 控 制

控制建设工程施工进度，不仅能够确保建设工程项目按预定时间交付使用，及时发挥投资效益，而且有益维护国家良好的经济秩序。

第一节 施工进度控制概述

一、施工进度控制的概念

建设工程施工进度控制是指对建设工程项目施工阶段的工作内容、工作程序、持续时间和衔接关系根据施工进度总目标及资源优化配置的原则，在既定的工期内，编制出最优的施工进度计划并付诸实施，然后在施工进度计划的实施过程中经常检查实际施工进度是否按计划要求进行，并将其与施工计划进度相比较，若出现偏差，便分析产生的原因和对工期的影响程度，采取补救措施或调整、修改原计划后再付诸实施，如此循环，直到建设工程竣工验收交付使用。建设工程施工进度控制的最终目的是确保建设工程项目按预定的时间动用或提前交付使用，建设工程施工进度控制应以实现施工合同约定的交工日期为最终目标。

建设工程施工进度控制的总目标是确保建设工程施工的既定目标工期的实现，或者在保证施工质量和不因此而增加施工实际成本的条件下，适当缩短施工工期。建设工程施工进度控制的总目标应进行层层分解，形成实施进度控制、相互制约的目标体系。目标分解可按单项工程分解为交工分目标，按承包的专业或按施工阶段分解为完工分目标，按年、季、月计划分解为时间分目标。

建设工程施工进度控制应建立以项目经理为首的进度控制体系，各子项目负责人、计划人员、调度人员、作业队长和班组长都是该体系的成员。各承担施工任务者和生产管理者都应承担进度控制目标，对进度控制负责。

由于在工程建设过程中存在着许多影响进度的因素，这些因素往往来自不同的部门和不同的时期，它们对建设工程进度产生着复杂的影响。因此，进度控制人员必须事先对影响建设工程进度的各种因素进行调查分析，预测它们对建设工程进度的影响程度，确定合理的进度控制目标，编制可行的施工进度计划，使工程建设工作始终按计划进行。

但是，不管进度计划的周密程度如何，其毕竟是人们的主观设想，在其实施过程中，必然会因为新情况的产生、各种干扰因素和风险因素的作用而发生变化，使人们难以执行原定的进度计划。为此，进度控制人员必须掌握动态控制原理，在计划执行过程中不断检查建设工程实际施工进展情况，并将实际状况与计划安排进行对比，从中得出偏离计划的信息。然后在分析偏差及其产生原因的基础上，通过采取组织、技术、经济等措施，维持原计划，使之能正常实施。如果采取措施后不能维持原计划，则需要对原进度计划进行调整或修正，再按新的进度计划实施。这样在进度计划的执行过程中进行不断地检查和调整，以保证建设工程施工进度得到有效控制。

二、影响施工进度的因素

由于建设工程具有规模庞大、工程结构与工艺技术复杂、建设周期长及相关单位多等特点，决定了建设工程进度将受到许多因素的影响。要想有效地控制建设工程进度，就必须对影响进度的有利因素和不利因素进行全面、细致的分析和预测。这样，一方面可以促进对有利因素的充分利用和对不利因素的妥善预防；另一方面也便于事先制订预防措施，事中采取有效对策，事后进行妥善补救，以缩小实际进度与计划进度的偏差，实现对建设工程进度的主动控制和动态控制。

影响建设工程进度的不利因素有很多，如人为因素，技术因素，设备、材料及构配件因素，机具因素，资金因素，水文、地质与气象因素，以及其他自然与社会环境等方面的因素。其中，人为因素是最大的干扰因素。从产生的根源看，有的来源于建设单位及其上级主管部门；有的来源于勘察设计、施工及材料、设备供应单位；有的来源于政府、建设主管部门、有关协作单位和社会；有的来源于各种自然条件。在工程建设过程中，常见的影响因素如下：

1. 业主因素

业主使用要求改变而进行设计变更；应提供的施工场地条件不能及时提供或所提供的场地不能满足工程施工的正常需要；不能及时向施工承包单位或材料供应商付款等会使施工进度中断或速度减慢。

2. 勘察设计因素

勘察资料不准确，特别是地质资料错误或遗漏；设计内容不完善，规范应用不恰当，设计有缺陷或错误；设计对施工的可能性未考虑或考虑不周；施工图纸供应不及时、不配套，或出现重大差错等，都将影响施工进度计划的执行。

3. 施工技术因素

施工工艺错误；不合理的施工方案；施工安全措施不当；不可靠技术的应用；施工中发生技术事故；应用新技术、新材料、新结构缺乏经验，不能保证质量等都要影响施工进度。

4. 自然环境因素

复杂的工程地质条件，不明的水文气象条件，地下埋藏文物的保护、处理，洪水、地震、台风等不可抗力等，都对施工进度产生影响、造成临时停工或破坏。

5. 社会环境因素

外单位临近工程干扰施工；节假日交通、市容整顿的限制；临时停水、停电、断路；以及在国外常见的法律及制度变化，经济制裁，战争、骚乱、罢工、企业倒闭等，都将影响施工进度计划。

6. 组织管理因素

向有关部门提出各种申请审批手续的延误；合同签订时遗漏条款、表达失当；计划安排不周密，组织协调不力，导致停工待料、相关作业脱节；领导不力，指挥失当，使参加工程建设的各个单位、各个专业、各个施工过程之间交接、配合上发生矛盾等，都会影响施工进度计划。

7. 材料、设备因素

材料、构配件、机具、设备供应环节的差错，品种、规格、质量、数量、时间不能满足工程的需要；特殊材料及新材料的不合理使用；施工设备不配套，选型失当，安装失误，有故障等，都将使施工停顿。

8. 资金因素

有关方拖欠资金，资金不到位，资金短缺；汇率浮动和通货膨胀等经济事件都会影响施工进度计划。

三、施工进度控制的方法和措施

建设工程施工进度的控制方法主要是规划、控制和协调。规划是指确定建设工程施工总进度控制目标和分进度控制目标，并编制其施工进度计划。控制是指在建设工程施工实施的全过程中，进行施工实际进度与施工计划进度的比较，出现偏差及时采取措施调整。协调是指疏通、优化与施工进度有关的单位、部门和工作队组之间的进度关系。

建设工程施工进度控制采取的主要措施有组织措施、技术措施、合同措施和经济措施等。

（一）组织措施

进度控制的组织措施主要包括：

（1）建立进度控制目标体系，明确建设工程现场组织机构中进度控制人员及其职责分工；

（2）建立工程进度报告制度及进度信息沟通网络；

（3）建立进度计划审核制度和进度计划实施中的检查分析制度；

（4）建立进度协调会议制度，包括协调会议举行的时间、地点，协调会议的参加人员等；

（5）建立图纸审查、工程变更和设计变更管理制度。

（二）技术措施

进度控制的技术措施主要包括：

（1）审查进度计划，保证建设工程项目在合理的状态下施工；

（2）编制进度控制工作细则，保证进度控制的有效实施；

（3）采用网络计划技术及其他科学适用的计划方法，并结合电子计算机的应用，对建设工程进度实施动态控制。

（三）经济措施

进度控制的经济措施主要包括：

（1）及时办理工程预付款及工程进度款支付手续；

（2）对应急赶工给予经济保障；

（3）对工期提前给予奖励；

（4）对工程延误实施处罚。

（四）合同措施

进度控制的合同措施主要包括：

（1）加强合同管理，协调合同工期与进度计划之间的关系，保证合同中进度目标的实现；

（2）加强工程变更和设计变更的管理，并补入合同文件之中；

（3）加强风险管理，在合同中应充分考虑风险因素对进度的影响，以及相应的处理方法。

四、施工进度控制的任务

建设工程施工进度控制的主要任务是编制施工总进度计划并控制其执行，按期完成整个建设工程项目的施工任务；编制单位工程施工进度计划并控制其执行，按期完成单位工程的施工任务；编制分部分项工程施工进度计划，并控制其执行，按期完成分部分项工程的施工任务；编制季度、月（旬）作业计划，并控制其执行，完成规定的目标等。

项目经理部的进度控制应按下列程序进行：

（1）根据施工合同确定的开工日期、总工期和竣工日期确定施工进度目标，明确计划开工日期、计划总工期和计划竣工日期，确定建设工程项目分期分批的开、竣工日期。

（2）编制施工进度计划，具体安排实现前述目标的工艺关系、组织关系、搭接关系、起止时间、劳动力计划、材料计划、机械计划和其他保证性计划。

（3）向监理工程师提出开工申请报告，按监理工程师开工令指定的日期开工。

（4）实施施工进度计划，在实施中加强协调和检查，如出现偏差（不必要的提前或延误）及时进行调整，并不断预测未来进度状况。

（5）建设工程项目竣工验收前抓紧收尾阶段进度控制；全部任务完成后进行进度控制总结，并编写进度控制报告。

五、施工进度控制的原理

建设工程施工进度控制受以下原理支配：

（一）动态控制原理

建设工程施工进度控制是一个不断进行的动态控制，也是一个循环进行的过程。它是从建设工程项目施工开始，实际进度就出现了运动的轨迹，也就是计划进入执行的状态。实际进度按照计划进度进行时，两者相吻合；当实际进度与计划进度不一致时，便产生超前或落后的偏差。分析偏差的原因，采取相应的措施，调整原来的计划，使两者在新起点上重合，继续按其进行施工活动，并且充分发挥组织管理的作用，使实际工作按计划进行。但是在新的干扰因素作用下，又会产生新的偏差。施工进度计划的控制就是采用这种动态循环的控制方法。

（二）系统原理

1. 建设工程施工计划系统

为了对建设工程施工实际进度计划实施控制，首先必须编制建设工程项目施工的各种进度计划。其中有建设工程项目施工总进度计划、单位工程施工进度计划、分部分项工程施工进度计划、季度和月（旬）作业计划，这些计划组成一个建设工程项目施工进度计划系统。计划的编制对象由大到小，计划的内容从粗到细。编制时从总体计划到局部计划，逐层进行控制目标分解，以保证计划控制目标的落实。执行计划时，从月（旬）作业计划开始实施，逐级按目标控制，从而达到对建设工程项目施工整体进度目标的控制。

2. 建设工程施工进度实施组织系统

建设工程项目施工实施的全过程，各专业队伍都是按照计划规定的目标去努力完成一个个任务。施工项目经理和有关劳动调配、材料设备、采购运输等职能部门都按照施工进度规定的要求进行严格管理、落实和完成各自的任务。施工组织各级负责人，从项目经理、施工队长、班组长及其所属全体成员组成了建设工程项目施工实施的完整组织系统。

3. 建设工程施工进度控制组织系统

为了保证建设工程项目施工进度的实施，还有一个建设工程项目进度的检查控制系统。从公司经理、项目经理，一直到作业班组都设有专门职能部门或人员负责检查、统计、整理实际施工进度的资料，并与计划进度比较分析和进行调整。当然不同层次人员负有不同进度控制职责，分工协作，形成一个纵横连接的建设工程项目施工控制组织系统。事实上有的领导可能既是计划的实施者又是计划的控制者。实施是计划控制的落实，控制是保证计划按期实施。

（三）信息反馈原理

信息反馈是建设工程项目施工进度控制的主要环节，施工的实际进度通过信息反馈给基层施工进度控制的工作人员，在分工的职责范围内，经过对其加工，再将信息逐级向上反馈，直到主控制室，主控制室整理统计各方面的信息，经比较分析做出决策，调整进度计划，使其符合预定工期目标。若不应用信息反馈原理，不断地进行信息反馈，则无法进行计划控制。建设工程项目施工进度控制的过程就是信息反馈的过程。

（四）弹性原理

建设工程项目施工的工期长、影响进度的因素多，其中有的已被人们掌握。根据统计资料和经验，可以估计出影响进度的程度和出现的可能性，并在确定进度目标时，进行实现目标的风险分析。在计划编制者具备了这些知识和实践经验之后，编制建设工程项目施工进度计划时就会留有余地，即施工进度计划具有弹性。在进行建设工程项目施工进度控制时，便可以利用这些弹性，缩短有关工作的时间，或者改变它们之间的搭接关系，使检查之前拖延的工期，通过缩短剩余计划工期的方法，达到预期的计划目标。这就是建设工程项目施工进度控制中对弹性原理的应用。

（五）封闭循环原理

建设工程项目施工进度计划控制的全过程是计划、实施、检查、比较分析、确定调整措施、再计划。从编制建设工程项目施工进度计划开始，经过实施过程中的跟踪检查，收集有关实际进度的信息，比较和分析实际进度与施工计划进度之间的偏差，找出产生原因和解决办法，确定调整措施，再修改原进度计划，形成一个封闭的循环系统。

（六）网络计划技术原理

在建设工程项目施工进度控制中，利用网络计划技术原理编制进度计划，根据收集的实际进度信息，比较和分析进度计划，又利用网络计划的工期优化，工期与成本优化和资源优化的理论调整计划。网络计划技术原理是建设工程项目施工进度控制完整的计划管理和分析计算的理论基础。

第二节　施工进度控制目标

施工阶段是建设工程实体的形成阶段，对其进度实施控制是建设工程进度控制的重点。做好施工进度计划与建设工程项目总进度计划的衔接，并跟踪检查施工进度计划的执行情况，在必要时对施工进度计划进行调整，对于建设工程进度控制总目标的实现具有十分重要的意义。

一、施工进度控制目标体系

　　保证建设工程项目按期建成交付使用，是建设工程施工阶段进度控制的最终目的。为了有效地控制施工进度，首先要将施工进度总目标从不同角度进行层层分解，形成施工进度控制目标体系，从而作为实施进度控制的依据。

　　建设工程施工进度控制目标体系如图 8-1 所示。

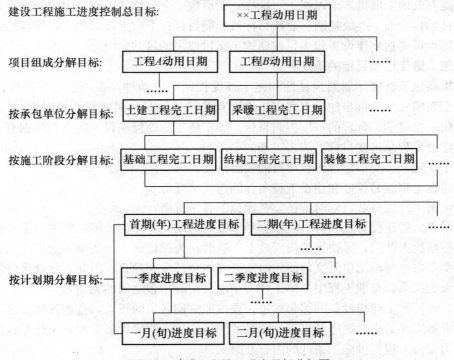

图 8-1　建设工程施工进度目标分解图

　　从图中可以看出，建设工程不但要有项目建成交付使用的确切日期这个总目标，还要有各单位工程交工动用的分目标以及按承包单位、施工阶段和不同计划期划分的分目标。各目标之间相互联系，共同构成建设工程施工进度控制目标体系。其中，下级目标受上级目标的制约，下级目标保证上级目标。并最终保证施工进度总目标的实现。

　　（一）按项目组成分解，确定各单位工程开工及动用日期

　　各单位工程的进度目标在建设工程项目总进度计划及建设工程年度计划中都有体现。在施工阶段应进一步明确各单位工程的开工和交工动用日期，以确保施工总进度目标的实现。

　　（二）按承包单位分解，明确分工条件和承包责任

　　在一个单位工程中有多个承包单位参加施工时，应按承包单位将单位工程的进度目标分解，确定出各分包单位的进度目标，列入分包合同，以便落实分包责任，并根据各专业工程交叉施工方案和前后衔接条件．明确不同承包单位工作面交接的条件和时间。

　　（三）按施工阶段分解，划定进度控制分界点

　　根据建设工程项目的特点，应将其施工分成几个阶段，如土建工程可分为地基与基础、主体结构、屋面防水和内外装饰装修阶段。每一阶段的起止时间都要有明确的标志。特别是不同单位承包的不同施工段之间，更要明确划定时间分界点，以此作为形象进度的控制标

志，从而使单位工程动用目标具体化。

（四）按计划期分解，组织综合施工

将建设工程项目的施工进度控制目标按年度、季度、月（或旬）进行分解，并用实物工程量、货币工作量及形象进度表示，将更有利于明确各承包单位的进度要求。同时还可以据此监督、检查其完成情况。计划期愈短，进度目标愈细，进度跟踪就愈及时，发生进度偏差时也就更能有效地采取措施予以纠正。这样，就形成一个有计划、有步骤协调施工、长期目标对短期目标自上而下逐级控制、短期目标对长期目标自下而上逐级保证、逐步趋近进度总目标的局面，最终达到建设工程项目按期竣工交付使用的目的。

二、施工进度控制目标的确定

为了提高施工进度计划的预见性和施工进度控制的主动性，在确定施工进度控制目标时，必须全面细致地分析与建设工程施工进度有关的各种有利因素和不利因素，只有这样，才能制订出一个科学、合理的进度控制目标。确定施工进度控制目标的主要依据有：

（1）建设工程总进度目标对施工工期的要求；

（2）工期定额、类似建设工程项目的实际进度；

（3）建设工程难易程度和建设工程条件的落实情况等。

在确定施工进度分解目标时，还要考虑以下各个方面：

（1）对于大型建设工程项目，应根据尽早提供可动用单元的原则，集中力量分期分批建设，以便尽早投入使用，尽快发挥投资效益。这时，为保证每一动用单元能形成完整的生产能力，就要考虑这些动用单元交付使用时所必需的全部配套项目。因此，要处理好前期动用和后期建设的关系、每期工程中主体工程与辅助及附属工程之间的关系等。

（2）合理安排土建与设备的综合施工。要按照它们各自的特点，合理安排土建施工与设备基础、设备安装的先后顺序及搭接、交叉或平行作业，明确设备工程对土建工程的要求和土建工程为设备工程提供施工条件的内容及时间。

（3）结合本建设工程的特点，参考同类建设工程的经验来确定施工进度目标。避免只按主观愿望盲目确定进度目标，从而在实施过程中造成进度失控。

（4）做好资金供应能力、施工力量配备、物资（材料、构配件、设备）供应能力与施工进度的平衡工作，确保建设工程进度目标的要求而不使其落空。

（5）考虑外部协作条件的配合情况。包括施工过程中及建设工程项目竣工动用所需的水、电、气、通信、道路及其他社会服务项目的满足程序和满足时间，它们必须与有关项目的进度目标相协调。

（6）考虑建设工程项目所在地区地形、地质、水文、气象等方面的限制条件。

总之，要想对建设工程项目的施工进度实施控制，就必须有明确、合理的进度目标（进度总目标和进度分目标）；否则，控制便失去了意义。

第三节　施工进度计划的实施与检查

一、施工进度计划的实施

建设工程施工进度计划的实施就是建设工程施工活动的进展，也就是用施工进度计划指导施工活动、落实和完成计划。施工进度计划逐步实施的过程就是建设工程项目建造的逐步完成过程。为了保证建设工程项目施工进度计划的实施，并尽量按编制的计划时间逐步进行，保证各进度目标的实现，应做好如下工作。

（一）施工进度计划的审核

项目经理应进行施工进度计划的审核，其主要内容包括：

（1）进度安排是否符合施工承包合同确定的建设工程项目总目标和分目标的要求，是否符合其开、竣工日期的规定。

（2）施工进度计划中的内容是否有遗漏，分期施工是否满足分批交工的需要和配套交工的要求。

（3）施工顺序安排是否符合施工程序的要求。

（4）资源供应计划是否能保证施工进度计划的实现，供应是否均衡，分包人供应的资源是否满足进度要求。

（5）施工图设计的进度是否满足施工进度计划要求。

（6）总分包之间的进度计划是否相协调，专业分工与计划的衔接是否明确、合理。

（7）对实施进度计划的风险是否分析清楚，是否有相应的对策。

（8）各项保证进度计划实现的措施设计得是否周到、可行、有效。

（二）施工进度计划的贯彻

1. 检查各层次的计划，形成严密的计划保证系统

建设工程项目的所有施工进度计划，包括施工总进度计划、单位工程施工进度计划、分部（项）工程施工进度计划，都是围绕一个总任务而编制的，它们之间关系是高层次计划为低层次计划提供依据。低层次计划是高层次计划的具体化。在其贯彻执行时，应当首先检查是否协调一致，计划目标是否层层分解、互相衔接，组成一个计划实施的保证体系，以施工任务书的方式下达施工队，保证施工进度计划的实施。

2. 层层明确责任并充分利用施工任务书

施工项目经理、作业队和作业班组之间分别签订责任书，按计划目标明确规定工期、承担的经济责任、权限和利益。用施工任务书将作业任务下达到施工班组，明确具体施工任务、技术措施、质量要求等内容，使施工班组必须保证按作业计划时间完成规定的任务。

3. 进行计划的交底、促进计划的全面、彻底实施

建设工程施工进度计划的实施是全体工作人员的共同行动，要使有关人员都明确各项计划的目标、任务、实施方案和措施，使管理层和作业层协调一致，将计划变成全体员工的自觉行动，在计划实施前可以根据计划的范围进行计划交底工作，以使计划得到全面、彻底的实施。

（三）施工进度计划的实施

1. 编制月（旬）作业计划

为了实施施工进度计划，应将规定的任务结合现场施工条件，如施工场地的情况、劳动力与机械等资源条件和施工的实际进度，在施工开始前和过程中不断地编制本月（旬）作业计划，这是使施工计划更具体、更实际和更可行的重要环节。在月（旬）计划中要明确：本月（旬）应完成的任务；所需的各种资源量；提高劳动生产率和节约措施等。

2. 签发施工任务书

编制好月（旬）作业计划后，将每项具体任务通过签发施工任务书的方式下达班组进一

步落实、实施。施工任务书是向班组下达任务，实行责任承包、全面管理和原始记录的综合性文件，施工班组必须保证指令任务的完成，它是计划和实施的纽带。

施工任务书在实施过程中要做好记录，任务完成后回收，作为原始记录和业务核算资料。

施工任务书应按班组编制和下达。它包括施工任务单、限额领料单和考勤表。施工任务单包括：分项工程施工任务、工程量、劳动量、开工日期、完工日期、工艺、质量和安全要求。限额领料单是根据施工任务单编制的控制班组领用材料的依据，应具体列明材料名称、规格、型号、单位和数量、领用记录、退料记录等。考勤表可附在施工任务单背面，按班组人名排列，供考勤时填写。

3. 做好施工进度记录，填好施工进度统计表

在计划任务完成的过程中，各级施工进度计划执行者都要跟踪做好施工记录，及时记载计划中的每项工作开始日期、每日完成数量和完成日期，记录施工现场发生的各种情况、干扰因素的排除情况；跟踪做好形象进度、工程量、总产值、耗用的人工、材料和机械台班等的数量统计与分析，为施工进度检查和控制分析提供反馈信息。因此，要求实事求是记载，并据以填好上报统计报表。

4. 做好施工中的调度工作

施工中的调度是组织施工中各阶段、环节、专业和工种的互相配合、进度协调的指挥核心。调度工作是使施工进度计划实施顺利进行的重要手段。其主要任务是掌握计划实施情况，协调各方面关系，采取措施，排除各种矛盾，加强各薄弱环节，实现动态平衡，保证完成作业计划和实现进度目标。

调度工作内容主要有：监督作业计划的实施、调整协调各方面的进度关系；监督检查施工准备工作；督促资源供应单位按计划供应劳动力、施工机具、运输车辆、材料构配件等，并对临时出现问题采取调配措施；按施工平面图管理施工现场，结合实际情况进行必要的调整，保证文明施工；了解气候、水、电、汽的情况，采取相应的防范和保证措施；及时发现和处理施工中各种事故和意外事件；调节各薄弱环节；定期、及时地召开现场调度会议，贯彻施工项目主管人员的决策，发布调度令。

二、施工进度计划的检查

在建设工程项目的实施过程中，为了进行施工进度控制，进度控制人员应经常地、定期地跟踪检查施工实际进度情况，主要是收集施工进度资料，进行统计整理和对比分析，确定实际进度与计划进度之间的关系，其主要工作包括：

（一）跟踪检查施工实际进度

为了对施工进度计划的完成情况进行统计、进行进度分析和调整计划提供信息，应对施工进度计划依据其实施记录进行跟踪检查。

跟踪检查施工实际进度是建设工程项目施工进度控制的关键措施。其目的是收集实际施工进度的有关数据。跟踪检查的时间和收集数据的质量，直接影响进度控制工作的质量和效果。

一般检查的时间间隔与建设工程项目的类型、规模、施工条件和对进度执行要求程度有关。通常可以确定每月、半月、旬或周进行一次。若在施工中遇到天气、资源供应等不利因素的严重影响，检查的时间间隔可临时缩短，次数应频繁，甚至可以每日进行检查，或派人

员进驻现场督阵。检查和收集资料的方式一般采用进度报表方式或定期召开进度工作汇报会。为了保证汇报资料的准确性，进度控制的工作人员，要经常到现场察看建设工程项目的实际进度情况，从而保证经常地、定期地准确掌握施工的实际进度。

根据不同需要，进行日常检查或定期检查的内容包括：

（1）检查期内实际完成和累计完成工程量；

（2）实际参加施工的人力、机械数量和生产效率；

（3）窝工人数、窝工机械台班数及其原因分析；

（4）进度偏差情况；

（5）进度管理情况；

（6）影响进度的特殊原因及分析。

（二）整理统计检查数据

对收集到的建设工程项目施工实际进度数据，要进行必要的整理、按计划控制的工作项目进行统计，形成与计划进度具有可比性的数据，相同的量纲和形象进度。一般可按实物工程量、工作量和劳动消耗量以及累计百分比整理和统计实际检查的数据，以便与相应的计划完成量相对比。

（三）对比实际进度与计划进度

将收集的资料整理和统计成具有与计划进度可比性的数据后，用施工实际进度与计划进度的比较方法进行比较。通常采用的比较方法有：横道图比较法、S形曲线比较法、"香蕉"形曲线比较法、前锋线比较法和列表比较法等。通过比较得出实际进度与计划进度相一致、超前、拖后三种情况。

（四）施工进度检查结果的处理

建设工程施工进度检查的结果，按照检查报告制度的规定，形成进度控制报告向有关主管人员和部门汇报。

进度控制报告是把检查比较的结果，有关施工进度现状和发展趋势，提供给项目经理及各级业务职能负责人的最简单的书面形式报告。

进度控制报告是根据报告的对象不同，确定不同的编制范围和内容而分别编写的。一般分为项目概要级进度控制报告、项目管理级进度控制报告和业务管理级进度控制报告。

项目概要级的进度报告是报给项目经理、企业经理或业务部门以及建设单位或业主的。它是以整个建设工程项目为对象说明进度计划执行情况的报告。

项目管理级的进度报告是报给项目经理及企业业务部门的。它是以单位工程或建设工程项目分区为对象说明进度计划执行情况的报告。

业务管理级的进度报告是就某个重点部位或重点问题为对象编写的报告，供项目管理者及各业务部门为其采取应急措施而使用的。

进度报告由计划负责人或进度管理人员与其他项目管理人员协作编写。报告时间一般与进度检查时间相协调，也可按月、旬、周等间隔时间进行编写上报。

通过检查应向企业提供月度施工进度报告的内容主要包括：建设工程项目实施概况、管理概况、进度概要的总说明；建设工程项目施工进度、形象进度及简要说明；施工图纸提供进度；材料、物资、构配件供应进度；劳务记录及预测；日历计划；对建设单位、业主和施工者的工程变更指令、价格调整、索赔及工程款收支情况；进度偏差的状况和导致偏差的原因分析；解决问题的措施；计划调整意见等。

第四节　施工进度计划的调整

一、施工进度计划的比较

施工进度计划的比较分析与计划调整是施工进度控制的主要环节，其中施工进度计划的比较是调整的基础。常用的比较方法有以下几种：

（一）横道图比较法

用横道图编制施工进度计划，指导施工的实施已是人们常用的、很熟悉的方法。它形象简明和直观，编制方法简单，使用方便。

横道图比较法，是把在建设工程项目施工中检查实际进度收集的数据，经加工整理后直接用横道线平行绘于原计划的横道线处，进行实际进度计划与计划进度直观比较的方法。

例如某混凝土基础工程的施工实际进度计划与计划进度比较，如图 8-2 所示。其中双线条表示该工程计划进度，粗实线表示该工程施工的实际进度。从图中比较可以看出，在第 9 周末进行施工进度检查时，挖土方和做垫层两项工作已经完成；支模板的工作按计划进度应当完成，而实际施工进度只完成了 75% 的任务，已经拖后了 25%；绑扎钢筋按计划应该完成 60%，而实际只完成了 20% 的任务，任务量拖后了 40%。

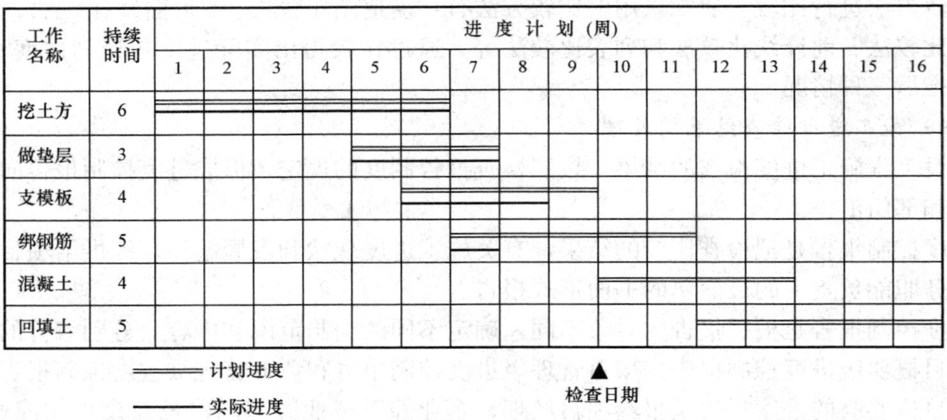

工作名称	持续时间	进度计划（周）															
		1	2	3	4	5	6	7	8	9	10	11	12	13	14	15	16
挖土方	6																
做垫层	3																
支模板	4																
绑钢筋	5																
混凝土	4																
回填土	5																

═══ 计划进度
━━━ 实际进度
▲ 检查日期

图 8-2　某基础工程实际进度与计划进度比较图

通过上述记录与比较，发现了实际施工进度与计划进度之间的偏差，进度控制者可以采取相应的纠偏措施对计划进度进行调整，以确保该工程按期完成。这是人们施工中进行施工进度控制经常采用的一种最简单、熟悉的方法。但是它仅适用于施工中各项工作都是按均匀的速度进行，即是每项工作在单位时间里完成的任务量都是相等的。

完成任务量可以用实物工程量、劳动消耗量和工作量三种物理量表示。为了比较方便，一般用实际完成量的累计百分比与计划应完成量的累计百分比进行比较。

由于建设工程项目施工中各项工作的速度不一定相同，以及进度控制要求和提供的进度信息不同，可以采用以下几种方法：

1. 匀速施工横道图比较法

匀速施工是指建设工程项目施工中，每项工作的施工进展速度都是匀速的，即在单位时间内完成的任务量都是相等的，累计完成的任务量与时间成直线变化，如图8-3所示。

采用匀速施工横道图比较法时，其作图步骤为：

（1）编制横道图进度计划。

（2）在进度计划上标出检查日期。

（3）将检查收集的实际进度数据，按比例用粗实线标于计划进度线的下方，如图8-2所示。

（4）对比分析实际进度与计划进度。

1）如果涂黑的粗实线右端与检查日期相重合，表明实际进度与计划进度相一致；

2）如果涂黑的粗实线右端在检查日期的左侧，表明实际进度拖后；

3）如果涂黑的粗实线右端在检查日期的右侧，表明实际进度超前。

必须指出：该方法只适用于工作从开始到完成的整个过程中，其施工速度是不变的，累计完成的任务量与时间成正比，如图8-3所示。若工作的施工速度是变化的，则这种方法不能进行工作的实际进度与计划进度之间的比较。

2. 非匀速施工横道图比较法

当工作在不同的单位时间里的进展速度不同时，累计完成的任务量与时间的关系不是成直线变化的，如图8-4所示，按匀速施工横道图比较法绘制的实际进度涂黑粗实线，不能反映实际进度与计划进度完成任务量的比较情况。这种情况的进度比较可以采用双比例单侧横道图比较法

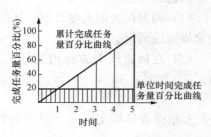

图8-3 工作匀速进展时
完成任务量与时间关系曲线

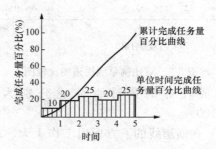

图8-4 工作非匀速进展时
完成任务量与时间关系曲线

双比例单侧横道图比较法是适用工作的进度按变速进展的情况下，工作实际进度与计划进度进行比较的一种方法。它是在表示工作实际进度的涂黑粗实线同时，在表上标出某对应时刻完成任务的累计百分比，将该百分比与其同时刻计划完成任务累计百分比相比较，判断工作的实际进度与计划进度之间的关系的一种方法。其比较方法的步骤为：

（1）编制横道图进度计划；

（2）在横道线上方标出各工作主要时间的计划完成任务量累计百分比；

（3）在横道线的下方标出相应时间工作的实际完成任务量累计百分比；

（4）用涂黑的粗实线标出工作的实际进度，从开工之日标起，同时反映出该工作在实施过程中的连续与间断情况；

(5) 对照横道线上方计划完成任务量累计百分比与同时间的下方实际完成任务量累计百分比，比较出实际进度与计划进度之偏差。

1) 当同一时刻横道线上下两个累计百分比相等，表明实际进度与计划进度一致；

2) 当同一时刻横道线上面的累计百分比大于横道线下面的累计百分比，表明该时刻实际施工进度拖后，拖后的任务量为二者之差；

3) 当同一时刻横道线上面的累计百分比小于横道线下面的累计百分比，表明该时刻实际施工进度超前，超前的任务量为二者之差。

这种比较法，不仅适合于施工速度是变化情况下的进度比较，同时除找出检查日期进度比较情况外，还能提供某一指定时间二者比较情况的信息。当然，要求实施部门按规定的时间记录当时的完成情况。

值得指出：由于工程项目的施工速度是变化的，因此横道图中进度横线，不管计划的还是实际的，都是表示工作的开始时间、持续天数和完成时间，并不表示计划完成量和实际完成量，这两个量分别通过标注在横道线上方及下方的累计百分比数量表示。实际进度的涂黑粗线是从实际工程的开始日期画起，若工作实际施工间断，也可以在图中将涂黑粗线做相应的空白。

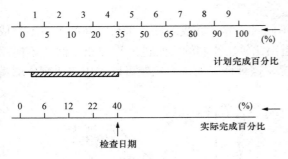

图 8-5　双比例单侧横道图比较图

【例 8-1】　某工程的绑扎钢筋工程按施工计划安排需要 9 天完成，每天计划完成任务量百分比、每天工作的实际进度和检查日累计完成任务的百分比，如图 8-5 所示。

其比较方法的步骤为：

(1) 编制横道图进度计划，如图 8-5 中的黑横道线所示。

(2) 在横道线上方标出钢筋工程每天计划完成任务的累计百分比分别为 5%、10%、20%、35%、50%、65%、80%、90%、100%。

(3) 在横道线的下方标出工作 1 天、2 天、3 天末和检查日期实际完成任务的百分比，分别为：6%、12%、22%、40%。

(4) 用涂黑粗线标出实际进度线。从图 8-5 中看出，实际开始工作时间比计划时间晚半天，进程中连续工作。

(5) 比较实际进度与计划进度的偏差。从图 8-5 中可以看出，第 1 天末实际进度比计划进度超前 1%，以后各天末分别为 2%、2% 和 5%。

综上所述可以看出：横道图比较法的优点是方法简单，形象直观，容易掌握，应用方便，被广泛地采用于简单地进度监测工作中。但是，由于它以横道图进度计划为基础，因此，带有其不可克服的局限性，如各工作之间的逻辑关系不明显，关键工作和关键线路无法确定，一旦某些工作进度产生偏差时，难以预测其对后续工作和整个工期的影响，以及确定调整方法。

(二) S 形曲线比较法

S 形曲线比较法是以横坐标表示进度时间，纵坐标表示累计完成任务量，绘制出一条按计划时间累计完成任务量的S形曲线，然后将工程项目实施过程中各检查时间实际累计完成的任务量S形曲线也绘制在同一坐标系中，进行实际进度与计划进度相比较的一种方法。

从整个工程项目的施工全过程看，一般是开始和结尾阶段，单位时间投入的资源量较少，中间阶段单位时间投入的资源量较多，与其相对应，单位时间完成的任务量也是呈同样变化的，如图 8-6（a）所示，而随时间进展累计完成的任务量则应该呈S形变化，如图 8-6（b）所示。

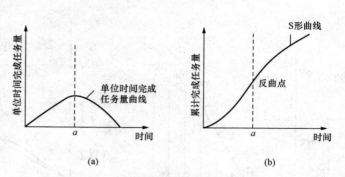

图 8-6 时间与完成任务量关系曲线

1. S 形曲线绘制

下面以例题说明S形曲线的绘制方法。

【例 8-2】 某混凝土工程的浇筑总量为 2000m³，按照施工方案，计划九个月完成，每个月计划完成的混凝土浇筑量如图 8-7 所示，试绘制该混凝土工程的计划进度S形曲线。

解 根据已知条件：

（1）确定单位时间计划完成任务量。在实际工程中计划进度曲线，很难找到如图 8-6（a）所示的定性分析的连续曲线，但可以根据每单位时间内完成的实物工程量或投入的劳动力与费用，计算出计划单位时间的量值 q_i，则 q_i 为离散型的，如图 8-7 所示。

在本例中，将每月计划完成混凝土浇筑量列于表 8-1 中。

（2）计算不同时间累计完成任务量。其计算方法等于各单位时间完成的任务量累加求和。

在本例中，依次计算每月计划累计完成的混凝土浇筑量，结果列于表 8-1 中。

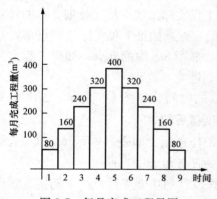

图 8-7 每月完成工程量图

表 8-1				完 成 工 程 量 汇 总 表					
时间（月）	1	2	3	4	5	6	7	8	9
每月完成量（m³）	80	160	240	320	400	320	240	160	80
累计完成量（m³）	80	240	480	800	1200	1520	1760	1920	2000

（3）根据累计完成任务量绘制S形曲线。在本例中，根据每月计划累计完成混凝土浇筑量而绘制的S形曲线如图 8-8 所示。

2. S 形曲线比较

S形曲线比较法同横道图一样，是在图上直观地进行建设工程项目实际进度与计划进度相比较。一般情况，计划进度控制人员在计划实施前绘制计划进度S形曲线。在建设工程项目实施过程中，按规定时间将检查收集到的实际累计完成任务量绘制在与计划S形曲线同一张图上，可得出实际进度 S 形曲线，如图 8-9 所示。比较两条 S 形曲线，可以得到如下信息：

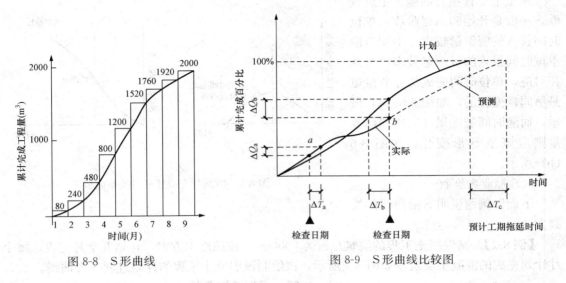

图 8-8　S 形曲线　　　　　　　　　　　图 8-9　S 形曲线比较图

（1）建设工程项目实际进度与计划进度比较。如果工程实际进展点落在计划 S 形曲线左侧，则表示此时实际进度比计划进度超前，如图 8-9 中的 a 点；如果工程实际进展点落在计划 S 形曲线右侧，则表示此时实际进度比计划进度拖后，如图 8-9 中的 b 点；如果工程实际进展点落在计划 S 形曲线上，则表示此时实际进度与计划进度一致。

（2）建设工程项目实际进度比计划进度超前或拖后的时间。如图 8-9 所示，ΔT_a 表示 T_a 时刻实际进度超前的时间；ΔT_b 表示 T_b 时刻实际进度拖后的时间。

（3）建设工程项目实际进度比计划进度超前或拖后的任务量。如图 8-9 所示，ΔQ_a 表示 T_a 时刻超额完成的任务量；ΔQ_b 表示在 T_b 时刻，拖欠的任务量。

（4）预测工程进度。如图 8-9 所示，如果后期工程按原计划速度进行，则工期拖延预测值为 ΔT_c。

（三）香蕉形曲线比较法

香蕉形曲线是两条 S 形曲线组合成的闭合曲线。从 S 形曲线比较法中得知，按某一时间开始的建设工程项目的进度计划，其计划实施过程中进行时间与累计完成任务量的关系都可以用一条 S 形曲线表示。对于一个建设工程项目的网络计划，在理论上总是分为最早和最迟两种开始与完成时间的。因此，一般情况，任何一个建设工程项目的网络计划，都可以绘制出两条 S 形曲线。其一是计划以各项工作的最早开始时间安排进度而绘制的 S 形曲线，称为 ES 曲线；其二是计划以各项工作的最迟开始时间安排进度，而绘制的 S 形曲线，称 LS 曲线。两条 S 形曲线都是从计划的开始时刻开始和完成时刻结束，因此两条曲线是闭合的。一般情况，其余时刻 ES 曲线上的各点均落在 LS 曲线相应点的左侧，形成一个形如香蕉的曲线，故此称为香蕉形曲线，如图 8-10 所示。

在建设工程项目的实施中，进度控制的理想状况是任一时刻按实际进度描绘的点，均应落在该香蕉形曲线的区域内。如图 8-10 中的实际进度线。

1. 香蕉形曲线比较法的作用

（1）利用香蕉形曲线，合理安排建设工程项目进度计划。如果建设工程项目中的各项工作都按最早开始时间安排进度，将导致建设工程项目投资加大；而如果各项工作都按最迟开始时间安排进度，则一旦受到进度影响因素的干扰，又将导致工期拖延，加大工程进度风险。因此，一个科学合理的进度计划优化曲线应处于香蕉形曲线所包络的区域内。

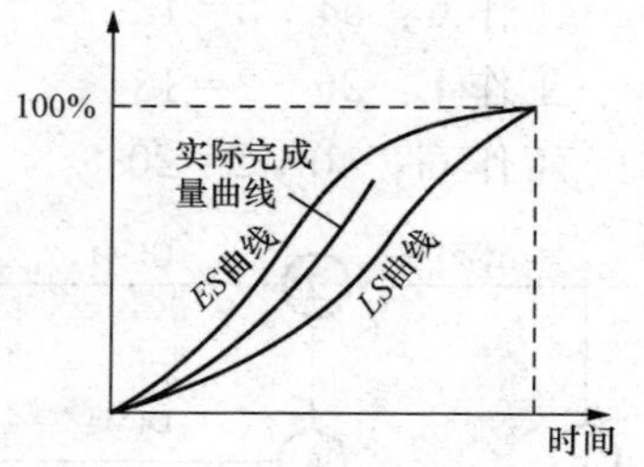

图 8-10　香蕉形曲线比较图

（2）定期进行施工实际进度与计划进度的比较。在建设工程项目实施过程中，可根据每次收集到的实际完成任务量，绘制实际进度 S 形曲线，便可与计划进度进行比较。实际进度的理想状态是任一时刻工程实际进展点均应落在香蕉形曲线图的范围内。

（3）预测工程后期的进展趋势。利用香蕉形曲线可以对工程后期的进展情况进行预测。

2. 香蕉形曲线的绘制方法

香蕉形曲线的绘制方法与 S 形曲线的绘制方法基本一致，所不同之处在于香蕉形曲线是分别以工作的最早开始和最迟开始时间而绘制的两条 S 形曲线组合而成。其具体步骤如下：

（1）以建设工程项目的网络计划为基础，计算各项工作的最早开始时间 ES 和最迟开始时间 LS。

（2）确定各项工作在各单位时间内的计划完成任务量。按两种情况考虑：

1）根据各项工作按最早开始时间安排的进度计划，确定各项工作在各单位时间的计划完成任务量。

2）根据各项工作按最迟开始时间安排的进度计划，确定各项工作在各单位时间的计划完成任务量。

（3）计算建设工程项目总任务量，即对所有工作在各单位时间计划完成的任务量累加求和。

（4）分别根据各项工作按最早开始时间、最迟开始时间安排的进度计划，确定建设工程项目在各单位时间计划完成的任务量，即将各项工作在某一单位时间内计划完成的任务量求和。

（5）分别根据各项工作按最早开始时间、最迟开始时间安排的进度计划，确定不同时间累计完成的任务量或任务量的百分比。

（6）绘制香蕉形曲线。分别根据各项工作按最早开始时间、最迟开始时间安排的进度计划而确定的累计完成任务量或任务量的百分比描绘各点，并连接各点得 ES 曲线和 LS 曲线，由 ES 曲线和 LS 曲线组成香蕉形曲线。

在建设工程项目实施过程中，按同样的方法，将每次检查的各项工作实际累计完成的任务量，在香蕉形曲线图上绘出实际进度曲线，便可以进行实际进度与计划进度的比较。

3. 举例说明香蕉形曲线的具体绘制步骤

【例 8-3】　已知某建设工程项目网络计划如图 8-11 所示，图中箭线上方括号内的数字表示各项工作计划完成的任务量，完成任务量以劳动量消耗数量表示；箭线下方数字表示各项工作持续时间（周）试绘制香蕉形曲线。

解　（1）确定各项工作每周的劳动消耗量：

工作 A：45÷3＝15　　　工作 B：60÷5＝12
工作 C：54÷3＝18　　　工作 D：51÷3＝17
工作 E：26÷2＝13　　　工作 F：60÷4＝15
工作 G：40÷2＝20

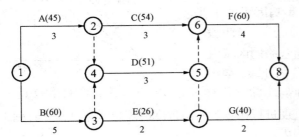

图 8-11　某工程项目网络计划图

（2）计算工程项目劳动消耗量 Q：

$$Q = 45+60+54+51+26+60+40 = 336 （工日）$$

（3）根据各项工作按最早开始时间安排的进度计划，确定建设工程项目每周计划劳动消耗量及每周累计劳动消耗量，如图 8-12 所示。

（4）根据各项工作按最迟开始时间安排的进度计划，确定建设工程项目每周计划劳动消耗量及每周累计劳动消耗量，如图 8-13 所示。

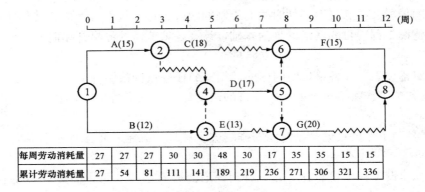

每周劳动消耗量	27	27	27	30	30	48	30	17	35	35	15	15
累计劳动消耗量	27	54	81	111	141	189	219	236	271	306	321	336

图 8-12　按最早开始时间安排的进度计划及劳动消耗量

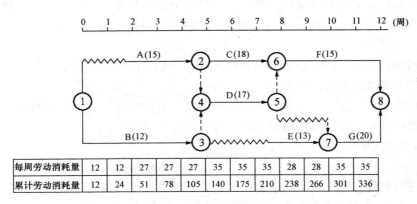

每周劳动消耗量	12	12	27	27	27	35	35	35	28	28	35	35
累计劳动消耗量	12	24	51	78	105	140	175	210	238	266	301	336

图 8-13　按最迟开始时间安排的进度计划及劳动消耗量

（5）根据不同的累计劳动消耗量，分别绘制 ES 和 LS 曲线，便可得到香蕉形曲线，如图 8-14 所示。

（四）前锋线比较法

建设工程项目的进度计划用时标网络计划表达时，还可以采用实际进度前锋线法进行实际进度与计划进度比较。

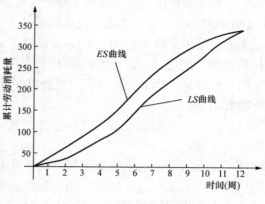

图 8-14 香蕉形曲线图

前锋线比较法是从计划检查时间的坐标点出发，用点划线依次连接各项工作的实际进度点，最后到计划检查时间的坐标点为止，形成前锋线。按实际进度前锋线与工作箭线交点的位置判定施工实际进度与计划进度偏差。简言之，实际进度前锋线法是通过建设工程项目实际进度前锋线，判定施工实际进度与计划进度偏差的方法。

采用前锋线比较法进行实际进度与计划进度的比较，其步骤如下：

1. 绘制时标网络计划图

建设工程项目实际进度前锋线是在时标网络计划图上标示，为清楚起见，可在时标网络计划图的上方和下方各设一时间坐标。

2. 绘制实际进度前锋线

一般从时标网络计划图上方时间坐标的检查日期开始绘制，依次连接相邻工作的实际进展位置点，最后与时标网络计划图下方坐标的检查日期相连接。

工作实际进展位置点的标定方法有两种：

（1）按该工作已完成任务量比例进行标定。

假设建设工程项目中各项工作均为匀速进展，根据实际进度检查时刻该工作已完成任务量占其计划完成总任务量的比例，在工作箭线上从左至右按相同的比例标定其实际进展位置点。

（2）按尚需作业时间进行标定。

当某些工作的持续时间难以按实物工程量来计算而只能凭经验估算时，可以先估算出检查时刻到该工作全部完成尚需作业的时间，然后在该工作箭线上从右向左逆向标定其实际进展位置点。

3. 进行实际进度与计划进度的比较

前锋线可以直观地反映出检查日期有关工作实际进度与计划进度之间的关系。对某项工作来说，其实际进度与计划进度之间的关系可能存在以下三种情况：

（1）工作实际进展位置点落在检查日期的左侧，表明该工作实际进度拖后，拖后的时间为二者之差；

（2）工作实际进展位置点与检查日期重合，表明该工作实际进度与计划进度一致；

（3）工作实际进展位置点落在检查日期的右侧，表明该工作实际进度超前，超前的时间为二者之差。

4. 预测进度偏差对后续工作及总工期的影响

通过实际进度与计划进度的比较确定进度偏差后，还可根据工作的自由时差和总时差预测该进度偏差对后续工作及建设工程项目总工期的影响。由此可见，前锋线比较法既适用于工作实际与计划进度之间的局部比较，又可分析和预测建设工程项目整体进度状况。

【例 8-4】 某建设工程项目时标网络计划如图 8-15 所示。该计划执行到第 6 周末检查实际进度时，发现工作 A 和 B 已经全部完成，工作 D、E 分别完成计划任务量的 20% 和 50%，工作 C 尚需 3 周完成，试用前锋线法进行实际进度与计划进度的比较。

解 根据第 6 周末实际进度的检查结果绘制前锋线，如图 8-15 中点划线所示。通过比较可以看出：

（1）工作 D 实际进度拖后 2 周，将使其后续工作 F 的最早开始时间推迟 2 周，并使总工期延长 1 周；

（2）工作 E 实际进度拖后 1 周，既不影响总工期，也不影响其后续工作的正常进行；

（3）工作 C 实际进度拖后 2 用，将使其后续工作 G、H、J 的最早开始时间推迟 2 周。由于工作 G、J 开始时间的推迟，从而使总工期延长 2 周。

综上所述：如果不采取措施加快施工进度，该建设工程项目的总工期将延长 2 周。

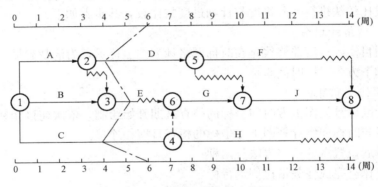

图 8-15 某工程前锋线比较图

（五）列表比较法

当建设工程进度计划用非时标网络图表示时，可以采用列表比较法进行实际进度与计划进度的比较。这种方法是记录检查日期应该进行的工作名称及其已经作业的时间，然后列表计算有关时间参数，并根据工作总时差进行实际进度与计划进度比较的方法。

采用列表比较法进行实际进度与计划进度比较，其步骤如下：

（1）对于实际进度检查日期应该进行的工作，根据已经作业的时间，确定其尚需作业时间；

（2）根据原进度计划计算检查日期应该进行的工作从检查日期到原计划最迟完成时尚余时间；

（3）计算工作尚有的总时差，其值等于工作从检查日期到原计划最迟完成时间尚余时间与该工作尚需作业时间之差；

（4）比较实际进度与计划进度，可能有以下几种情况：

1）如果工作尚有总时差与原有总时差相等，说明该工作实际进度与计划进度一致；

2）如果工作尚有总时差大于原有总时差，说明该工作实际进度超前，超前的时间为二者之差；

3）如果工作尚有总时差小于原有总时差，且仍为非负值，说明该工作实际进度拖后，拖后的时间为二者之差，但不影响总工期；

4）如果工作尚有总时差小于原有总时差，且为负值，说明该工作实际进度拖后，拖后的时间为二者之差，此时工作实际进度偏差将影响总工期。

【例 8-5】 某建设工程项目进度计划如图 8-15 所示。该计划执行到第 10 周末检查实际进度时，发现工作 A、B、C、D、E 已经全部完成，工作 F 已进行 1 周，工作 G 和工作 H 均已进行 2 周，试用列表比较法进行实际进度与计划进度的比较。

解 根据建设工程项目进度计划及实际进度检查结果，可以计算出检查日期应进行工作的尚需作业时间、原有总时差及尚有总时差等，计算结果见表 8-2。通过比较尚有总时差和原有总时差，即可判断目前建设工程实际进展状况。

表 8-2   **建设工程进度检查比较表**

工作代号	工作名称	检查计划时尚需作业周数	到计划最迟完成时尚余周数	原有总时差	尚有总时差	情况判断
5—8	F	4	4	1	0	拖后 1 周，但不影响工期
6—7	G	1	0	0	−1	拖后 1 周，影响工期 1 周
4—8	H	3	4	2	1	拖后 1 周，但不影响工期

二、施工进度计划的调整

（一）分析进度偏差的影响

在建设工程项目实施过程中，当通过施工实际进度与计划进度的比较，发现有进度偏差时，应当分析该偏差对后续工作和对总工期的影响，从而采取相应的调整措施对原进度计划进行调整，以确保工期目标的顺利实现。

1. 分析出现进度偏差的工作是否为关键工作

若出现进度偏差的工作为关键工作，则无论偏差大小，都对后续工作及总工期产生影响，必须采取相应的调整措施；若出现进度偏差的工作不为关键工作，需要根据偏差值与总时差和自由时差的大小关系，确定对后续工作和总工期的影响程度。

2. 分析进度偏差是否大于总时差

若工作的进度偏差大于该工作的总时差，说明此进度偏差必将影响后续工作和总工期，必须采取相应的调整措施；若工作的进度偏差小于或等于该工作的总时差，说明此进度偏差对总工期无影响，但它对后续工作的影响程度，需要根据比较偏差与自由时差的情况来确定。

3. 分析进度偏差是否大于自由时差

若工作的进度偏差大于该工作的自由时差，说明此偏差对后续工作产生影响，应该如何调整，要根据后续工作允许影响的程度而定；若工作的进度偏差小于或等于该工作的自由时差，则说明此偏差对后续工作无影响，因此，原进度计划可以不必调整。

经过如此分析，进度控制人员可以确认应该调整产生进度偏差的工作和调整偏差值的大小，以便确定采取相应调整措施，获得新的符合实际进度情况和计划目标的新进度计划。

（二）建设工程项目施工进度计划的调整方法

在对实施的进度计划分析的基础上，应确定调整原进度计划的方法，一般主要有以下几种：

1. 改变某些工作间的逻辑关系

若检查的实际施工进度产生的偏差影响了总工期,在工作之间的逻辑关系允许改变的条件下,可改变关键线路和超过计划工期的非关键线路上的有关工作之间的逻辑关系,达到缩短工期的目的。用这种方法调整的效果是很显著的,例如可以把依次进行的有关工作改成平行的或互相搭接的,以及分成几个施工段进行流水施工等,都可以达到缩短工期的目的。

2. 缩短某些工作的持续时间

这种方法是不改变工作之间的逻辑关系,而是缩短某些工作的持续时间,而使施工进度加快,并保证实现计划工期的方法。这些被压缩持续时间的工作是位于由于实际施工进度的拖延而引起总工期增长的关键线路和某些非关键线路上的工作。同时这些工作又是可压缩持续时间的工作,这种方法实际上就是网络计划优化中工期优化方法和工期与成本优化的方法,不再赘述。

3. 资源供应的调整

如果资源供应发生异常,应采用资源优化方法对计划进行调整,或采取应急措施,使其对工期影响最小。

4. 增减施工内容

增减施工内容应做到不打乱原计划的逻辑关系,只对局部逻辑关系进行调整。在增减施工内容以后,应重新计算时间参数,分析对原网络计划的影响。当对工期有影响时,应采取调整措施,保证计划工期不变。

5. 增减工程量

增减工程量主要是指改变施工方案、施工方法,从而导致工程量的增加或减少。

6. 起止时间的改变

起止时间的改变应在相应工作时差范围内进行。每次调整必须重新计算时间参数,观察该项调整对整个施工计划的影响。调整时可在下列方法中进行:

(1) 将工作在其最早开始时间与其最迟完成时间范围内移动;

(2) 延长工作的持续时间;

(3) 缩短工作的持续时间。

(三) 施工进度控制总结

1. 施工进度控制总结的依据

项目经理部应在施工进度计划完成后,及时进行施工进度控制总结,为进度控制提供反馈信息。总结时应依据以下资料:

(1) 施工进度计划;

(2) 施工进度计划执行的实际记录;

(3) 施工进度计划检查结果;

(4) 施工进度计划的调整资料。

2. 施工进度控制总结的内容

施工进度控制总结应包括:

(1) 合同工期目标和计划工期目标完成情况;

(2) 施工进度控制经验;

(3) 施工进度控制中存在的问题;

（4）科学的施工进度计划方法的应用情况；

（5）施工进度控制的改进意见。

习 题

1. 何谓建设工程施工进度控制？

2. 影响施工进度的因素有哪些？

3. 简述施工进度控制的措施。

4. 简述施工进度控制的程序。

5. 简述施工进度控制的原理。

6. 简述确定施工进度目标的依据。

7. 简述施工进度计划检查的内容。

8. 施工进度计划调整的方法有哪些？有何特点？

9. 如何分析施工进度偏差对工期和后续工作的影响？有哪些调整方法？

第九章　工程项目竣工验收

第一节　概　　述

一、竣工验收概念

1. 竣工

工程项目竣工是指工程项目承建单位按照设计施工图纸和工程承包合同所规定的内容,已经完成了工程项目建设的全部施工活动,达到建设单位的使用要求。它标志着工程建设任务的全面完成。

2. 竣工验收

工程项目的竣工验收是工程项目施工阶段的最后一个程序,是建设成果转入生产使用的标志,也是全面考核建设成果的重要环节。

我国关于工程项目竣工验收的概念是指,施工单位将竣工的工程项目的有关资料移交给建设单位,并接受由建设单位负责组织的,由勘察单位、设计单位、施工单位、监理单位共同参与,以项目批准的设计任务书和设计文件(施工图和设计变更)以及国家(或部门)颁发的施工验收规范和建筑工程施工质量验收统一标准为依据,按照一定的程序和手续而进行的一系列检验和接收工作的总称。建设项目竣工验收后,建设单位应在规定的时间内将竣工验收报告和有关文件报建设行政主管部门备案。

工程项目竣工验收,根据被验收的对象往往可划分为单位工程验收、单项工程验收及工程整体验收。通常所说的竣工验收,一般是指整体验收。

二、竣工验收的作用

为了加强房屋建筑工程和市政工程基础设施工程质量的监管,我国规定凡在中华人民共和国境内新建、扩建、改建的各类房屋建筑工程和市政基础设施工程,在完成审定设计文件所规定的内容和施工图纸要求,全部建成并具备投产和使用条件后,都应及时组织竣工验收办理备案手续,并办理固定资产交付使用手续。

从宏观上看,工程项目竣工验收是国家全面考核工程项目建设成果、检验项目决策、设计、施工、设备制造、管理水平、总结工程项目建设经验的重要环节。工程项目竣工验收,标志着工程项目投资已转化为能发挥经济效益的固定资产,能否取得预想的宏观效益,需经国家权威性的管理部门按照技术规范和技术标准组织验收确认。

对工程建设项目而言,竣工验收是对已完成的单项工程或已竣工的建设项目的全面考核。它不仅是按国家相关规定进行项目检验并办理交接手续的重要工作,也是检查建设项目是否符合设计和工程质量要求的重要环节。对建设项目设计和施工质量的检查,便于及时发现和解决存在的问题,以保证项目按设计要求的各项技术经济指标正常使用。同时,工程项目竣工验收是加强固定资产投资管理的需要,它对促进建设项目(工程)及时投产发挥投资效果,总结建设经验有重要作用。通过工程项目竣工验收并办理固定资产交付使用手续,总结建设经验,提高建设项目的经济效益和管理水平。

对工程项目施工单位而言，工程项目竣工验收是检验施工单位工程项目管理水平和目标实现程度的关键阶段，是建筑施工与管理的最后环节，也是工程项目从实施到投入运行的衔接转换阶段。此项工作结束，即表示施工单位工程管理工作的最后完成。

从投资者角度看，工程项目竣工验收是投资者全面检验工程项目目标实现程度、投资效果，并就工程投资、工程进度和工程质量进行审查和认可的关键环节。它不仅关系到投资者在工程项目建设周期的经济利益，也关系到工程项目投产后的运营效果。因此，投资者非常重视并集中力量组织验收，督促承包者抓紧收尾工作，通过验收发现隐患，消除隐患，为工程项目达到设计能力和使用要求创造良好的条件。

从承包商角度看，工程项目通过竣工验收之后，就标志着承包商已全面履行了合同义务。承包商应对所承担的工程项目接受投资者全面检查，积极主动配合投资者组织好竣工项目的验收工作，将技术经济资料整理归档，办理工程移交手续，同时按完成的工程量收取工程价款。

最后，工程项目竣工验收对解决工程项目遗留问题起到非常重要的作用。建设项目在批准建设时，一般都考虑了协作条件、市场需求、"三废"治理、交通运输及生活福利设施，但由于施工周期长，情况发生变化，因此工程项目建成后，还可能存在一些遗留问题或因主、客观原因发生的许多新问题和预料不到的问题。通过验收，可研究这些问题的解决办法和措施，从而使工程项目尽快投入使用，发挥效益。

三、竣工验收的依据

工程项目的竣工验收依据，即用于衡量工程项目是否达到要求的准则。由于工程项目性质不同，地理位置不同，行业、类型不同，应达到的标准也不同，验收的依据也有所不同。一般的验收依据通常是由国家统一规定的，新的质量验收系列标准是国家强制性标准，共由15本组成。

《建筑工程施工质量验收统一标准》（GB 50300—2001）是各专业工程质量验收规范的统一指导性标准。各专业质量验收规范与《建筑工程施工质量验收统一标准》共同组成规范体系成为一个有机的整体，使用过程中必须配套使用。其他专业质量验收规范为：

《建筑地基基础质量验收统一标准》（GB 50202—2002）

《砌体工程施工质量验收规范》（GB 50203—2002）

《混凝土结构工程施工质量验收规范（2010 版）》（GB 50204—2002）

《钢结构工程施工质量验收规范》（GB 50205—2001）

《木结构工程施工质量验收规范》（GB 50206—2002）

《建筑装饰装修工程质量验收规范》（GB 50210—2001）

《建筑地面工程施工质量验收规范》（GB 50209—2002）

《地下防水工程质量验收规范》（GB 50208—2002）

《屋面工程质量验收规范》（GB 50207—2012）

《建筑电气工程施工质量验收规范》（GB 50303—2002）

《电梯安装施工质量验收规范》（GB 50310—2002）

《通风与空调工程施工质量验收规范》（GB 50243—2002）

《建筑给水排水及采暖工程施工质量验收规范》（GB 50242—2002）

《智能工程质量验收规范》

除了以上建设项目质量验收的规范外，一般工程项目竣工验收的依据还包括国家规定的竣工标准（或地方行政主管机关的具体标准）和下列文件：

（1）工程勘察报告、批准的设计文件、施工图纸及说明书（含设计变更单）等；

（2）双方签订的施工合同；

（3）设备技术说明书；

（4）设计变更通知书；

（5）国家和地方强制性标准和国家法律、法规、规章及规范性文件规定；

（6）外资工程应依据我国有关规定提交竣工验收文件。

四、竣工验收的内容

工程项目竣工验收的内容随建设项目的不同而异，一般包括下列内容：

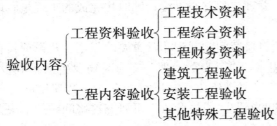

（一）工程资料验收

1. 工程技术资料验收

工程技术资料主要包括工程地质勘查报告、水文、气象、地形、地貌、建筑物、构筑物及重要设备安装位置记录；初步设计、技术设计（或扩大初步设计）、施工图设计、总体规划设计；关键的技术试验、土质试验报告、管线强度、密封性试验报告、设备及管线安装施工记录及质量检查、仪表安装施工记录；基础处理记录、建筑工程施工记录、单位工程质量检查记录、设备试车、验收运转、维护记录；产品的技术参数、性能、图纸、工艺说明、工艺规程、技术总结、产品检验、包装、工艺图；设备的图纸、说明书；涉外合同、谈判协议、意向书；各单项工程及全部管网竣工图等的资料。按其内容可分为建设项目前期资料、施工指导性文件、施工过程中形成的资料、竣工验收文件等四个方面。

（1）建设项目施工前期资料验收。

1）地质勘探资料；

2）地下管线埋设的实际坐标、标高资料。

（2）施工指导性文件验收。

1）施工组织设计和施工方案；

2）施工准备工作计划；

3）施工作业计划；

4）技术交底。

（3）施工过程中形成的资料验收。

1）开工报告；

2）工程测量及定位记录；

3）洽商记录。包括图纸会审记录，施工中的设计变更通知单，技术核定通知单、材料代用通知单、工程变更洽商单；

　　4）建筑材料质量保证书、试验记录，施工检验记录，各种成品、半成品的出厂证明书及试验记录；

　　5）地基处理、基础工程施工文件资料；

　　6）水、电、气、暖等设备安装施工记录；

　　7）隐蔽工程质量验收记录、预检复核记录、结构检查验收证明；

　　8）工程质量事故处理报告及处理记录；

　　9）沉降观测记录、垂直度观测记录；

　　10）单位工程施工日志；

　　11）分部分项工程质量评定记录及单位工程质量综合评定表；

　　12）竣工报告。

　　（4）质量资料验收。

　　1）建设工程竣工验收报告、建设工程竣工验收备案表、质量验收记录；

　　2）竣工决算及审核文件；

　　3）竣工验收会议文件、会议决定；

　　4）工程竣工质量验收记录、功能检验资料核查及主要功能抽查记录；

　　5）工程建设总结记录；

　　6）有关照片、录音、录像等资料；

　　7）竣工图。

　　2. 工程综合资料验收

　　工程综合资料的验收主要包括：项目建议书及批件，可行性研究报告及批件，项目评估报告，环境影响评估报告，设计任务书，土地征用申报及批准的文件，承包合同，招投标文件，施工执照等内容的验收鉴定书。

　　3. 工程财务资料验收

　　工程财务资料的验收内容主要包括：历年建设资金供（拨、贷）入情况和应用情况、历年批准的年度财务决算、历年年度投资计划、财务收支计划、建设成本资料、支付使用的财务资料、设计概算、预算资料；施工决算资料等内容的审核。

　　（二）工程验收内容

　　1. 建筑工程验收内容

　　在全部工程验收时，建筑工程已建成并且部分单项工程已进行了"竣工验收"，同时由于这时不可能把建筑物的内部再打开去检查质量，所以这里的验收主要指如何运用上述竣工验收资料进行审查验收。具体审核的内容有以下几项。

　　（1）建筑物的位置、标高、轴线是否符合设计要求的审查；

　　（2）地基与基础工程中土石方工程、垫层工程、砌筑工程等资料的审查；

　　（3）主体结构工程中的砖木结构、混合结构、内浇外砌结构、钢筋混凝土结构施工资料的审查验收；

　　（4）屋面工程的屋面板、找平层、隔汽层、保温层、防水层、保护层等施工资料的审查验收；

　　（5）对门窗工程的审查验收；

　　（6）对建筑装饰装修工程的审查验收（抹灰、油漆等工程）。

2. 安装工程验收内容

安装工程的验收包括建筑设备安装工程、工艺设备安装工程、动力设备安装工程三个方面的内容。

（1）建筑设备安装工程。建筑设备安装工程主要指民用建筑中的上下水管道、暖气、煤气、通风管道、电气照明等安装工程。在验收过程中应检查这些设备的规格、型号、数量、质量是否符合设计要求；安装时的材料、材质、材种是否符合设计要求；试压、闭水试验资料等是否完备。

（2）工艺设备安装工程。工艺设备安装工程主要指生产、起重、传动、实验等设备的安装，以及附属管线敷设和油漆、保温等。在验收过程中主要检查设备的规格、型号、数量、质量；设备安装的位置、标高、机座尺寸；单机试车、无负荷联动试车资料；管道的焊接质量以及各种阀门质量。

（3）动力设备安装工程。动力设备安装工程主要指有自备电厂的项目，或变配电室（所）、动力配电线路的验收。

五、竣工验收的准备工作

（一）竣工验收的条件

工程项目竣工后，当符合下列条件后方能提请竣工验收：

（1）施工单位完成工程设计和合同约定的各项内容，达到竣工标准。

（2）施工单位确保应有完整的工程技术资料和建设过程中使用的主要建筑材料、建筑构配件和设备的进场试验报告。

（3）工程完工后，施工单位对工程质量进行了全面检查，确认工程质量符合法律、法规和工程建设强制性标准规定，符合设计文件及合同要求，并提出工程竣工报告。

（4）勘查、设计单位对勘查、设计文件及施工过程中由设计单位参加签署的更改原设计的资料进行了检查，确认勘察、设计符合国家规范、标准要求，施工单位的工程质量达到设计要求，并提交工程质量检查报告。

（5）对于委托监理的工程项目，由监理单位对竣工工程质量进行了检查并核定合格质量等级，提出工程质量评估报告。

（6）建设单位已按合同约定支付工程款，有工程款支付证明。

（7）施工单位和建设单位签署了工程质量保修书。

（8）规划行政主管部门对工程是否符合规划设计要求进行了检查，并出具认可文件。

（9）有公安消防、环保等部门出具的认可文件或者准许使用文件。

（10）建设行政主管部门及其委托的建设工程质量监督机构等有关部门要求整改的质量问题全部整改完毕。

（二）竣工验收的准备工作

在提请工程项目竣工验收前，应完成以下准备工作：

（1）建立竣工收尾工作小组，做到因事设岗、以岗定责，实现收尾的目标。该小组由项目经理、技术负责人、质量人员、计划人员、安全人员组成。

（2）编制一个切实可行、便于检查考核的施工项目竣工收尾计划，具体计划表格见表 9-1。

表 9-1　　　　　　　　　　　施工项目收尾工作计划表

序号	收尾工程	施工内容	收尾完工时间	作业班组	施工负责人	完成验证人

（3）项目经理根据施工项目竣工收尾计划，检查其收尾的完成情况，要求管理人员做好验收记录，对重点内容重点检查，不使竣工验收留下隐患和遗憾而造成返工损失。

（4）准备好工程竣工验收质量评定的各项资料。按结构性能、使用功能、外观效果等方面，对工程的地基与基础、主体结构、建筑屋面、建筑装饰装修以及水、暖、电、卫、设备安装等各个施工阶段所有质量检查资料进行系统的整理，并编制工程档案资料移交清单。工程竣工档案资料主要包括：分项工程质量检验评定，分部工程质量检验评定，单位工程质量检验评定，隐蔽工程验收记录，生产工艺设备调试及运转记录，吊装及试压记录及工程质量事故发生情况和处理结果等方面的资料。

（5）项目部组织工程技术人员绘制竣工图。

（6）组织以预算人员为主，生产、管理、技术、财务、材料、劳资等人员参加的小组，编制竣工结算。

（7）准备工程竣工通知书、工程竣工报告、工程竣工验收证明书、工程质量保修证书等。

第二节　建筑工程施工质量验收

建筑工程施工质量的验收应符合 GB 50300—2001《建筑工程施工质量验收统一标准》和相关专业验收规范的规定；符合工程勘查的要求；符合设计图纸要求，体现设计意图。

建筑工程质量验收按验收内容通常可划分为检验批验收、分项工程验收、分部（子分部）工程验收和单位（子单位）工程验收。

一、检验批的质量验收

（一）检验批合格质量规定

检验批是指按同一生产条件或按规定方式汇总起来供检验用的，由一定数量样本组成的检验体。检验批质量验收合格应符合下列规定：

（1）主控项目和一般项目的质量经抽样检验合格；

（2）具有完整的施工操作依据、质量检查记录。

（二）检验批的验收

检验批是工程质量验收的最小单元，但它是整个工程质量验收的基础。检验批是施工过程中条件相同并具有一定数量的材料、构配件或施工安装项目的总称。由于检验批内质量基本均匀一致，因此可以作为检验的基本单元而组合在一起，按批验收。按照 GB 50300—2001

《建筑工程施工质量验收统一标准》规定，检验批验收时，应进行资料检查和主控项目、一般项目的检验。

1. 资料检查

资料检查主要是检查从原材料进场到检验批验收的各施工工序的操作依据、质量检查情况以及质量控制的各项管理制度等。对资料检查主要是资料完整性的检查，同时也是对过程控制的检查和确认，这是检验批合格的前提。所要检查的资料主要包括以下一些内容：

(1) 图纸会审、设计变更、洽商记录；

(2) 建筑材料、成品、半成品、建筑构配件、器具和设备的质量证明书及进场检（试）验报告；

(3) 工程测量、放线记录；

(4) 按专业质量验收规范规定的抽样检验报告；

(5) 隐蔽工程检查记录；

(6) 施工过程记录和施工过程检查记录；

(7) 新材料、新工艺的施工记录；

(8) 质量管理资料和施工单位操作依据等。

2. 主控项目和一般项目的检验

为确保工程质量，使检验批的质量符合安全和使用功能的基本要求，各专业质量验收规范对各检验批的主控项目和一般项目的子项合格质量都给予明确规定。如砖砌体工程检验批质量验收时主控项目包括砖的强度等级、砂浆强度等级、斜槎留置、直槎拉结钢筋及接槎处理、砂浆饱满度、轴线位移、每层垂直度等内容；而一般项目则包括组砌方法、水平灰缝厚度、顶（楼）面标高、表面平整度、门窗洞口高宽、窗口偏移、水平灰缝的平直度以及清水墙游丁走缝等内容。

检验批的合格质量主要取决于对主控项目和一般项目的检验结果。主控项目是对检验批的基本质量起决定性影响的检验项目，因此必须全部符合有关专业工程验收规范的规定。这意味着主控项目不允许有不符合要求的检验结果，即这种项目的检查具有否决权。鉴于主控项目对基本质量的决定性影响，从严要求是必需的。如混凝土结构工程中混凝土分项工程的配合比设计其主控项目要求：混凝土应按国家现行标准 JGJ 55《普通混凝土配合比设计规程》的有关规定，根据混凝土强度等级、耐久性和工作性等要求进行配合比设计。对有特殊要求的混凝土，其配合比设计尚应符合国家现行有关标准的专门规定。其检验方法是检查配合比设计资料。而其一般项目则可按专业规范的要求处理。如首次使用的混凝土配合比应进行开盘鉴定，其工作性应满足设计配合比的要求。开始生产时应至少留置一组标准养护试件，作为验证配合比的依据。并通过检查开盘鉴定资料和试件强度试验报告进行检验。混凝土拌制前，应测定砂、石含水率并根据测试结果调整材料用量，提出施工配合比，并通过检查含水率测试结果和施工配合比通知单进行检查，每工作班检查一次。

3. 检验批的抽样方案

合理的抽样方案的制定对检验批的质量验收有十分重要的影响。在制定检验批的抽样方案时，应考虑合理分配生产方风险（或错判概率 α）和使用方风险（或漏判概率 β），主控项目，对应于合格质量水平的 α 和 β 均不宜超过 5%；对于一般项目，对应于合格质量水平的 α 不宜超过 5%，β 不宜超过 10%。检验批的质量检验，应根据检验项目的特点在下列抽样方案中进行选择：

（1）计量、计数或计量—计数等抽样方案；

（2）一次、二次或多次抽样方案；

（3）根据生产连续性和生产控制稳定性等情况，尚可采用调整型抽样方案；

（4）对重要的检验项目当可采用简易快速的检验方法时，可选用全数检验方案；

（5）经实践检验有效的抽样方案。如砂石料、构配件的分层抽样。

4. 检验批的质量验收记录

检验批的质量验收记录由施工项目专业质量检查员填写，监理工程师（建设单位专业技术负责人）组织项目专业质量检查员等进行验收，并按表9-2记录。

表 9-2　　　　　　　　　　　　　检验批质量验收记录表

工程名称			分项工程名称			验收部位	
施工单位				专业工长		项目经理	
施工执行标准名称及编号							
分包单位			分包项目经理			施工班组长	
	质量验收规范的规定			施工单位检查评定记录		监理（建设）单位验收记录	
主控项目	1						
	2						
	3						
	4						
	5						
	6						
	7						
	8						
	9						
一般项目	1						
	2						
	3						
	4						
施工单位检查评定结果			项目专业质量检查员：　　　　　　　　年　　月　　日				
监理（建设）单位验收结论			监理工程师： （建设单位项目专业技术负责人）：　　　　年　　月　　日				

二、分项工程质量验收

分项工程质量验收是在检验批验收的基础上进行的，是一个统计过程。一般情况下，分项工程和检验批两者具有相同或相近的性质，只是批量的大小不同而已。因此，分项工程的质量验收，其实质是将有关的检验批汇集起来从而构成分项工程。分项工程质量验收过程中，应注意要核对检验批的部位、区段是否全部覆盖分项工程的范围，是否存在缺漏部位，并核对检验批验收记录的内容及签字人是否正确齐全。分项工程质量合格的条件相对比较简单，只要构成分项工程的各检验批的验收资料文件完整，并且均已验收合格，则可以判定分项工程验收合格。

分项工程质量验收合格应符合下列规定：

（1）分项工程所含的检验批均应符合合格质量的规定；

（2）分项工程所含的检验批的质量验收记录应完整。

分项工程的质量应由监理工程师（建设单位项目专业技术负责人）组织项目专业技术负责人等进行验收，分项工程质量验收记录表见表9-3。

三、分部（子分部）工程质量验收

（一）分部（子分部）工程质量验收合格的规定

（1）分部（子分部）工程所含分项工程的质量均应验收合格；

（2）质量控制资料应完整；

（3）地基与基础、主体结构和设备安装等分部工程有关安全及功能的检验和抽样检测结果应符合有关规定；

（4）观感质量验收应符合要求。

分部工程的验收应在其所含各分项工程验收的基础上进行。首先，分部工程的各分项工程必须已验收且相应的质量控制资料文件必须完整，这是验收的基本条件。此外，由于各分项工程的性质不尽相同，因此作为分部工程不能简单地组合而加以验收，还须增加以下两类检查。

1）涉及安全和使用功能的地基基础、主体结构、有关安全及重要使用功能的安装分部工程，应进行有关见证取样送样试验或抽样检测。如建筑物垂直度、标高、全高测量记录，建筑物沉降观测记录，给水管道通水试验记录，暖气管道、散热器压力试验记录，照明动力全负荷试验记录等。

2）关于观感质量验收，这类检查往往难以定量，只能以观察、触摸或简单量测的方式进行，并由各个人的主观印象判断，检查结果并不给出"合格"或"不合格"的结论，而是综合给出质量评价。评价的结论为"好"、"一般"和"差"三种。对于"差"的检查点应通过返修处理等进行补救。

观感质量检查的内容主要包括：建筑与结构分部工程的室外墙面、变形缝、水落管、屋面、室内墙面、室内顶棚、室内地面、楼梯、踏步、护栏、门窗；给排水与采暖分部工程的管道接口、坡度、支架、卫生器具、支架、阀门、检查口、扫除口、地漏、散热器、支架；建筑电气分部工程的配电箱、盘、板、接线盒、设备器具、开关、插座、防雷、接地；通风与空调分部工程的风管、支架、风口、风阀、风机、空调设备、阀门、支架、水泵、冷却塔、绝热；电梯分部工程的运行、平层、开关门、层门、信号系统、机房；智能建筑分部工程的机房设备安装及布局、现场设备安装等。上述三个不同层次的验收自下而上执行，而又自上向下依存。

表 9-3 分项工程质量验收记录表

工程名称		结构类型		检验批数	
施工单位		项目经理		项目技术负责人	
分包单位		分包单位负责人		分包项目经理	

序号	检验批部位、区段	施工单位检查评定结果	建立（建设）单位验收结论
1			
2			
3			
4			
5			
6			
7			
8			
9			
10			
11			
12			
13			
14			
15			
16			
17			

检查结论	项目专业技术负责人： 年　月　日	验收结论	监理工程师 （建设单位项目专业技术负责人）： 年　月　日

（二）分部（子分部）工程验收记录

分部（子分部）工程质量应由总监理工程师（建设单位项目专业负责人）组织施工项目经理和有关勘察、设计单位项目负责人进行验收，并按表 9-4 记录。

四、单位（子单位）工程质量验收

单位（子单位）工程质量验收是工程项目投入使用前的最后一次质量验收，也是最重要的一次验收。单位（子单位）工程质量验收，应在施工单位自行质量检查与评定的基础上，由参与建设活动相关单位共同对检验批、分项、分部、单位工程的质量进行抽样复查，根据相关标准以书面形式对工程质量达到合格与否做出确认。

表 9-4　　　　　　　　　　　　_____分部（子分部）工程验收记录表

工程名称		结构类型		层数	
施工单位		技术部门负责人		质量部门负责人	
分包单位		分包单位负责人		分包技术负责人	

序号	分项工程名称	检验批数	施工单位检查评定	验收意见
1				
2				
3				
4				
5				
6				
	质量控制资料			
	安全和功能检验（检测）报告			
	观感质量验收			

验收单位	分包单位	项目经理：　　　　　　　　　　　年　　月　　日
	施工单位	项目经理：　　　　　　　　　　　年　　月　　日
	勘查单位	项目负责人：　　　　　　　　　　年　　月　　日
	设计单位	项目负责人：　　　　　　　　　　年　　月　　日
	监理（建设）单位	总监理工程师： 建设单位项目专业负责人：　　　　　年　　月　　日

（一）单位（子单位）工程验收合格规定

1. 单位（子单位）工程验收合格规定

（1）单位（子单位）工程所含分部（子分部）工程的质量应验收合格；

（2）质量控制资料应完整；

（3）单位（子单位）工程所含分部工程有关安全和功能的检验资料应完整；

（4）主要功能项目的抽查结果应符合相关专业质量验收规范的规定；

（5）观感质量验收应符合要求。

2. 单位工程质量验收合格的条件

（1）各分部（子分部）工程均按规定通过了合格质量验收；各分部（子分部）工程验收

记录表内容完整，填写完整，收集齐全。

（2）质量控制资料应完整。单位工程验收时，应对所有分部工程资料的系统性和完整性进行一次全面的核查，重点核查有无需要拾遗补缺的，从而达到完整无缺的要求。

（3）涉及安全和使用功能的分部工程应进行检验资料的复查。不仅要全面检查其完整性（不得有漏检缺项），而且对分部工程验收时补充进行的见证抽样检验报告也要复核。这种强化验收的手段体现了对安全和主要使用功能的重视。

（4）对主要使用功能还须进行抽查。使用功能的检查是对建筑工程和设备安装工程最终质量的综合检查，也是用户最为关心的内容。因此，在分项、分部工程验收合格的基础上，竣工验收时再作全面检查。抽查项目是在检查资料文件的基础上由参加验收的各方人员商定，并用计量、计数的抽样方法确定检查部位。检查要求按有关专业工程施工质量验收规范的要求进行。

（5）由参加验收的各方人员共同进行观感质量检查。检查的方法、内容、结论等应在分部工程的相应部分中阐述，最后共同确定是否通过验收。

（二）单位（子单位）工程质量验收记录

单位（子单位）工程质量验收应按表9-5记录。验收记录由施工单位填写，验收结论由监理（建设）单位填写。综合验收结论由参加验收各方共同商定，建设单位填写，应对工程质量是否符合设计和规范要求及总体质量水平做出评价。

表 9-5　　　　　　　单位（子单位）工程质量竣工验收记录表

工程名称		结构类型		层数/建筑面积	—
施工单位		技术负责人		开工日期	
项目经理		项目技术负责人		竣工日期	

序号	项目	验收记录	验收意见
1	分部工程	共　分部，经查　分部 符合标准及设计要求　分部	
2	质量控制资料核查	共　项，经审查符合要求　项 经核定符合规范要求　项	
3	安全和主要使用功能核查及抽查结果	共核查　项，符合要求　项， 共抽查　项，符合要求　项， 经返工处理符合要求　项	
4	观感质量验收	共抽查　项，符合要求　项， 不符合要求　项	
5	综合验收结论		

参加验收单位	建设单位	监理单位	施工单位	设计单位
	（公章） 单位（项目） 负责人： 　　年 月 日	（公章） 总监理工程师： 　　年 月 日	（公章） 单位负责人： 　　年 月 日	（公章） 单位（项目） 负责人： 　　年 月 日

第三节　建筑工程施工质量验收的程序和组织

一、检验批及分项工程的验收程序与组织

检验批和分项工程是建筑工程质量的基础，其验收非常重要。检验批和分项工程的验收应在施工单位自行检查评定的基础上进行，具体操作程序应遵循以下步骤：

（1）验收前，施工单位先进行自检。自检合格后，施工单位填写检验批和分项工程的质量验收记录，施工单位的项目专业质量检验员和项目专业技术负责人分别在检验批和分项工程质量检验记录中相关栏目签字。此时，记录表中有关监理的记录和结论暂时先不填。

（2）提交监理工程师，由监理工程师组织施工单位的项目专业质量检验员和项目专业技术负责人，共同严格按照专业质量验收规范的规定进行验收，并填写验收结果。

为了保证质量验收的公正性，所有检验批和分项工程均应由监理工程师（建设单位项目技术负责人）组织验收。《建筑工程施工质量验收统一标准》条文规定，检验批及分项工程应由监理工程师（建设单位项目技术负责人）组织施工单位项目专业质量（技术）负责人等进行验收。

二、分部工程的验收程序与组织

在各个检验批和所有分项工程验收完成后，即可进行分部（子分部）工程验收。《建筑工程施工质量验收统一标准》条文规定，分部工程应由总监理工程师（建设单位项目负责人）组织施工单位项目负责人和技术、质量负责人等进行验收并提出验收报告。分部工程所涉及的地基与基础、主体结构分部工程的勘察、设计单位工程项目负责人应参加相关分部工程验收。

对分部（子分部）工程质量验收的组织及参加验收的相关单位的人员有如下规定：

（1）工程监理应当实行总监理工程师负责制，因此分部工程应由总监理工程师（建设单位项目负责人）组织施工单位的项目负责人和项目技术、质量负责人及有关人员进行验收。

（2）分部工程中的地基基础、主体结构分部对于工程的安全使用具有特别重要的意义，因此对参加这两个分部工程验收的有关人员还有进一步的具体规定：地基基础、主体结构多属于隐蔽工程，其技术性强且要求严格，特别是它关系到整个工程的安全，同时还涉及重要的责任归属，因此规定这些分部工程的勘查、设计单位工程项目负责人也应参加相关分部工程的质量验收。考虑到主要技术资料和质量问题通常由施工单位技术部门和质量部门管理，所以规定施工单位（指项目的上级管理单位）的技术、质量部门负责人也应参加这两个分部工程的验收。

三、单位工程的验收程序与组织

单位工程的验收应当按以下程序进行：

（1）工程完工后，施工单位向建设单位提交工程质量竣工报告；建设、勘察、设计、施工、监理单位分别汇报工程合同履约情况和在工程建设中各个环节执行法律、法规和工程建设强制性标准的情况，并且施工单位向建设单位提交建设项目自评报告；由勘查、设计单位向建设单位提交工程质量检查报告；监理单位向建设单位提交工程质量评估报告。

（2）建设单位应在工程竣工验收7日前，向建设工程质量监督机构申领《建设工程竣工验收备案表》和《建设工程竣工验收报告》，并同时将竣工验收时间、地点及验收组名单书

面通知建设工程质量监督机构。

（3）建设工程质量监督机构应审查该工程竣工验收条件和资料是否符合要求，符合要求的发给建设单位《建设工程竣工验收备案表》和《建设工程竣工验收报告》，不符合要求的，通知建设单位整改，并重新确定竣工验收时间。

（4）对符合验收要求的工程，建设单位应组织勘查、设计、施工、监理等单位和其他有关方面的专家组成验收组、制定验收方案。

（5）验收组人员审阅建设、勘察、设计、施工、监理单位的工程档案资料；实地查验工程质量；对工程勘察、设计、施工、监理单位各管理环节和工程实物质量等方面做出全面评价，形成验收组人员签署的工程竣工验收意见。

（6）参与工程竣工验收的建设、设计、施工、监理等各方不能形成一致意见时，应当协商提出解决的方法。待意见一致后，重新组织工程竣工验收，当不能协商解决时，由建设行政主管部门或者其委托的建设工程质量监督机构裁决。

根据国务院《建设工程质量管理条例》和建设部有关规定的要求，单位工程质量验收应由建设单位负责人或项目负责人组织。由于设计、施工、监理单位都是责任主体，因此设计、施工单位负责人或项目负责人及施工单位的技术、质量负责人和监理单位的总监理工程师均应参加验收。勘查单位亦是责任主体，按照规定也应参加验收。但由于在地基基础验收时勘查单位已经参加了地基验收，如果勘察单位已书面确认对地基基础的验收，且没有发生其他情况时，单位工程验收时，勘察单位可以不参加，但仍必须按照规定对单位工程验收加以确认，并负相应的责任。

在一个单位工程中，如果某子单位工程已经完工，且满足生产要求或具备使用条件，施工单位预验，监理工程师也已经初验通过，则对该子单位工程，建设单位可以组织验收。由几个施工单位负责施工的单位工程，当其中的某个施工单位所负责的子单位工程已按设计完成，并自行检验，也可按规定的程序组织正式验收，办理交工手续。在整个单位工程进行全部验收时，已验收的子单位工程验收资料应作为单位工程验收的附件，并纳入工程数据文件。

如上所述，单位工程的竣工验收程序由两个阶段组成。第一阶段是建设单位自检验收并办理初步验收手续的阶段；第二阶段是对建设项目的全部验收的阶段。

（一）竣工初验收

当施工项目完工并达到竣工验收条件后，在正式办理竣工验收前，施工单位进行施工质量自检，向监理单位提交《工程竣工验收申请报告》，监理单位对工程的质量情况进行验收的工作内容，属于第一阶段竣工初验收的内容。

施工单位自验的标准与正式验收的标准应当一致，主要是：工程是否符合国家或地方政府主管部门规定的竣工标准和竣工规定；工程完成情况是否符合施工图纸和设计的使用要求；工程质量是否符合国家和地方政府规定的标准和要求；工程是否达到了合同规定的要求和标准等。

参加自验的人员应由项目经理组织生产、技术、质量、合同、预算以及有关作业的队长或施工员、工号负责人等共同参加。自验一般采取分层分段、分房间地由上述人员按照主管内容逐一检查的方式。检查过程中应当做好记录，对不符合要求的部位和项目，确定修补措施和标准，并指定专人负责，定期修理完毕。

监理单位由负责该项工程的总监理工程师组织各专业监理工程师对竣工资料及各专业工

程的质量情况进行初验，对竣工资料进行审查，对工程实体质量进行逐项检查，确认是否完成工程设计合同约定的各项内容，是否达到竣工标准；对存在的问题，应及时要求施工单位进行整改。当确认工程质量符合法律、法规和工程质量建设强制性标准规定，符合设计和合同要求后，监理单位按有关规定在施工单位的质量验收记录和试验、检验资料表中签字确认，并签署质量评估报告，提交建设单位。

监理单位签字确认后，由施工单位填写《工程竣工质量验收报告》，上报建设单位，第一阶段的初验收完成。

（二）正式验收

初步验收完成后，建设单位整理有关施工技术资料和竣工图纸，连同试车记录、试车报告、竣工决算和建设总结，报请有关部门进行全部验收。建设单位邀请设计单位、监理单位及有关方面参加，同施工单位一起进行检查验收，列为国家重点工程的大型建设项目，往往还需由国家有关部门邀请有关方面参加，组成工程验收委员会，进行验收。验收合格后由有关部门对验收报告进行签证，办理工程档案资料移交手续和工程移交手续。

正式竣工验收工作由建设单位负责，质量监督机构对验收过程实施监督。建设单位负责组织竣工验收小组。竣工验收小组组长由建设单位法人代表或其委托的负责人担任。验收小组成员包括建设单位的项目负责人、现场管理人员以及勘察、设计、施工、监理单位的有关人员，也可邀请其他有关方面专家参加验收小组。验收小组中土建及水电安装专业人员应配备齐全。

正式竣工验收的内容主要是由竣工验收小组实地查验工程实体质量情况和施工单位提供的竣工验收档案资料；对建筑的使用功能进行抽查、试验，如水池盛水试验，通水、通电试验，接地电阻、漏电、跳闸测试等；对竣工验收情况进行汇总讨论，并听取质量监督机构对该工程质量监督情况；形成竣工验收意见，填写《单位（子单位）工程质量竣工验收记录》中的综合验收结论，填写《工程竣工验收备案表》和《建设工程竣工验收报告》，验收小组人员分别签字，建设单位盖章；施工单位应向建设单位办理工程档案资料移交和其他固定资产移交手续，并签认交接验收证书；施工单位应向建设单位办理工程结算手续，工程结算由施工单位提出，送建设单位审查无误后，由双方共同办理结算签认手续。

当竣工验收过程中发现严重问题，达不到竣工验收标准时，验收小组应责成责任单位立即整改，并宣布本次竣工验收无效，重新确定时间组织竣工验收。当竣工验收过程中发现一般需整改的质量问题，验收小组可形成初步意见，填写有关表格，有关人员签字，整改完毕并经建设单位复查合格后，加盖建设单位公章。在竣工验收时，对某些剩余工程和欠缺工程，在不影响交付使用的前提下，经建设单位、设计单位、施工单位和监理单位协商，施工单位可在竣工验收后的限定时间内完成。建设单位竣工验收结论必须明确是否符合国家质量标准，能否同意使用。

四、单位工程竣工验收备案

建筑工程竣工验收备案制度是加强政府监督管理，防止不合格工程投入使用的一个重要手段。单位工程验收合格后，建设单位应当自工程竣工验收合格之日起 15 日内，依照《建筑工程质量管理条例》和建设部 78 号令的有关规定，向工程所在地的县级以上地方人民政府建设行政主管部门（以下简称备案机关）备案。

建设单位办理工程竣工验收备案应当提交下列文件：

（1）工程竣工验收备案表；

（2）工程竣工验收报告。竣工验收报告应当包括工程报建日期，施工许可证号，施工图设计文件审查意见，勘察、设计、施工、工程监理等单位分别签署的质量合格文件及验收人员签署的竣工验收原始文件，市政基础设施的有关质量检测和功能性试验资料以及备案机关认为需要提供的有关资料；

（3）由规划、公安消防、环保等部门出具的认可文件或者准许使用文件；

（4）施工单位签署的工程质量保修书；

（5）法规、规章规定必须提供的其他文件；

（6）商品住宅还应当提交《住宅质量保证书》和《住宅使用说明书》。

备案机关收到建设单位报送的竣工验收备案文件，验证文件齐全后，应当在工程竣工验收备案表上签署文件收讫。

工程竣工验收备案表一式两份，一份由建设单位保存，一份留备案机关存档。

第四节　工程的回访与保修

工程质量保修和回访属于工程项目竣工后的管理工作。这时项目经理部已经解体，一般是由承包企业建立施工项目交工后的回访与保修制度，并责成企业的工程管理部门具体负责的一项工作。

为提高工程质量，听取用户意见，改进服务方式，施工单位应建立与建设单位及用户的联系网络，及时取得信息，依据《建筑法》和《建筑工程质量管理条例》及有关部门的相关规定，履行施工合同的约定和《工程质量保修书》中的承诺，并按计划、实施、验证、报告的程序做好回访与保修工作。

工程质量保修由施工合同的建设单位和施工单位双方在竣工验收前或工程项目竣工验收的同时共同签署《房屋建筑工程质量保修书》，《保修书》的有效期限至保修期满。保修书的主要内容有：工程简况、房屋使用管理要求、保修范围和保修内容、保修期限、保修责任和记录等，以及保修（施工）单位的名称、地址、电话、联系人等。

一、工程项目的回访

工程项目在竣工验收交付使用后，承包人应编制回访计划，主动对交付使用的工程进行回访。

1. 回访计划的内容

（1）确定主管回访保修业务的部门；

（2）确定回访保修的执行单位；

（3）被回访的发包人（或使用人）及其工程名称；

（4）回访时间安排及主要工程内容；

（5）回访工程的保修期限。

每次回访结束，执行单位应填写回访记录，主管部门依据回访记录对回访服务的实施效果进行验证。回访记录应包括：参加回访的人员；回访发现的质量问题；建设单位的意见；回访单位对发现的质量问题的处理意见；回访主管部门的验收签证。

2. 回访的形式

（1）季节性回访。大多数是雨季回访屋面、墙面的防水情况；冬期回访采暖系统的情况，发现问题，采取有效措施及时加以解决。

（2）技术性回访。主要了解在工程施工过程中所采用的新材料、新技术、新工艺、新设备等的技术性能和使用后的效果，发现问题及时加以补救和解决，同时也便于总结经验，获取科学依据，为改进、完善和推广创造条件。

（3）保修期满前的回访。这种回访一般是在保修期即将结束之前进行回访。

二、工程项目的保修

建设工程承包单位在向建设单位提交工程竣工验收报告时，应当向建设单位出具质量保修书。《建设工程质量保修书》包括的内容有：质量保修项目内容及范围；质量保修期；质量保修责任；质量保修金的支付方法等。

（一）保修范围

对房屋建筑工程及其各个部位，质量保修范围包括地基基础工程、主体结构工程，屋面防水工程、有防水要求的卫生间、房间和外墙面的防渗漏；供热与供冷系统；电气管线；给排水管道；设备安装和装修工程，以及双方约定的其他项目。由于施工单位施工责任造成的建筑物使用功能不良或无法正常使用的问题都应实行保修。具体保修的内容由双方约定。

由于用户使用不当或第三方造成建筑功能不良或损坏者，或者是工业产品项目发生问题，或不可抗力造成的质量缺陷等，不属于保修范围，由建设单位自行组织修理。

（二）保修时间

在正常使用条件下，房屋建筑工程的保修期应从工程竣工验收合格之日算起，其最低保修期限为：

（1）地基基础工程和主体结构工程，为设计文件规定的该工程的合理使用年限；

（2）屋面防水工程、有防水要求的卫生间、房间和外墙面的防渗漏为5年；

（3）供热与供冷系统，为2个采暖期、供冷期；

（4）电气管线、给排水管道、设备安装为2年；

（5）装修工程为2年；

（6）住宅小区内的给排水设施、道路等配套工程及其他项目的保修期限由建设单位和施工单位约定。

（三）保修期间的质量责任

对各类型的建筑工程及其各个部位，施工单位应按照有关规定履行保修义务。保修范围及经济责任的具体规定如下：

（1）施工单位未按国家有关规范、标准和设计要求施工造成的质量缺陷，由施工单位负责返修并承担经济责任；

（2）因建筑材料、构配件和设备质量不合格引起的缺陷，属于施工单位的或经其验收同意的，由施工单位承担经济责任；属于建设单位采购的，由建设单位承担经济责任；

（3）因使用单位使用不当造成的质量缺陷，由使用单位自行负责；

（4）工程超过合理使用年限后，用户需要继续使用的，施工单位根据有关法规和鉴定资料，采取加固、维修措施时，应按设计使用年限，约定质量保修期限；

（5）建设单位与施工单位协商，根据工程合同合理使用年限采用保修保险方式，投入并已解决保险费来源的，施工单位应按约定的保修承诺，履行保修职责和义务；

（6）在保修期内，因房屋建筑工程质量缺陷造成房屋所有人、用户或第三方人身、财产损害的，房屋所有人、用户或者第三方可以向建设单位提出赔偿要求。建设单位向造成房屋建筑工程质量缺陷的责任方追偿；

（7）因保修不及时造成新的人身、财产损害，由造成拖延的责任方承担赔偿责任。

（四）保修费用

保修费用由质量缺陷的责任方承担，具体内容如下：

（1）由于施工单位未按国家标准、规范和设计要求施工造成的质量缺陷，应由施工单位修理并承担保修费用；

（2）因设计单位造成的质量问题，可由施工单位修理，由设计单位承担保修费用，其费用数额按合同约定，不足部分由建设单位补偿；

（3）属于建设单位供应的材料、构配件或设备不合格而明确或暗示施工单位使用所造成的质量缺陷，由建设单位自行承担保修费用；

（4）因建设单位肢解发包或指定分包商，致使施工中接口处理不当，造成工程质量缺陷，或因竣工后自行改建造成工程质量问题的，应由建设单位或用户自行承担保修费用；

（5）凡因地震、洪水、台风等不可抗力原因造成的损坏问题，先由施工单位维修，建设参入各方根据国家具体政策分担经济责任；

（6）不属于施工单位责任，但用户有意委托修理维护时，施工单位应为用户提供修理维护等服务，由用户承担相应的费用。

在保修期内，若工程项目发生了非使用原因的质量问题，用户应填写《工程质量修理通知书》，通告施工单位并注明主要问题及部位、联系方式等；施工单位接到建设单位（用户）对保修责任范围内的项目进行修理的要求或通知后，应按《工程质量保修书》中的承诺，一周内到达现场进行检修，并与建设单位鉴定、商议返修内容及修理方案。施工单位应将保修业务列为施工生产计划，并按约定的内容和时间承担保修责任。如施工单位未能按期到达现场，建设单位应再次通知施工单位；施工单位自接到再次通知书起的一周内仍不能到达时，建设单位有权自行返修，所发生的费用由原施工单位承担。

发生涉及结构安全或者严重影响使用功能的质量缺陷，建设单位应当立即向当地建设行政主管部门报告，采取安全防范措施；由原设计单位或具有相应资质等级的设计单位提出保修方案，施工单位实施，工程质量监督机构负责监督；对于紧急抢修事故，施工单位接到保修通知后，应当立即到达现场抢修。

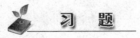

习　题

1. 何谓竣工？
2. 何谓竣工验收？简述竣工验收的作用。
3. 简述竣工验收的依据和内容。
4. 试说明建筑工程施工质量验收的基本规定。
5. 试说明单位（子单位）工程的验收程序与组织。
6. 简述工程项目回访计划的内容和回访方式。
7. 试说明工程保修期间的质量责任。

参 考 文 献

[1] 中国建筑学会建筑统筹管理分会. 工程网络计划技术规程教程. 北京：中国建筑工业出版社，2000.

[2] 钱昆润，葛筠圃，张星. 建筑施工组织设计. 南京：东南大学出版社，2000.

[3] 从培经. 工程项目管理. 北京：中国建筑工业出版社，2002.

[4] 黄展东. 建筑施工组织与管理. 北京：中国环境科学出版社，2002.

[5] 全国建筑业企业项目经理培训教材编写委员会. 施工组织设计与进程管理（修订版）. 北京：中国建筑工业出版社，2001.

[6] 周建国，张焕. 建筑施工组织. 北京：中国电力出版社，2004.

[7] 刘志才，张守健，许程杰. 建筑工程施工项目管理. 哈尔滨：黑龙江科学技术出版社，1995.

[8] 中国建设监理协会. 建筑工程质量控制. 北京：中国建筑工业出版社，2003.

[9] 陈爱莲. 工程项目施工组织与进度管理便携手册. 北京：地震出版社，2005.

[10] 北京土木建筑学会. 建筑工程施工组织设计与施工方案. 2005.

[11] 中国建设监理协会. 建设工程进度控制. 北京：中国建筑工业出版社，2003.

[12] GB/T 50502—2009 建筑施工组织设计规范. 北京：中国建筑工业出版社，2009.